北大社普通高等教育“十三五”数字化建设规划教材

大学计算机基础

（第2版）

主　编　杨焱林　邓安远

主　审　黄维通

内 容 简 介

本书是根据教育部对高等学校计算机公共基础课程的教学基本要求编写的。全书分为11章，主要内容包括计算机基础知识、计算机系统、操作系统基础知识和Windows 7的使用、办公自动化软件Microsoft Office 2016的应用、计算机网络与信息安全知识、多媒体技术基础、数据库技术基础、计算机维护知识及常用工具软件的使用。

本书内容丰富，简明易懂，注重实用性和可操作性，并配有《大学计算机基础习题与上机指导(第2版)》，以供读者选用。

本书不仅可以作为高等院校计算机公共基础课程的教材，也可作为计算机培训教材以及计算机各类考试的参考用书。

本书配套云资源使用说明

本书配有微信平台上的云资源，资源类型包括：微课视频、知识拓展，请激活云资源后开始学习。

一、资源说明

本书云资源按章节配有微课视频、知识拓展的二维码。

1. 微课视频：针对重要知识点，通过视频对进制转换、软件操作步骤进行示范，形象直观，方便学生学习，提高效率。

2. 知识拓展：对教材上的内容进行了延伸或拓展，使学习内容在更广阔的学科背景上获得全方位的充实和增加；与时俱进，补充了计算机发展的前沿知识，更好地适应社会发展的趋势；也能极大地满足学有余力的学生自主学习的需要。

二、使用方法

1. 打开微信的“扫一扫”功能，扫描关注公众号（公众号二维码见封底）。
2. 点击公众号页面内的“激活课程”。
3. 刮开激活码涂层，扫描激活云资源（激活码见封底）。
4. 激活成功后，扫描书中的二维码，即可直接访问对应的云资源。

注：1. 每本书的激活码都是唯一的，不能重复激活使用。

2. 非正版图书无法使用本书配套云资源。

前　言

随着计算机科学和信息技术的飞速发展与计算机的普及教育，国内高校的计算机基础教育已踏上了新的台阶，步入了一个新的发展阶段。高校教学改革中提高了实践课程比例，各专业对学生的计算机应用能力提出了更高的要求。我们根据教育部高等学校计算机科学与技术教学指导委员会《关于进一步加强高等学校计算机基础教学的意见暨计算机基础课程教学基本要求（试行）》，结合《中国高等院校计算机基础教育课程体系 2014》，编写了本书。

党的二十大报告对信息通信业提出新要求，本书以教育部制定的高等学校计算机基础教育三个层次教学体系为指导，侧重培养当代大学生的计算思维和实际动手能力。大学计算机基础是非计算机专业高等教育的公共必修课程，是学习其他计算机相关技术课程的前导和基础课程。本书编写的宗旨是使读者较全面、系统地了解计算机基础知识，具备计算机实际应用能力，并能在各自的专业领域自觉地应用计算机进行学习与研究。本书照顾了不同专业、不同层次学生的需要，加强了计算机网络技术、数据库技术和多媒体技术等方面的基本内容，使读者在数据处理和多媒体信息处理等方面的能力得到扩展。

全书分为 11 章，主要内容包括：第 1，2 章介绍了计算机的基本知识和基本概念、计算机的组成和工作原理、信息在计算机中的表示形式和编码；第 3 章介绍了操作系统基础知识以及 Windows 7 操作系统的安装、配置和使用；第 4～7 章介绍了办公自动化基本知识，以及常用办公自动化软件 Microsoft Office 2016 中文字处理软件、电子表格软件和演示文稿软件的使用；第 8 章介绍了计算机网络基础知识、Internet 基础知识与应用、信息安全技术、计算机病毒等；第 9 章介绍了多媒体的概念、多媒体技术的应用和发展；第 10 章介绍了数据库系统基本概念以及数据库技术的新发展；第 11 章介绍了计算机的维护知识，以及常用工具软件的使用方法。

参加本书编写的作者是多年从事一线教学的教师，具有较为丰富的教学经验。在编写时注重原理与实践紧密结合，注重实用性和可操作性；案例的选取上注意从读者日常学习和工作的需要出发；文字叙述上深入浅出，通俗易懂。另外，本书有配套的《大学计算机基础习题与上机指导（第 2 版）》，以供读者学习。

本书由杨焱林教授、邓安远教授担任主编。参加编写的有邓长寿、胡慧、胡芳、何立群、丁伟等。黄维通教授认真审阅了书稿，并提出许多宝贵意见。付小军、沈辉构思并设计了全书数字化教学资源的结构与配置，宁义、朱芳婷编辑了数字化教学资源内容，周承芳、邓之豪组织并参与了教学资源的信息化实现，苏文春、陈平提供了版式和装帧设计方案。在此表示衷心感谢。

由于本书的知识面较广，要将众多的知识很好地贯穿起来，难度较大，不足之处在所难免。为便于以后教材的修订，恳请专家、教师及读者多提宝贵意见。

编　者

目　　录

第1章　绪　　论

1.1　计算机基本知识概述

1.1.1　计算机的诞生与发展

1. 计算机的诞生

在同大自然的斗争中，人类发展了自己，创造了灿烂辉煌的历史文化。同时，在科学技术方面也有着令人惊叹的成果。这期间，为了数据计算的需要，人们发明了很多计算工具，算盘便是其中之一。近代，技术的发展和社会的进步对计算的速度和精度要求更高，原有的计算工具已经不能满足需求。

18 世纪下半叶，法国政府决定在数学上采用十进制，因而大量数表，特别是三角函数表及有关的对数表，要重新计算，这是一项浩繁的计算工程。法国政府的这一改革虽然没有得到全面实施，但却引起了英国人巴贝奇(Babbage)的兴趣。巴贝奇认为可以使机器按照一定的程序去做一系列简单的计算，代替人去完成一些复杂、烦琐的计算工作。于是，巴贝奇萌发了采用机器来编制数表的想法。巴贝奇从用差分表计算数表的做法中得到启发，经过 10 年的努力，设计出一种能进行加减运算并完成数表编制的自动计算装置，他把它称为"差分机"。1822 年，他试制出了一台样机，如图 1－1 所示。

图 1－1　巴贝奇与差分机

这台差分机可以保存 3 个 5 位的十进制数，并进行加减运算，还能打印结果。它是一种供制表人员使用的专用机。它的杰出之处是能按照设计者的控制自动完成一连串的运算，体现了计算机最早的程序设计。这种程序设计思想的创见，为现代计算机的发展开辟了道路。

1834 年，巴贝奇又完成了一项新计算装置的构想。他考虑到，计算装置应该具有通用性，能解决数学上的各种问题。它不仅可以进行数字运算，而且还能进行逻辑运算。巴贝奇把这种装置命名为"分析机"，如图 1－2 所示。

图 1－2　分析机

巴贝奇的分析机由三部分构成。第一部分是保存数据的齿轮式寄存器,巴贝奇把它称为"堆栈",它与差分机相类似,但运算不在寄存器内进行,而是由新的机构来实现。第二部分是对数据进行各种运算的装置,巴贝奇把它命名为"工场"。第三部分是对操作顺序进行控制,并对所要处理的数据及输出结果加以选择的装置,相当于现代计算机的控制器。

巴贝奇在分析机的计算设备上采用"穿孔卡",这是人类计算技术史上的一次重大飞跃。巴贝奇曾在巴黎博览会上见过雅卡尔(Jacquard)穿孔卡编织机。雅卡尔穿孔卡编织机要在织物上编织出各种图案,预先把经过提升的程序在纸卡上穿孔记录下来,利用不同的穿孔卡程序织出许多复杂花纹的图案。巴贝奇受到启发,把这种新技术用到分析机上来,从而能对计算机下命令,让它按任何复杂的公式去计算。

现代计算机的设计思想,与100多年前巴贝奇的分析机几乎完全相同。巴贝奇的分析机同现代计算机一样可以编程,而且分析机所涉及的有关程序方面的概念,也与现代计算机一致。

1936年,年仅24岁的英国人图灵(Turing)发表了著名的《论数字计算在决断难题中的应用》一文,提出思考实验原理计算机概念。图灵把人在计算时所做的工作分解成简单的动作,与人的计算类似,机器需要:(1)存储器,用于储存计算结果;(2)一种语言,表示运算和数字;(3)扫描;(4)计算意向,即在计算过程中下一步打算做什么;(5)执行下一步计算。图灵还采用了二进位计数制。这样,他就把人的工作机械化了。这种理想中的机器被称为"图灵机",如图1-3所示。图灵机是一种抽象计算模型,用来精确定义可计算函数。图灵机由一个控制器,一条可以无限延伸的带子和一个在带子上左右移动的读写头组成。这个概念如此简单的机器,理论上却可以计算任何直观可计算函数。图灵在设计了上述模型后提出,凡可计算的函数都可用这样的机器来实现,这就是著名的图灵论题。

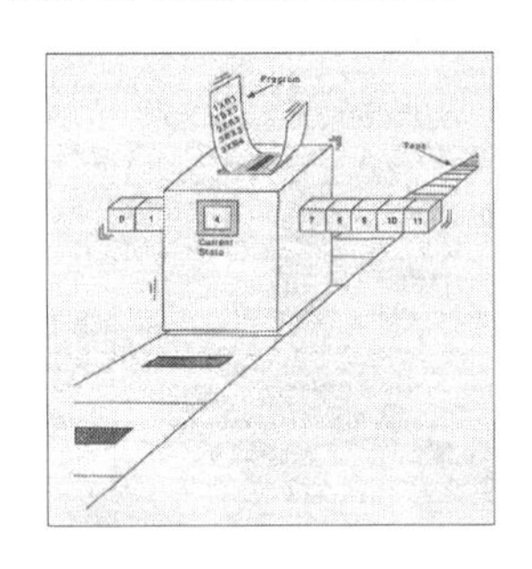

图1-3 图灵与图灵机

半个世纪以来,数学家提出的各种各样的计算模型都被证明是和图灵机等价的。1945年,图灵到英国国家物理研究所工作,并开始设计自动计算机。1950年,图灵发表了题为《计算机能思考吗?》的论文,给人工智能下了一个定义,而且论证了人工智能的可能性。

由于战争的需要,美国陆军部的弹道研究实验室(ballistic research laboratory, BRL)负责为新武器提供关于角度和轨道的数据表,为此雇用了200多名工程师用计算器进行计算,工作量是十分巨大而烦琐的。美国宾夕法尼亚大学的莫奇利(Mauchly)教授和他的学生埃克特(Eckert)建议用真空电子管建立一台通用计算机,用于BRL的计算工作,这个建议被军方采用。莫奇利和埃克特在1943年开始艰难的研制工作,1946年2月15日,世界上第一台通用电子计算机"埃尼阿克"(electronic numerical integrator and calculator, ENIAC)正式对外宣告研制成功,如图1-4所示。

这台耗电量为 150 kW 的计算机，运算速度为每秒可进行 5 000 次加法或 400 次乘法运算，比机械式的继电器计算机快 1 000 倍。ENIAC 最初是为了进行弹道计算而设计的专用计算机，但后来通过改变插入控制板里的接线方式来解决各种不同的问题，而成为一台通用机。它的一种改型机曾用于氢弹的研制。ENIAC 程序采用外部插入式，每当进行一项新的计算时，都要重新连接线路。它的另一个弱点是存储量太小，至多只能存 20 个 10 位的十进制数。人们把 ENIAC 的出现誉为"诞生了一个电子的大脑"，"电脑"的名称由此流传开来。ENIAC 在通用性、简单性和可编程方面取得的成功，使现代计算机成为现实，是计算机发展史上的一座里程碑，是人类在发展计算技术的历程中，到达的一个新的起点。

图 1－4　世界上第一台通用电子计算机 ENIAC

用 ENIAC 计算时，专家们要根据题目的计算步骤进行预先编程，机器可按编程指令(命令)自动实现运算操作。这里的编程，实际上是人工按指令来调节开关状态("开"或"关")，并用转插线把选定的各控制部分互连。因此，它并不具备现代计算机"存储程序"的主要特征。但 ENIAC 在弹道测算中的应用，使原来借助机械分析机需 7～20 h 才能计算一条弹道的工作时间缩短到 30 s，代替了 BRL 200 多名工程师的繁重计算。

1946 年 6 月，美籍匈牙利科学家冯・诺依曼(von Neumann)(见图 1－5)发表了《电子计算机装置逻辑结构初探》的论文。他指出，ENIAC 编程中的开关状态调节和转插线连接，实质上相当于二进制形式的 0，1 控制信息，这些控制信息(指令)如同数据一样，以二进制形式预先存储于计算机中，计算时由计算机自动控制并依次运行。这就是所谓的"存储程序和程序控制"原理，也称为冯・诺依曼原理。

图 1－5　冯・诺依曼

根据"存储程序和程序控制"原理，冯・诺依曼领导的研制小组从 1946 年开始设计第一台"存储程序"式计算机离散变量自动电子计算机 EDVAC(electronic discrete variable automatic computer)。该计算机于 1951 年研制成功并投入使用，其运算速度是 ENIAC 的 240 倍。而第一台"存储程序"控制的实验室计算机是 1949 年 5 月在英国剑桥大学完成的电子延迟储存自动计算机 EDSAC (electronic delay storage automatic calculator)；第一台"存储程序"控制的商品化计算机是 1951 年问世的 UNIVAC-Ⅰ (universal automatic computer Ⅰ)。

从那时起，直到目前的各种各样的计算机，不管其外观和性能有多大差异，就其系统构成而言，基本上都是属于"存储程序和程序控制"的冯・诺依曼型计算机。

2. 计算机的发展

1)计算机的发展阶段

自 1946 年第一台通用电子计算机 ENIAC 诞生以来，计算机的发展已经历了四个阶段。

(1)使用电子管的第一代电子计算机(1946—1957 年)。

EDVAC 是典型的第一代电子计算机。第一代电子计算机的主要特点是使用电子管作为逻辑元件。它的五个基本部分为运算器、控制器、存储器、输入器和输出器。运算器和控制器采用电子管，存储器采用电子管和延迟线。这一代计算机的一切操作，包括输入/输出在内，都由中央处理机集中控制。这种计算机主要用于科学技术方面的计算。EDVAC电子计算机方案实际上在1945年就完成了，但直到1951年才制成。1949年5月，英国剑桥大学数学实验室根据冯·诺依曼的思想，制成电子延迟存储自动计算机EDSAC，这是第一台带有存储程序结构的电子计算机。随后，在1952年1月，由冯·诺依曼设计的IAS电子计算机问世，终于使冯·诺依曼的设想在这台机器上得到了圆满的体现。这台IAS计算机总共只采用了2300个电子管，但运算速度却比拥有18000个电子管的ENIAC提高了10倍。因此，IAS计算机被屡屡仿制，并成为冯·诺依曼型电子计算机的鼻祖。从1953年起，美国的IBM公司开始批量生产应用于科研的大型计算机系列，从此电子计算机走上了工业生产阶段。1955年，苏联科学家也研制成快速大型电子计算机，该机占用机房面积达100 m^2，共用了5000多个电子管，平均计算速度达每秒7000～8000次，该机包括一个能存储1004个代码的专用内存储器。

磁鼓被用来作为电子计算机中数据与指令的存储器，它的使用是计算机发展史上重大的技术进步。

电子管计算机的基本逻辑元件是电子管，内存储器采用水银延迟线或磁鼓，外存储器采用磁带等。其特点是：速度慢，可靠性差，体积庞大，功耗高，价格昂贵。编程语言主要采用机器语言，稍后有了汇编语言。编程调试工作十分烦琐，其用途局限于军事研究中的科学计算。

(2)使用晶体管代替电子管的第二代电子计算机(1958—1964年)。

电子管元件有许多明显的缺点，使计算机发展受到限制。于是，晶体管开始被用来作为计算机的元件。晶体管不仅能实现电子管的功能，又具有尺寸小、重量轻、寿命长、效率高、发热少、功耗低等优点。使用了晶体管以后，电子线路的结构大大改观，制造高速电子计算机的设想也就更容易实现了。

1954年，美国贝尔实验室研制成功第一台使用晶体管线路的计算机TRADIC，装有800个晶体管。1955年，美国在阿特拉斯洲际导弹上装备了以晶体管为主要元件的小型计算机。1958年，美国的IBM公司制成了第一台全部使用晶体管的计算机RCA501型。由于第二代计算机采用晶体管逻辑元件及快速磁芯存储器，计算速度从每秒几千次提高到几十万次，主存储器的存储量从几千提高到10万以上。1959年，IBM公司又生产出全部晶体管化的电子计算机IBM 7090。1958—1964年，晶体管电子计算机经历了大范围的发展过程。从印刷电路板到单元电路和随机存储器，从运算理论到程序设计语言，不断的革新使晶体管电子计算机日臻完善。1961年，世界上最大的晶体管电子计算机ATLAS安装完毕。IBM 7000系列机是第二代电子计算机的典型代表。

第二代电子计算机增加了浮点运算，数据的绝对值可达到2的几十次方或几百次方，使电子计算机的计算能力实现了一次飞跃。用晶体管取代电子管，使第二代电子计算机的体积大大减小，寿命延长，价格降低，为电子计算机的广泛应用创造了条件。与此同时，计算机软件技术也有了较大发展，提出了操作系统的概念，编程语言除了汇编语言外，还开发了FORTRAN,COBOL等高级程序设计语言，使计算机的工作效率大大提高。

(3)使用集成电路的第三代电子计算机(1964—1970年)。

1958年，世界上第一个集成电路诞生时，只包括一个晶体管、两个电阻和一个电阻-电容网络。后来集成电路工艺日趋完善，集成电路所包含的元件数量以每 1～2 年翻一番的速度增长着。发展到 70 年代初期，大部分电路元件都已经以集成电路的形式出现。甚至，在小拇指甲那样大的约 1 cm^2 的芯片上，就可以集成上百万个电子元件。因为它看起来只是一块小小的硅片，所以人们常把它称为芯片。与晶体管相比，集成电路的体积更小，功耗更低，而可靠性更高，造价更低廉，因此得到迅速发展。

1964 年 4 月 7 日，美国 IBM 公司宣告，世界上第一个采用集成电路的通用计算机系列 IBM 360 系统研制成功，它兼顾了科学计算和事务处理两方面的应用，各种机器全都相互兼容，适用于各方面的用户，具有全方位的特点，正如罗盘有 360°刻度一样，所以取名为 360。它的研制开发经费高达 50 亿美元，是研制第一颗原子弹的曼哈顿计划的 2.5 倍。

IBM 360 系统开创了民用计算机使用集成电路的先例，计算机从此进入到集成电路时代。IBM 360 成为第三代电子计算机的里程碑。随着半导体技术的发展，当时的集成电路(integrated circuit, IC)工艺已可在几平方毫米的硅片上集成相当于数十个甚至于数百个电子元件。用这些小规模集成电路(small scale integrated circuit, SSI)和中规模集成电路(medium scale integrated circuit, MSI)作为基本逻辑元件，半导体存储器淘汰了磁芯，用作内存储器，而外存储器大量使用高速磁盘，从而使计算机的体积、功耗进一步减小，可靠性、运行速度进一步提高，内存储器容量大大增加，价格也大幅度降低，其应用范围已扩大到各个领域。软件方面，操作系统进一步普及和发展，出现了对话式高级语言 BASIC，提出了结构化、模块化的程序设计思想，出现了结构化的程序设计语言 PASCAL。

随着半导体集成技术的快速发展，美国开始研究军用大规模集成电路计算机。1967 年，美国无线电有限公司制成了领航用的机载计算机 LIMAC，其逻辑部件采用双极性大规模集成电路，缓冲存储器采用金属-氧化物-半导体(metal-oxide-semiconductor, MOS)大规模集成电路。1969 年，美国自动化公司制成计算机 D-200，采用了 MOS 场效应晶体管大规模集成电路，中央处理器(central processing unit, CPU)由 24 块大规模集成电路组成；得克萨斯仪器公司也制成机载大规模集成电路计算机。军用机载大规模集成电路试验的成功，为过渡到民用大规模集成电路通用机积累了丰富的经验。

集成电路上可容纳的晶体管数目，每隔约 18 个月便会增加一倍，性能也将提升一倍，价格不变；或者说，每 1 美元所能买到的计算机性能，将每隔 18 个月翻两倍以上。这就是著名的摩尔定律。它是由英特尔(Intel)创始人之一戈登·摩尔(Gordon Moore)提出来的。这一定律揭示了信息技术进步的速度。

(4)使用大规模和超大规模集成电路的第四代电子计算机(1971 年至今)。

1971 年开始，计算机的基本逻辑元件逐渐采用大规模集成电路(large scale integrated circuit, LSI)和超大规模集成电路(very large scale integrated circuit, VLSI)。内存储器采用集成度很高的半导体存储器，外存储器使用了更为先进的科学技术制造出的大容量磁盘和光盘，计算机的运算速度达到每秒几百万次至上亿次。

这一时期，巨型机和工作站都以崭新的形象出现，而其中最有影响的莫过于微型计算机(microcomputer)。自 1981 年 IBM 公司推出采用 Intel 8088 CPU 的准 16 位 IBM PC 机以来，计算机不再只是大单位才能拥有的设备，而是可以成为个人计算机(personal computer, PC)了。PC 系列微机的出现，极大地促进了计算机的飞速发展，微机的核心部件——微处理器的一代研制时间已由 3 年缩短至 1 年，而性能价格比的提高速度更是惊人。自 1971 年 Intel 公司推出第一代微处理器芯片 Intel 4004，到 1999 年推出的 Pentium Ⅲ，其字长由 4

位扩展到32位，处理速度由每秒可执行5万条指令发展到每秒可执行数亿条指令。

2）中国计算机发展史

1958年，中国科学院计算技术研究所研制成功我国第一台小型电子管通用计算机103机（八一型），标志着我国第一台电子计算机的诞生。

1964年，我国制成了第一台全晶体管电子计算机441-B型。

1965年，中国科学院计算技术研究所研制成功我国第一台大型晶体管计算机109乙机，之后推出109丙机，该机为两弹试验发挥了重要作用。

1974年，清华大学等单位联合设计、研制成功采用集成电路的DJS-130小型计算机，运算速度达每秒100万次。

1983年，国防科学技术大学研制成功运算速度每秒上亿次的银河-Ⅰ巨型计算机。这是我国高速计算机研制的一个重要里程碑。

1985年，电子工业部计算机工业管理局研制成功与IBM PC机兼容的长城0520CH微机。

1992年，国防科学技术大学研究出银河-Ⅱ通用并行巨型机，峰值速度达每秒4亿次浮点运算（相当于每秒10亿次基本运算操作），为共享主存储器的四处理机向量机。其向量中央处理机是采用中小规模集成电路自行设计的，总体上达到80年代中后期国际先进水平。它主要用于中期天气预报。

1993年，国家智能计算机研究开发中心（后成立北京市曙光计算机公司）研制成功曙光一号全对称共享存储多处理机，这是国内首次以基于超大规模集成电路的通用微处理器芯片和标准UNIX操作系统设计开发的并行计算机。

1995年，曙光公司又推出了国内第一台具有大规模并行处理（massively parallel processing，MPP）结构的并行机曙光1000（含36个处理机），峰值速度达每秒25亿次浮点运算，实际运算速度上了每秒10亿次浮点运算这一高性能台阶。曙光1000与美国Intel公司1990年推出的大规模并行机体系结构及实现技术相近，与国外的差距缩小到5年左右。

1997年，国防科学技术大学研制成功银河-Ⅲ百亿次并行巨型计算机系统，采用可扩展分布共享存储并行处理体系结构，由130多个处理结点组成，峰值速度达每秒130亿次浮点运算，系统综合技术达到90年代中期国际先进水平。

1997至1999年，曙光公司先后在市场上推出具有机群结构的曙光1000A、曙光2000-Ⅰ、曙光2000-Ⅱ超级服务器，峰值速度已突破每秒1 000亿次浮点运算，机器规模已超过160个处理机。

1999年，国家并行计算机工程技术研究中心研制的神威Ⅰ计算机通过了国家级验收，并在国家气象中心投入运行。系统有384个运算处理单元，峰值速度达每秒3 840亿次。

2000年，曙光公司推出每秒3 000亿次浮点运算的曙光3000超级服务器。

2001年，中国科学院计算技术研究所研制成功我国第一款通用CPU——“龙芯”芯片。

2002年，曙光公司推出完全自主知识产权的“龙腾”服务器，龙腾服务器采用了“龙芯-1”CPU，采用了曙光公司和中国科学院计算技术研究所联合研发的服务器专用主板，采用了曙光Linux操作系统，该服务器是国内第一台完全实现自有产权的产品，在国防、安全等部门发挥了重大作用。

2003年，百万亿次数据处理超级服务器曙光4000L通过国家级验收，再一次刷新国产超级服务器的历史纪录，使得国产高性能产业再上新台阶。

2010 年，以美国两院院士、“世界超级涡轮式刀片计算机之父”陈世卿博士为首的专家团队研发出的天河-1A，速度为每秒 2.5 千万亿次。

2013 年，国防科学技术大学研制的天河二号以持续运算速度每秒 3.39 亿亿次的双精度浮点运算速度，成为全球最快的超级计算机。

2016 年，国家并行计算机工程技术研究中心研制的神威·太湖之光超级计算机首次荣获“戈登·贝尔”奖，实现了我国高性能计算应用成果在该奖项上零的突破。

3)计算机的发展趋势

目前，计算机正朝着巨型化、微型化、网络化、多媒体化和智能化的方向发展。巨型化是指研制处理速度极快、存储容量很大、功能很强的超大型计算机，以满足诸如天文、气象、核反应、国防等尖端科学的需要。微型化是指对性能优越、集成度高、体积小、价格便宜、使用方便的微型计算机的需求。

计算机的发展历经了不同时期的四代，性能上发生了巨大的变化，但基本原理大都属于“存储程序和程序控制”的冯·诺依曼型。如何突破冯·诺依曼型(按顺序一条一条地执行指令)计算机的局限，研制出具有人脑“逻辑判断”和“直观感觉”功能的新一代计算机，是近年来计算机科学家一直奋斗的目标。未来的智能计算机将使用光集成电路和生物芯片来代替电集成电路，用多处理器代替单处理器，更进一步提高计算机的运行速度；用人工神经网络组成的网络系统来模拟人脑，使计算机具有类似人脑的智能功能。智能计算机、量子计算机、光计算机、生物计算机、神经计算机和超导计算机等已不陌生。同时，软件上也力求开发具有多媒体信息交互、自然语言理解及具有逻辑思维的智能程序设计语言，使计算机真正成为人脑智力延续的“电脑”。

1.1.2 计算机的特点与分类

1. 计算机的特点

计算机之所以能随着微电子技术的演变而不断更新换代，性能不断增强，应用越来越广泛，是因为计算机和其他运算工具相比具有如下独到的特点。

(1)运算速度快：目前世界上运算最快的计算机已达每秒数亿亿次，即便是 PC 机，其速度也已达到了每秒数亿次。要从上万个数据信息中找到所需要的信息仅要 2～3 秒，它能够完成许多人工无法完成的工作。

(2)计算精度高：计算机内部采用二进位计数制，其运算精度随字长位数的增加而提高。目前 PC 机的字长已达到 64 位，再结合软件处理算法，整个计算机的运算精度可以达到预期的精度。

(3)“记忆”功能：从首台计算机诞生至今，作为计算机功能之一的存储(记忆)功能，得到了很大发展。目前 PC 机的内存容量配置已达到 2～4 GB，而硬盘(外存)的容量已达到 TB 级。一套大型辞海、百科全书，甚至整个图书馆的所有书籍，均可以存储在计算机中，并按需要实现各种类型的查询和检索。

(4)逻辑判断能力：计算机不仅能进行算术运算，对所要处理的信息进行各种逻辑判断，并根据判断的结果自动决定后续要执行的命令，还可以进行逻辑推理和定理证明。

(5)自动执行程序的能力：从复杂的数学演算到宇宙飞船控制，人们只需事先编好程序，并将程序存储于计算机中，一旦开始执行，计算机便自动工作，直到完成任务，不需要人工干预。但在人要干预时，又可及时响应，实现人机交互。

2. 计算机的分类

计算机的种类繁多,分类可按不同的标准来划分。

(1)按所处理的信号可分为电子数字计算机、电子模拟计算机和数模混合计算机。

①电子数字计算机:它是以数字化的信息为处理对象,并采用数字电路对数字信息进行数字处理。通常所说的计算机指的就是电子数字计算机。

②电子模拟计算机:它是以模拟量(连续物理量,如电流、电压)为处理对象,处理方式也采用模拟方式。

③数模混合计算机:它是数字和模拟有机结合的计算机。

(2)按用途可分为专用计算机和通用计算机。

①专用计算机:它的功能单一,适应性差,只能完成某个专门任务,但在特定用途下,最有效、最经济,也最快速。

②通用计算机:它的功能齐全,适应性强,装上不同的软件可以做不同的工作。目前所说的计算机都是指通用计算机,但其效率、速度和经济性比专用计算机相对要低一些。

(3)按运算速度等性能指标划分,主要有巨型计算机、微型计算机、工作站、服务器、嵌入式计算机等。(这种分类标准不是固定不变的,只能针对某一个时期。)

①巨型计算机:它是高容量机,处理器可以在1秒内完成几亿亿次的计算。就像它们的名字,巨型机用在那些需要处理庞大数据的任务中,比如做全国人口普查的计算、天气预报、设计飞机、构造分子模型、破译密码和模拟核弹爆炸等。现在,巨型机也更多地用在商业用途(如过滤人口统计上的营销信息)和制作生动的电影效果等。近年来,我国巨型机的研发也取得了很大的成绩,推出了“银河”“联想”和“曙光”等代表国内最高水平的巨型机系统,并在国民经济的关键领域得到广泛应用。

②微型计算机:又称为个人计算机、PC机。自IBM公司于1981年采用Intel的微处理器推出IBM PC以来,微型机因其小、巧、轻,使用方便,价格便宜等优点得到迅速发展,成为计算机的主流。目前微型机的应用已经遍及社会的各个领域,从政府办公到工厂生产控制,从商业数据处理到家庭的信息管理,无所不在。微型机种类很多,主要分为三类:台式计算机、笔记本计算机和掌上计算机。

③工作站:它是一种介于微型机和小型机之间的高档微型机系统。自1980年美国阿波罗(Apollo)公司推出世界上第一个工作站DN100以来,工作站迅速发展,成为专长处理某类特殊事务的一种独立的计算机类型。工作站通常配有高分辨率的大屏幕显示器和大容量的内外存储器,具有较强的数据处理能力与高性能的图形功能。早期的工作站大都采用摩托罗拉(Motorola)公司的680X0芯片,配置UNIX操作系统。现在的工作站多采用比较先进的微型机。

④服务器:它是一种在网络环境中为多个用户提供服务的计算机系统。从硬件上来说,一台普通的微型机也可以充当服务器,关键是它安装网络操作系统、网络协议和各种服务软件。服务器的管理和服务有文件、数据库、图形、图像以及打印、通信、安全、保密和系统管理等服务。根据提供的服务,服务器可分为文件服务器、数据库服务器、应用服务器和通信服务器等。

⑤嵌入式计算机:它是指作为一个信息处理部件,嵌入到应用之中的计算机。嵌入式计算机与通用型计算机最大的区别是运行固化的软件,用户很难或不能改变。嵌入式计算机应用最广泛,数量超过微型机。目前广泛应用于各种家用电器之中,如电冰箱、自动洗衣机、

数字电视机、数码相机等。

1.1.3 计算机的应用领域

随着计算机技术的迅猛发展，尤其是随着 PC 机的普及，计算机几乎已渗透到各个领域，从科研、生产、国防、文化、教育、卫生，直到家庭生活，都离不开计算机的服务。计算机促进了生产率大幅度提高，把社会生产力提高到前所未有的水平，计算机已成为人脑的延伸，使社会信息化真正成为可能和现实。概括来讲，计算机主要应用在以下几个领域。

1. 科学计算

科学计算又称为数值计算。研制计算机的最初目的，就是为了使人们从大量烦琐而枯燥的计算工作中解脱出来，用计算机解决一些复杂或实时过程的高速性靠人工难以解决或不可能解决的计算问题。例如，人造卫星和宇宙飞船轨道的计算、机械建筑和水电等工程设计方面的数值求解、生物医学中的人工合成蛋白质技术、天气预报等。

2. 信息处理

信息处理又称为数据处理，是计算机最广阔的应用领域，决定了计算机应用的主导方向。其目的是对大批数据（尤其是非数值型信息）进行分析、加工、处理，并以更适合于人们阅读、理解的形式输出结果，如图书管理、情报检索、全球信息检索系统、办公自动化系统、管理信息系统、电影电视动画设计、金融自动化系统、卫星及遥感图像分析系统、医院 CT 及核磁共振的三维图像重建等都是计算机用于信息处理的直接领域。

3. 过程控制

过程控制也称为实时控制，就是用计算机对生产过程进行及时采集检测信息，按最佳值立即对被控制对象进行自动调节或控制。实时控制在生产过程中的应用，不但提高了生产率，降低了成本，而且提高了产品的精度和质量。实时控制所涉及的领域很广泛，如冶金、机械、石油化工、交通、国防等部门，小到家电运转过程的控制、机器零件的生产过程的控制，大到火箭发射运转过程的控制、武器瞄准闭环校射系统控制、核电站核反应堆的控制等。

4. 计算机辅助系统

利用计算机辅助系统可完成设计、制造、教学等任务，目前主要涉及如下几个方面：

（1）计算机辅助设计（computer aided design, CAD），就是用计算机帮助设计人员进行设计。随着图形设备及相关软件的发展，CAD 已在电子、机械、航空、船舶、汽车、化工、服装和建筑等行业得到广泛的应用。

（2）计算机辅助制造（computer aided manufacturing, CAM），就是利用计算机直接控制产品的加工和生产，以提高产品质量、降低销售成本、缩短生产周期。

（3）计算机辅助教学（computer aided instruction, CAI），就是利用计算机系统使用课件来辅助教师教学和帮助学生学习，改变了粉笔加黑板的教学方式。CAI 的主要特色是交互教育和个别指导，其次是允许学生根据自己的需要选择不同的教学内容和顺序，实现“因人施教”。目前的 CAI 包括两个方面：一是基于课件的 CAI；二是利用计算机网络的远程教育。前者是从改进教学手段入手，利用研制的 CAI 课件进行多媒体教学，使课程中抽象的概念、原理和现象形象地表征在屏幕上，创造出逼真、动态、直观的效果。而后者则是利用计算机网络和计算机通信技术，实现异地远程联网教学，使世界各地的学生都受到最高水平的教学与教育。

另外还有计算机辅助测试(computer aided testing，CAT)、计算机辅助工程(computer aided engineering，CAE)等方面的应用。

5. 人工智能

人工智能是用计算机来模拟人的感应、判断、理解、学习和问题求解等人类的智能活动。人工智能是计算机应用的一个崭新领域，如机器人、医疗诊断专家系统、图像识别和推理证明等。

6. 网络应用

计算机技术与现代通信技术的结合构成了联机系统和计算机网络。计算机网络的建立不仅解决了一个单位、一个地区、一个国家中计算机与计算机之间的通信、各种软件、硬件资源的共享，也大大促进了国际间的通信、文字、图像等各类数据的传输与处理。

计算机网络技术的全面运用，互联网的快速发展，通信技术的更新换代，使地球村得以形成。简单地说，地球村是指地球虽然很大，但是由于信息传递越来越方便，大家交流就像在一个小村子里面一样便利，因此称地球这个大家庭为“地球村”了。

1.2 信息在计算机中的存储

1.2.1 计算机常用计数制及相互转换

在计算机中，信息是以数据的形式表示和使用的，计算机能表示和处理的数据包括数值、文字、语音、图形、图像等，而这些数据在计算机内部都是以二进制的形式表现的。计算机中的基本逻辑元件有两个可以相互转换的稳定状态，可用一位二进制数来表示。也就是说，二进制是计算机内部存储、处理数据的基本形式。但因为二进制在书写和记忆上不方便，所以往往还采用人们习惯上常用的十进制形式以及八进制、十六进制等。而对于非数值型数据，可通过编码的形式变换成计算机能接受的二进制数。

1. 计数制

计数制是按一定进位规则进行计数的方法，它根据表示数值所用的数字符号的个数来命名。其中计数制中所用的数字符号的个数称为计数制的基，数值中每一位置都对应特定的值，称为位权。对于 R 进制数，有数字符号 0,1,2,…,$R-1$，共 R 个数码，基数是 R，位权 R^k(k 是指该数值中数字符号的顺序号，从高位到低位依次为 $n,n-1,n-2,\cdots,2,1,0,-1,-2,\cdots,-m$，其中整数部分有 $n+1$ 位数，小数部分有 m 位数)，进位规则是逢 R 进 1。在 R 进位计数制中，任意一个数值均可以表示为如下形式：

$$a_n a_{n-1} a_{n-2} \cdots a_2 a_1 a_0 . a_{-1} a_{-2} \cdots a_{-m},$$

其值为

$$\begin{aligned} S &= a_n R^n + a_{n-1} R^{n-1} + a_{n-2} R^{n-2} + \cdots + a_2 R^2 + a_1 R^1 + a_0 R^0 \\ &\quad + a_{-1} R^{-1} + a_{-2} R^{-2} + \cdots + a_{-m} R^{-m} \\ &= \sum_{k=-m}^{n} a_k R^k 。\end{aligned}$$

2. 常用计数制

1)十进制

十进制的基数为 10,有 10 个数字符号 0,1,2,3,4,5,6,7,8,9。各位权是以 10 为底的幂,进(借)位规则为:逢十进一,借一当十。例如:

十进制:	3	1	5	.	7	6
	↓	↓	↓		↓	↓
各位权:	10^2	10^1	10^0		10^{-1}	10^{-2}

数值为: $(315.76)_{10}=3\times10^2+1\times10^1+5\times10^0+7\times10^{-1}+6\times10^{-2}=(315.76)_{10}$

2)二进制

二进制的基数为 2,有 2 个数字符号 0,1。各位权是以 2 为底的幂,进(借)位规则为:逢二进一,借一当二。例如:

二进制:	1	0	1	1	.	0	1
	↓	↓	↓	↓		↓	↓
各位权:	2^3	2^2	2^1	2^0		2^{-1}	2^{-2}

数值为: $(1011.01)_2=1\times2^3+0\times2^2+1\times2^1+1\times2^0+0\times2^{-1}+1\times2^{-2}$

$=8+0+2+1+0+0.25=(11.25)_{10}$

3)八进制

八进制的基数为 8,有 8 个数字符号 0,1,2,3,4,5,6,7。各位权是以 8 为底的幂,进(借)位规则为:逢八进一,借一当八。例如:

八进制:	3	1	5	.	7	6
	↓	↓	↓		↓	↓
各位权:	8^2	8^1	8^0		8^{-1}	8^{-2}

数值为: $(315.76)_8=3\times8^2+1\times8^1+5\times8^0+7\times8^{-1}+6\times8^{-2}$

$=3\times64+1\times8+5\times1+7\times0.125+6\times0.015625$

$=(205.96875)_{10}$

4)十六进制

十六进制的基数为 16,有 16 个数字符号 0,1,2,3,4,5,6,7,8,9,A,B,C,D,E,F。各位权是以 16 为底的幂,进(借)位规则为:逢十六进一,借一当十六。例如:

十六进制:	3	B	E	.	A	6
	↓	↓	↓		↓	↓
各位权:	16^2	16^1	16^0		16^{-1}	16^{-2}

数值为: $(3BE.A6)_{16}=3\times16^2+B\times16^1+E\times16^0+A\times16^{-1}+6\times16^{-2}$

$=3\times256+11\times16+14\times1+10\times0.0625+6\times0.00390625$

$=(958.6484375)_{10}$

3. 常用计数制之间的转换

常用计数制之间的转换如表 1-1 所示。

表 1-1　常用计数制之间的对应关系

十进制	二进制	八进制	十六进制	十进制	二进制	八进制	十六进制
0	0	0	0	10	1010	12	A
1	1	1	1	11	1011	13	B
2	10	2	2	12	1100	14	C
3	11	3	3	13	1101	15	D
4	100	4	4	14	1110	16	E
5	101	5	5	15	1111	17	F
6	110	6	6	16	10000	20	10
7	111	7	7	17	10001	21	11
8	1000	10	8	⋮	⋮	⋮	⋮
9	1001	11	9				

1)R 进制转换成十进制

在 R 进制中，任意一个数值 $a_n a_{n-1} a_{n-2} \cdots a_2 a_1 a_0 . a_{-1} a_{-2} \cdots a_{-m}$，其对应的十进制数值为

$$
\begin{aligned}
S &= a_n R^n + a_{n-1} R^{n-1} + a_{n-2} R^{n-2} + \cdots + a_2 R^2 + a_1 R^1 + a_0 R^0 \\
&\quad + a_{-1} R^{-1} + a_{-2} R^{-2} + \cdots + a_{-m} R^{-m} \\
&= \sum_{k=-m}^{n} a_k R^k 。
\end{aligned}
$$

2)十进制转换成二进制

数值由十进制转换成二进制，要先将整数部分和小数部分分别进行转换，再组合起来。整数部分采用"除以 2 取余，直到商为 0"的方法，所得余数按逆序排列就是对应的二进制整数部分；小数部分采用"乘以 2 取整，达到精度为止"的方法，所得整数按顺序排列就是对应的二进制小数部分。

例如，把$(11.25)_{10}$转换成二进制数：

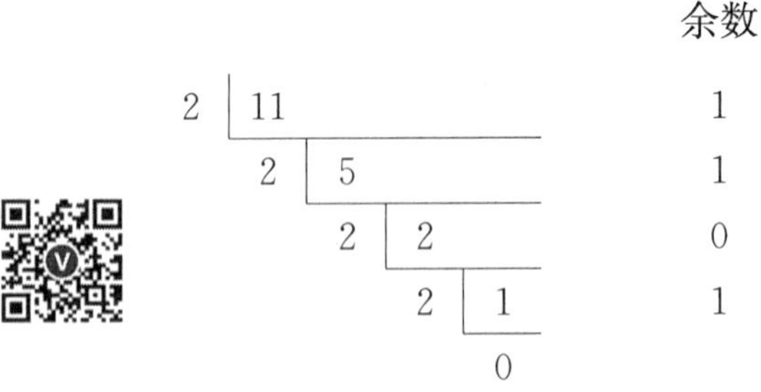

0.25×2=0.5；0.5×2=1.0。因此，$(11.25)_{10}=(1011.01)_2$。

3)十进制转换成八进制

数值由十进制转换成八进制，要先将整数部分和小数部分分别进行转换，再组合起来。整数部分采用"除以 8 取余，直到商为 0"的方法，所得余数按逆序排列就是对应的八进制整数部分；小数部分采用"乘以 8 取整，达到精度为止"的方法，所得整数按顺序排列就是对应的八进制小数部分。

例如，把$(11.25)_{10}$转换成八进制数：

余数

$$\begin{array}{r|l} 8 & 11 \quad\quad 3 \\ \hline & 8 \mid 1 \quad 1 \\ & \quad 0 \end{array}$$

0.25×8=2.0。因此，$(11.25)_{10}=(13.2)_8$。

4)十进制转换成十六进制

数值由十进制转换成十六进制，要先将整数部分和小数部分分别进行转换，再组合起来。整数部分采用“除以16取余，直到商为0”的方法，所得余数按逆序排列就是对应的十六进制整数部分；小数部分采用“乘以16取整，达到精度为止”的方法，所得整数按顺序排列就是对应的十六进制小数部分。

例如，把$(958.6484375)_{10}$转换成十六进制数：

余数

$$\begin{array}{r|l} 16 & 958 \quad\quad E \\ \hline & 16 \mid 59 \quad B \\ & \quad 16 \mid 3 \quad 3 \\ & \quad\quad 0 \end{array}$$

0.6484375×16=10.375；0.375×16=6.0。因此，$(958.6484375)_{10}=(3BE.A6)_{16}$。

5)二进制与八进制之间的转换

(1)二进制转换成八进制：从小数点开始分别向左和向右把整数及小数部分每3位分成一组，若整数部分最高位组不足3位，则在其左边加0补足3位；若小数部分最低位组不足3位，则在其最右边加0补足3位。然后，用每组二进制数所对应的八进制数取代该组的3位二进制数，即可得该二进制数所对应的八进制数。

例如，把$(11010.01)_2$转换成八进制数：

```
011  010  .  010
 ↓    ↓        ↓
 3    2        2
```

故$(11010.01)_2=(32.2)_8$。

(2)八进制转换成二进制：把八进制数的每一位均用对应的3位二进制数去取代，即得该八进制数对应的二进制数。

例如，把$(27.5)_8$转换成二进制数：

```
 2    7   .   5
 ↓    ↓       ↓
010  111     101
```

故$(27.5)_8=(10111.101)_2$。

6)二进制与十六进制之间的转换

(1)二进制转换成十六进制：从小数点开始分别向左和向右把整数及小数部分每4位分成一组，若整数部分最高位组不足4位，则在其左边加0补足4位；若小数部分最低位组不足4位，则在其最右边加0补足4位。然后，用与每组二进制数所对应的十六进制数取代每组的 4 位二进制数，即可得该二进制数所对应的十六进制数。

例如，把$(11010.01)_2$ 转换成十六进制数：

```
0001  1010   .   0100
  ↓     ↓          ↓
  1     A          4
```

故$(11010.01)_2=(1A.4)_{16}$。

(2)十六进制转换成二进制：把十六进制数的每一位均用对应的 4 位二进制数取代，即可得该十六进制数所对应的二进制数。

例如，把$(2C.F)_{16}$转换成二进制数：

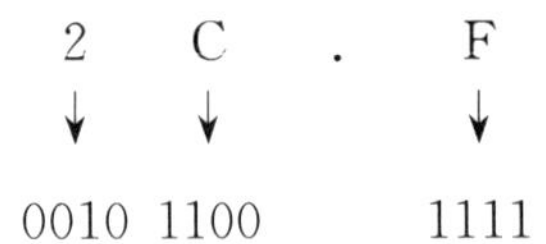

故$(2C.F)_{16}=(101100.1111)_2$。

1.2.2 数据存储的基本单位

一个数可以用二进制、八进制、十进制或十六进制表示，但在计算机中实际上最终只能使用二进制数。在计算机中，数据的表示有三个基本单位：位、字节和字。

1. 机器数

“数”以某种方式存储在计算机中，即称为机器数。机器数一般以二进制的形式存放在计算机中。

2. 位(bit)

位是计算机存储数据的最小单位，指二进制数的一位。

3. 字节(Byte)

8 位二进制数为 1 个字节。字节是最基本的数据单位，字节常用大写字母 B 表示。

4. 字(word)

计算机进行数据处理时，一次存取、加工和传送的数据长度称为一个字。一般来说，1 个字是由 1 个字节或多个字节组成。

5. 字长

计算机一次所能处理的实际二进制的位数称为字长。字长已成为计算机性能的一个指标。例如，我们常说的 32 位机(字长为 32，4 个字节)，64 位机(字长为 64，8 个字节)。

6. 存储容量的单位和换算公式

存储容量的单位：kB(千字节)，MB(兆字节)，GB(吉字节)，TB(太字节)，其中

1 kB=1024 B，1 MB=1024 kB，1 GB=1024 MB，1 TB=1024 GB。

1.2.3 计算机中数据的存储

计算机作为一个信息处理工具，数值运算只占到其工作的一小部分。事实上，在计算机所处理的信息中，很大一部分是字符信息，而计算机只能识别二进制，无法直接接受字符信息。因此，需要对字符进行编码，建立字符与 0 和 1 之间的对应关系，以便计算机能识别、存储和处理字符。

1. 数值型信息的编码

计算机可处理的数值型信息分无符号数和有符号数两种。在计算机中，通常把一个数的最高位作为符号位，该位为“0”表示正数，为“1”表示负数。为了方便运算，计算机中对有符号数常采用三种表示方法：原码、补码和反码。以下均以8位二进制数码表示。

1）原码

正数的符号位为0，负数的符号位为1，其他位按一般的方法表示数的绝对值，用这种方法得到的数码就是该数的原码。例如：

$[+99]_{原码}=(01100011)_2$， $[-99]_{原码}=(11100011)_2$。

原码简单易懂，但用这种码进行两个异号数相加或两个同号数相减时都不方便。为了将加法运算和减法运算统一为加法运算，以便简化运算逻辑电路，就引入反码和补码。

2）反码

正数的反码与原码相同，负数的反码为其原码除符号位外的各位按位取反（0变1，1变0）。例如：

$[+99]_{反码}=(01100011)_2$， $[-99]_{反码}=(10011100)_2$。

3）补码

正数的补码与其原码相同，负数的补码为其反码在其最低位加1。例如：

$[+99]_{补码}=(01100011)_2$， $[-99]_{补码}=(10011101)_2$。

综上：

（1）对于正数，原码＝反码＝补码；

（2）对于负数，补码＝反码＋1；

（3）补码运算遵循以下基本规则：$[X\pm Y]_{补}=[X]_{补}\pm[Y]_{补}$。补码的作用在于能把减法运算化成加法运算。现代计算机都是采用补码形式机器数的。

4）定点数和浮点数

在计算机中，根据机器数中的小数点的位置是否固定，分为定点表示法和浮点表示法两种，它们不但关系到小数点的问题，而且关系到数的表示范围、精度以及电路复杂程度。

（1）定点数：在机器数中，小数点的位置固定不变，称为定点数，这种表示方法称为定点表示法。常用的有定点纯整数和定点纯小数。

（2）浮点数：在机器数中，任意一数均可通过改变指数部分，使小数点位置发生移动，这种表示方法称为浮点表示法，它类似于科学记数法。例如，$352=0.352\times10^3$。浮点表示法的一般形式为

$$N=\pm尾数\times基数^{\pm阶码}，\quad 即 \quad N=\pm s\times2^{\pm P}。$$

图解为

阶符	阶码 P	尾符	尾码 s

例如，$+110.101=2^{+11}\times(+0.110101)$，图解为

阶符	阶码 P	尾符	尾码 s
0	11	0	110101

2. 西文字符的编码

目前国际上普遍使用的是美国信息交换标准码（American Standard Code for Information Interchange，ASCII），如表1-2所示。ASCII码共有128个字符，用7位二进

制数编码，另外增加一位奇偶校验位，共8位。其中包括33个通用字符、10个十进制数码、52个大小写英文字母和33个专用符号。表1－2列出了其中95个可以显示或打印出来的图形符号，以及33个不可直接显示或打印的控制字符。

表1－2　ASCII码表

ASCII值	字符	ASCII值	字符	ASCII值	字符	ASCII值	字符
0	NUL	32	(space)	64	@	96	`
1	SOH	33	!	65	A	97	a
2	STX	34	″	66	B	98	b
3	ETX	35	#	67	C	99	c
4	EOT	36	$	68	D	100	d
5	ENQ	37	%	69	E	101	e
6	ACK	38	&	70	F	102	f
7	BEL	39	′	71	G	103	g
8	BS	40	(	72	H	104	h
9	HT	41	)	73	I	105	i
10	LF	42	*	74	J	106	j
11	VT	43	+	75	K	107	k
12	FF	44	,	76	L	108	l
13	CR	45	—	77	M	109	m
14	SO	46	.	78	N	110	n
15	SI	47	/	79	O	111	o
16	DLE	48	0	80	P	112	p
17	DC1	49	1	81	Q	113	q
18	DC2	50	2	82	R	114	r
19	DC3	51	3	83	S	115	s
20	DC4	52	4	84	T	116	t
21	NAK	53	5	85	U	117	u
22	SYN	54	6	86	V	118	v
23	ETB	55	7	87	W	119	w
24	CAN	56	8	88	X	120	x
25	EM	57	9	89	Y	121	y
26	SUB	58	:	90	Z	122	z
27	ESC	59	;	91	[	123	{
28	FS	60	<	92	\	124	|
29	GS	61	=	93	]	125	}
30	RS	62	>	94	ˆ	126	～
31	US	63	?	95	—	127	DEL

3. 中文字符的编码

西文字符是拼音文字，基本符号比较少，利用键盘就可以输入有关信息，因此编码比较容易，在计算机系统中，输入、内部处理、存储和输出都可以使用同一代码。汉字种类繁多，编码比拼音文字困难得多，因此在输入、计算机内部处理、输出时要使用不同的编码，各种编码之间要进行转换。

1)汉字输入码

汉字输入码是一种用计算机标准键盘上的按键的不同组合输入汉字而编制的编码，也是汉字外部码，简称外码。目前按输入法可分为以下四类：

(1)数字编码是用数字串代表一个汉字，国标区位码是这种类型编码的代表。各用4位十进制数表示，例如汉字"中"的区位码为"5448"；汉字"玻"的区位码为"1803"。

(2)字音编码是以汉语拼音为基础的输入方法，如全拼输入法、智能ABC输入法、微软拼音输入法等都属于这种类型的编码。

(3)字形编码是以汉字的形状为基础确定的编码，即按汉字的笔画和部件(结构)用字母或数字进行编码，如五笔字型属于这种类型的编码。

(4)音形码，如自然码等。

2)汉字交换码

汉字相对于西文字符而言，其数量较大，我国在1980年发布了《信息交换用汉字编码字符集 基本集》，简称国标码，标准号是GB/T 2312—1980。国标码规定：一个汉字用两个字节来表示，每个字节只用低7位，最高位为0。但为了与标准的ASCII码兼容，避免每个字节的7位中的个别编码与计算机的控制符冲突，实际每个字节只使用了94种编码。也就是说，将编码分为94个区，对应第一字节；每个区94个位，对应第二字节。两个字节的值，分别为区号值和位号值各加32(20H)。

GB/T 2312—1980规定，01～09区(原规定为1～9区，为表示区位码方便起见，现改称01～09区)为符号、数字区，16～87区为汉字区。而10～15区及88～94区是有待于"进一步标准化"的"空白位置"区域。

GB/T 2312—1980把收录的汉字分成两级。第一级汉字是常用汉字，计3755个，置于16～55区，按汉语拼音字母顺序排列；第二级汉字是次常用汉字，计3008个，置于56～87区，按部首/笔画顺序排列。字音以普通话审音委员会发表的《普通话异读词三次审音总表初稿》(1963年出版)为准，字形以原中华人民共和国文化部、原中国文字改革委员会公布的《印刷通用汉字字形表》(1964年出版)为准。

由于GB/T 2312—1980表示的汉字比较有限，因此我国的信息技术标准化技术委员会就对原标准进行了扩充，得到扩充后的汉字编码方案GBK，常用的繁体字被填充到了原国际码中留下的空白码段，使汉字个数增加到21003个。在GBK之后，我国又发布了《信息技术 信息交换用汉字编码字符集 基本集的扩充》，标准号是GB 18030—2000。GB 18030—2000共收录了27533个汉字，总编码空间超过了150万个码位。

3)汉字机内码

由于国标码每个字节的最高位都是"0"，与国际通用的标准ASCII码无法区分。因此，计算机内部采用机内码来表示，又称汉字内码，是设备和汉字信息处理系统内部存储、处理、传输汉字而使用的编码。机内码就是将国标码的两个字节的最高位设定为"1"。

4)汉字字形码

汉字字形码表示汉字字形的字模数据,也称输出码,用于显示或打印汉字时产生字形,该编码有两种表示方式:点阵和矢量。用点阵表示时,字形码就是这个汉字字形点阵的代码。根据输出汉字的要求不同,点阵的类型也不同,有16×16,24×24,32×32,48×48等点阵类型。例如,对于黑点用二进制数"1"表示,白点用"0"表示,这样,一个汉字的"中"字形就可以用一串二进制数表示了,这就是字形码,如图1-6所示,显然它是对汉字的点阵信息进行的编码。

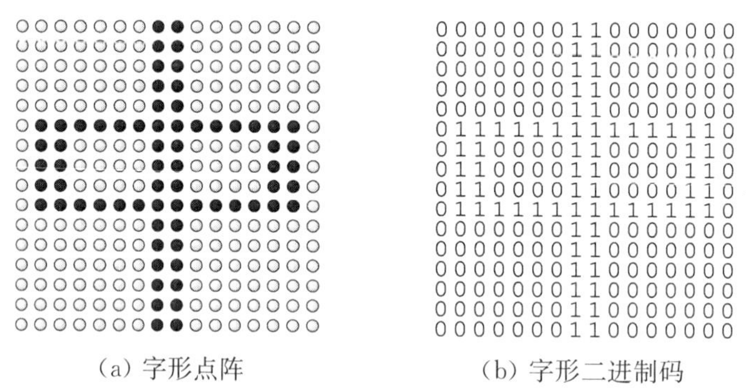

图1-6 汉字字形码

4. Unicode

随着互联网的迅速发展,要求进行数据交换的需求越来越大,于是不同的编码体系越来越成为信息交换的障碍。

Unicode是一个多种语言的统一编码体系,被称为"万国码"。Unicode给每个字符提供了一个唯一的编码,而与具体的平台和语言环境无关。Unicode采用的是16位编码体系,因此能够表示65536个字符,这对表示所有字符及世界上使用的象形文字的语言(包括一系列的数学符号和货币的集合)来说是非常充裕的。前128个Unicode字符是ASCII码,接下来的128个是ASCII码的扩展,其余的字符供不同语言的文字和符号使用。Unicode 9.0版本于2016年正式公布,新增支持7500个新字符,总数达到128172个,其中包括72种新表情符号,还有19种新电视符号,支持新4K标准,扩大支持多种稀有语言。Unicode一律使用两个字节表示一个字符,对于ASCII字符它也使用两字节表示,因此不用通过高字节的取值范围来确定是ASCII字符,还是汉字的高字节,简化了汉字的处理过程。

5. 其他信息在计算机中的表示

如今,计算机的应用更多地涉及了图形、图像、音频和视频。这些信息也必须经过数字化,转换成计算机能够接受的形式,即0和1组成的信息,才能被计算机处理、存储和传输。

在计算机中表示图形、图像一般有两种方法:一种是矢量图;另一种是位图。基于矢量技术的图形以图元为单位,用数学方法来描述一幅图,如图中的一个圆可通过圆心的位置、半径来表示。而在位图技术中,一个图像被看成点阵的集合,每一个点被称作像素。在黑白图像中,每个像素都用1或者0来表示黑和白。而灰度图像、彩色图像则比黑白图像更复杂些,每一个像素都是由许多位来表示的。例如,彩色图像可以各用1个字节(8位)表示颜色中红、绿、蓝的分量,这样,一个像素就要用24位来表示。由于图像的数据量很大,一般都要经过压缩后才能进行存储和传输,通常使用的JPEG格式就是一个图像压缩格式。

视频可以看作由多帧图像组成,其数据量更是大得惊人,往往需要经过一定的视频压缩算法(如MPEG-4)处理后,才能存储和传输。音频是波形信息,是模拟量,必须经过数模转换,转换成数字信号才能被计算机处理和存储。

1.3　计算机在相关专业领域中的应用

1.3.1　计算机在制造业中的应用

制造业是计算机的传统应用领域。在制造业的工厂中使用计算机可减少员工数量、缩短生产周期、降低生产成本、提高企业效益等,特别是在后经济危机时代,更是凸显出优势。计算机在制造业中的应用主要有计算机辅助设计、计算机辅助制造以及计算机集成制造系统等。

1. 计算机辅助设计

CAD是使用计算机来辅助人们完成产品或工程设计任务的一种方法和技术。CAD使得人与计算机均发挥各自特长,实现设计过程的自动化或半自动化。目前,建筑、机械、汽车、飞机、船舶、大规模集成电路、服装等设计领域都广泛地使用了计算机辅助设计系统,大大提高了设计质量和生产效率。应用较广泛的CAD软件是欧特克(Autodesk)公司开发的AutoCAD。近几年,国产CAD软件得到了快速发展,并且正在向三维CAD方面发展,成为企业的现实生产力。CAD所涉及的基础技术包含图形处理技术、工程分析技术、数据管理技术和软件设计与接口技术等。

2. 计算机辅助制造

CAM是使用计算机辅助人们完成工业产品的制造任务。它是一个使用计算机以及数字技术来生成面向制造的数据的过程。通常可定义为能通过直接或间接地与工厂生产资源接口的计算机来完成制造系统的计划、操作工序控制和管理工作的计算机应用系统。所包括的设备和技术有数字控制设备、可编程序逻辑装置、计算机辅助编制加工计划、机器人工程学、制造质量控制技术等。可分为计算机直接与制造过程连接的应用、计算机间接与制造过程连接的应用。

3. 计算机集成制造系统

计算机技术、现代管理技术和制造技术集成到整个制造过程中所构成的系统是计算机集成制造系统(computer integrated manufacturing system, CIMS)。在CIMS中集成了管理科学、CAD、CAM、柔性制造、准时制造、管理信息系统、办公自动化、自动控制、数控机以及机器人等先进技术。CIMS有关技术包含以下内容:

(1)物料需求计划(material requirement planning, MRP):它是制造业的一种管理模式,它强调由产品来决定零件,最终产品的需求决定了主生产计划,通过计算机可以迅速地完成对零部件需求的计算。

(2)制造资源计划(manufacturing resource planning, MRPII):它是一种推进式的管理方式,进一步将经营、生产、财务和人力资源等系统结合,形成制造资源计划、物料需求计划、能源需求计划、财务管理以及成本管理等子系统组成的方式,其发展方向是企业资源计划。

(3)企业资源计划(enterprise resource planning, ERP):它是企业全方位的管理解决方案,主持企业混合制造环境,可以移植到各种硬件平台,采用DBMS,CASE和4GL等软件工具,并具有C/S结构,GUI和开放系统结构等特征。

(4)准时制(just-in-time, JIT):它是及时生产系统,其基本目的是在正确的时间、地点完成正确的事，以期达到零库存、无缺陷、低成本的管理模式。

(5)敏捷制造(agile manufacturing，AM)：不仅要求响应快，而且要灵活善变，以便企业的生产能够快速地适应市场的需求。

(6)虚拟制造(virtual manufacturing，VM)，即采用虚拟现实技术提供的一种在计算机上进行而不直接消耗物质资源的能力。

1.3.2 计算机在商业中的应用

商业也是计算机应用最为活跃的传统领域之一，零售业是计算机在商业中的传统应用。近几年来，在电子数据交换基础上发展起来的电子商务则是从根本上改变了企业的供销模式和人们的消费模式。

1. 零售业

计算机在零售业中的应用改变了购物的环境和方式。在超市中，各类商品陈列在货架上，供客户自由地选择，收银机自动识别贴在商品上的条形码，所有的收银机均与中央处理机的数据库相连，能自动地更新商品的价格，计算折扣，更新商品的库存等等。一些商场还允许顾客使用信用卡、借记卡等购物。

2. 电子数据交换

电子数据交换(electronic data interchange，EDI)是现代计算机技术与通信技术相结合的产物。EDI 技术在工商业界获得广泛应用，特别是在 Internet 环境下，EDI 技术已经成为电子商务的核心技术之一。

EDI 是计算机与计算机之间商业信息或行政事务处理信息的传输。同时 EDI 应具备三个基本要素，即用统一的标准编制文件、利用电子方式传送信息以及计算机与计算机之间的连接。

EDI 产生于 20 世纪 60 年代末，美国航运业率先使用其进行点对点的计算机与计算机间通信。随计算机网络技术的发展，应用领域逐步扩大到银行业、零售业等，出现了许多行业性的 EDI 标准。20 世纪 90 年代，出现 Internet EDI，中小企业也进入 EDI 技术应用的行列。

我国 EDI 发展是在 20 世纪 90 年代，成立了“中国促进 EDI 应用协调小组”和“中国 EDIFACT 委员会”，促进了 EDI 在国内的发展。

3. 电子商务

电子商务(electronic commerce，EC)是组织或个人用户在以通信网络为基础的计算机系统支持下的网上商务活动，是通过计算机和网络技术建立起来的一种新的经济秩序。它涉及电子、商业交易、金融、税务、教育等领域。EC 的广泛应用将彻底改变传统的商务活动模式，使企业的生产和管理、人们的生活和就业、政府的职能、法律法规，以及文化教育等方面产生深刻的变化。

电子商务不仅具有传统商务的基本特性，还具有对计算机网络的依赖性，地域的高度广泛性，成本的低廉性，商务通信的快捷性，电子商务的安全性，系统的集成性等特点。

电子商务的分类：企业与消费者之间的电子商务；企业与企业之间的电子商务；企业与政府之间的电子商务。

电子商务的系统框架：

①Internet；

②域名服务器；

③电子商务服务器；

④电子商务应用服务器；

⑤数据库服务器；

⑥支付网关；

⑦认证机构；

⑧电子商务客户机。

1.3.3 计算机在银行与金融业中的应用

计算机和网络技术在银行与金融业中的广泛应用，为该领域带来了全新的变革和活力，从根本上改变了银行和金融机构的业务处理模式。

1. 电子货币

随着人类社会经济和科学技术的发展，货币的形式从商品到金属货币和纸币，又从现金形式发展到票据和信用卡等。

电子货币是计算机介入货币流通领域后产生的，是现代商品经济高度发展要求资金快速流通的产物。由于电子货币是利用银行的电子存款系统和电子清算系统来记录和转移资金的，因此它具有使用方便、成本低廉、灵活性强、适合大宗资金流动等优点。目前，银行使用的电子支票、银行卡、电子现金等都是电子货币的不同表现形式。

1)电子支票

电子支票即电子资金传输，它与纸面支票不同，是购买方从金融中介方获得的电子形式的付款证明。电子支票需要有电子支票系统或称为电子资金传输系统环境的支持。该系统目前一般采用专用的网络系统和设备，并通过相应的软件以及规范化的用户识别、数据验证、数据传输等协议实现电子汇兑和清算、通过自动取款机(ATM)进行现金支付等功能。

2)银行卡

银行卡是由银行发行的专用卡，可以提供电子支付服务。由于服务业务的不同，银行卡分为信用卡、借记卡及专用卡等多种类型，其中最常用的是信用卡。

3)电子现金

电子现金又称为数字现金，是纸币现金的电子化。使用电子现金不仅具有纸币现金的方便性、匿名性和交易的保密性，而且又具有电子货币的灵活方便、节省交易费用、防伪造等优点。它有多种表现形式，如预付卡和纯电子系统等。

2. 网上银行与移动支付

网上银行的建立和银行卡的广泛使用显示出了计算机网络给银行业带来的变革。随着移动数据通信技术的发展而产生的移动支付服务方式，又为移动用户进行电子支付带来了极大的便利。

1)网上银行

网上银行是指通过因特网或其他公用信息网，将客户的计算机终端连接至银行，实现将银行服务直接送到企业办公室或者客户家中的信息系统，是一个包括了网上企业银行、网上个人银行以及提供网上支付、网上证券和电子商务等相关服务的银行业务综合服务体系。它的主要业务是网上支付，并逐步实现电子货币、电子钱包、网上证券和电子商务等应用。

2)移动银行与移动支付

在银行业中，无线数据通信技术被成功地应用于移动银行和移动商务，其中核心功能是移动支付。移动银行可以向移动用户提供的服务包括移动银行账户业务、移动支付业务、移动经纪业务以及现金管理、财务管理、零售资产管理等业务。移动银行的各项服务可以利用无线数据通信技术将移动电话与因特网连接来实现。

3. 证券市场信息化

证券交易是筹集资金的一种有效方式。计算机在证券市场中的应用为投资者进行证券交易提供了必不可少的环境。证券网络系统的建设和实施网上证券交易是证券市场信息化的主要特征。

1)证券网络系统

证券网络系统是一个利用因特网、局域网、移动通信网、CDPD网、寻呼网、声讯网以及传真网等多种网络资源构筑而成的为证券交易和证券信息共享等提供服务的综合性网络，是多种网络资源的集成。

2)网上证券交易系统

网上证券交易系统是建立在证券网络系统上的一个能提供证券综合服务的业务系统，证券投资者利用网上证券交易系统提供的各种功能获取证券交易和进行网上证券交易。它能够为证券商和投资者提供综合证券服务，其功能包括信息类服务、交易服务和个性化服务等。在网上证券交易系统中，所有的交易都由证券市场的计算机系统进行记录和跟踪。计算机根据交易活动确定证券价格的变化，投资者或经纪人使用微型计算机终端实时地了解证券价格的变化以及当前证券的交易情况，并根据计算机给出的报价直接在微型计算机终端上认购或售出某一种证券。

1.3.4 计算机在交通运输业中的应用

交通运输业是现代社会的大动脉。航空、铁路、公路和水运都在使用计算机进行监控、管理或提供服务。交通监控系统、座席预订与售票系统、全球定位系统、地理信息系统以及智能交通系统等都是计算机在交通运输业中的典型应用。

1. 交通监控系统

空中交通控制系统、铁路交通监控系统、公路交通监控系统是飞机、列车、汽车正常运行的安全保障。

2. 座席预订与售票系统

座席预订与售票系统是一个由大型数据库和遍布全国乃至全世界的成千上万台计算机终端组成的大规模计算机综合系统。它不仅给旅客带来了方便，还可以方便售票员全面、准确地掌握车次、航班和已售待售票的情况，从而实现票务信息实时、准确的维护与管理。

3. 全球定位系统

全球定位系统(global positioning system，GPS)最初是由美国提出并实施的一项庞大的航天工程，其目的是为美国军方提供服务。现在除军事应用外，它已被应用于航空、航天、航海、公路交通、测量、勘探等诸多领域。使用GPS可以进行车辆交通引导、海空导航、导弹制导、精确定位、速度与时间测量等。

GPS一般由定位卫星、地面站组和用户设备三个部分组成。

4. 地理信息系统

地理信息系统(geographical information system, GIS)是在计算机软件和硬件的支持下,运用系统工程和信息科学的理论与技术,科学管理和综合分析具有空间内涵的地理数据,以提供交通、规划、管理、决策和研究等所需信息的系统,是一个处理地理空间数据的信息系统。地理信息是指表征某一地理范围固有要素或物质的数量、质量、分布特征、联系和规律的文字、数字、图形和图像的总称。GIS 一般由五个部分组成:数据输入与检查模块、数据存储与管理模块、数据处理与分析模块、数据显示与传输模块和用户界面模块。随着计算机网络和信息高速公路的飞速发展和广泛应用,基于网络的分布式 GIS 已成为当前研究的热点。它不仅在交通运输业能够发挥重要的作用,而且可广泛应用于地理学、地图制图学、摄影测量与遥感、土地管理、城市规划等领域,它也是国家空间基础设施、全球空间数据基础设施以及数字地球等信息系统的支撑技术。

5. 智能交通系统

智能交通系统(intelligent transportation system, ITS)是将计算机、通信、电子传感以及人工智能等大量先进技术应用于交通运输领域的综合与集成系统,用来提高交通基础设施的运用效率、改善交通运输环境、缓解交通拥挤、保障交通运输安全、改善运输服务质量以及减少交通运输对环境的不良影响。

它主要包括智能型交通监控系统、安全和事故预防系统、自动收费系统、车载智能导航系统、交通运输信息服务系统、智能型交通运输调度系统、停车场自动管理系统、交通运输需求预测与分析系统以及灾害危机管理系统等。

1.3.5 计算机在医学中的应用

计算机在医学领域中是必不可少的工具。它可以用于患者病情的诊断与治疗、控制各种数字化的医疗仪器、病员的监护和健康护理、医学研究与教育以及为缺少医药的地区提供医学专家系统和远程医疗服务。

1. 医学专家系统

医学专家系统是计算机在人工智能领域的典型应用。将某一领域专家的知识存储在计算机的知识库内,系统中配置有相应的推理机构,根据输入的信息和知识进行推理、演绎,从而获得结论。

2. 远程医疗系统

远程医疗系统和虚拟医院是计算机技术、网络技术、多媒体技术与医学相结合的产物。它能够实现涉及医学领域的数据、文本、图像和声音等信息的存储、传输、处理、查询、显示及交互,从而在对患者进行远程检查、诊断、治疗以及医学教学中发挥重要的作用。

3. 数字化医疗仪器

目前,医疗检测仪器或治疗仪器的研制和生产正在向智能化、微型化、集成化、芯片化和系统工程化发展。利用计算机技术、仿生学技术、新材料以及微制造技术等高新技术,将使新型的医疗仪器成为主流,虚拟仪器、三维多媒体技术以及通过因特网进行仪器和信息共享等新技术亦将进一步实用化。

4. 病员监护与健康护理

使用由计算机控制的病员监护装置可以对危重病人的血压、心脏、呼吸等进行全方位的监护。患者或者医务人员可以利用计算机来查询病人在康复期应该注意的事项,解答各种疑问，以使病人尽快恢复健康等。

5. 医学研究

医学数据库中存储了大量的医学研究成果信息，研究人员在开展某项研究之前可以先进行查询，以继承前人的研究成果，避免重复和走弯路。同时，案例分析需要长期跟踪患者群的治疗效果并进行大量的数据处理，计算机是进行统计分析最理想的工具。使用计算机还可以进行药物的成分分析和大量的分组试验。

1.3.6 计算机在教育中的应用

1. 校园网

校园网是在学校内部建立的计算机网络，一般是建立一个主干网，下联多个有线子网或无线子网，使全校的教学、科研和管理能够在网上运行。同时，校园网还能够与中国教育和科研计算机网(China Education and Research Network, CERNET)以及因特网相连接，以共享网络资源。

2. 远程教育

基于校园网和因特网，实现实时远程教学、虚拟教室教学、远程考试、教学反馈等。

3. 计算机辅助教育

从儿童的智力开发，到中小学教学以及大学教学，从辅助学生自学到辅助教师授课，都可以在计算机的辅助下进行。

4. 计算机教学管理系统

学生的选课、教师教学任务的安排、教室的分配、课表的编制、学生学习成绩的记载、学籍的管理、招生就业及统计、教学监控等，都可以利用计算机实现全过程信息化管理。

1.3.7 计算机在艺术中的应用

艺术家以计算机为工具进行音乐、舞蹈、美术、摄影、电影与电视等艺术创作，创作出来的作品更具特色、效果更佳。五彩斑斓的计算机游戏软件不仅可以休闲、娱乐，还可以训练人的反应能力、操作能力。

1. 音乐与舞蹈

使用计算机控制的电子合成器可以模拟一种或多种乐器的声音。这种声音或者由管乐器、吉他、打击乐器以及音乐家演唱所产生的声音经过乐器数字接口(music instrument digital interface, MIDI)输入计算机中存储和处理，然后由音序器播放。音乐家可以使用MIDI来创作音乐作品，为电影、电视、多媒体演示或计算机游戏等配音。

舞蹈创作者可以先使用序列编辑器录制个人的舞蹈动作，这些动作可以加快、放慢、停止、旋转等。创作并录制完各个角色的个人舞蹈动作之后，再通过舞台视图进行合成，在模拟的舞台上观看其效果，并调整角色之间的配合与时间。

2. 美术与摄影

艺术家可以使用专门的软件作为工具来创作绘画、雕塑等艺术作品。一些绘画工具就像画笔、铅笔一样地使用，有的则可以将图库中的图画单元重新构想，组合为一幅图画。在雕塑作品时，可以利用三维动画软件从各个角度观察作品，直到达到满意的效果。

在摄影方面，人们通过专门的接口可以将数字相机存储器中的数字照片输入计算机，然后使用专门的软件(如Photoshop等)按照意愿进行编辑、修饰、加工、裁剪、放大和存储，加工后的照片不仅可以用高精度的彩色打印机输出或者在屏幕上显示，而且还可以制作成为光盘永久保存。

3. 电影与电视

在影片、电视剧和电视节目制作中，利用计算机可以获得过去无法获得的效果。如一些惊险特技镜头使用计算机就要方便得多，且效果更加逼真。电视点播系统的专用软件可以实时地响应用户的点播请求。

4. 多媒体娱乐与游戏

多媒体技术、动漫技术以及网络技术使得计算机能够以图像与声音的集成形式提供最新的娱乐和游戏方式。在计算机上可以观看光盘上的影视节目，可以播放歌曲和音乐。由剧本作家、影视导演、动画师以及计算机专业人员联合开发的计算机游戏，其故事情节更引人注目。目前，多媒体技术和动漫技术的广泛应用，使得动漫产业成为 21 世纪新型的朝阳产业。

1.3.8 计算机在科学研究中的应用

科学研究是计算机的传统应用领域，主要用来进行科技文献的存储与检索、复杂的科学计算、系统仿真与模拟、复杂现象的跟踪与分析以及知识发现等。

1. 科技文献存储与检索

"信息爆炸"是信息化社会的一个特征。有关资料显示，现在全世界每分钟都有一本新书出版，如此，如果不使用计算机来存储和检索信息，科学研究和科技成果的交流将无从谈起。电子出版物的出现为使用计算机进行存储和检索创造了良好的条件，人们利用因特网的在线服务功能和许多专用的科技文献检索系统，在图书馆、办公室、实验室乃至自己的家中，就可以共享全球的信息资源。

2. 科学计算

科学计算就是使用计算机完成在科学研究和工程技术领域中所提出的大量复杂的数值计算。自从计算机诞生以来，它就成为科学计算的有力工具。1946 年第一台通用电子计算机 ENIAC 就是为了快速精确计算炮弹的运行轨迹而产生的。目前，从微观世界的揭示到空间的探索，从数学、物理等基础科学的研究到导弹、卫星等尖端设备的研制，以及在船舶设计、飞机制造、建筑设计、电路分析、地质探矿、天气预报、生命科学等国民经济各个领域中的大量数值计算都可以使用而且基本上离不开计算机。MATLAB 是目前广泛使用的一个科学计算软件包，其含义是矩阵实验室(matrix laboratory)，它包含有各类应用问题的求解工具。

3. 计算机仿真

在科学研究和工程技术中往往需要做大量的试验，要完成这些试验需要花费许多人力、物力、财力和时间，使用计算机仿真系统来进行科学试验是一条切实可行的捷径。计算机仿真还可用于需要进行繁重而又复杂的实际实验或者无法进行实际实验的场合。国防、交通、制造业、农业中的科学研究是仿真技术的主要应用领域。

本章小结

在介绍计算机的诞生与发展、特点与分类、应用领域的基础上，分析了信息在计算机中的存储。

按照行业的不同，介绍了计算机在制造业、商业、银行与金融业、交通运输业、医学、教育、艺术，以及科学研究等领域中的应用。

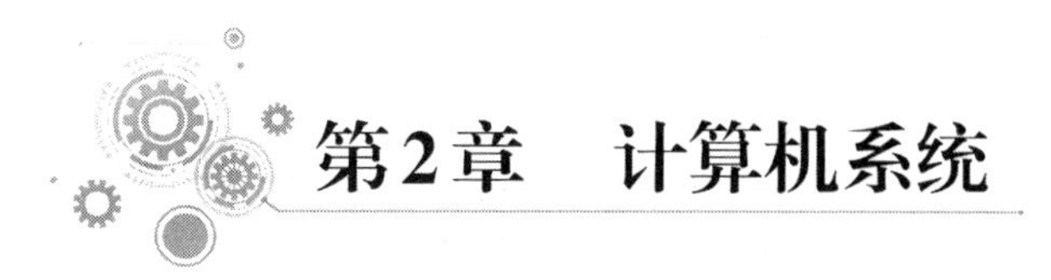

第2章　计算机系统

计算机系统由硬件系统和软件系统组成。硬件系统(简称为硬件,亦称为裸机)是指计算机的物理实体,是可以摸得着的部件的总称,包括由电子、机械和光电元件等组成的各种部件和设备。软件系统(简称为软件)是指计算机的逻辑实体,是控制计算机接受输入、产生输出、存储数据和处理数据的各种程序的总称。硬件是实体,软件是灵魂。计算机进行信息交换、处理和存储等操作都是在软件的控制下,通过硬件实现的。没有了硬件,软件就失去了发挥其作用的“舞台”,只有硬件而没有软件的计算机是无法工作的。硬件和软件有机结合、相互配合,才构成了计算机系统。计算机系统的组成如图 2-1 所示。

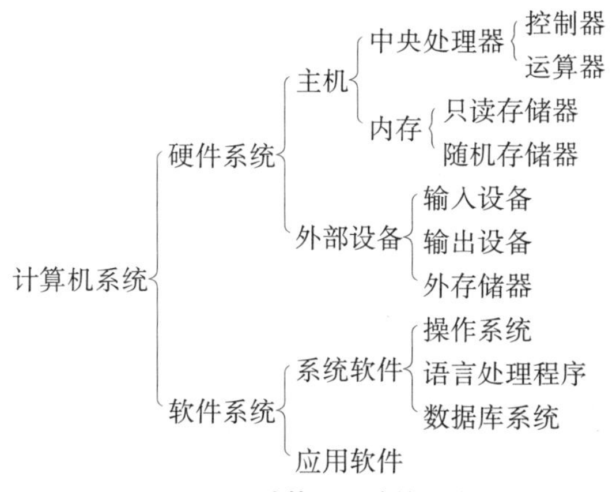

图 2-1　计算机系统的组成

2.1　计算机硬件系统

2.1.1　计算机硬件系统的组成

基于冯·诺依曼的“存储程序和程序控制”理论,计算机硬件系统由运算器、控制器、存储器、输入设备和输出设备等五大基本部件组成,如图 2-2 所示。

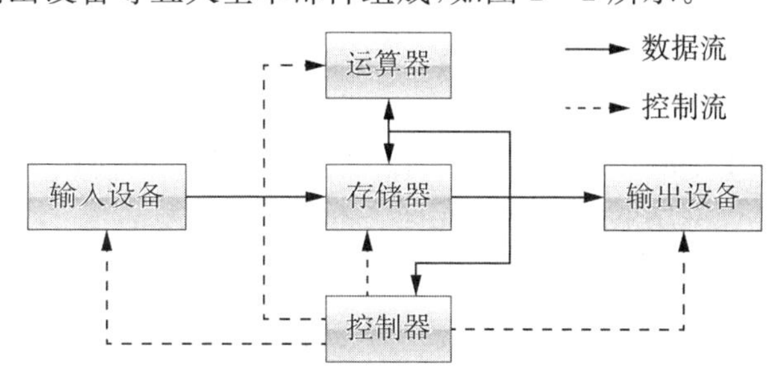

图 2-2　计算机硬件系统的基本组成

1. 运算器

运算器通常由算术逻辑部件(arithmetic and logic unit, ALU)、累加器、状态寄存器和通用寄存器组成。运算器的主要功能是对二进制数据进行算术运算和逻辑运算，所以也称算术逻辑单元。在控制器的控制下，对取自内存储器的数据进行加、减、乘、除等算术运算和与、或、非、异或等逻辑运算，并将结果送到内存储器。

2. 控制器

控制器(control unit, CU)是整个计算机的控制枢纽，用于控制计算机各部件协调地工作，负责从内存中取出指令，进行分析，确定操作次序，产生相应的控制信号。运算器和控制器合称为计算机的中央处理单元，简称微处理器，是决定计算机性能的核心部件。

3. 存储器

存储器(memory)是用来存放程序和数据的记忆装置。存储器分内存储器(也称为主存储器，简称为内存或主存)和外存储器(也称为辅助存储器，简称为外存或辅存)。主存主要采用半导体集成电路制成，而外存大多采用磁性或光学材料制成。

CPU 只能直接存取内存的数据，而不能直接存取外存的数据，外存中的数据只有先调入内存才能被 CPU 访问。

4. 输入设备

输入设备(input device)是将程序和数据变为计算机能接受的电信号，送入计算机的内存，供计算机处理。常用的输入设备有键盘、鼠标、扫描仪、触摸屏、卡片阅读机、视频摄像机等。

5. 输出设备

输出设备(output device)是将运算结果、工作过程(包括程序)以人们所期望的形式表示出来的电子设备。常用的输出设备有显示器、打印机、绘图仪和音响等。

有些设备既可作输入设备，又可作输出设备，如磁盘驱动器等。

2.1.2 主板与 CPU

1. 主板

主板(mainboard)又叫作主机板、母板或系统板，它安装在机箱内，是微型计算机系统(简称为微机)中最大的一块电路板。主板上分布着各种电子元件、插座、插槽、接口等，一般有基本输入输出系统(basic input/output system, BIOS)芯片、I/O 控制芯片、键盘接口、面板控制开关接口、指示灯插接件、扩充插槽、CPU 与外设数据交换通道(总线)等，它们把微机的 CPU、内存和各种外围设备有机地联系在一起。主板分 AT(advanced technology)主板和 ATX(AT extended)主板两大类型。

早期在传统主板上使用的芯片有 100 多个，生产成本高，而且维修也不方便。现在的主板和扩展卡上，把大大小小的芯片浓缩在芯片组里，使得板卡的体积不断缩小，成本不断下降，而且稳定可靠。主板使用的芯片组决定了主板的性能，无论是 CPU、显卡还是鼠标、键盘、声卡、网卡等都得靠主板来协调工作。

2. CPU

CPU 即中央处理单元，又称为微处理器。它是微机的核心部件，由控制器、运算器和寄存器组成，其作用类似人的大脑，这三个部分相互协调便可以进行分析、判断和计算，并控制计算机各部分协调工作。最新的 CPU 除包括这些功能外，还集成了高速缓存(cache)等部件。目前大部分微机的 CPU 都采用 Intel 公司的系列芯片。

寄存器是 CPU 内部的临时快速存储单元,其中包括指令寄存器、累加寄存器、状态寄存器、地址寄存器、数据寄存器等。寄存器的位数影响 CPU 的速度和性能。

2.1.3 存储器

存储器是存储程序和数据的电子装置。能与 CPU 直接相连,可以与 CPU 直接进行数据交换的存储器称为内存,而把不直接与 CPU 相连的存储器(如磁盘)称为外存。

1. 内存储器

内存储器位于主机板上,包括随机存储器(random access memory, RAM)和只读存储器(read only memory, ROM)。

1)随机存储器

计算机中,RAM 用来暂时保存程序和数据,其特点是:信息可随时写入或读出,计算机一旦断电,其中的信息立即丢失。RAM 分为静态 RAM(static random access memory, SRAM)和动态 RAM(dynamic random access memory, DRAM)。DRAM 用作大容量的存储器系统,SRAM 一般用作小容量的存储器系统,如高速缓冲存储器采用 SRAM,以实现内存的高速存取,适应高速 CPU 的需要。SRAM 的存取速度是 DRAM 的 10 倍左右。

2)只读存储器

内存中含有一定容量的 ROM,其内容只能读出,不能写入。计算机断电后,信息仍能长期保持。因此,ROM 用来保存系统引导程序、系统自检程序及系统初始化程序等。当开机后,CPU 自动读出 ROM 中程序并执行,以实现系统引导、系统自检及系统初始化。ROM 还包括可编程 ROM(programmable read only memory, PROM)、紫外光可擦除可编程 ROM(erasable programmable read only memory, EPROM)及电可擦除可编程 ROM(electrically-erasable programmable read only memory, EEPROM)。

内存的性能指标包括内存容量、读写速度及 Cache 的大小。目前微机的内存配置容量一般为 1～4 GB,读写速度用一次存取时间表示,目前大约为 50～100 ns(1 ns 为 10^{-9} s),Pentium 微机一般都配有 2～8 MB 的 Cache。

2. 外存储器

外存储器为微机存储器的重要组成部分,用来长期存储程序和数据。外存储器存取信息时要通过内存,而不与 CPU 直接打交道。与内存储器相比,其特点是存储容量大,存取速度较慢,信息可长期保存,断电后不丢失信息,价格便宜。目前常用的外存储器主要有闪存、硬盘和光盘。

(1)闪存是 flash memory 的意译,具备快速读写、掉电后仍能保留信息的特性。拥有容量超大、存取快捷、轻巧便捷、即插即用、安全稳定等许多传统移动存储设备无法替代的优点。此外,我们也把闪存称为“电子软盘”或“闪盘”,因为绝大多数人都把其作为软盘的替代品了,习惯用“盘”来称呼它,虽然从原理上说闪存并非光磁存储设备。

(2)硬盘(hard disk)也作为主要的外存设备之一,其结构和工作原理与软盘类似,而且是几片组成一组。硬盘的盘片组都固定在驱动电机的主轴上,同轴旋转,并与多个读写磁头封装在真空的铝合金的盒子内。因此,磁盘片和硬盘驱动器合二为一,统称为硬盘。其内无阻力,也不受灰尘的影响,稳定性好,速度快,存储容量大。目前 PC 机使用的硬盘,其容量已达到 500 GB。硬盘需要格式化后才能使用。

(3)光盘(compact disk, CD)是由有机玻璃制成的薄圆片,一面涂上反光性很好的铝膜,另一面通过激光来读写。目前使用的光盘有三种类型:只读光盘(CD-ROM)、一次写入型光盘(CD-WO)和可改写光盘(CD-MO)。CD-ROM 是由生产厂商按用户要求将信息写入盘片中,写入的信息只可读出不能修改。CD-WO 是用户通过光盘刻录机将自己的信息写入,一旦信息写入就不能修改。CD-MO 是通过可擦写的光盘机进行数据的读写,如同使用磁盘一样。光盘的容量可达 650 MB,光盘必须在光盘驱动器(简称为光驱)中使用,光驱的主要技术参数是其数据传输速率(指一秒钟读取的最大数据量),也称为倍速。例如 CD-ROM 驱动器,其倍速已达到 48,即数据传输速率为 48×150 kB/s。

2.1.4 输入/输出设备

微机同一般计算机一样,也要配备具有人机联系、交换数据功能的输入/输出设备,简称为 I/O 设备。微机常用的 I/O 设备包括键盘、鼠标、显示器和打印机等。

1. 输入设备

(1)键盘(keyboard)是计算机的基本输入设备,通过键盘可完成数据、字符、汉字及操作命令、程序指令等的输入。微机上常用的键盘有 101 键、102 键和 104 键等几种。

目前常用的键盘主要有触点式、薄膜式和电容式三种。其中,触点式键盘结构简单、成本低,但使用寿命较短;薄膜式键盘成本低,但使用寿命也不长;电容式键盘无触点,利用电容量变化来控制按键信号,故在灵敏度、耐久性和稳定性几方面都高于前两种键盘。另外,电容式键盘还有功耗低,结构简单,易于小型化,易于批量生产及成本低等特点,已成为当前使用最广泛的键盘。

(2)鼠标(mouse)是一种使用广泛的输入设备。其上有两个或三个按键,各键的功能可由软件或通过 Windows 操作界面任意设置,一般左键用得较多。鼠标通过 RS232C 串行口或 USB 口与主机连接。

目前常用的鼠标主要有机械式和光电式两种。机械式鼠标底座上装有一金属或橡胶圆球,在光滑的桌面上移动鼠标时,球体的转动可使鼠标内部电子器件测出位移的方向和距离,并经连接线将有关数据传给计算机;光电鼠标必须与有小方格的专用板配合使用,鼠标底部的光电装置可测出鼠标在专用板上位移的方向和距离,并传送给计算机。

2. 输出设备

显示器(display)是计算机的基本输出设备,它必须与显示适配器(显卡)连接才能构成一个完整的显示系统。显示器种类较多,常用的有阴极射线管(cathode-ray tube, CRT)显示器、液晶(liquid crystal display, LCD)显示器、发光二极管(light emitting diode, LED)显示器。CRT 主要用于台式机;LED 主要用于单板机、单片机;LCD 主要用于笔记本(便携式)计算机。显示器的性能参数中,一般用户最关心的是屏幕尺寸、显示分辨率和点距。屏幕尺寸用矩形屏幕的对角线长度(以 in 为单位)表示。目前微机常用的屏幕尺寸有 15 in, 17 in,20 in。显示分辨率是屏幕水平和垂直的点阵,常用的有 640×480,800×600,1024×768,1280×1024,1600×1200 等,更高的分辨率多用于大屏幕作图像分析。点距是屏幕上荧光点间的距离,它决定屏幕能达到的最高显示分辨率和像素大小,点距越小越好。常用的显示器的点距有 0.20 mm,0.25 mm,0.26 mm,0.28 mm,0.31 mm 等。

打印机(printer)是计算机的基本输出设备,其作用是将信息以字符、表格、图形、图像的形式打印在纸上。打印机按工作原理分为击打式和非击打式。击打式打印机是用机械撞击的方式通过色带将信息打印在纸上。针式打印机是目前使用中最普及的击打式打印机，其特点是：价格适中，性能稳定，使用方便。激光打印机和喷墨打印机是非击打式打印机中最常用的两种，前者打印效果最好，打印速度最快，噪音最小，而喷墨打印机的打印效果仅次于激光打印机，通过彩色喷墨打印机可实现彩色图形、图像的高质量输出。

计算机使用的其他输入/输出设备还有：跟踪球、操纵杆、光笔、触摸屏、扫描仪、磁卡阅读器、条形码读入器、光学符号识别器、光学字符识别器、声音识别器、绘图仪、音响设备、调制解调器等。

2.2　计算机软件系统

软件是程序开发、使用和维护程序所需要的所有文档和数据的集合。软件系统是计算机系统的另一重要组成部分，它包括各种操作系统、编辑程序、各种语言程序、诊断程序、工具软件、应用软件等。软件系统由系统软件和应用软件两部分组成。

2.2.1　系统软件

系统软件是计算机系统的基本软件，也是计算机系统必备的软件。它的主要功能是管理、监控和维护计算机资源(包括硬件和软件)，以及开发应用软件。它主要包括操作系统、各种语言处理程序、数据库管理系统。

1. 操作系统

操作系统(operating system，OS)是对计算机的硬件和软件资源进行控制和管理的程序，是系统软件的核心。用户通过操作系统来使用计算机。操作系统的主要功能包括进程管理、作业管理、存储管理、设备管理、文件管理，它是计算机硬件系统功能的首次扩充。按照不同的分类标准，操作系统分类如下：

(1)按运行环境分为实时操作系统、分时操作系统和批处理操作系统。

实时操作系统是一种能及时响应外部事件的请求，在规定时间范围内完成对事件的处理的系统。

分时操作系统多用于对一个 CPU 连接多个终端的系统，CPU 按优先级分配给各个终端时间片，轮流为其服务。

批处理操作系统以作业为处理对象，连续处理在计算机中运行的多道程序和多个作业。

(2)按管理用户数量分为单用户操作系统和多用户操作系统。

单用户操作系统是只有一个用户独占计算机的全部软件和硬件资源，单用户操作系统按它同时管理的作业数又分为单用户单任务操作系统和单用户多任务操作系统。例如，DOS 操作系统就属于单用户单任务操作系统；Windows 7 属于单用户多任务操作系统。

多用户操作系统是一台 CPU 上接有多个终端用户系统，多个用户共享计算机的软件和硬件资源，如 UNIX 操作系统等。

(3)按管理计算机的数量分为个人计算机操作系统和网络操作系统。

个人计算机操作系统是一种单用户的操作系统，主要供个人使用，功能强，价格便宜，在几乎任何地方都可安装使用。它能满足一般人操作、学习、游戏等方面的需求。个人计算机操作系统的主要特点是：计算机在某一时间内为单个用户服务；采用图形界面人机交互的工作方式，界面友好；使用方便，用户无须具备专门知识，也能熟练地操纵系统。网络操作系统用于对多台计算机的软件和硬件资源进行管理和控制,提供网络通信和网络资源的共享功能。它要保证网络中信息传输的准确性、安全性和保密性,提高系统资源的利用率和可靠性,如Netware,Windows NT, Linux操作系统等。

2. 程序设计语言和语言处理程序

人类语言是"自然语言",人要使用计算机,就必须与计算机进行交流,要交流就必须使用"语言",这种语言就称为计算机语言。计算机语言是人和计算机之间用以交流信息的符号系统。通过计算机语言编写程序来实现与计算机的交流,因此计算机语言也称为程序设计语言。计算机语言按发展过程分为机器语言、汇编语言和高级语言。

1)机器语言

机器语言(machine language)是指直接用计算机指令作为语句与计算机交换信息,一条机器指令就是一个机器语言的语句。机器指令是由二进制代码表示的、指挥计算机进行基本操作的命令,它由操作码和操作数组成。机器语言是计算机唯一能识别和执行的语言。其优点是执行速度快、占用内存少,缺点是面向机器,通用性差,指令难记,编写烦琐,容易出错,调试复杂,程序可读性、可维护性差。

2)汇编语言

汇编语言(assembly language)是用助记符(符号)替代二进制代码的机器指令的语言,也称符号语言。相对于机器语言,其优点是易学易记,缺点是面向机器,通用性较差,广泛用于实时控制和实时处理领域。用汇编语言编写的程序称为汇编语言源程序,它不能直接运行,必须通过汇编程序把它翻译成目标程序(机器代码或目标代码),计算机才能执行,这个翻译过程叫汇编。

3)高级语言

高级语言(high level language)类似于人们习惯用的自然语言。高级语言是"面向问题"的语言,用高级语言编写的程序不但表达直观、可读性好,而且与具体的机器无关,便于交流和移植。常用的高级语言有FORTRAN,COBOL,PASCAL,BASIC,C,JAVA,Visual Basic,C++等。如同汇编语言一样,用高级语言编写的源程序也不能被计算机直接运行,必须经过翻译,翻译成机器能识别的目标程序。

高级语言的翻译即语言处理程序有两种方式:编译方式和解释方式。

(1)编译方式是将高级语言源程序通过编译程序翻译成机器语言目标代码。

(2)解释方式是通过解释程序对高级语言源程序进行逐句解释,解释一句就执行一句,但不产生机器语言目标代码。

大部分高级语言只有编译方式,BASIC语言两种方式都有。

3. 数据库管理系统

数据库管理系统(datebase management system, DBMS)是对数据进行管理的软件系统,它是数据库系统的核心软件。数据库系统的一切操作,包括创建数据库对象,应用程序对这些数据对象的操作(插入、修改、删除等)以及数据管理、控制等,都是通过DBMS进行的。常见的数据库管理系统有Access,SQL Server,Oracle。

2.2.2 应用软件

应用软件主要为用户提供各个具体领域中的辅助应用,也是多数用户非常感兴趣的内容。应用软件具有很强的实用性和专用性,是专门为解决某个应用领域中的具体问题而设计的软件，它包括应用软件包和面向问题的用户程序。

(1)应用软件包是指生产厂家或软件公司为解决带有通用性问题而精心研制的程序，这些程序供用户选择使用。如办公自动化软件包 WPS Office 2019，Microsoft Office 2016 中包含的 Microsoft Word 2016，Microsoft Excel 2016 和 Microsoft PowerPoint 2016，Auto CAD 2016，CAM 及 CAI 软件，网络应用软件 Outlook 2016 等。

(2)面向问题的用户程序是指特定用户为解决特定问题而开发的软件，通常由自己或委托别人研制，只适合于特定用户使用。如农工商超市管理系统、财务管理系统等。

2.3 计算机工作原理

2.3.1 指令系统

计算机执行某种操作的命令称为指令。每条指令可以完成一个独立的操作，如实现对操作数的加、减、乘、除、传送、移位和比较等。因为计算机只能识别二进制代码，所以指令必须由二进制代码组成。这样的指令也称为计算机的机器指令。

一种计算机所能执行的全部指令的集合，称为这种计算机的指令系统。每种计算机都有自己的指令系统。指令系统体现了计算机的基本功能。例如，Intel 公司的微处理器与 Motorola 公司的微处理器就具有不同的指令系统，不能互相兼容。也就是说，Intel 8086 的指令系统中的指令只能被用 Intel 8086 微处理器作 CPU 的微机系统所识别和执行，而不能被用 Motorola M68000 微处理器作 CPU 的微机系统所识别和执行。但 Pentium(俗称 586)组成的系统可以识别和执行 Intel 8086 的指令，这是因为 Intel 公司在设计这两种微处理器的指令系统时是使它们向上兼容的。一般微处理机的指令系统可以包括几十种或百余种指令。

指令是程序设计者进行程序设计的最小单位。指令是计算机唯一能直接识别和执行的命令，程序设计者用其他形式的语言设计的程序，最终都要被翻译成机器指令，才能被计算机识别和执行。

一条指令可以指示计算机完成一个特定的操作，但计算机在执行操作之前，必须能从这条指令中获取有关做什么操作和对什么数据进行操作的信息。因此，为了指明具体所执行的操作，以及操作数的来源、操作结果的去向，每条指令必须包括两个最基本的部分：操作码和操作数。指令中的操作码用来指示计算机应执行什么性质的操作，每一条指令都有一个含义确定的操作码，不同指令的操作码用不同的编码表示。为了能表示指令系统的全部操作，操作码字段应有足够的位数。若指令系统有 2^n 种操作，则操作码字段长度至少需要 n 位二进制代码。由此可见，操作码位数决定了该指令系统所能执行的操作种类的数量。

指令中的操作数字段用来指出操作的对象。操作数字段的内容可以是操作数本身，也可以是操作数的地址或其他有关操作数的信息。因此，操作数字段有时也称操作数地址字段。操作数字段可以有 1 个、2 个或 3 个，通常称作单地址、双地址或三地址指令。单地址指令可以是一条单操作数指令，它只需要指定一个操作数参加操作，如移位指令，增 1、减 1 指令等。大多数指令是双地址指令，这种指令指出两个操作数，对它们进行操作后，将结果存入二个操作数地址之一，如算术和逻辑运算指令。指令系统中的指令，按功能划分，一般包含数据传送指令，算术、逻辑运算指令，程序控制指令(无条件转移指令、条件转移指令、转子与返主指令）和输入/输出指令。

2.3.2 工作原理

由前面的介绍可知，计算机是能够存储程序，并在程序的控制下，对以数字形式出现的信息进行自动处理的一种电子装置。所谓自动处理（或称自动执行、自动工作），是指在程序的控制下自动进行的。现代计算机的基本结构和工作原理的要点如下：

（1）存储程序和程序控制：计算机工作时先要把程序和所需数据送入计算机内存，然后存储起来，这就是“存储程序”的概念。运行时，计算机根据事先存储的程序指令，在程序的控制下由 CPU 周而复始地取出指令，分析指令，执行指令，直至完成全部操作。

（2）二进制：计算机中，程序（指令）和数据都是以二进制形式表示的。其中，数据的非数值型信息（如字符、文字、声音、图像等）要经过编码变成二进制数码。程序是完成某一特定任务的操作命令集合，是由指令构成的序列。指令是完成一个基本操作的命令。不同的计算机语言有其对应的指令，计算机只能直接执行以二进制形式表示的机器语言指令，而汇编语言和高级语言源程序要经过语言处理程序翻译成机器语言代码，即变成以二进制形式表示的机器指令，计算机才能执行。

2.3.3 信息交换中的主要设备与总线

微型计算机采用总线结构将主机、外设等各部分连接起来并与外界实现信息交换。

1. 主机

主机包括 CPU 和内存。生产厂家常将主机制作在一块印刷电路板上，即主板。现在的主板通常含有 CPU 接口、扩展插槽（供显卡、多功能卡或其他板卡与计算机对话）、内存条插槽、键盘接口和总线等，通过内置电池和只读存储器将主板与外设配置、日期、时钟等长期保存。

2. 外设

输入和输出设备统称为外部设备，简称为外设。所有的外设都是用来与主机交换信息的。

3. 总线

总线（BUS）是传送信息的一组通信线，它是 CPU、主存储器和 I/O 接口之间交换信息的公共通路。其中，传送地址的称为地址总线，地址总线的宽度与 CPU 的寻址能力有关；传送数据的称为数据总线，数据总线的宽度（根数）等于计算机的字长；传送控制信号的称为控制总线，用于传送 CPU 对主存储器和外部设备的控制信号。

4. 接口

接口是主机与外设相互连接的部分，是外设与 CPU 进行数据交换的协调及转换电路。

2.4 微型计算机系统

2.4.1 微型计算机的发展

微机是微型计算机的简称，也称为个人计算机。自 20 世纪 80 年代初个人计算机面世以来，它已逐渐成为计算机家族中应用最广泛，对人们的工作、生活和家庭影响最深刻的计算机。微型计算机最显著的特点是它的 CPU 都是一块高度集成的超大规模集成电路芯片。微型计算机是计算机技术发展到第四代的产物。它的诞生引起了电子计算机领域的一场革命，也大大扩展了计算机的应用领域。它的出现打破了计算机的“神秘”感和计算机只能由少数专业人员才能使用的局面，使得每个普通人都能够简单地使用，从而也变成了人们日常生活中的工具。

1971 年，美国 Intel 公司成功地把算术逻辑部件和逻辑控制部件集成在一起，发明了世界上第一片微处理器，它包括寄存器、累加器、算术逻辑部件、控制部件、时钟发生器以及内部总线等，也就是一块高度集成的超大规模集成电路芯片，再加上 RAM、ROM、输入输出电路以及总线接口就构成了微型计算机。微处理器的发展速度很快，几乎是每 2～3 年就要更新换代。

摩尔定律如是说：芯片内晶体管数目在 1.5～2 年的时间里增加两倍。通过将晶体管和其他元件缩小，计算机的运算速度加快，功率增大，但它们能够缩小到什么程度却是有局限的，于是专家们想到用光来携带信息的量子计算机，这样晶体管之间的距离可以缩小到仅有一个分子大小了。当然，按照目前的水平，也许几十年还达不到这个目标，因此摩尔定律至少在这 10 年里还能够保持正确。

1. 第一代微处理器（1971—1973 年）

典型产品是 Intel 4004，Intel 8008。它们的字长为 4～8 位，每片集成了 2 000 个晶体管，时钟频率为 1 MHz，指令周期为 20 μs。

2. 第二代微处理器（1974—1977 年）

典型产品是 Intel 8080/8085，Zilog 的 Z80 和 Motorola 的 M6800。与第一代微处理器相比，集成度提高了 1～4 倍，运算速度提高了 10～15 倍。

3. 第三代微处理器（1978—1984 年）

典型产品是 Intel 8086/8088/80286。芯片内部均采用 16 位数据传输，即 16 位微处理器。1981 年，IBM 公司将 Intel 8088 芯片用于其研制的 IBM-PC 机中，从而开创了全新的微机时代。也正是从 Intel 8088 开始，个人计算机的概念开始在全世界范围内发展起来。Intel 80286 的运行速度达到了 20 MHz，集成了大约 130 000 个晶体管。

4. 第四代微处理器（1985—1992 年）

典型产品是 Intel 80X86。芯片内部均采用 32 位数据传输，即 32 位微处理器。运行速度达到了 50 MHz，首次突破了 100 万个晶体管的界限，使用 1 μm 的制造工艺。

5. 第五代微处理器（1993—2005 年）

典型产品是 Intel 公司的 Pentium 系列芯片及与之兼容的 AMD 的 K6 系列微处理器芯片。运行速度达到了 3.2 GHz，使用 90 nm 的制造工艺生产了双核心处理器。

6. 第六代微处理器（2006 年至今）

典型产品是 Intel 公司的 Core 系列微处理器。全新的 Core 架构，Sandy Bridge 微架构，彻底抛弃了 Netburst 架构。2019 年 5 月，Intel 正式宣布了十代 Core 处理器，采用 10 nm 的制造工艺的 Ice Lake 处理器，全线产品均为双核心，缓存容量提升到 8 MB，晶体管数量达到 3 亿。

微型计算机的发展非常迅速，它在性能方面基本上以几何平均数增长。目前，以高档微处理器为中心构成的高档微型计算机系统已经达到和超过传统的超级小型机的水平。

2.4.2 微型计算机的主要性能指标

微型计算机系统和一般计算机系统一样,衡量其性能好坏的技术指标主要有以下几方面。

1. 字长

字长是单位时间内计算机一次可以处理的二进制码的位数。一般计算机的字长决定于它的通用寄存器、内存储器、ALU 的位数和数据总线的宽度。字长越长,一个字所能表示的数据精度就越高;在完成同样精度的运算时数据处理速度越快。但是字长越长,计算机的硬件代价也相应增大。为了兼顾精度/速度与硬件成本两方面,有些计算机允许采用变字长运算。

一般情况下,CPU 的内、外数据总线宽度是一致的。但有的 CPU 为了改进运算性能,加宽了 CPU 的内部总线宽度,使得内部字长和对外数据总线宽度不一致。例如,Intel 8088/80188 的内部数据总线宽度为 16 位,外部为 8 位。对这类芯片,称之为"准××位"CPU。因此,Intel 8088/80188 被称为"准 16 位"CPU。

2. 存储器容量

存储器容量是衡量计算机存储二进制信息量大小的一个重要指标。微型计算机中一般以字节 B(Byte 的缩写)为单位表示存储容量,并且将 1 024 B 简称为 1 kB,1 024 kB 简称为 1 MB,1024 MB 简称为 1 GB,1024 GB 简称为 1 TB。目前市场上主流的微机大多具有 1~4 GB 内存容量和 160~500 GB 外存容量。

3. 运算速度

计算机的运算速度一般用每秒钟所能执行的指令条数表示。由于不同类型的指令所需时间长度不同,因而运算速度的计算方法也不同。常用计算方法有以下几种:

(1)根据不同类型的指令出现的频度,乘上不同的系数,求得统计平均值,得到平均运算速度。这时常用百万条指令/秒(millions of instruction per second, MIPS)作单位。

(2)以执行时间最短的指令(如加法指令)为标准来估算速度。

(3)直接给出 CPU 的主频和每条指令的执行所需的时钟周期。主频一般以 GHz 为单位。

4. 外设扩展能力

外设扩展能力主要指计算机系统配接各种外部设备的可能性、灵活性和适应性。一台计算机允许配接多少外部设备,对于系统接口和软件研制都有重大影响。在微型计算机系统中,打印机型号、显示器屏幕分辨率、外存储器容量等,都是外设配置中需要考虑的问题。

5. 软件配置情况

软件是计算机系统必不可少的重要组成部分,它配置是否齐全,直接关系到计算机性能的好坏和效率的高低。例如,是否有功能很强、能满足应用要求的操作系统和高级语言与汇编语言,是否有丰富的、可供选用的应用软件等,都是在购置计算机系统时需要考虑的。

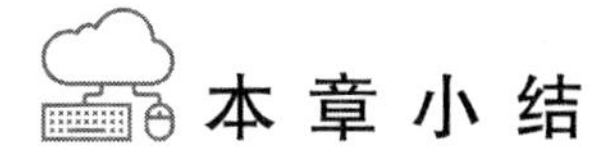

本章小结

计算机系统由硬件系统和软件系统组成。硬件系统由运算器、控制器、存储器、输入设备和输出设备等五大基本部件组成。软件系统由系统软件和应用软件两部分组成，它包括操作系统、数据库管理系统、语言处理程序、诊断程序、工具软件、应用软件等。

CPU是微机的核心部件，它由控制器、运算器和寄存器等组成，三个部分相互协调工作，实现分析、判断和计算，并控制各部分协调工作。操作系统是系统软件的核心，它的主要功能包括进程管理、作业管理、存储管理、设备管理和文件管理。

计算机工作时先把程序和所需数据读入计算机内存，存储起来；运行时，计算机根据存储的程序指令，在程序的控制下由CPU周而复始地取出指令、分析指令、执行指令，直至完成全部操作。这就是所谓的冯·诺依曼原理，是现代计算机的基本工作原理。

微型机的发展非常迅速，目前以高档微处理器为中心构成的高档微型计算机系统已经达到和超过传统的超级小型机的水平。

第3章　操作系统及其使用

操作系统是计算机系统的重要组成部分，负责管理计算机硬件与软件资源，主要功能包括处理机管理、存储器管理、设备管理、文件管理和作业管理。无论是哪一种类型的计算机以及计算机网络都必须配备操作系统。目前常见的操作系统有 DOS，OS/2，UNIX，XENIX，Linux，Windows，Netware 等。本章主要介绍操作系统的概念、功能以及当前的主流操作系统 Windows 的使用方法。

3.1　操作系统概述

现代计算机系统是一个相当复杂的系统，操作系统在其中发挥着软件核心的作用，那么它在系统中到底处于一种什么样的层次和地位呢？

3.1.1　操作系统的概念

在现代计算机体系结构中，操作系统的地位至关重要。计算机体系层次如图 3-1 所示，整个计算机系统可以划分为四个层次：硬件层、操作系统层、实用软件层和应用软件层。每一层都表示一组功能和一个界面，表现为一种单向服务的关系，即上一层的软件必须以事先约定的方式使用下一层软件或硬件提供的服务，反之则不行。

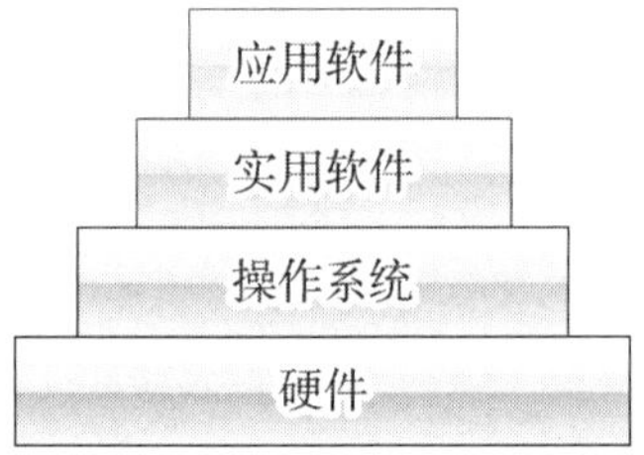

图 3-1　计算机体系层次

计算机硬件处于最底层，是不附加任何软件的物理计算机——“裸机”；它之上是操作系统，是对裸机功能的首次扩充，构成比裸机功能更强、使用更方便的“虚拟计算机(virtual computer)”；在操作系统之上有各种控制管理和支持系统开发的各种软件如系统诊断程序、汇编程序、编译程序、数据库管理系统等系统实用程序，实用软件的功能是为应用软件以及最终用户处理自己的程序或数据提供服务；最后是用户设计的各种应用软件，如工资管理系统等，将计算机真正应用于解决问题。所有的系统应用程序和用户的应用软件都在操作系统虚拟机上运行，受操作系统的管理和调度，通过操作系统使用各种资源，完成相应的任务。可见，操作系统是计算机系统中的核心软件。

我们也可以把操作系统视为一个计算机系统资源的管理者，管理着系统中的所有硬件和软件资源，并组织计算机系统的工作流程；站在用户的角度，操作系统提供了使用计算机的界面，是用户和计算机硬件系统之间的接口，使用户无须了解更多硬件和软件的细节，能方便地使用计算机。

因此可以说操作系统是计算机系统的核心，这里给出一个描述性的定义：操作系统是控制和管理计算机系统全部软、硬件资源，控制和协调多个任务的活动，合理地组织工作流程，实现信息的存取与保护，提高系统使用效率，提供面向用户的接口，方便用户使用的程序集合。

操作系统的主要功能有处理机管理、存储器管理、设备管理、文件管理和作业管理。

1. 处理机管理

计算机系统中最重要的资源是CPU，所有的程序都要在CPU上执行，因此处理机管理的主要任务：一是CPU的分配与回收。在一定的系统环境下（如批处理系统、分时系统等），根据一定的资源利用原则（如公平服务、及时响应、平衡利用、吞吐量大），采用合理的调度策略（如先进先出、短作业优先、最高响应比优先等），进行CPU的分配与回收工作，使CPU充分发挥效率并能合理地满足各种程序任务的需求。简单地说，就是要提出调度策略，给出调度算法，进行处理机的分配与回收。二是处理中断事件。首先由硬件的中断装置发现产生的事件，然后中断装置中止现行程序的执行，调出处理该事件的程序进行处理。

2. 存储器管理

计算机系统的存储器一般分为内存和外存两级。内存具有较高的存取速度和有限的存储容量，外存则刚好相反。内存是系统的工作存储器，CPU可以直接访问，所有程序必须进驻内存才能被CPU执行。外存是内存的辅助存储器，所有的程序和数据都可以文件形式存储在外存上并可长期保存，CPU不能直接访问外存，只有当需要时才将其内容装入内存。在多道程序系统中，允许多个用户程序同时进驻内存运行。因此，存储器管理的主要职能就是随时记录内存空间的使用和分配情况，根据用户程序的存储需求和当前内存的使用情况进行内存空间的划分、分配及回收；同时还提供存储保护以保证各运行程序之间互不侵犯，防止用户程序侵入操作系统存储区；此外为了提高计算机系统的处理能力，还要实现内存扩充。简单地说，存储器管理就是要实现内存分配、地址映射、内存保护和内存扩充，具体的管理方案有分区管理（包括固定分区和可变分区）、分页管理、分段管理、段页式管理、请求分页管理和动态分段管理。

3. 设备管理

设备管理的功能是有效地管理各种外设，使这些设备充分地发挥效率，并且要给用户提供简单而易于使用的接口，以便用户在不了解设备性能的情况下，也能很方便地使用它。

由于计算机外部设备品种繁多、性能差异巨大，且这些外部设备之间以及主机和外设之间的速度极不匹配，因此在操作系统中，设备管理是最庞杂、最琐碎的部分。它的主要功能是：提供统一的设备使用接口，使用户无须了解具体的设备接口逻辑（即用户的操作与具体的设备无关，称为设备无关性）；记录每个设备的使用和分配情况，根据各类设备的特点采用不同的分配策略进行设备的分配和回收，对某些设备还要考虑优化调度，同时负责外设和主机之间实际的数据传输。简单地说，设备管理就是要完成设备分配、设备的传输控制和实现设备无关性。

4. 文件管理

文件管理就是对软件资源的管理，软件资源就是程序、数据以及文档等，软件都是以文件形式组织、存放在外存上的，操作系统中负责此任务的部分是文件系统，文件系统的任务是对用户文件和系统文件进行管理，以方便用户使用，并保证文件的安全性，其主要任务是负责文件物理存储空间的组织分配及回收；实现文件符号名到物理存储空间的映射；负责文件的建立、删除、读和写等操作；提供文件的保护和保密设施，防止对文件的某种非法访问或未经授权的用户使用某个文件。

5. 作业管理

作业是指用户在一次计算过程中，或一次事务处理过程中，要求计算机系统所做工作的集合。在批处理系统中，把一批作业按用户提交的先后顺序依次安排在输入设备上，然后依次读入系统并进行自理从而形成一个作业流。一个作业从进入系统到执行结束，一般需要经历收容、执行和完成三个阶段，即作业处于后备、执行和完成三个不同的状态。

3.1.2 操作系统的发展及分类

操作系统的发展历程和计算机软硬件的发展历程密切相关。从1946年诞生第一台通用电子计算机以来，计算机的进化都以减少成本、缩小体积、降低功耗、增大容量和提高性能为日标。

1. 手工操作阶段

第一代电子计算机没有任何软件，当然也没有操作系统，只能采用手工操作方式，每个用户使用计算机的流程大致是：首先清除前一个用户的作业信息，然后将程序纸带（或卡片）装上输入机，启动输入将程序和数据装入存储器，通过控制开关键入启动地址，启动程序运行。运行期间程序员需要通过控制面板上的各种显示灯观察程序的运行状况，并通过控制开关调度程序的运行。程序正常运行完毕，卸下纸带（或卡片），取走打印结果，如果出现错误，那么须做好记录，预约下一次上机时间，回去修改纸带。整个过程中都需要人工装入纸带、控制运行、获取结果，也就是全程的人工干预。

手工操作阶段的特点主要有：程序设计者直接编制二进制目标程序、输入/输出设备主要是纸带和卡片、程序员上机必须预约机时、自己上机操作、程序的启动与结束处理都以手工方式进行、程序员的操作以交互方式进行、程序执行过程得不到任何帮助。

这个阶段的主要缺点是：首先，由于采用人工调度，计算机处理能力的提高与手工操作的低效率形成矛盾，造成计算机等待用户，计算机效率大幅度降低；其次，准备时间长，任何一个作业步出现故障将导致该作业从头开始执行；再次，用户独占全机，资源利用率低。

虽然存在上述缺点，但人工操作方式在计算机运行速度较低的情况下是可以接受的，但是当计算机的运行速度大大提高以后，这种方式就难以忍受了。因此，需要摆脱人工干预，提高效率，于是出现了早期批处理。

2. 早期批处理阶段

严格说来早期批处理系统还不是真正意义上的操作系统，只是操作系统的雏形。20世纪50年代，功耗低、可靠性高的晶体管问世后，使用晶体管构造的计算机终于可以批量生产并销售了。此时的晶体管计算机可以长时间运行，完成一些有用的工作，如科学和工程计算等。同时，设计人员、生产人员、操作人员、编程人员和维护人员的职业分工第一次明确。汇编语言和FORTRAN语言的出现与流行，也使得很多编程人员开始用它们来编写自己的工作程序，这些程序中包含了一些特殊的程序，专门用于完成批量作业的处理。这些程序就是现代操作系统的前身，被称为单道批处理系统。

批处理系统的工作过程是：计算机加电后先运行一个常驻内存的监控程序，设立专门的计算机操作员，用户将卡片或磁带中的作业提交给计算机操作员；操作员将若干作业分组（称为一批作业），然后安装在计算机的输入设备上，供监控程序按顺序读入每个作业并执行。每个作业执行结束后将结果输出到磁带上，然后返回到监控程序，监控程序自动加载下一个作业。

批处理系统的优点是减少了人工操作的时间，提高了机器的利用率和系统吞吐量。但仍存在不少问题，主要是：由于一次只有一道作业在运行，因此CPU和I/O设备使用忙闲不均,资源利用率不高,并且没有交互能力,作业一旦提交,用户无法干预自己作业的运行。

3. 多道批处理阶段

在第二代电子计算机后期以及计算机第三代早期,硬件有了很大发展,主存容量增大,出现了大容量的辅助存储器——磁盘以及协助 CPU 来管理设备的通道,软件系统也随之相应变化,实现了在硬件提供的并行处理之上的多道程序设计。

多道是指主存之中允许多个程序同时存在,由 CPU 以轮流方式为这多个程序服务,使得多个程序在宏观上可以同时执行。计算机资源不再被用户独占,而是同时被多个用户共享,从而极大地提高了系统在单位时间内处理作业的能力以及资源利用率。这个阶段的管理程序已迅速地发展成为操作系统,即现代意义上的操作系统出现了。不过这个时候的操作系统仍是批处理系统,被称为多道批处理。

多道批处理系统的主要优点是资源利用率高:使 CPU 和 I/O 设备同时保持最忙,内存利用率较高,从而发挥系统最大效率;作业吞吐量大,即单位时间内完成的工作总量大。其缺点是:用户交互性差,整个作业完成后或中间出错时,才与用户交互,不利于调试和修改;作业平均周转时间长,短作业的周转时间显著增长(周转时间=结束时间-开始时间)。

这一代操作系统的典型是 FORTRAN 监控系统(FORTRAN monitor system, FMS)和 IBMSYS(IBM 为 7094 机配备的操作系统)。

4. 分时与实时系统

随着硬件性能的提高,为了克服多道批处理系统的缺点,满足用户与系统交互的需要,允许多用户通过终端同时访问系统,共享计算机资源,分时系统(time sharing system, TSS)出现了。所谓分时,是指将处理机的运行时间分成很短的时间片,按时间片轮流将处理机分配给各联机作业使用,即多个用户分享使用同一台计算机。如果某作业在分配给它的时间片用完时仍未完成,那么该作业就暂时中断,等待下一轮运行,并把处理机的控制权让给另一个作业使用。这样在一个相对较短的时间间隔内,每个用户作业都能得到快速响应,以实现人机交互。

随着计算机使用范围的不断扩大,实时系统也应运而生。实时系统(如实时信息处理系统)一般是专用系统,能对随机发生的外部事件进行处理,外部事件往往以中断方式通知系统,系统一般具有较强的中断处理能力,设计也以“事件驱动”方式来设计,响应速度快。能提供人机交互方式,但交互性能较差。实时系统往往要求系统高度可靠,并采用双机系统、多级容错措施来保证系统和数据的安全。

实时系统主要用于过程控制、军事实时控制、事务处理系统等领域。

5. 通用操作系统

通用操作系统最大的特点是可移植性好,典型代表是 UNIX。

操作系统是离硬件最近的软件,和硬件紧密相关,而硬件的发展是极为迅速的,迫使依赖于硬件的软件特别是操作系统要不断地进行相应的更新,造成成本急剧上升。UNIX 几乎全部是用可移植性很好的 C 语言编写的,其内核极小,模块结构化,各模块可以单独编译。因此,一旦硬件环境发生变化,只要对内核中有关的模块做修改,编译后与其他模块装配在一起,即可构成一个新的内核,而内核上层完全可以不动。

6. 微机操作系统等通用操作系统

随着计算机应用的普及,20 世纪 70 年代末期,由于市场对于个人计算机操作系统的需求,微软公司的 MS-DOS 操作系统投入了市场。MS-DOS 操作系统具有优良的文件系统,但它受到 Intel x86 体系结构的限制,并缺乏以硬件为基础的存储保护机制,因此它仍属于单用户单任务操作系统。

1984 年,装配有交互式图形功能操作系统的苹果公司的 Macintosh 计算机取得了巨大成功。1992 年 4 月,微软公司推出了具有交互式图形功能的操作系统 Windows 3.1。1993 年 5 月,微软公司推出 Windows NT,它具备了安全性和稳定性,主要针对网络和服务器市场。Windows 95 在 1995 年 8 月正式登台亮相,这是第一个不要求使用者先安装 MS-DOS 的 Windows 版本。从此, Windows 9x 便取代 Windows 3.x 以及 MS-DOS 操作系统,成为个人计算机平台的主流操作系统。

随着计算机网络的发展,网络操作系统(network operating system, NOS)也大行其道。网络操作系统与运行在工作站上的单用户操作系统或多用户操作系统(如 Windows 等)由于提供的服务类型不同而有差别。网络操作系统是以使网络相关特性达到最佳为目的的,如共享数据文件、软件应用,以及共享硬盘、打印机、调制解调器、扫描仪和传真机等。一般计算机的操作系统,如 DOS 和 OS/2 等,其目的是让用户与系统及在此操作系统上运行的各种应用之间的交互作用最佳。在当今,内装网络已成为操作系统的基本特征之一。

7. 操作系统的进一步发展

在当代,操作系统的发展呈现着更加迅猛的发展态势,主要是向宏观应用与微观应用两大方面发展。

宏观应用的典型是分布式操作系统和集群操作系统。分布式系统是将大量的计算机组织在一起,通过网络进行连接。而分布式操作系统管理所有系统任务,使得任务可在系统中任何处理机上运行,自动实现全系统范围内的任务分配并自动调度各处理机的工作负载。

集群是指一组高性能计算机通过高速网络连接起来的,在工作中像一个统一的资源,所有节点使用单一界面的计算系统。集群操作系统就适用于由 PC、工作站,甚至是大型机等多台计算机构成的集群。集群式系统具有较高的性价比。

集群式系统的实例是 Beowulf 系统,由 PC 作为节点构成集群,每个节点上都运行 Linux 系统和一组适用于 Linux 内核的软件包,主要应用于科学计算、大任务量计算。

操作系统向微型化方向发展的典型是嵌入式操作系统。嵌入式操作系统是随着各种数字化设备(如掌上计算机、家用计算机等)的流行而出现的。在数字化设备中提供了类似微型机的硬件构成,并将嵌入式系统植入这些硬件当中。作为一种特殊的系统软件,嵌入式系统为其各种用户级嵌入式软件提供支持,同时控制整个系统的各项操作,合理管理和分配系统资源。它除具有操作系统的基本功能之外,还要具有实时性、微型化、可裁剪、高可靠性和高可移植性等特点。

目前的操作系统种类繁多,可以用不同的分类标准对操作系统进行分类。根据应用领域来划分,可分为桌面操作系统、服务器操作系统、主机操作系统、嵌入式操作系统;根据所支持的用户数目,可分为单用户操作系统(MS-DOS,OS/2)和多用户操作系统(UNIX,MVS,Windows);根据任务数可分为单任务操作系统(DOS)和多任务操作系统(OS/2,UNIX,Windows);根据源码开放程度,可分为开源操作系统(Linux,Chrome OS)和不开源操作系统(Windows,Mac OS);根据硬件结构,可分为网络操作系统(Netware,Windows NT,OS/2 Warp)、分布式操作系统(Amoeba)和多媒体操作系统(Amiga);根据操作系统的使用环境和对作业处理方式来考虑,可分为批处理操作系统(MVX,DOS/VSE)、分时操作系统(Linux, UNIX, XENIX, Mac OS)和实时操作系统(iEMX, VRTX, RTOS, RT

Windows)。操作系统的分类如图 3－2 所示。

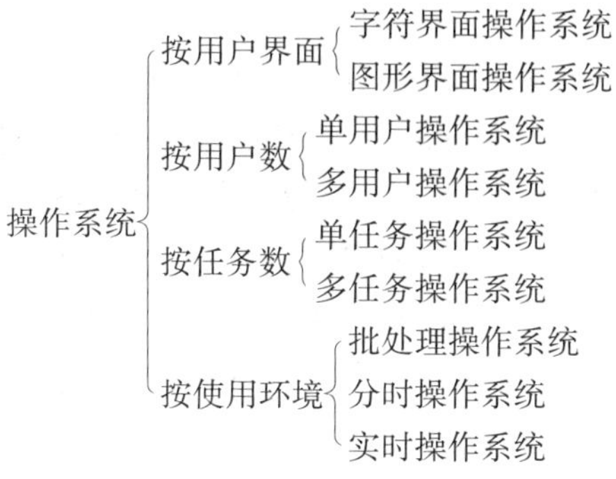

图 3－2 操作系统的分类

3.1.3 操作系统用户接口

操作系统是用户和计算机之间的接口,用户通过操作系统可以快速、有效和安全可靠地使用计算机各类资源。通常操作系统提供两类用户接口:程序级接口(程序接口)、命令级接口(联机用户接口和脱机用户接口)。

1. 程序级接口

程序级接口由一组系统调用命令组成,程序员可以在程序中通过系统调用来完成对外部设备的请求,进行文件操作,分配或回收内存等各种控制要求。所谓系统调用,是指调用操作系统中的子程序,属于一种特殊的过程调用。

2. 命令级接口

命令级接口又分为联机用户方式(命令方式)和命令文件方式。

联机用户方式指用户通过控制台或终端,采用人机会话的方式,直接控制运行。也就是通过逐条输入命令语句,经解释后执行,这些命令通常包括系统管理、环境设置、编辑修改、编译、连接和运行命令、文件管理命令、操作员专用命令(执行权限管理)、通信、资源要求等。联机命令的输入可以通过键盘输入,但在图形用户接口中往往是通过鼠标的点击来完成的。

命令文件方式由一组键盘命令组成。用户通过控制台键入操作命令,形成命令文件,再向系统提出执行请求。该组操作命令由命令解释系统进行解释执行,完成指定的操作,如批处理文件。

3.1.4 典型操作系统介绍

操作系统发展到现在,产生了各种各样的运行于不同机器类型上的操作系统,但就普通的用户而言,我们接触最多的,使用的比较广泛的还是微机操作系统,DOS,Windows,UNIX 是其中的典型代表。

1. DOS

DOS(disk operation system,磁盘操作系统)是一种单用户单任务的操作系统,简单易学,通用性强,是 20 世纪 80 年代至 90 年代前期微型计算机上最流行的操作系统。

常见的 DOS 有两种:IBM 公司的 PC-DOS 和微软公司的 MS-DOS,它们的功能、命令用途格式都相同,我们常用的是 MS-DOS。

自从 DOS 在 1981 年问世以来,版本就不断更新,从最初的 DOS 1.0 升级到了最新的 DOS 8.0(Windows ME 系统),纯 DOS 的最高版本为 DOS 6.22,这以后的新版本 DOS 都是由 Windows 系统所提供的，并不单独存在。

2. Windows

Window 的中文意思是“窗口”，Windows 是 Window 的复数形式，表示多个窗口。Windows 这个名字形象地说明了 Windows 操作系统是由多个窗口组成的。Windows 是一种多任务多进程的操作系统，它提供了一个基于鼠标和图标、菜单选择的图形用户界面(graphical user interface，GUI)，允许用户同时打开和使用多个应用程序，使得计算机的使用变得更容易、更直观。随着硬件功能越来越强，GUIS 越来越流行，后续的 Windows 版本越来越多地取代了 DOS，使得环境和操作系统之间的差别变得越来越模糊。Windows 早期版本的安装运行要在 DOS 的支持下进行，其功能有点像一个增强的 DOS 操作环境，但 Windows 95 之后，Windows 根本不依赖 DOS 来进行管理内存、连接设备、文件操作，成为真正独立的操作系统。

从 1985 年诞生第一个 Windows 操作系统 Windows 1.0 以来，Windows 的版本经历了 1.0，2.0，3.0，3.1，3.2 到 Windows 95，98，NT(new technology)，2000，Me(millennium edition——千禧版)，XP 等多个版本的发展，成为当前微机上使用最广泛的操作系统。

3. UNIX

UNIX 是一个支持多任务、多用户、多进程的分时操作系统，具有多道批处理功能，又具有分时系统功能，是工作站高档微机的标准操作系统。UNIX 是美国麻省理工学院(MIT)在 1964 年开发的分时操作系统 Multics(Multiplexed Information and Computing Service System)的基础上不断演变而来的，它原是 MIT 和贝尔实验室等为美国国防部研制的。

UNIX 系统以运行时的安全性、可靠性以及强大的计算能力赢得广大用户的信赖。UNIX 出色的设计思想与实现技术在理论界有着广泛而深入的影响。它在产业界同样掀起了一场革命，许多重要的软件公司相继推出了自己的 UNIX 版本。最早的是 AT&T 和加州大学伯克利分校的发行版本，它们逐渐形成了两种 UNIX 的风格和规范，前者为 System V 而后者成为 4.3BSD。此后的诸多版本均在很多方面力求兼容这两种规范，并给出一些“特色”，但这些“特色”导致了 UNIX 的移植困难。于是在产业界出现了几种可移植操作系统标准，包括 POSIX，SVID，XPG 等规范，这些标准的出现进一步推动了 UNIX 的发展。

3.2 Windows 操作系统概述

3.2.1 Windows 的发展

Windows 是微软公司开发的一个主流操作系统，早在 1983 年春季微软就宣布开始研究开发 Windows，并在 1985 年和 1987 年分别推出 Windows 1.0 和 Windows 2.0。但是，由于当时硬件和 DOS 操作系统的限制，这两个版本并没有取得很大的成功。微软在此后对 Windows 的内存管理、图形界面进行了重大改进，并于 1990 年 5 月推出了 Windows 3.0，并获得了成功。1992 年推出的 Windows 3.1 对 Windows 3.0 又做了一些改进，新添 TrueType 字体技术，还引入了一种新设计的文件管理程序，改进了系统的可靠性。更重要的是增加对象链接和嵌入(object link and embedding，OLE)技术和多媒体技术的支持。微软注意到了中国巨大的市场，于 1994 年推出了汉化的 Windows 中文版本 Windows 3.2。Windows 3.0，3.1，3.2 都必须运行于 MS-DOS 操作系统之上。

随着计算机硬件的不断改进，CPU 的处理速度和能力大大提高。1995 年 8 月 24 日，微软公司推出了 Windows 95。Windows 95 是一个里程碑式的操作系统，可以独立运行而不再需要 DOS 支持。Windows 95 采用 32 位处理技术，兼容以前 16 位的一些应用程序，并做了许多重大改进。例如，全 32 位的高性能的抢先式多任务和多线程；内置的对 Internet 的支持；即插即用，简化用户配置硬件操作，并避免了硬件上的冲突；32 位线性寻址的内存管理和良好的向下兼容性等。

在网络操作系统方面，微软公司于 1993 年发布了 Windows NT 的第一个版本 Windows NT 3.1；在 1994 年，又陆续发布了 Windows NT 3.5x 系列；1996 年发布 Windows NT 4.0，并于同年年底推出 Windows NT 4.0 中文版。Windows NT 4.0 分为两个版本，一个是 Server，一个是 Workstation。Windows NT Workstation 是一个全 32 位操作系统，适用于多种硬件平台并提供强大的网络管理功能，是高档台式机理想的工作平台；Windows NT Server 是面向服务器的全 32 位操作系统，提供强大的网络连接能力，全图形界面，易于操作。而集中式的安全管理和强有力的容错功能等特点使其成为网络服务器的理想操作系统。

1998 年 6 月，微软公司在全世界同时发布 Window 98。Window 98 仍兼容 16 位的应用程序，是 Windows 系列产品中最后一个“照顾”16 位应用程序的操作系统。2000 年，微软公司又发布了 Windows 2000 和 Windows Me。

2001 年 10 月，微软公司正式推出 Windows XP。Windows XP 包括家庭版和专业版。Windows XP 家庭版是 Windows Me 的一个增强版，针对个人及家庭用户设计，增设了数字多媒体、家庭联网和通信等方面的功能。它集成了具有媒体任务栏、自动图像尺寸调整和个性栏等新功能的浏览器 IE 6 和将常用数字媒体功能整合在一起的媒体播放器，用户可以在同一个软件中观看录像和 DVD，收听音乐、Internet 电台，向便携式播放器传输音乐，快速刻录 CD 等，为音频和视频的数字化处理提供了较为有利的工具。为了方便用户查看和处理图片、照片和音乐文件，Windows XP 新增了两个文件夹“我的图片”和“我的音乐”。其照片打印向导、Web 发布向导为数字图片的共享、发布、下载和打印提供了快捷的工具。为了使用户快速、方便地操作，新的开始菜单把用户经常使用的文件和应用程序组织在一起，以提高访问的效率。Windows XP 中文版配备了改进的微软拼音输入法 3.0，具有中英文混合输入、汉字注音等新功能。Internet 连接共享功能，允许家中的多台计算机经同一个宽带或拨号连接访问 Internet。Windows XP 专业版则集成了 Windows 2000 专业版的部分功能，它除了具备家庭版的功能外，还增加了远程桌面功能、管理功能、防病毒功能以及多语言特性，从而为办公用户高效、安全地使用计算机提供了更多的方便。为了使在视觉、听觉、行动、感觉和癫痫等方面具有一定障碍者的需要，专业版提供了较强的辅助特性，改进了放大镜、讲述人、屏幕键盘和辅助工具管理器的功能，通过“辅助功能向导”“辅助功能选项”图标和“控制面板”中的其他图标来更改 Windows 的外观和特性，包括键盘、显示器、声音和鼠标功能设置。

Windows Vista 是继 Windows XP 和 Windows Server 2003 之后的又一重要的操作系统。该系统带有许多新的特性和技术。于 2007 年 1 月 30 日，正式对普通用户出售。此时的 Windows Vista 距离上一版本 Windows XP 已有超过五年的时间，这是 Windows 版本历史上间隔时间最久的一次发布。微软表示，Windows Vista 是具有革命性变化的操作系统，包含了上百种新功能；其中较特别的是新版的图形用户界面和称为“Aero”的全新界面风格、加强后的搜寻功能（Windows indexing service）、新的多媒体创作工具（Windows DVD maker），以及重新设计的网络、音频、输出（打印）和显示子系统。Vista 也使用点对点技术（peer-to-peer）提升了计算机系统在家庭网络中的通信能力，让在不同计算机或装置之间分享文件与多媒体内容变得更简单。针对开发者方面，Vista 使用. NET Framework 3.0，比起传统的 Windows API 更能让开发者简单写出高品质的程序。微软也在 Vista 的安全性方面进行了改良。

Windows 7 是由微软公司开发的具有革命性变化的操作系统，于 2009 年 10 月正式发布，该系统旨在让人们的日常计算机操作更加简单和快捷，为人们提供高效易行的工作环境。Windows 7 中包含多种新的应用程序和功能改进，其中更是含有比尔·盖茨（Bill Gates）一直大肆宣传的"未来技术"：

（1）触摸技术：Windows 7 的系统中包含触摸与多触点一体化。利用触摸技术，用户可以利用手指任意改变计算机桌面图标的尺寸与位置。用户能够利用 10 个手指进行图片的放大、缩小以及排序，还可以翻阅 Word 文档。

（2）多核支持：多核支持技术现在虽然越来越司空见惯了，但是由于软件的编写与执行的方式不同，很多软件并不能充分发挥多核的优势。Windows 7 提高了多核系统的性能，允许程序/应用程序与多核处理器协作，加快其执行和访问 CPU 的速度。

（3）控制面板：控制面板是 Windows 7 中最广泛的升级部分，Windows 7 的控制面板中添加了很多新的功能。其中，控制面板的新功能包括加速器（鼠标）、ClearType 文本声腔、显示色彩校准向导、工具（包括以网络为基础的和工具栏小工具）、红外、恢复、Workspaces 中心、凭据管理器、故障排除和 Windows 解决方案中心。

（4）任务栏：Windows 7 新任务栏默认只显示程序图标，但也可以像现在一样显示文字标签，不过只有激活的程序才会有文字。此外，如果打开了很多个同一程序，Jump List 菜单首先只会显示一列缩略图，然后才变成只有文字的菜单。另外会让选定的窗口正常显示，其他窗口则变成透明的，只留下一个个半透明边框。

因为 Windows 7 的使用日渐广泛，本书主要介绍 Windows 7 操作系统及基本使用方法。

3.2.2 Windows 7 的安装

1. Windows 7

Windows 7 包含六个版本，分别为 Windows 7 Starter（初级版）、Windows 7 Home Basic（家庭普通版）、Windows 7 Home Premium（家庭高级版）、Windows 7 Professional（专业版）、Windows 7 Enterprise（企业版）以及 Windows 7 Ultimate（旗舰版）。用户可以根据情况选择合适的版本。

2. Windows 7 的运行环境

Windows 7 对计算机硬件环境的要求较高，官方的最低配置要求如下：

处理器：1 GHz 32 位或者 64 位处理器；

内存：1 GB 及以上；

显卡：支持 DirectX 9 128 MB 及以上（开启 Aero 效果）；

硬盘空间：16 G 以上（主分区，NTFS 格式）；

显示器：要求分辨率在 1024×768 像素及以上（低于该分辨率则无法正常显示部分功能）。

3. 安装前的准备

在安装 Windows 7 之前，需要进行一些相关的设置，例如 BIOS 启动项的调整，硬盘分区的调整以及格式化等。正确、恰当地调整这些设置将为顺利安装系统，方便地使用系统打下良好的基础。

在安装系统之前首先需要将光驱设置为第一启动项。不同的计算机进行设置的方式不同，具体方法请参考说明书，大部分计算机都要进入 BIOS 中进行设置。进入 BIOS 的方法一般来说是在开机自检通过后按[Delete]键或者是[F2]键。进入 BIOS 以后，找到"Boot"项目，然后在列表中将第一启动项设置为"CD-ROM"(CD-ROM 表示光驱)即可。一般在 BIOS 将 CD-ROM 设置为第一启动项之后，重启计算机之后就会发现 "boot from CD"提示符。这个时候按任意键即可从光驱启动系统。

从光驱启动系统后，在完成对系统信息的检测之后，进入系统的正式安装界面，首先会要求用户选择安装的语言类型、时间和货币方式、默认的键盘输入方式等，界面如图 3-3 所示。例如安装中文版本，就选择中文(简体)、中国北京时间和默认的简体键盘即可。设置完成后则会开始启动安装。

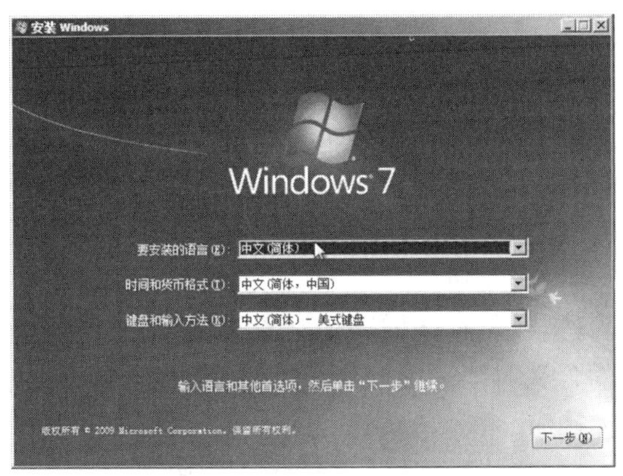

图 3-3　安装界面

因为 Windows 7 的安装过程只在少数地方，如输入序列号，设置时间、网络、管理员密码等项目需要人工干预，其余不需要人工干预，所以安装过程在此不再赘述。

3.2.3　Windows 7 的启动和退出

1. Windows 7 的启动

安装过程结束以后，系统会自动重新启动计算机，进入 Windows 7。以后上机时，接通计算机的电源，启动计算机将直接进入 Windows 7。如果在安装时设置了管理员密码，在启动时会出现登录提示，输入正确的用户名和密码方能登录。

2. Windows 7 的退出

在退出 Windows 7 之前，用户应关闭所有打开的程序和文档窗口。若不关闭，则系统会在退出时强行关闭，此时，若有文件未存盘，将可能造成数据的丢失。在屏幕左下角有个图标 ，称为"开始"菜单，退出 Windows 7 只要单击"开始"菜单下的"关机"，即可安全退出系统。

3. Windows 7 的注销

"注销"指关闭程序并注销当前登录用户。"切换用户"指在不关闭当前登录用户的情况下，切换到另一个用户，当再次返回时系统会保留原来的状态。

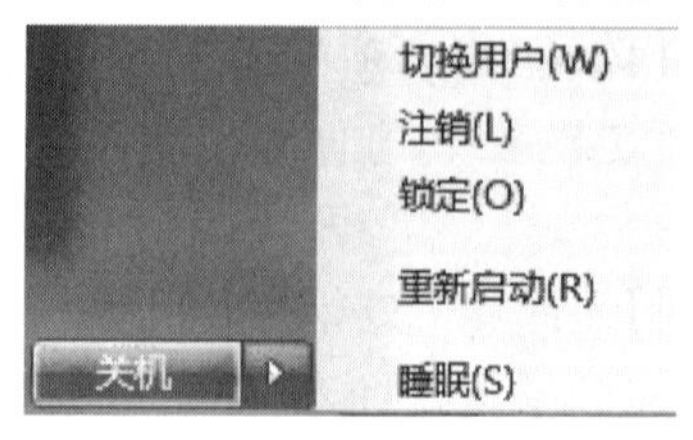

图3-4 “关机”菜单

为了便于不同的用户快速登录计算机，Windows 7 提供了“注销”功能。不必重新启动计算机就可以切换到另一个用户，既快捷方便，又减少了对硬件的损耗。

“注销”或“切换用户”的方法是用鼠标单击“开始”菜单下“关机”右边的▶，会弹出一个快捷菜单，如图3-4所示，可在菜单中选择相应的操作。

3.3 Windows的基本操作

3.3.1 键盘和鼠标基本操作

键盘和鼠标是计算机中最重要的输入设备，在 Windows 中用户主要通过它们对计算机进行操作。

1. 鼠标操作

常用的鼠标操作有如下几种：

单击(默认是左按钮)：当鼠标指针移到某个目标上时，按一下鼠标左按钮。此操作常用来选中目标，选中的对象会以不同的颜色显示。

右击：鼠标指针指向一个对象时，按一下右按钮。此操作往往可以弹出与此对象相关的快捷菜单，此菜单又被称为弹出菜单。

双击(默认是左按钮)：鼠标指针指向一个对象时，连续快速地按两次左按钮。此操作常用来打开对象。“打开”的含义可能是展开一个文件夹，也可能是执行一个程序或打开一个文档。

拖动(默认是左按钮)：鼠标指针指向一个对象时，按下左按钮，不松开，然后移动鼠标，到一个新位置后，松开按钮。此操作常用来复制/移动对象，或者调整窗口的边框。

转动滚轮：使窗口区内容上下移动。

标准鼠标指针通过不同的形状表示正处于不同的状态，表3-1列出了常见的鼠标指针形状及含义。

表3-1 鼠标指针形状及含义

鼠标形状	含义	鼠标形状	含义
I	文字选择	↕	调整垂直大小
	标准选择	↔	调整水平大小
?	帮助选择	↘	对角线调整 1
	后台操作	↗	对角线调整 2
	忙		移动

2. 键盘操作

键盘的主要功能是向计算机输入数字、字母、各种控制命令。文字输入主要是用键盘的字符键部分，对系统的操作和控制则主要是用各功能键以及键的组合。这些能完成一定功能的键的组合称为快捷键，是快速操作、控制系统、提高使用效率的有效手段。常用的快捷键如表 3-2 所示。

表 3-2　常用的快捷键

快捷键	功能
Ctrl+A	选中全部内容
Ctrl+C	复制
Ctrl+X	剪切
Ctrl+V	粘贴
Ctrl+F4	在允许同时打开多个文档的程序中关闭当前文档
Ctrl+Z	撤消
Ctrl+→	将插入点移动到下一个单词的起始处
Ctrl+Esc	显示“开始”菜单
Ctrl+←	将插入点移动到前一个单词的起始处
Ctrl+↓	将插入点移动到下一段落的起始处
Ctrl+↑	将插入点移动到前一段落的起始处
Alt+Tab	在打开的项目之间切换
Alt+Esc	以项目打开的顺序循环切换
Alt+Space	显示当前窗口的控制菜单
Alt+Enter	在 Windows 下查看所选项目的属性
Alt+F4	关闭当前项目或者退出当前程序
Ctrl+Shift+任何箭头键	选定一块文本
Delete	删除所选择的项目，如果是文件，将其放入“回收站”
Shift+Delete	永久删除，即直接删除所选项目
拖动某一项时按 Ctrl+Shift	创建所选项目的快捷方式
Shift+F10	显示所选项目的快捷菜单
Shift+任何箭头键	在窗口或桌面上选择连续的多项，或者选中文档中的文本
向右键	选择下一项目或打开右边的下一菜单或者打开子菜单
向左键	选择上一项目或打开左边的下一菜单或者关闭子菜单
F1	显示当前程序或者 Windows 的帮助内容
F2	在 Windows 下重新命名所选项目
F3	在 Windows 下搜索文件或文件夹
F4	显示“地址栏”列表
F5	刷新当前窗口
F6	在窗口或桌面上循环切换屏幕元素
F10	激活当前程序中的菜单条
退格键	查看上一层文件夹
Esc	取消当前任务

以前使用的键盘都是标准化的 101/102 键盘，随着 Windows 操作系统的发布，且为满足网络和其他需要，目前键盘上一般都增加了两个 Windows 键（窗口键）和一个 Application 键（应用程序键），其主要功能如表 3－3 所示。

表 3－3　新增的快捷键

快捷键	功能
	显示或隐藏“开始”菜单
+Break	显示“系统属性”对话框
+E	打开“我的电脑”（资源管理器方式）
+F	搜索文件或文件夹
Ctrl++F	搜索计算机
+R	打开“运行”对话框
+Tab	在打开的项目之间切换
+M	最小化所有被打开的窗口
	显示所选项目的快捷菜单

3.3.2　Windows 7 桌面的基本设置

桌面是用户工作的台面，正如日常的办公桌面一样，是指启动 Windows 之后，首先出现的屏幕上的整个区域，我们将常用的程序或文件以图标的方式放在屏幕上，以便于使用，还可以放快捷方式，如图 3－5 所示。

图 3－5　Windows 7 桌面

图标是指 Windows 系统中各种构成元素的图形表示，这些构成元素包括应用程序、磁盘、文件夹、文件、快捷方式等，即操作系统将各个程序和文件用一个个生动形象的小图片来表示，这样就可以很方便地通过图标辨别程序的类型，进行一些复杂的文件操作，如复制、移动、删除文件等。

如果要运行某个程序，需要先找到程序的图标，然后移动鼠标至图标上双击即可。如果要对文件进行管理，如复制、删除或者移动，那么必须先选定该文件的图标，方法是移动鼠标到图标上单击，使该图标高亮显示，表示该图标被选中。

若对系统默认的桌面主题、壁纸并不满意，可以通过对应的选项设置，进行个性定制，方法是在桌面空白处单击鼠标右键，选择菜单中的“个性化”选项，可进入到桌面布局和主题信息设置当中。Windows 7 为用户内置了桌面主题，按照不同的主题类型、风格等进行整齐排列，点击即可自动切换到对应的主题状态当中，同时在“桌面背景”选项中，还可以启用幻灯形式，自动切换壁纸文件等，通过“窗口颜色”可以对界面窗口的色调进行调整。

1. 添加桌面图标

在安装好 Windows 7 中文版后，第一次登录系统时，看到的是一个非常简洁的画面，默认的 Windows 7 桌面上只有一个“回收站”图标，充分体现 Windows 7 的简洁的风格。如果要在桌面上添加常用的系统图标，可按下列操作步骤操作：

首先，右击桌面空白处，会弹出如图 3－6 所示的快捷菜单，在该菜单中选择“个性化”命令，即可打开“个性化”对话框，如图 3－7 所示。

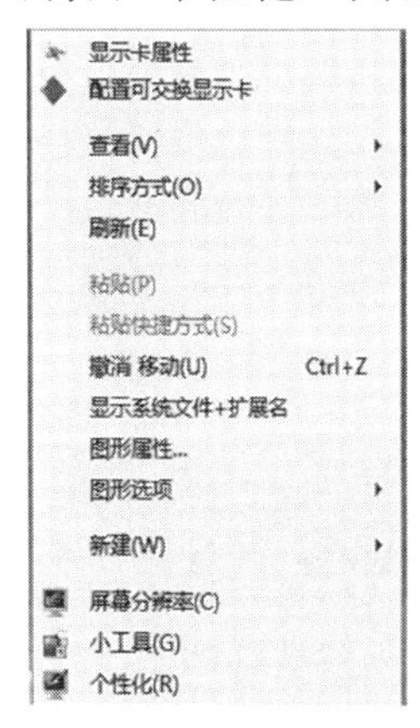

图 3－6 右击桌面的快捷菜单

图 3－7 “个性化”对话框

然后，在该对话框中可以进行一些个性化的设置，如更换主题、桌面背景、窗口颜色等。也可进行桌面图标的更改，只需要在此对话框中选择左边的“更改桌面图标”，即可打开“桌面图标设置”对话框，如图 3－8 所示。在“桌面图标”选项组中选择需要的图标添加到桌面，如“计算机”“用户的文件”等。

图 3－8 “桌面图标设置”对话框

最后设置完成后，单击“确定”按钮。

用户也可以将常用的程序或文件等的图标（通常是用来打开各种程序和文件的快捷方式）放置在桌面上。在桌面上添加图标最方便的是用拖动的方法，即将经常使用的程序、文件和文件夹等对象拖放到桌面上，以建立新的桌面对象。除此之外，还可以用鼠标右键拖动对象到桌面后，释放鼠标右键，在弹出的快捷菜单中选择一种命令，如图3－9所示。也可右击桌面空白处，在如图3－6所示的快捷菜单中指向“新建”，在下级菜单中选择“快捷方式”，如图3－10所示。

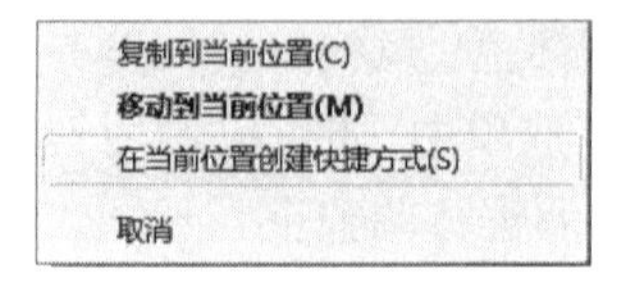

图3－9　右键拖动对象后出现的菜单

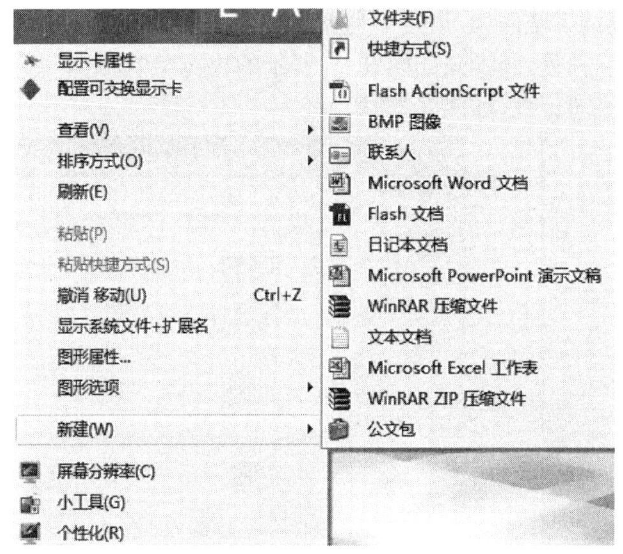

图3－10　“新建”的快捷菜单

2. 常用图标

常用图标有计算机、回收站、网络等。

1）计算机

“计算机”是Windows用来管理文件与文件夹的应用程序。双击桌面上的“计算机”图标即可启动“计算机”。使用“计算机”可以查看计算机上的所有内容，如浏览文件与文件夹，新建、复制、移动、删除文件与文件夹，查看网络系统中其他计算机及磁盘驱动器中的内容等。

2）回收站

“回收站”是Windows为有效地管理已删除文件而准备的应用程序，用于存放所有被删除的文件或文件夹等。当用户为释放磁盘空间，将那些不再使用的旧文件、临时文件和备份文件删除时，Windows会把它们放入桌面上的“回收站”中。放入“回收站”中的文件或文件夹并没有真正被清除，只是做好了被清除的准备。如果用户又改变主意，那么可以使用“回收站”恢复误删除的文件。如果用户确实想删除某些文件或文件夹，那么可以使用“清空回收站”命令，真正释放磁盘空间。双击桌面上的“回收站”图标，即可打开“回收站”。

3）网络

“网络”是用户计算机所处的外部环境，它能提供给用户各种不同类型的服务。通过“网上邻居”可以浏览工作组中的计算机和网上的全部计算机以及它们中存储的文件和文件夹，可以知道哪些计算机和网络资源对自己有效。双击“网络”图标，即可打开它的窗口，从中即可查找自己需要的内容。

4)Internet Explorer

Internet Explorer 是网页浏览器,用于浏览互联网和本地的 Intranet 上的资源。

3. 删除桌面图标

要删除桌面上的对象,可右击相应的图标,然后在弹出的快捷菜单中选择“删除”。也可将需要删除的图标直接拖放到桌面上的“回收站”,或者是选中要删除的对象后按键盘上的删除键。

4. 排列桌面图标

右击桌面空白处,在快捷菜单中指向“查看”,如图 3-11 所示,可以选择“大图标”“中等图标”或“小图标”方式显示,当“自动排列图标”选项前面有“√”时,表示可以在桌面上自动排列图标。也可以选择按名称、项目类型、大小等多种方式重新排列桌面上的图标,只要在“排序方式”中进行选择就可以了。

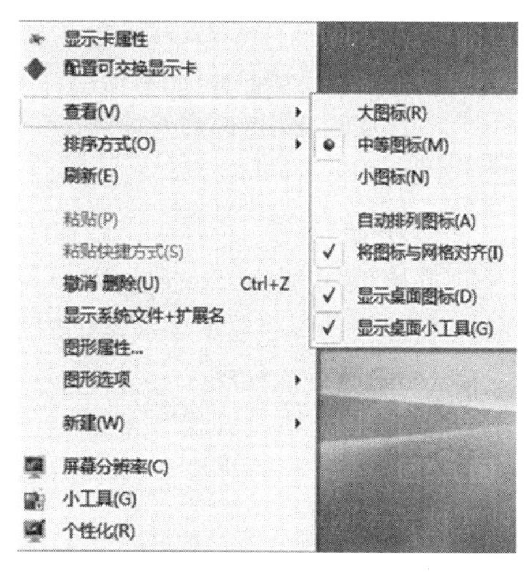

图 3-11 排列图标

5. 任务栏

在 Windows 系列操作系统中,任务栏就是指位于桌面最下方的小长条,主要由快速启动栏、应用程序区、语言选项带和托盘区组成,而 Windows 7 的任务栏则有“显示桌面”功能。从“开始”菜单可以打开大部分安装的软件与控制面板。快速启动栏里面存放的是最常用程序的快捷方式,并且可以按照个人喜好拖动并更改;应用程序区是多任务工作时的主要区域之一,它可以存放大部分正在运行的程序窗口;而托盘区则是通过各种小图标形象地显示计算机软硬件的重要信息与杀毒软件动态,托盘区右侧的时钟则时刻伴随着我们。任务栏通常位于桌面的底部,如图 3-12 所示。

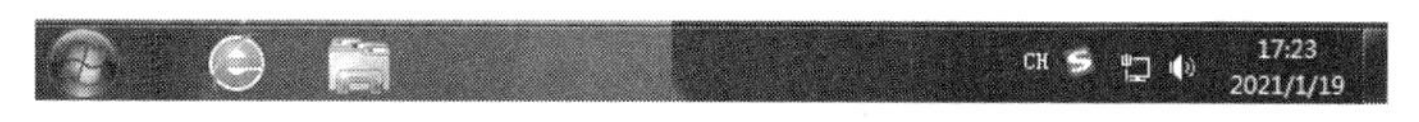

图 3-12 Windows 7 的任务栏

图 3-13 “任务栏和「开始」菜单属性”对话框

在进入 Windows 7 后系统会自动显示任务栏,为了便于工作或追求个性等,用户可以对任务栏进行一些重新设置。方法是在任务栏上右击,在弹出的快捷菜单中,单击“属性”选项,会弹出如图 3-13 所示的“任务栏和「开始」菜单属性”对话框。可在对话框中对相关功能进行调整,如恢复到小尺寸的任务栏窗口,也包括对通知区域的图标信息进行调整、是否启用任务栏窗口预览功能等。从该对话框中就可以看出,任务栏主要分为三部分:任务栏外观、通知区域和使用 Aero Peek 预览桌面。

(1)锁定任务栏:在进行日常计算机操作时,常会一不小心将任务栏拖曳到屏幕的左侧或右侧，有时还会将任务栏的宽度拉伸并十分难以调整到原来的状态。为此，Windows 添加了“锁定任务栏”这个选项，可以将任务栏锁定，避免误操作。

(2)自动隐藏任务栏：若用户需要的工作面积较大，勾选上“自动隐藏任务栏”，可将屏幕下方的任务栏隐藏起来，这样可以让桌面显得更大一些。自动隐藏任务栏后不会显示任务栏，若想要打开任务栏，则只需将鼠标光标移动到屏幕下边即可。

(3)使用小图标：进行图标大小的选择，用户可根据需要进行调整。

(4)屏幕上的任务栏位置：默认是在底部。可以单击选择左侧、右侧、顶部。如果是在任务栏未锁定状态下的话，那么拖曳任务栏可直接将其拖曳至桌面四侧。

(5)任务栏按钮：有三个选择，一是始终合并、隐藏标签；二是当任务栏被占满时合并；第三是从不合并。

6. “开始”菜单

“开始”菜单是 Microsoft Windows 系列操作系统 GUI 的基本部分，可以称为操作系统的中央控制区域，存放了设置系统的绝大多数命令，而且还可以通过该菜单使用安装到当前系统里面的所有的程序。

在默认状态下，“开始”按钮位于屏幕的左下方，是一个圆形 Windows 标志。在桌面上单击此标志，或者在键盘上按下[Ctrl＋Esc]快捷键，即可打开“开始”菜单，如图 3－14 所示。

图 3－14 “开始”菜单

左上角区域为常用软件历史菜单，系统会根据用户使用软件的频率自动把最常用的软件展示在该区域。

右侧区域为常用系统功能区域，可调用常用的系统功能并可进行常用的设置，如查看文档、图片或播放音乐等。也可设置控制面板、设备和打印机等，在最上边有一个 Administrator，为系统用户名和用户图片区，Administrator 是默认的系统管理员身份用户名，单击该名称可打开相应用户的个人文件夹。

左下角区域为所有程序开始导航的地方，单击“所有程序”即可弹出级联菜单，通过该菜单可执行相应的程序。通过“所有程序”下的文件搜索框，可以进行文件搜索。

"开始"菜单也可以进行个性化设置，方法是在桌面空白处右击，选中弹出菜单中"个性化"，打开"个性化"对话框，如图 3－7 所示。单击左下角的"任务栏和「开始」菜单"，选中"「开始」菜单"选项卡，打开如图 3－15 所示的"「开始」菜单"设置界面，即可通过该界面进行"开始"菜单的个性化设置。

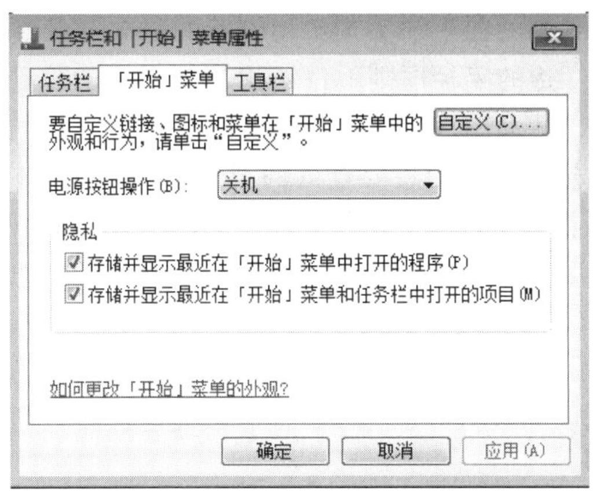

图 3－15　"「开始」菜单"设置界面

3.3.3　窗口

在 Windows 中所有的程序都运行在一个框内，在这个框内集成了诸多的元素，这个方框叫作窗口。Windows 7 的操作是以窗口为主体进行的，窗口尤其是资源管理器窗口一直是用户和计算机中文件进行操作的重要通道。虽然在 Windows 7 下不同的程序和文档可能会打开不同的窗口，但窗口具有通用性，窗口的外观和操作方法都是基本相同的。

1. 窗口的组成

如图 3－16 所示为打开桌面上的"计算机"后显示的"计算机"窗口。接下来以此窗口为例，对 Windows 7 中窗口的结构以及基本操作进行介绍。

图 3－16　Windows 7 窗口

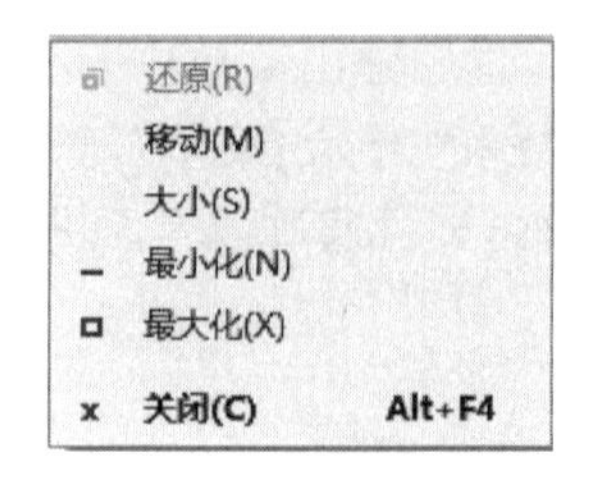

图3-17 控制菜单

窗口左上角隐藏了一个控制菜单，只有单击左上角时才会被弹出，如图3-17所示。可通过控制菜单对窗口进行常见的最大化、最小化、关闭等操作。

在窗口的左上角，为“前进”与“后退”按钮，在“前进”按钮旁边的向下箭头则给出浏览的历史记录或可能的前进方向；在其右边的路径框则不仅给出当前目录的位置，其中的各项均可单击，帮助用户直接定位到相应文件夹下；而在窗口的右上角，是功能强大的搜索框，在这里可以输入任何想要查询的搜索项进行搜索。Windows 7中的工具面板可看成新形式的菜单，根据文件夹具体位置不同，在工具面板中还会出现其他的相应工具项，如浏览回收站时，会出现“清空回收站”和“还原项目”的选项；而在浏览图片目录时，则会出现“放映幻灯片”的选项；浏览音乐或视频文件目录时，相应的播放按钮会出现。

主窗口的左侧面板由两部分组成，位于上方的是收藏夹链接，如文档、图片等，其下则是树状的目录列表，目录列表面板可折叠、隐藏，而收藏夹链接面板则无法隐藏。

2. 窗口的基本操作

1)打开窗口

打开窗口的方法主要有：双击需要打开的窗口图标，或右击对象，在快捷菜单中选择“打开”命令。

2)移动窗口

将鼠标移动到窗口标题栏，然后按下鼠标左键移动鼠标，当移动到合适的位置时放开鼠标左键，那么窗口就会出现在这个位置。注意：窗口最大化状态时不可移动。

3)调整窗口大小

单击“最大化”按钮，可以使活动窗口扩展到整个屏幕，此时该按钮变为“还原”按钮，单击恢复窗口到原始大小。单击“最小化”按钮，将窗口以按钮形式排列在“任务栏”上。需要还原窗口时，可单击“任务栏”上的窗口按钮。当鼠标光标移动到边框或边角时，鼠标光标会变成双箭头，此时对边框或边角进行拖动操作，可以改变窗口的大小。

另外，当窗口最大化时，双击标题栏可使窗口还原，反之可使其最大化。单击窗口的左上角的控制菜单，弹出控制菜单，也可通过该控制菜单对窗口进行调整。

4)切换窗口

如果有多个窗口同时被打开，那么最多只能有一个处在活动状态，其标题栏通常呈现鲜艳的颜色。改变活动窗口进行窗口切换的办法有多种，一是单击“任务栏”上的窗口按钮，可以很方便地实现活动窗口的切换；二是单击某个窗口的可见部分，把它变换为活动窗口；三是按[Alt+Tab]快捷键，屏幕上出现“切换任务栏”窗口，其中列出了当前正在运行的窗口。保持[Alt]键，按[Tab]键从“切换任务栏”中选择一个窗口，选中后再松开这两个键，所选窗口即成为当前窗口。

5)排列窗口

当屏幕上出现多个窗口时，可以采用Windows提供的层叠、堆叠和并排等显示方式，自动排列窗口在桌面上的位置。

方法是右击“任务栏”的空白处，弹出如图 3－18所示菜单，在该菜单上可选择需要排列的方式。

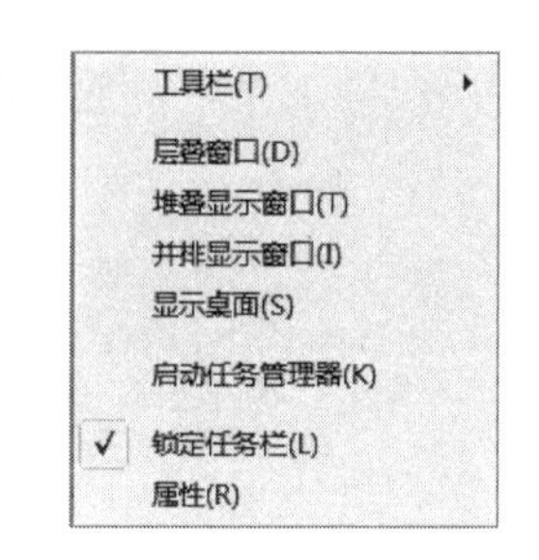

图 3－18 右击“任务栏”空白处弹出的菜单

6)关闭窗口

用户完成对窗口的操作后，想要关闭窗口，也有多种办法：

(1)单击标题栏上的“关闭”按钮☒；

(2)双击窗口左上角；

(3)单击窗口左上角，在弹出的控制菜单中选择“关闭”命令；

(4)使用[Alt＋F4]快捷键；

(5)选择“文件”菜单中的“关闭”命令；

(6)右击“任务栏”上的窗口按钮，在弹出的快捷菜单中选择“关闭窗口”命令。

对于文档窗口，用户在关闭窗口之前需要保存文档。如果忘记保存，那么当执行“关闭”命令时，系统会弹出一个提醒对话框，询问是否要保存所做的修改。

3. 菜单

菜单是一组告诉 Windows 要做什么的相关命令的集合，这些命令往往以逻辑分组的形式进行组织。要从菜单上选择一个命令，只要单击该命令即可。如果不选择命令且又想关闭菜单，那么可以单击该菜单以外的空白处或按[Esc]键。

虽然不同的菜单项代表不同的命令，但其操作方式却有相似之处。Windows 为了方便用户识别，为菜单项加上了某些特殊标记，对菜单项的使用约定如表 3－4 所示。

表 3－4 菜单项的使用约定

菜单项	说明
黑色字符	正常的菜单项，表示可以选用
暗淡字符	变灰的菜单项，表示当前不可选用
后面带省略号“…”	执行命令后会打开一个对话框，供用户输入信息或修改设置
后面带三角“▶”	级联菜单项。表示含有下级菜单，鼠标指向或单击，会打开一个子菜单
分组线	菜单项之间的分隔线条，通常按功能将一个菜单分为若干组
前面带符号“●”	选择标记。在分组菜单中，有且仅有一个选项标有“●”，表示被选中
前有符号“√”	选择标记。“√”表示命令有效，再次单击可删除标记，表示命令无效
后面带快捷键	用快捷键可直接执行菜单命令，如按[Ctrl＋V]快捷键可执行粘贴命令

4. 对话框

对话框是系统与用户进行信息交流的界面，Windows 使用对话框来显示一些附加信息或警告信息，或解释没有完成操作的原因。为了获得用户的必要的操作信息，Windows 通过对话框向用户提问，用户通过对选项的选择、属性的设置或修改，完成必要的交互性操作。

对话框的组成和窗口基本相似，但一般不能改变大小，即没有最小化、最大化、还原按钮。如图 3－19 所示是一个典型的 Windows 7 对话框，有关对话框的组成说明，可参考表 3－5。

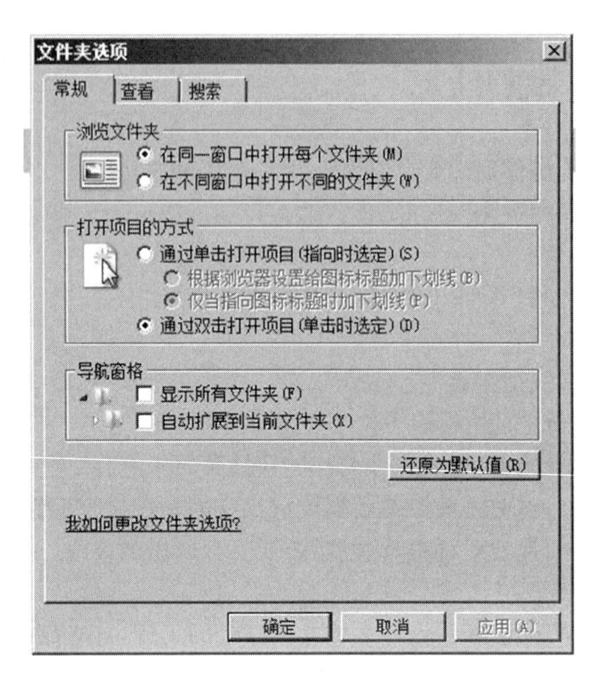

图 3－19　Windows 7 “文件夹选项”对话框

表 3－5　对话框组成说明

对象	说明
标题栏	位于对话框的顶部，左端显示对话框的名称，右端为“关闭”按钮，大部分对话框还有一个“帮助”按钮
选项卡	紧挨标题栏下面，用来选择对话框中某一组功能，如图 3－19 所示中的“常规”“查看”等
单选钮	多选一，用来在一组选项中选择一个，且只能选择一个，被选中的按钮中央出现一个圆点
复选框	用于列出可以选择的项目，可以根据需要选择一个或多个。被选中的复选框中显示“√”标记，单击可取消选择
文本框	用于输入文本和数字，通常在右端有一个下拉按钮。可直接输入，或从下拉列表中选取预选的文本或数字
列表框	列表框提供了对应于某项设置的若干选项，当其中的内容不能全部列出时，系统会自动显示滚动条。用户不能修改其中的选项
下拉列表框	下拉列表框与列表框作用相同，但可节省屏幕空间。单击下拉列表按钮，可在列表中选择设置。与带有下拉按钮的文本框不同，下拉列表框不提供输入和修改功能
命令按钮	执行一个命令。如果命令按钮呈暗淡色，那么表示当前不可选用。按钮名称后有“…”，表示将打开新的对话框。常见的命令按钮是“确定”“取消”和“应用”

3.3.4　启动和退出应用程序

1. 启动应用程序

在 Windows 中，启动应用程序有多种方法。

(1)从“桌面”上启动应用程序。

双击“桌面”上应用程序的快捷方式图标即可。

(2)从“程序”菜单中启动应用程序。

单击任务栏的“开始”按钮,激活“开始”菜单,选择“所有程序”,再选择相应的文件夹直到选中相应的应用程序,单击即可启动该应用程序。例如,从“所有程序”菜单中启动“画图”应用程序的步骤为:单击“开始”按钮,从弹出的“开始”菜单中,选择“所有程序”命令;从弹出的“所有程序”菜单中,选择“附件”文件夹;最后单击“画图”应用程序图标。

(3)从“文档”启动应用程序。

单击任务栏的“开始”按钮,激活“开始”菜单,选择“文档”命令,文档列表显示出最近使用过的文档的文件名,单击想使用的文档,Windows 自动打开建立文档的应用程序,同时打开该文档。

(4)使用“运行”命令运行应用程序。

单击任务栏的“开始”按钮,激活“开始”菜单,选择“运行”命令,此时出现“运行”对话框,如图 3-20 所示,输入需要的命令及相应的命令参数或选项。如果没有记住运行应用程序的命令,亦可单击运行对话框中的“浏览”按钮,在弹出的“浏览”对话框中,选择想运行的文件。一旦输入完毕或选择完毕,直接按回车键或单击“确定”按钮便可运行该应用程序。若想作废前面的选择,单击“取消”按钮。

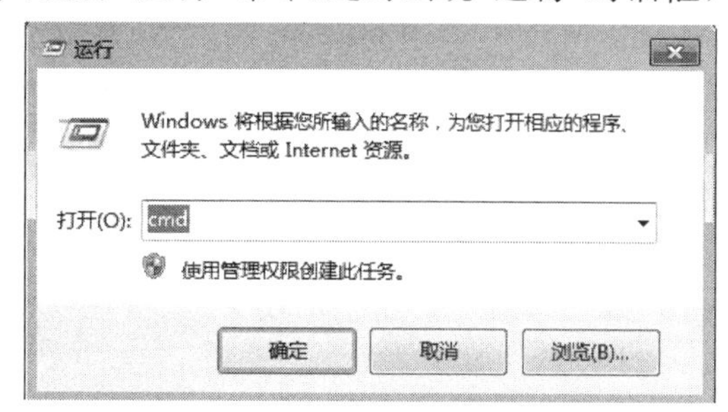

图 3-20　“运行”对话框

(5)从“Windows 资源管理器”或“计算机”中启动应用程序。

“Windows 资源管理器”在“开始”菜单的“所有程序”下的“附件”文件夹中,用户可打开“Windows 资源管理器”或“计算机”窗口,再打开应用程序/文档所在的文件夹,然后双击该应用程序/文档的图标,也可以启动相应的应用程序。

2. 退出应用程序

退出任一 Windows 应用程序都比较简单,主要有如下三种方法:①单击应用程序窗口标题栏右端的“关闭”命令;②按[Alt + F4]快捷键;③单击应用程序的“文件”菜单,在弹出的菜单中选择“关闭”命令。

3.3.5　中文输入

Windows 提供了多种汉字输入法,在系统安装时已经预装了“智能 ABC 输入法”“微软拼音输入法”“全拼输入法”等。可以根据使用习惯选择一种汉字输入法,也可以安装喜欢用的输入法。

1. 汉字输入法热键

安装 Windows 7 中文版后,系统将自动设置若干输入法热键,下面是系统设置的三种常用操作热键:

(1)[Ctrl+Space]:输入法/非输入法切换(实际操作中可用来切换中文/英文输入)。

(2)[Shift+Space]:全角/半角切换。

(3)[Ctrl+.(句点)]:中文/英文标点符号切换。

2. 输入法设置及添加

在控制面板中单击“更改键盘或其他输入法”链接，打开“区域和语言”对话框，如图 3－21 所示，在该对话框中可以添加新的输入法，也可以进行默认输入法的设置。

通常中文版 Windows 系统默认输入法为“中文(简体)－美式键盘”，若要将自己习惯的输入法设置为默认输入法，可以进行以下操作：在“区域和语言”对话框中切换到“键盘和语言”选项卡，并单击“更改键盘”按钮，打开“文本服务和输入语言”对话框。在“文本服务和输入语言”对话框的“常规”选项卡中可以看到当前默认输入法的设置，可以在默认输入语言框中进行默认输入法的设置。如果没有所需要的输入法，那么可以点击“添加”按钮添加新的输入法。完成添加后，可以根据“默认输入语言”的下拉列表指定默认输入法，也可以将不需要的多余输入法进行删除。

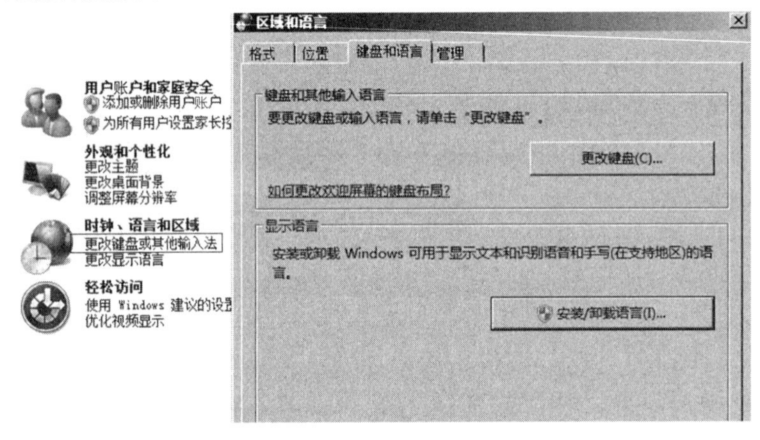

图 3－21　“区域和语言”对话框

3. 中文标点的输入

中文标点和英文标点是不同的，在键盘上是看不到中文标点符号对应的键位的。中文输入法虽然有很多种，但不同的输入法中的中文标点符号在键盘上的键位却是差不多的。若要输入中文标点，必须使当前输入法处于中文标点输入状态。例如，当选择“微软拼音输入法”时，应使“中文/英文标点”按钮显示为。

表 3－6 列出了中文标点在键盘上的对应位置。

表 3－6　中文标点键位表

标点	名称	键位	说明	标点	名称	键位	说明
。	句号	.		）	右括号	)	
，	逗号	,		〈《	单、双书名号	＜	自动嵌套
；	分号	;		〉》	单、双书名号	＞	自动嵌套
：	冒号	:		……	省略号	^	双符处理
？	问号	?		——	破折号	-	双符处理
！	惊叹号	!		、	顿号	\	
“”	双引号	"	自动配对	·	间隔号	@	
‘’	单引号	'	自动配对	—	连接号	&	
（	左括号	(		￥	人民币符号	$	

3.3.6 使用帮助

Windows 提供了功能强大的系统帮助,可以获取帮助信息的方法也很多。

窗口中往往可以看到问号图标,如图 3-16 所示,只要单击此图标,就可以获取相应的帮助。

也可以从对话框获取帮助,Windows 7 的大部分对话框的标题栏右端都含有一个"帮助"按钮,单击可打开有关该对话框的帮助窗口。

也可以获得应用程序的帮助,Windows 中的应用程序一般都有"帮助"菜单。打开应用程序窗口,选择"帮助"菜单中的相关项目,从中可得到有关该应用程序的帮助信息。例如,"写字板""画笔"等,使用"帮助"菜单,得到的则是有关该程序的帮助信息。"Windows 帮助和支持"对话框如图 3-22 所示。

图 3-22 "Windows 帮助和支持"对话框

3.4 软件资源的管理

计算机中的软件资源都是以文件的形式存放在外存上的,文件是操作系统中用来存储和管理信息的基本单位,是记录在存储介质(如磁盘、光盘和磁带)上的一组相关信息的集合。我们的文档,用计算机语言编写的程序,以及进入计算机的各种多媒体信息,如声音、图像、动画等,都是以文件的方式存放在计算机中的。为了区分磁盘上各个不同的文件,必须给每个文件取一个确定的名字,即文件名,用户就是通过操作系统按文件名存取文件的。文件的操作包括对文件的创建、复制、移动、重命名、存储、打开、关闭和删除等操作。

3.4.1 文件名

1. 文件和文件夹的概念

文件就是用户赋予了名字并存储在外部介质上的信息的集合,它可以是用户创建的文档,也可以是可执行的应用程序或一张图片、一段声音等。

文件夹不是文件，是存放文件的夹子，是系统组织和管理文件的一种形式，是为了方便用户查找、维护而设置的，如同文件袋，可以将一个文件或多个文件分门别类地放在建立的各个文件夹中，目的是方便查找和管理。可以在任何一个盘中建立一个或多个文件夹，在一个文件夹下还可以再建多级文件夹，一级接一级，逐级进入，有条理地存放文件。

2. 文件和文件夹的命名

任何一个文件都有文件名。文件全名是由盘符、路径、文件名、扩展名四部分组成，其格式为[**盘符：**][**路径**]〈**文件主名**〉[**. 文件扩展名**]。例如，E:\学生管理系统\readme. doc。

Windows 可使用长文件名，文件名包括两个部分：文件主名和文件扩展名。

文件主名：建议使用描述性的名称作为文件主名，可让用户不需要打开文件，就知道文件的内容和用途；

文件扩展名：最后一个"."后的部分，用以标识文件类型和创建此文件的程序。

Windows 7 的文件和文件夹的命名应遵循如下约定：

(1)文件名或文件夹名最多可以有 255 个字符或 127 个汉字，其中包含驱动器和路径信息。

(2)每一文件都有文件扩展名，用以标识文件类型和创建此文件的程序，文件主名和文件扩展名中间用符号"."分隔，其格式为"文件主名. 文件扩展名"。文件扩展名一般由系统自动给出。

(3)文件名或文件夹名中不能出现以下字符：\，/，:，*，?，"，<，>，|。

(4)系统保留用户命名文件时的大小写格式，但不区分其大小写，例如 MYfile. txt 与 myfILE. TXT 是同一个文件的文件名。

注意：同一个文件夹中的文件不能同名。

搜索和排列文件时，可以使用通配符"*"和"?"。其中，"?"代表文件中的一个任意字符，而"*"代表文件名中的 0 个或多个任意字符。例如，要查找所有的文本文件，就可以用 *. txt；要查找以 A 开头的所有文件，可以用 A*. *。

可以使用多分隔符的名字，如 Work. 教材. 2011. DOC。

文件夹命名规则和文件命名规则一样，但文件夹没有扩展名。

3. 文件的分类

扩展名常用来标明文件的类型，因此扩展名也称为类型名。表 3－7 列出了常见的文件类型及其扩展名。

表 3－7 常见的文件类型及其扩展名

扩展名	文件类型	扩展名	文件类型
COM	可执行的系统文件	OBJ	目标程序文件
EXE	可执行的程序文件	ASM	汇编源程序文件
BAT	批处理文件	SYS	系统文件
BAK	后备文件	HLP	帮助支持文件
LIB	库文件	TMP	暂存或不正确存储的文件
TXT	文本文件	DOC	Word 文档文件
DAT	数据文件	MDB	Access 数据库文件
AVI	视频文件	ZIP	压缩文件
PPT	PowerPoint 文件	BMP	位图文件

在 Windows 系统中，扩展名不同的文件会显示不同的图标，因此我们还可以通过图标的不同来区分文件的类型。但是，显示文档图标的依据仍然是文件的扩展名，所以修改文件的扩展名，可能会使系统无法识别文件的类型。

3.4.2 文件的存储管理——树状目录结构

大量的文件存储在磁盘上，如何有序地对文件进行管理，更快地搜索文件？这是文件管理中的大问题。操作系统采用了我们日常生活中分类存档的思想，在文件系统中引入了“树状目录结构”的概念。

首先，操作系统将磁盘分为若干盘区，并用 A,B,C,D 等盘符加以标识，通常用 A 盘、B 盘分别表示两个软盘驱动器，硬盘可被划分为一个或多个盘区（或称分区），可分别命名为 C 盘、D 盘等；C 盘一般作为系统盘。此外，还可将移动硬盘、U 盘等也映射成分区。虽然各盘区的储存介质及存储的位置可能不同，但操作系统为用户屏蔽了设备的物理特性，用户可以用同样的方法访问不同的盘。

在每个盘区中，有且仅有一个根目录。当你对盘区进行格式化后，在盘区上会自动建立一个根目录。根目录可以用“\”表示。用户可在根目录下建立各种文件，也可以建立子目录。子目录下又可以建立文件，也可以再建子目录。这样，在每一个盘区中都可以形成一个树状目录结构，这是一棵倒置的树，树根在上（根目录）。由于操作系统中的文件系统采用了树状结构，因此用户便可以通过建立若干个子目录，把文件分门别类地放在不同的目录之下。就如同我们在日常工作中，将文档分别存放在不同的文件柜和不同的文件夹中一样。每个盘区相当于办公室里的一个文件柜，而目录就相当于文件柜中的文件夹。

由于文件是以名字来区分的，因此在同一级目录下，文件不能重名。不同目录下的同名文件是允许的，也是可以区分的，不同目录下的子目录也可以重名。

目录的命名方法和文件命名一样，可将其看成一种特殊的文件。它除包括所属的文件名外，还包含各文件的附属信息，如文件大小、种类、文件的建立与修改日期、文件存放在磁盘的起始位置等。通过对有关目录的操作就可以方便地对某一目录下的文件进行管理。

在 Windows 中，用“文件夹”的概念代替了“目录”的概念。文件夹是用来储存文件或其他文件夹的地方。使用文件夹的目的是为了我们对文件进行归类提供方便。文件夹不仅可以理解为普通的文件夹和磁盘驱动器符号，还可以包括“计算机”窗口中的“打印机”“控制版面”“计划任务”和“拨号网络”等。

标准文件夹的图标为。

3.4.3 路径

操作系统对文件是“按名存取”的，磁盘采用树状目录结构。在树状目录结构中，用户创建一个文件时，仅仅指定文件名就显得很不够，还应该说明该文件是在哪一盘区的哪个目录之下，这样才能唯一确定一个文件。因此，引入了“路径”的概念。路径，准确地说，就是从根目录（或当前目录）出发，到达被操作文件所在目录的目录列表，即路径由一系列目录名组成，目录名和目录名之间用“\”隔开。例如：

路径名：“D:\计算机基础\第四章 \ch4. DOC”，是指在 D 盘根目录下“计算机基础”子目录下“第四章”子目录中的“ch4. DOC”文件。

路径若以“\”开始，表示路径从根目录出发。从根目录出发的路径被称为绝对路径。

路径若从当前目录开始，则称之为相对路径。

注意：路径名中的反斜杠"\"如果夹在目录和文件名之间，它是起隔离目录或文件名的作用，否则就是代表根目录。如上例中的第一个反斜杠就是指根目录。

如果不指定盘符部分，那么表示隐含使用当前盘；如果不指定目录部分，那么表示隐含使用当前目录。如上所述，如果将D盘指定为当前盘，并将D盘上的"计算机基础\第四章"子目录指定为当前目录，那么指定"ch4. DOC"文件仅用其文件名就可以了。

Windows用一个".."表示其上级目录。

在Windows环境下，很多情况下都不必直接使用路径，因为打开一个窗口（如资源管理器）以后，已经将树状目录结构中的路径显示在地址栏中了，当前文件夹下的文件或目录也显示在窗口中了。可以单击相关的文件夹和文件，直接进行有关的操作。但在查找文件等一些场合，或是在程序中，或是一些办公软件中，如果要调用文件，那么应该给出文件所在的路径。

3.4.4 文件和文件夹的浏览

浏览文件和文件夹的主要工具是"计算机"和"资源管理器"。利用它们可以显示文件夹的结构和文件的有关详细信息，启动应用程序、打开文件、复制文件等。此外，还可以利用"地址栏"和"搜索"工具来查找文件和文件夹。

1. "资源管理器"窗口

双击桌面上"计算机"图标，可打开"Windows资源管理器"窗口，如图3－23所示。

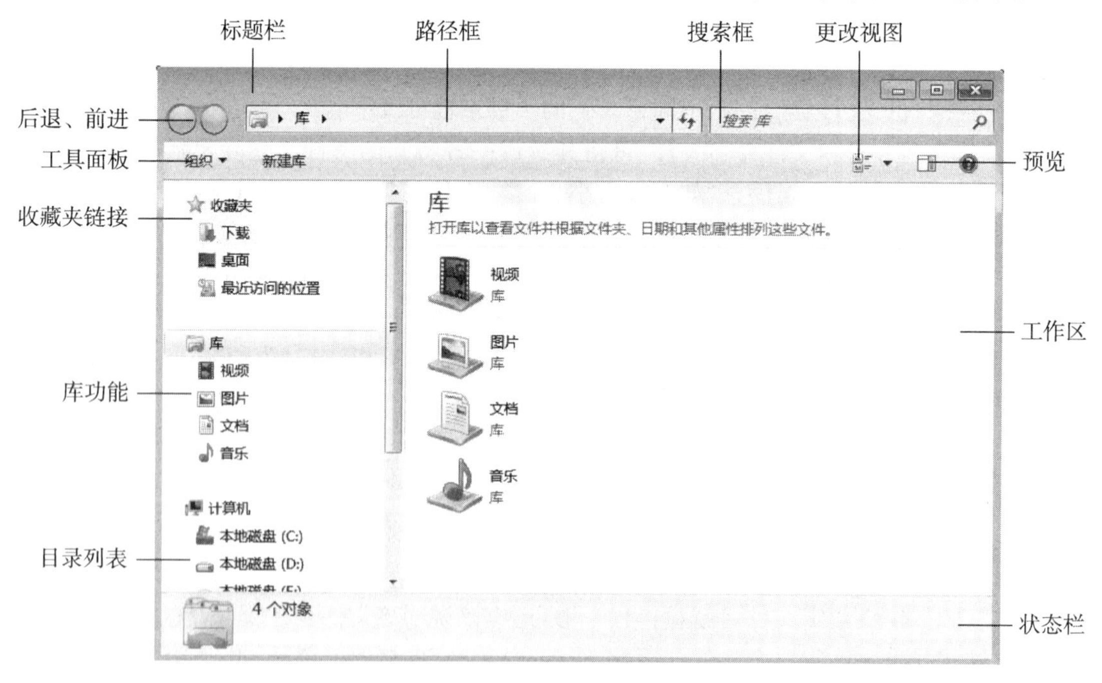

图3－23 "Windows资源管理器"窗口

"资源管理器"和"计算机"这两个用于资源管理的工具在Windows 7中已经没有区别，结构、布局和功能均相同，仅仅延续了它们在早期版本中的概念。

为了方便用户，除直接双击桌面上"计算机"图标外，Windows 7还提供了多种方法，用来打开"资源管理器"：

(1)单击“开始”菜单,鼠标光标移动到“所有程序”上,选择“附件”文件夹,在“附件”中选择“Windows 资源管理器”,即可打开“Windows 资源管理器”窗口。

(2)右击“开始”按钮,在快捷菜单中选择“打开 Windows 资源管理器”。

(3)右击任何 Windows 7 默认的组件图标(不含桌面上的应用程序快捷方式图标),或窗口中的驱动器、文件夹图标,在弹出的快捷菜单中选择在“在新窗口中打开”。

2. 库功能的使用

在 Windows 7 中,引入了一个“库”功能。Windows 7 的“库”是把搜索功能和文件管理功能整合在一起的一个进行文件管理的功能,其实质是将分布在硬盘上不同位置的同类型文件进行索引,将文件信息保存到“库”中。也就是说,库里面保存的只是一些文件夹或文件的快捷方式,并没有改变文件的原始路径。这样通过库可以将相关的散落在各个盘符、路径下的相关文件如视频、音频、图片、文档等资料进行统一管理、搜索,从而可以大大提高工作效率。

Windows 7 系统默认建有四个库:视频库、图片库、文档库、音乐库。打开资源管理器,在左侧窗口可以看到库的基本情况。单击相应的库名,则库里的内容可以显示在工作区内。往库里添加内容的方法是右击库名,在弹出菜单中选择“属性”命令,打开“属性”对话框,单击包含文件夹按钮,选择文件夹即可。

用户也可以创建自己的新库,如为下载文件夹创建一个库,其方法:(1)在“Windows 资源管理器”窗口中,单击工具栏中的“新建库”进行新建;(2)首先在任务栏中单击“库”图标,打开“库”文件夹,在“库”中右击“新建”→“库”,创建一个新库,并输入库的名称。再按照我们前面介绍过的方法,选择文件夹,将其包含到库里即可。可以在一个库里添加多个子库,这样可以将不同文件夹中的同一类型的文件放在同一库中,这样可以进行集中管理。

为了让用户更方便地在“库”中查找资料,系统提供了强大的“库”搜索功能,这样可以不用打开相应的文件或文件夹就能找到需要的资料。

搜索时,在“库”窗口上面的搜索框中输入需要搜索文件的关键字,随后回车,这样系统会自动检索当前库中的文件信息,随后在该窗口中列出搜索到的信息。库搜索功能非常强大,不但能搜索到文件夹、文件标题、文件信息、压缩包中的关键字信息,还能对一些文件中的信息进行检索,这样我们可以非常轻松地找到自己需要的文件。

在库中我们可以根据需要对某个库进行共享,这样其他用户就可以通过网上邻居来访问该库了。在 Windows 7 中对库进行共享,和对文件夹共享的方式是一样的,右击需要共享的库,在弹出的菜单中选择“共享”,并在下拉菜单中选择共享权限即可。

3. 文件和文件夹的显示以及排列方式

在“Windows 资源管理器”中,有多种浏览文件和文件夹的方法,可以根据需要随时改变文件和文件夹的显示方式。

打开“Windows 资源管理器”窗口,单击搜索框下的“视图设置”,可以改变文件和文件夹的显示方式,单击其右边的三角,弹出如图 3-24 所示快捷菜单。在该快捷菜单进行需要的设置。

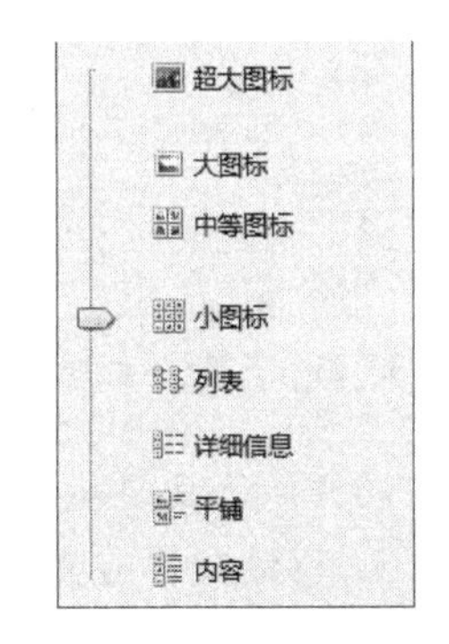

图 3-24 改变视图菜单

“超大图标”“大图标”“中等图标”“小图标”“平铺”和“列表”方式仅显示文件和文件夹的图标与名称。“详细信息”方式则可显示文件和文件夹的名称、大小、类型及修改时间等。在使用“详细信息”方式显示文件时,把鼠标放到列标题右侧的分界线上,待鼠标指针变为双向箭头时，拖动鼠标可以调整列的宽度，以便显示出所需要的信息。

为了方便查看，可以对文件和文件夹按不同的顺序排列。在“资源管理器”中，单击“查看”菜单下的“排列图标”，可以根据需要选择不同的排列方式，如按文件和文件夹的“名称”“大小”“类型”“修改时间”等。

3.4.5　文件和文件夹的操作

1. 创建文件或文件夹

在 Windows 7 中，可以在桌面、驱动器以及任意的文件夹上创建新的文件夹。如果要创建文件夹，可按下述几种方法进行：

(1)单击文件菜单下的“新建”，选择文件夹，在选定位置出现图标 新建文件夹，可将默认名称“新建文件夹”修改为需要的文件夹名。

(2)右击要创建文件夹的空白处，在快捷菜单中选择“新建”下的“文件夹”。

(3)单击“资源管理器”工具面板上的“新建文件夹”，在选定位置出现图标 新建文件夹，可将默认名称“新建文件夹”修改为需要的文件夹名。

创建新文件可以用前两种方法，要在菜单中选择需要建立的文件类型。

2. 复制文件或文件夹

复制文件或文件夹是指在目的路径复制产生一个与源文件或文件夹相同的文件或文件夹。复制文件或文件夹的方法也有多种。

(1)在“资源管理器”中，用菜单方式或命令方式复制文件或文件夹。步骤是：在原窗口选定要复制的对象，单击“编辑”菜单中的“复制”命令，或按下[Ctrl＋C]快捷键，再打开目标窗口，单击“编辑”菜单中的“粘贴”命令，或按下[Ctrl＋V]快捷键。

(2)用鼠标拖动。如果复制前后的存放位置不在同一个驱动器中，那么将被选择的对象直接拖到目标窗口即可完成复制。如果在同一驱动器中，那么拖动时必须按住[Ctrl]键，否则为移动文件或文件夹。

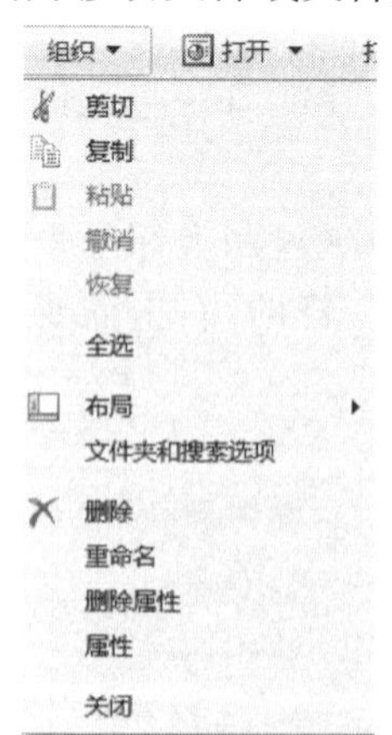

图 3－25　“组织”菜单

(3)利用快捷菜单复制文件或文件夹。首先右击选定对象，在弹出的快捷菜单中选择“复制”，然后右击目标窗口，在快捷菜单中选择“粘贴”，即可完成复制。如果要复制到软盘、桌面等，那么还可使用快捷菜单中的“发送到”命令。

(4)利用工具面板上的“组织”菜单进行：

①选定文件或文件夹。

②单击“组织”，弹出菜单，如图 3－25 所示，单击“复制”。

③选择目标文件夹，再单击“粘贴”。

注意：若要一次选定多个相邻的文件或文件夹，可先单击第一个文件或文件夹，然后按住[Shift]键，找到并单击最后一个文件或文件夹；若要一次选定多个不相邻的文件或文件夹，单击第一个文件或文件夹后，按住[Ctrl]键，再单击其余要选择的文件或文件夹；若要选择所有的文件或文件夹，可单击编辑菜单下的全部选定命令或按[Ctrl＋A]快捷键。

3. 移动文件或文件夹

移动文件或文件夹是指把文件或文件夹从一个位置中移动到另外一个文件夹中，移动操作完成后，原位置的文件或文件夹就不存在了。移动文件或文件夹的方法有以下几种：

(1)鼠标拖动。例如，若把右边窗格中D盘下的“biji. txt”文件移动到E盘的“temp”文件夹下，则先单击选中“biji. txt”文件，按住鼠标左键不放并拖动鼠标，拖到左边的目标文件夹“temp”处，放开鼠标即可。

(2)利用“剪切”和“粘贴”命令。首先将文件或文件夹选定，然后右击文件或文件夹，在快捷菜单中选择“剪切”命令。打开目标文件夹，右击右边窗格的空白处，在快捷菜单中选择“粘贴”命令，即可将其移动过来。

(3)利用“组织”菜单进行。

注意：“拖放”操作到底是执行复制还是移动，取决于原文件夹和目的文件夹的关系，在同一磁盘上拖放文件或文件夹是执行移动命令，在不同磁盘之间拖放文件或文件夹执行复制命令；若拖放文件时按下[Shift]键含义正好颠倒过来；若拖动时按下[Ctrl]键，则不管是否是同一个磁盘，都是执行复制操作；若拖动的对象是一个程序，不管是否在一个盘上，拖动通常将创建快捷方式，而不能复制文件本身；按住[Shift]键拖动，则可以移动程序。若要复制，一定要按住[Ctrl]键。

4. 重命名文件或文件夹

一般情况下，文件或文件夹的名称应尽可能反映出其包含的内容，即应该做到“见名知义”。若对已经存在的文件或文件夹的名称感到不满意，可随时进行名字的修改。例如，若要将C盘下子文件夹中名为“biji. txt”的文本文件更改为“笔记. txt”，进行如下操作即可修改文件名：

(1)选定要重命名的文件“biji. txt”，右击，弹出的快捷菜单如图3-26所示；

(2)单击快捷菜单中的“重命名”命令，这时文件名中会出现一个编辑框，按退格键[Backspace]或删除键[Delete]删除原文件名，输入“笔记. txt”后按回车键即可。

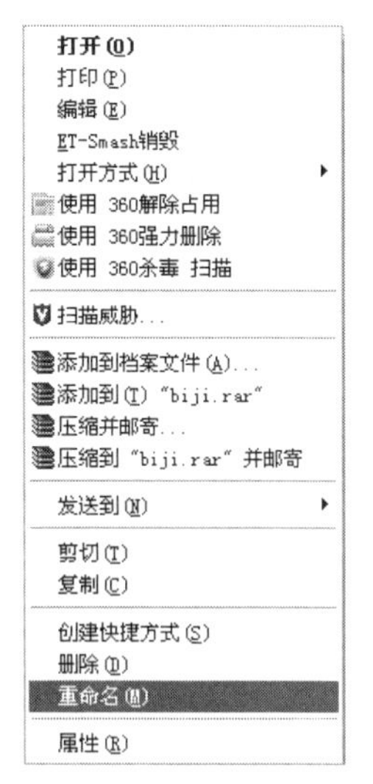

图3-26 快捷菜单

5. 删除文件或文件夹

当有些文件或文件夹不再需要时，可将其删除掉，以便腾出存储空间。删除后的文件或文件夹将被移动到“回收站”中，在之后，可以根据需要选择将回收站的文件进行彻底删除或还原到原来的位置。

在选定了文件或文件夹后，删除文件有以下几种方法：

(1)直接按键盘上的[Delete]键；

(2)单击“文件”菜单下的“删除”命令；

(3)右击文件或文件夹，从弹出的菜单中选择“删除”；

(4)单击工具面板下“组织”菜单中的“删除”命令；

(5)还可以直接将选定对象拖到桌面上的“回收站”。

注意：如果在“回收站”的属性设置中，选中“显示删除确认对话框”复选框，那么在删除文件时，将弹出“确认×××删除”对话框。

按下[Shift+Delete]快捷键将直接删除文件，而不放入回收站。

6. 恢复被删除的文件或文件夹

被删除的文件或文件夹通常情况下仍存放在回收站中，并没有真正从磁盘上彻底清除，还可将其还原，即恢复到删除至回收站前的状态，可以按如下步骤进行操作：双击桌面上的“回收站”图标，打开“回收站”窗口，如图 3－27 所示。在“回收站”窗口中选定需要恢复的文件、文件夹或快捷方式，右击，从弹出的菜单中单击“还原”命令即可，或者选定要还原的对象，单击工具面板上的“还原此项目”。

图 3－27 “回收站”窗口

7. 更改文件或文件夹的属性

文件或文件夹的属性记录了文件或文件夹的有关信息，用户可查看、修改和设定文件或文件夹的属性。右击文件，在弹出的菜单中选择“属性”，弹出如图 3－28 所示的“×××属性”对话框。在“常规”选项卡的属性栏中记录了文件的图标、名称、位置、大小等不能任意更改的信息，另外也提供了可以更改的文件的“打开方式”和属性。其中“只读”属性表明只能对该文件进行读的操作，不允许更改和删除。若将文件设置为“隐藏”属性，则该文件在常规显示中将不被看到，可避免文件因意外操作被删除或损坏。

更改文件夹属性的操作与更改文件的属性操作完全一样，但在文件夹“常规”选项卡中，没有“打开方式”和“更改”按钮，如图 3－29 所示。

图 3－28 文件“属性”对话框

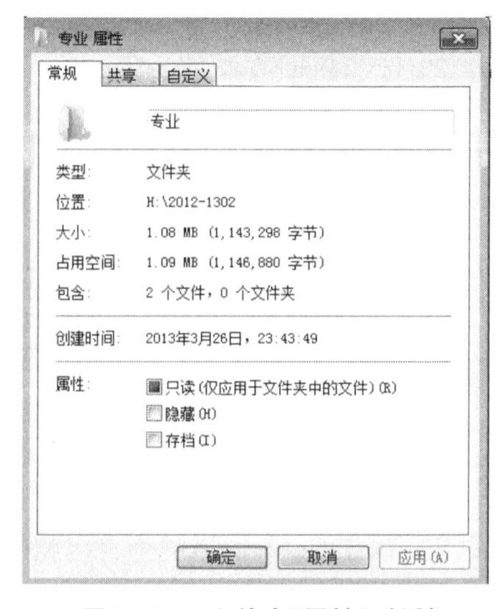

图 3－29 文件夹“属性”对话框

8. 显示/隐藏文件或文件夹

在系统默认状态下，出于安全性的考虑，有些文件或文件夹是不显示在文件夹窗口中的，如系统文件、隐藏文件等。如果需要修改或删除这些文件或文件夹，那么首先必须将它们显示出来。操作步骤如下：单击“工具”菜单下的“文件夹选项”，打开“文件夹选项”对话框。单击“查看”选项卡，在“高级设置”下拉列表框中，选择“显示所有文件和文件夹”单选钮。如果要显示“受保护的操作系统文件”，那么可以清除“隐藏受保护的系统文件(推荐)”复选框。这时系统会显示警告信息，在警告信息框中单击“是”按钮。

3.4.6　磁盘操作

双击桌面上的“计算机”图标，选择要进行磁盘管理的磁盘，右击，在弹出的快捷菜单中选择“属性”，打开“属性”对话框，如图3-30所示，用户可以利用该对话框对该磁盘进行管理和维护。

1. 查看磁盘的基本信息

打开磁盘的“属性”对话框，在对话框的“常规”选项卡上，显示了磁盘的基本信息，包括卷标、磁盘的类型、使用的文件系统类型、磁盘的容量、已用空间大小、可用空间大小和磁盘容量使用情况的示意饼图等。

图3-30　磁盘“属性”对话框“常规”选项卡

图3-31　磁盘“属性”对话框“工具”选项卡

2. 更改磁盘的卷标

所谓卷标，是指用户给磁盘所取的名字。选定磁盘后，右击，在弹出的快捷菜单中选择“重命名”可以更改磁盘的卷标，或者打开磁盘的“属性”对话框，在对话框中“常规”选项卡上，显示了磁盘卷标的文本框中直接输入新的卷标。

3. 磁盘检查

磁盘检查就是检查当前磁盘，确定是否出错，若出错则用户可以选择来确定是否修复。磁盘检查的方法是打开磁盘的“属性”对话框，打开对话框中的“工具”选项卡，如图3-31所示，单击“开始检查”按钮，打开“磁盘检查”对话框，选择要进行的检查操作，单击“开始”按钮，系统自动扫描磁盘，检查并修正其中的错误。

4. 碎片整理

由于用户在磁盘上反复建立文件，删除文件，系统要反复进行磁盘空间的分配和回收，经过多次分配和回收后，就容易出现一些零碎的磁盘存储区域，这些区域虽然空闲但由于容量很小，成为无法利用上的“碎片”。碎片的出现会降低磁盘的有效存储容量和系统访问磁盘的速度。碎片整理的任务就是将文件和文件夹所占用的空间进行整理，将碎片集中起来形成可使用的较大的空闲存储区域，以提高磁盘的使用率。进行碎片整理的方法是在磁盘的“属性”对话框的“工具”选项卡上，单击“立即进行碎片整理”按钮，将弹出“磁盘碎片整理程序”对话框，如图 3－32 所示，即可进行整理工作。注意：由于磁盘整理将所有文件和文件夹所占用的空间重新进行分配和移动，因此花费的时间较长。

图 3－32 “磁盘碎片整理程序”对话框

5. 磁盘备份

磁盘备份是对当前磁盘上的所有文件信息在其他地方保存一个副本，当发生意外事故对文件信息产生破坏时可以利用副本进行恢复。打开磁盘的“属性”对话框，在对话框中的“工具”选项卡上，单击“开始备份”按钮，系统将启动备份向导指导用户完成磁盘备份工作。

6. 磁盘清理

磁盘清理可以将磁盘上的不需要的文件全部删除，以释放出更多的磁盘空间。方法是选择要清理的磁盘，打开磁盘的“属性”对话框，在对话框中的“常规”选项卡上，单击“磁盘清理”按钮，激活磁盘清理程序，或者单击任务栏上的“开始”按钮，激活“开始”菜单，选择“所有程序”下“附件”中“系统工具”里的“磁盘清理”命令，在打开的对话框中选择要做磁盘清理工作的驱动器，激活磁盘清理程序，系统将首先扫描磁盘上不需要的文件，可以释放的空间，然后弹出“磁盘清理”对话框，如图 3－33 所示。在对话框上选择要清理的项目，单击“确定”按钮执行清理工作，单击“取消”按钮则放弃本次清理。

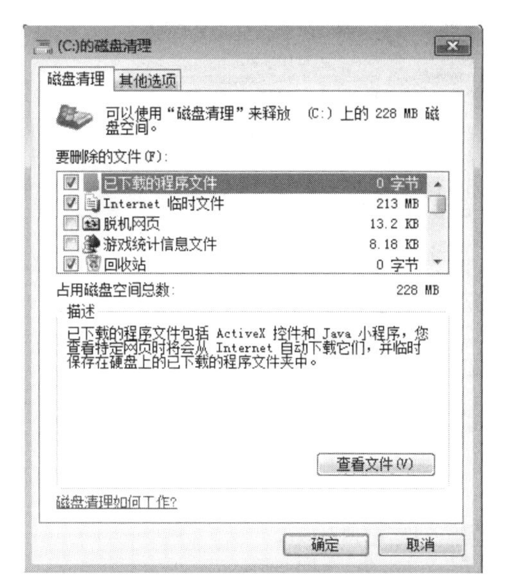

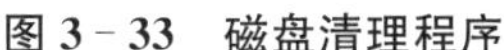
图 3-33 磁盘清理程序

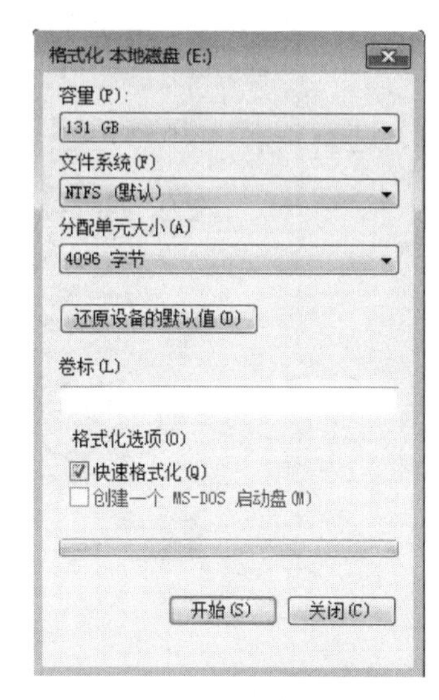

图 3-34 磁盘格式化

7. 磁盘格式化

新的磁盘在使用前必须进行格式化操作，已经使用的磁盘在使用一段时间后也可以进行重新格式化以清除磁盘上的原有信息。双击桌面上的“计算机”图标，选择要进行格式化的磁盘，右击，在弹出的快捷菜单中选择“格式化”或在“文件”菜单中选择“格式化”可以打开磁盘“格式化”对话框，如图 3-34 所示，选择要格式化的磁盘、磁盘的文件系统类型和格式化类型。格式化类型包括快速(清除)：适用于没有坏区的旧盘；全面：格式化新盘必须选此项；仅复制系统文件：将系统文件复制到已格式化的盘上，不清除盘上原来文件，以后可以使用该盘启动计算机。格式化类型选好后，单击“开始”按钮，系统就对磁盘进行格式化，格式化完毕后，显示该磁盘的信息，然后选择“关闭”命令。

注意：磁盘进行格式化后，原来存储在磁盘上的信息将全部丢失。

3.5 Windows 7 的控制面板

“控制面板”是 Windows 7 提供的用来对系统进行设置的工具集，集成了设置计算机软硬件环境的绝大部分功能，用户可以根据需要和爱好进行设置。

启动“控制面板”的方法是：在“计算机”中，单击工具面板上的任务窗格中的“打开控制面板”，或单击“开始”菜单中的“控制面板”，都可以打开“控制面板”窗口，如图 3-35 所示。在“控制面板”中，最常见的项目按照分类进行组织，分为系统和安全，用户账户和家庭安全，网络和 Internet，外观和个性化，硬件和声音，时钟、语言和区域，程序，轻松访问等类别，每个类别下会显示该类的具体功能选项。

除“类别”外，控制面板还提供了“大图标”和“小图标”的两种查看方式，只需单击“控制面板”右上角“查看方式”旁边的小箭头，从中选择自己喜欢的形式就可以了。

Windows 7 系统的搜索功能非常强大，在控制面板中也有好用的搜索功能，只要在控制面板右上角的搜索框中输入关键词，回车后即可看到控制面板功能中相应的搜索结果，这些功能按照类别进行分类显示，一目了然，极大地方便用户快速查看。

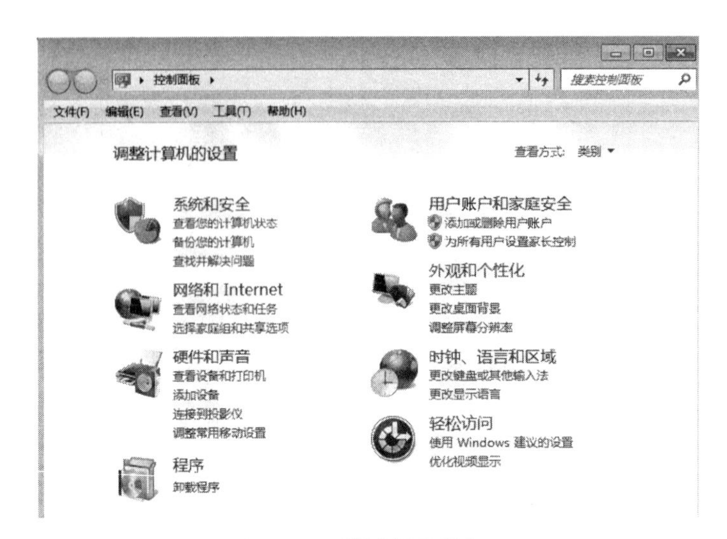

图 3-35 “控制面板”窗口

3.5.1 鼠标的设置

若不喜欢鼠标的默认设置，可以重新设定鼠标。例如，惯用左手的人可以更换鼠标左右键的功能，也可以调整双击的速度。还可以对鼠标指针进行更改，更改外观，改善可见性，或将其设置为在输入字符时隐藏等。要对鼠标进行设置，可在“控制面板”中的“硬件和声音”中单击“鼠标”，即可打开“鼠标属性”对话框，如图 3-36 所示。

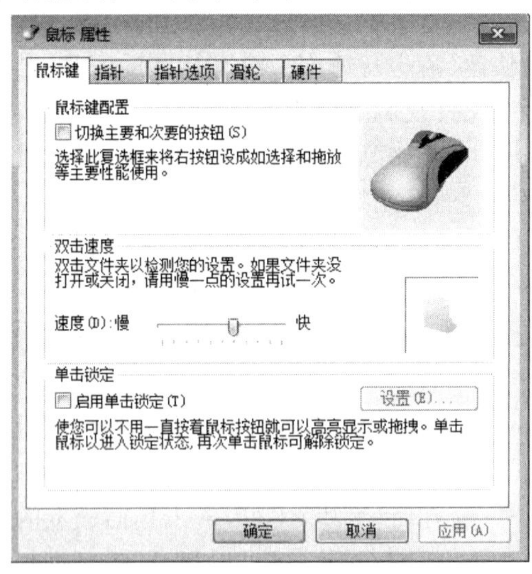

图 3-36 “鼠标属性”对话框

该对话框包括“鼠标键”“指针”“指针选项”“滑轮”和“硬件”五个选项卡（随鼠标的不同而改变），可以根据需要完成相应的设置。

3.5.2 日期、时间、区域和语言设置

“时钟、语言和区域”用于更改系统的日期、时间、区域等，还可以根据需要添加或删除输入法。

1. 区域和语言选项

在"控制面板"中单击"时钟、语言和区域"选择"区域和语言选项",可打开"区域和语言选项"对话框,如图 3-37 所示。在"键盘和语言"选项卡中,可以进行键盘和语言的设置。

图 3-37　"区域和语言"对话框

2. 日期和时间

若需要更改系统日期和时间,则可在"控制面板"中单击"时钟、语言和区域"选择"日期和时间",也可以双击任务栏右端的时钟按钮,即可打开"日期和时间属性"对话框。

在对话框中选择"日期和时间"选项卡,进行日期和时间的调整,完成设置后,单击"确定"按钮即可。

3.5.3　更改或卸载程序

在使用计算机的过程中,经常需要更改或卸载已有的应用程序。可在控制面板中单击"程序",打开"卸载或更改程序"窗口,如图 3-38 所示,列出了当前安装的所有程序。

图 3-38　"卸载或更改程序"窗口

对于不再使用的应用程序，应该卸载删除，很多软件在安装完成后，会在其安装目录或程序组的快捷菜单中有一个名为“Uninstall＋应用程序名”或“卸载＋应用程序名”的文件或快捷方式，执行该程序即可自动卸载该应用程序。但如果应用程序没有带 Uninstall 程序，或需要更改应用程序的安装设置时，可选中要卸载或更改的程序，然后单击“卸载”或“卸载/更改”，按提示进行操作即可。

注意：卸载应用程序不要通过打开其所在文件夹，然后删除其中文件的方式来卸载某个应用程序。因为有些 DLL 文件安装在 Windows 目录中，因此不可能删除干净，而且很可能会删除某些其他程序也需要的 DLL 文件，导致破坏其他依赖这些 DLL 文件的程序。

3.5.4 打印机和其他硬件

Windows 7 自带了一些硬件的驱动程序，对于“即插即用”的硬件设备，不需要用户进行安装，在启动计算机的过程中，系统会自动搜索新硬件并加载其驱动程序，同时在任务栏上会提示其安装过程，如“查找新硬件”“发现新硬件”“已经安装好并可以使用了”等信息。如果用户所连接的硬件设备的驱动程序系统中没有，当系统检测到有新的硬件接到计算机系统中，则会出现安装向导，指导用户进行新设备的安装。如果在新设备插入时没有安装，那么可以单击“控制面板”中的“打印机和其他硬件”，选择相应的设备类型，进行设备的安装。

3.5.5 用户账户和家庭安全

当多人共享计算机时，有时设置会被意外修改，用户之间可能会相互影响。Windows 7 加强了安全性，具有多种登录方式可供选择。每个用户可以有自己的个性化的工作环境和运行权限，还可以保护个人的系统配置，使用多重身份在应用程序之间穿梭。

例如，在家庭和公司环境中，使用标准用户账户可以提高安全性。当用户使用标准用户权限（而不是管理权限）运行时，系统的安全配置（如防病毒和防火墙配置）将得到保护。这样，用户可以拥有安全的区域，可以保护账户及系统的其余部分。而在共享家庭计算机上，不同的用户账户将受到保护，避免其他账户的更改。

Windows 7 有计算机管理员账户、受限制账户和来宾账户三种账户类型。

计算机管理员账户拥有对系统的完全控制权，可以改变系统设置，安装、删除程序和访问计算机上所有的文件。除此之外，还可以创建和删除计算机上的用户账户，更改其他人的账户名、图片、密码和账户类型等。Windows 7 中至少要有一个计算机管理员账户，当只有一个计算机管理员账户时，该账户不能改成受限制账户。

受限制账户可以访问已经安装在计算机上的程序，更改自己的账户图片，可以创建、更改或删除自己的密码，但无权更改大多数计算机的设置和删除重要文件，不能安装软件或硬件，也不能访问其他用户的文件。在使用受限制账户时，某些程序可能无法正确工作，如果发生这种情况，可由计算机管理员将其账户类型临时或永久性地更改为计算机管理员。

来宾账户则是给那些在计算机上没有用户账户的人用的，来宾账户权力最小，它没有密码，可以快速登录，能做的事情也就仅限于检查电子邮件或者浏览 Internet 等简单操作。默认情况下来宾账户是没有激活的，因此必须要激活后才能使用。

要进行新账户的增加，或账户的注册方式的更改等，可单击“控制面板”下的“用户账户和家庭安全”，打开窗口，如图 3-39 所示，单击“用户账户”，在弹出的“用户账户”窗口中进行相应的操作。

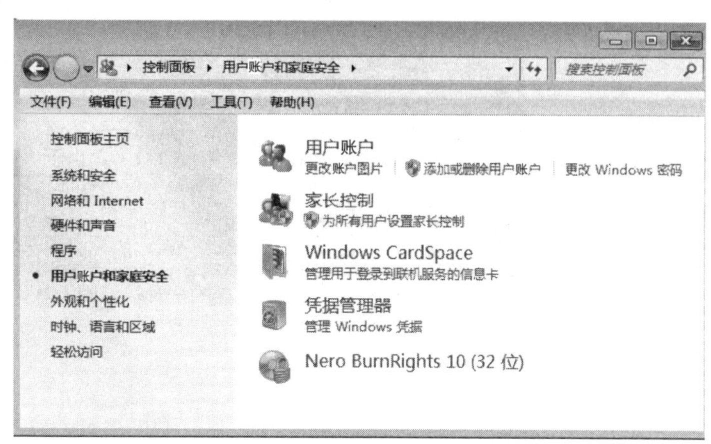

图 3-39　“用户账户和家庭安全”窗口

Windows 7 自带有家长控制功能，家长可以使用这个功能设置允许孩子使用的计算机的时段、可以玩的游戏类型以及可以运行的程序。这样即使父母不在家，也不必担心孩子无节制地使用计算机。

注意：不可对来宾账号使用家长控制，系统建议在使用家长控制时关闭来宾账号。

3.6　Windows 7 的附件程序的使用

Windows 7 的附件中有记事本、计算器等常用的应用程序，可以给用户提供方便。在“开始”菜单下“所有程序”中单击“附件”即可见到“附件”下的所有程序，如图 3-40 所示。只要单击相应的菜单项，就可打开相应的应用程序。

3.6.1　记事本

“记事本”是一个用来创建简单文档的文本编辑器，如图 3-41 所示，可以用来查看或编辑纯文本文件(.TXT)。由于“记事本”保存的 TXT 文件不包含特殊的字符或其他格式，故可以被 Windows 中的大部分应用程序调用。“记事本”使用方便、快捷、应用广泛，如一些应用程序的自述文件“Readme”通常是以记事本的形式保存的。另外，也常用“记事本”编辑各种高级语言的程序文件，也是创建 Web 页 HTML 文档的一种较好的工具。

在“记事本”中用户可以使用不同的语言格式创建文档，而且可以用不同的编码进行打开或保存文件，如 ANSI，UTF-8，Unicode，Unicode big-endian 等格式。当使用不同的字符集工作时，程序将默认保存为标准的 ANSI 文档。

图 3－40 “附件”文件夹　　　　图 3－41 “记事本”窗口

3.6.2 画图

“画图”是一个位图编辑器，如图 3－42 所示，可以用它创建简单或精美的图画，也可以对各种位图格式的图片进行处理。一些简单的裁剪、图片的旋转、调整大小等，用“画图”就能轻松实现，在处理完成后，可以用 PNG，BMP，JPG，GIF 等格式将图片存盘，打印所绘的图，还可以将它作为桌面背景，或作为文件插入到其他文档中。

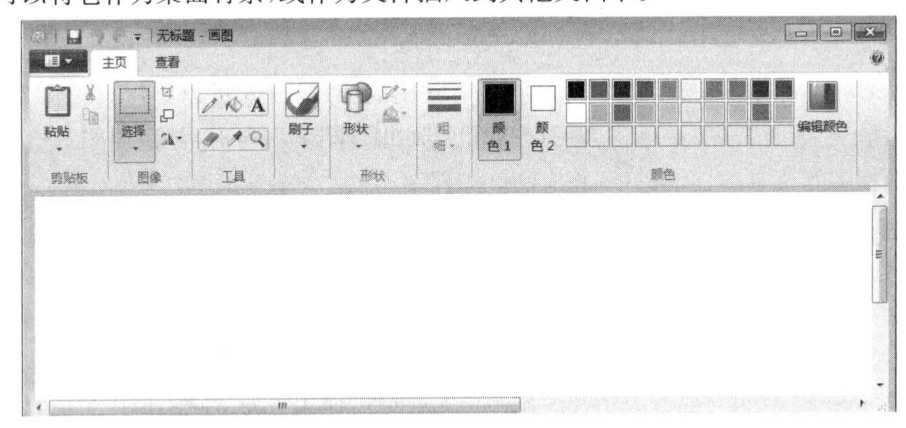

图 3－42 “画图”窗口

在“画图”程序中打开一张图片，若该图片的原始尺寸较大，可通过右下角的滑动标尺进行调整将比例缩小，就可在画图界面查看整个图片。也可在画图的“查看”菜单中，直接单击“放大”或“缩小”来调整图片的显示大小。

在查看图片时，尤其是需要了解图片部分区域的大致尺寸时，可利用标尺和网格线功能。操作方法是：在“查看”菜单中，勾选“标尺”和“网格线”即可。

有时因为图片局部文字或者图像太小而看不清楚，这时，就可以利用画图中的“放大镜”工具，放大图片的某一部分。单击则放大，右击则缩小。放大镜模式可以通过侧边栏移动图片的位置。

“画图”还提供了“全屏”功能，可以以全屏方式查看图片。操作方法：在画图“查看”选项卡的“显示”，单击“全屏”，即可全屏查看图片，再次单击即可退出，或者按[Esc]键退出全屏返回“画图”窗口。

在“颜料盒”中提供的色彩如果不能满足要求，可以在“颜色”菜单中选择“编辑颜色”，或者双击“颜料盒”中的任意一款颜色，即可弹出“编辑颜色”对话框。可在“基本颜色”选项组中进行色彩的选择，也可以单击“规定自定义颜色”按钮，自定义颜色并添加到“自定义颜色”选项组中。

3.6.3 命令提示符

Windows 7 的“命令提示符”程序又被称为“MS-DOS 方式”。“MS-DOS 方式”是在 32 位系统(如 Windows 98，Windows NT 和 Windows 2000 等)中仿真 MS-DOS 环境的一种外壳。因为 MS-DOS 应用程序运行安全、稳定，有的用户还在使用。

Windows 7 中的“命令提示符”提高了与 DOS 操作命令的兼容性，在 Windows 7 系统下可以直接运行 DOS 程序。“命令提示符”窗口如图 3－43 所示。可在窗口中的命令提示符“>”之后输入 DOS 命令，按回车执行该命令。可以设置“命令提示符”窗口属性，改变“命令提示符”程序的窗口模式、字体、布局和颜色等。方法是在窗口模式下，右击标题栏，在弹出的快捷菜单中选择“属性”命令，打开命令提示符的“属性”对话框，如图 3－44 所示，按照对话框中的提示操作即可。

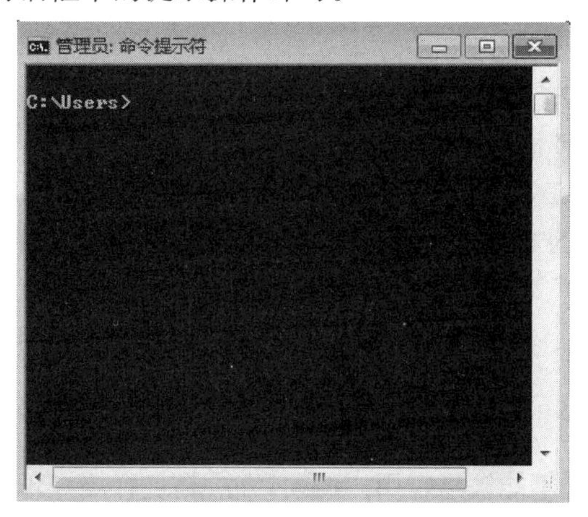

图 3－43 “命令提示符”窗口

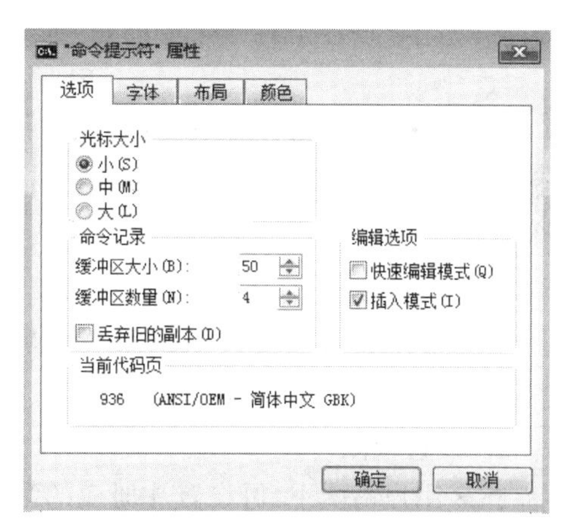

图 3－44 命令提示符的“属性”对话框

3.7 注 册 表

3.7.1 概述

Windows 7 注册表实际上是一个庞大的数据库，用于记录机器软硬件环境的各种信息，注册表对操作系统及应用程序的正常运行至关重要。它包含了 Windows 操作系统和应用程序的初始化信息、应用程序和文档文件的关联、硬件设备的说明、状态和属性等各种信息，操作系统和应用程序频繁访问注册表，以保存和获取必要的数据。

一般情况下注册表中的数据可直接通过操作系统及应用软件提供的界面来自动变更。但也可通过注册表编辑器对注册表的数据直接修改。直接修改注册表的好处有两点：一是快捷，可以不经由操作系统或应用软件，绕过不少复杂的操作；二是有些数据操作系统或应用软件不提供修改途径，若要进行变更，只能通过注册表直接修改。注意：由于 Windows 7 是严格的多用户操作系统，在进行注册表操作时，应以计算机管理员身份进入。

3.7.2 Windows 7 注册表编辑器

Windows 7 提供一个编辑注册表文件的编辑器，打开编辑器的方法是单击“开始”按钮，在搜索框中键入“regedit”，按回车键或者单击搜索到的程序，即可打开注册表编辑器。注册表编辑器的界面类似于资源管理器，如图 3－45 所示。

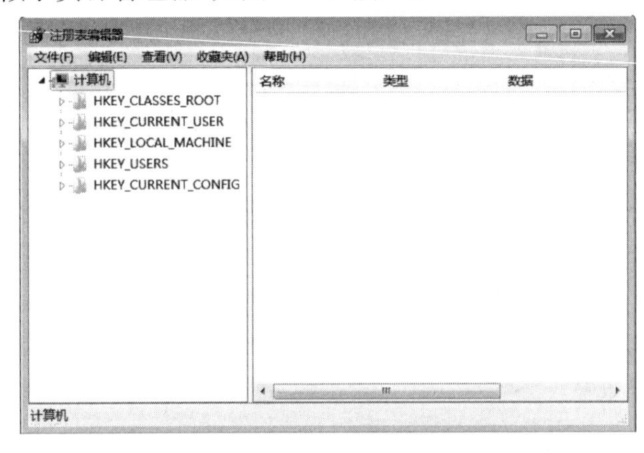

图 3－45 注册表编辑器

编辑器左栏是树状目录结构，共有五个根目录，称为子树，各子树以字符串“HKEY_”为前缀(分别为 HKEY_CLASSES_ROOT，HKEY_CURRENT_USER，HKEY_LOCAL_MACHINE，HKEY_USERS，HKEY_CURRENT_CONFIG)；子树下依次为项、子项和活动子项，活动子项对应右栏中的值项，值项包括三个部分：名称、类型、数据。

在 Windows 7 注册表编辑器中可直接修改、添加和删除项、子项与值项，并且可利用查找命令快速查找各子项和值项。

1. 设置权限

在多用户情况下，可设置注册表的某个分支不能被指定用户访问，方法是选择要处理的项，并选择菜单“编辑”下的“权限”，然后可在对话框中设置相应权限。注意：设置访问权限意味着该用户进入系统后运行的任何程序均不能访问此注册表项，建议用户不要用此功能。

2. 查找

选择菜单“编辑”下的“查找”(或按[Ctrl＋F]快捷键)，在弹出的“查找”窗口中的复选框中选要查找目标的类型，并输入待查找内容，单击“查找下一个”按钮，等待片刻便能看到结果，按[F3]键可查找下一个相同目标。

3. 收藏

有些注册表项经常需要修改，这时可将此项添加到“收藏夹”中。选择注册表项，单击“收藏”→“添加收藏夹”，输入名称并确定后该注册表项便添加到了“收藏夹”列表中，以后访问时可直接从“收藏夹”进入。

4. 添加子项或值项

在左窗格中选择要在其下添加新项的注册表项,然后在右窗格中右击,选择“新建”下的“项”或“值项”数据类型。

5. 更改值项

右击要更改的值项,选择“修改”,然后输入新数据并单击“确定”按钮即可。实际上,如要删除、重命名子项、值项,只需选择相应对象,右击,即可选择进行相应操作。

6. 注册表项的“导出”和“导入”

建议在修改注册表时,如果没有把握,请将修改项先导出以备修改错误时再导入恢复。选择要导出的注册表项,单击“文件”菜单下的“导出”,“保存类型”一般选择“ *. reg”,输入文件名后单击“保存”按钮即可。要导入已备份的注册表项只需单击“文件”下的“导入”,并选择准备导入的文件,若是上一步导出时存为. reg 文件,导入时直接双击此文件即可完成导入。

3.7.3 备份注册表

注册表包含有复杂的系统信息,对计算机至关重要,对注册表更改不正确可能会使计算机无法操作。当需要修改注册表的时候,一定要备份注册表,将备份副本保存到保险的文件夹或者 U 盘中,若想要取消更改,导入备份的注册表副本,就可以恢复原样了。

要备份注册表先要打开“注册表编辑器”,再单击“文件”菜单中的“导出”。在“导出注册表文件”面板的“保存在”框中,选择要保存备份副本的文件夹位置,然后在“文件名”框中键入备份文件的名称。在单击“保存”后,当前注册表信息就会被保存在一个. reg 文件中,如果注册表发生什么错误或者问题,可以用相似的步骤,将保存好的注册表信息导入系统中,就可以轻松解决注册表错误导致的问题。

在编辑注册表之前,最好使用“系统还原”创建一个还原点。该还原点包含有关注册表的信息,可以使用该还原点取消对系统所做的更改。

本章小结

操作系统是计算机系统的重要组成部分,负责管理计算机硬件与软件资源。Windows 操作系统是当前微机上使用最广泛的操作系统。

Windows 的基本知识包括启动,退出,键盘、鼠标的操作,桌面环境的认识,窗口,菜单,对话框的操作,应用程序的启动与退出,汉字输入,获取系统帮助。

Windows 的软件资源管理包括“资源管理器”的使用、磁盘管理、文件和文件夹的操作与管理。

Windows 的各项系统维护可通过控制面板实现,用户可以执行添加/删除程序和硬件,可以调整各项设置,如键盘、鼠标、日期/时间、显示、系统、网络、区域、电源管理、多媒体等操作。

Windows 还自带一些应用程序,用户可以利用它们完成一些文字处理、图形处理等工作。

Windows 的注册表用于记录机器软硬件环境的各种信息,包含了 Windows 系统和应用程序的初始化信息、应用程序和文档文件的关联、硬件设备的说明、状态和属性等各种信息,操作系统和应用程序频繁访问注册表,以保存和获取必要的数据。

第4章 办公自动化概述

办公自动化(office automation, OA)的概念源于20世纪60年代初美国等西方发达国家。办公自动化是将现代化办公和计算机网络功能结合起来的一种新型的办公方式,是当前新技术革命中一个技术应用领域,属于信息化社会的产物。本章主要介绍办公自动化的基本概念、主要功能及办公自动化的发展,介绍办公自动化的常用软件。

4.1 办公自动化的概念与发展

办公自动化是由通用汽车公司哈特(Hart)于1936年提出来的,它的含义随时间而不断丰富变化着。直到20世纪60年代,办公室自动化仅指使用计算机进行单项办公业务,如工资发放、编制账目等工作。自20世纪60年代人类社会进入新的"信息化"时代以来,社会的发展使得部门内部、各部门之间以及国际之间的交往规模日益扩大,事物间的相关因素日益增多,知识膨胀,社会信息量空前增加,信息交换日益频繁,对能迅速及时地处理信息和信息反馈的要求愈来愈迫切。计算机技术和通信技术的发展,为人们处理信息,为办公自动化提供了便捷有效的工具。文字处理、数据处理和通信之间界限逐渐模糊,最终将这三者结合为一种一体化的职能——信息处理。而管理科学、系统工程学、行为科学、社会学等一系列软科学的应用,又为办公自动化提供强有力的理论基础。人们都以行为科学为指导,以系统科学为理论基础,结合运用计算机及通信技术,来完成办公室的各种工作。可见计算机技术、通信技术、系统科学和行为科学是办公自动化发展的四大支柱。

21世纪随着计算机的发展,网络的广泛应用及配套设备的发展,现代办公自动化的概念和以往已有本质的区别。由于网络的特点是资源的共享以减少重复劳动及资源的重复配置,因此现代办公自动化产业已经紧紧地依附于网络,与网络共同发展、共同进步,并成为互联网产业有效的组成部分。

4.1.1 什么是办公自动化

办公自动化是一个动态的概念,是不断发展和变化的,因此至今还没有人能够对办公自动化下过最权威、最科学、最全面、最准确的定义。随着计算机技术、通信技术和网络技术的突飞猛进,关于办公自动化的描述也在不断充实。办公自动化软件体系结构如图4-1所示。

图4-1　办公自动化软件体系结构

美国麻省理工学院季斯曼教授提出："办公自动化是把计算技术、通信技术、系统科学及行为科学应用于用传统的数据处理技术难以处理的、数量庞大而且结构又不明确的那些业务上的一项综合技术。"

美国王安电脑公司提出："办公室工作人员运用现代科学技术有效地管理和传输各种信息，其作用和内容除包含传统的数字性资料外，还包括文字、图像、语言等其他各类非数字性资料的处理和运用，并且通过局部网络和远程网络加速信息的互通。同时，无论在硬件设备的选择或在软件程式系统的设计上，都必须考虑人体工学和人性因素（人类工程学），以增进工作效率和信息产品的质量。"

1985年，我国召开的第一次全国办公自动化规划讨论会，对办公自动化提出了如下的看法：办公自动化是指利用先进的科学技术，不断使人的一部分办公业务活动物化于人以外的各种设备中，并由这些设备与办公室人员构成服务于某种目标的人机信息处理系统。其目的是尽可能充分地利用信息资源，提高生产率、工作效率和质量，辅助决策，求取更好的经济效果，以达到既定（经济、政治、军事或其他方面的）目标。

在现阶段，办公自动化的支持理论是行为科学、管理科学、社会学、系统工程学、人机工程学等，其直接利用的技术是计算机技术、通信技术、自动化技术、网络技术等。一般来说，一个比较完整的办公自动化系统，应当包括有信息采集、信息加工、信息传输、信息保存这四个基本环节，其核心任务是向它的主人（各领域、各层次的办公人员）提供所需运用的信息。由此可见，办公自动化系统，综合了人、机器，信息资源三者的关系。信息是被加工的对象；机器是加工的手段（工具）；人是加工过程的设计者、指挥者和成果的享用者。

办公自动化，是一门综合的科学技术，是信息化社会的历史产物，是在计算机、通信设备较普遍应用，信息业务空前繁忙的情况下产生的。它是利用网络通信基础及先进的网络应用平台，建设一个安全、可靠、开放、高效的办公自动化、信息管理电子化系统，为管理部门提供现代化的日常办公条件及丰富的综合信息服务，实现档案管理自动化和办公事务处理自动化，以提高办公效率和管理水平，实现各部门日常业务工作的规范化、电子化、标准化，增强档案部门文书档案、人事档案、科技档案、财务档案等档案的可管理性，实现信息的在线查询、借阅等。

综上所述，可知：

(1)办公自动化是综合了有关管理信息的现代技术的一门学科，它涉及计算机技术、传真技术、通信技术、网络技术、行为科学、管理科学、社会学、系统工程学、人机工程等多种学科。

(2)办公自动化是对办公中所有信息功能的综合，帮助人们处理(分类、选择或排列等)信息并把它变换成知识和行动。办公自动化的服务形式是多种多样的，如字处理、数据处理、图形出版等。

(3)所有的用户通过局部网络和远程网络，可以建立、存储、恢复任何形式的信息，如图像、邮件、数据、声音等，并且可以传递给此组织中的其他用户，实现无纸化办公。

4.1.2　办公自动化的主要功能

我国的办公自动化经过从20世纪80年代末至今的发展，已从最初提供面向单机的辅助办公产品，发展到今天可提供面向应用的大型协同工作产品。现在，办公自动化到底要解决什么问题呢？我们说，办公自动化就是用信息技术把办公过程电子化、数字化，就是要创造一个集成的办公环境，使所有的办公人员都在同一个桌面环境下一起工作。具体来说，主要实现以下七个方面的功能。

1. 建立内部的通信平台

建立组织内部的邮件系统，使组织内部的通信和信息交流快捷通畅。

2. 建立信息的发布平台

在内部建立一个有效的信息发布和交流的场所，如电子公告、电子论坛、电子刊物，使内部的规章制度、新闻简报、技术交流、公告事项等能够在企业或机关内部员工之间得到广泛的传播，使员工能够了解单位的发展动态。

3. 实现工作流程的自动化

这牵涉到流转过程的实时监控、跟踪，解决多岗位、多部门之间的协同工作问题，实现高效率的协作。各个单位都存在着大量流程化的工作，如公文的处理、收发文、各种审批、请示、汇报等都是一些流程化的工作，通过实现工作流程的自动化，就可以规范各项工作，提高单位协同工作的效率。

4. 实现文档管理的自动化

可使各类文档(包括各种文件、知识、信息)能够按权限进行保存、共享和使用，并有一个方便的查找手段。每个单位都会有大量的文档，在手工办公的情况下这些文档都保存在每个人的文件柜里。因此，文档的保存、共享、使用和再利用是十分困难的。另外，在手工办公的情况下文档的检索存在非常大的难度。文档多了，需要什么东西不能及时找到，甚至找不到。办公自动化使各种文档实现电子化，通过电子文件柜的形式实现文档的保管，按权限进行使用和共享。例如，实现办公自动化以后，某个单位来了一个新员工，只要管理员给他注

册一个身份文件，给他一个口令，自己上网就可以看到这个单位积累下来的文件，如规章制度、各种技术文件等，只要身份符合权限可以阅览的范围，他自然而然都能看到，这样就减少了很多培训环节。

5. 辅助办公

牵涉的内容比较多，像会议管理、车辆管理、物品管理、图书管理等与我们日常事务性的办公工作相结合的各种辅助办公，实现了这些辅助办公的自动化。

6. 信息集成

每一个单位，都存在大量的业务系统，如购销存、ERP 等各种业务系统，企业的信息源往往都在这个业务系统里，办公自动化系统应该跟这些业务系统实现很好的集成，使相关的人员能够有效地获得整体的信息，提高整体的反应速度和决策能力。

7. 实现分布式办公

这就是要支持多分支机构、跨地域的办公模式以及移动办公。地域分布越来越广，移动办公和跨地域办公成为很迫切的一种需求。

4.1.3 办公自动化的发展

1. 起步阶段

此阶段以结构化数据处理为中心，基于文件系统或关系型数据库系统，使日常办公也开始运用互联网技术，提高了文件等资料管理水平。这一阶段实现了基本的办公数据管理(如文件管理、档案管理等)，但普遍缺乏办公过程中最需要的沟通协作支持、文档资料的综合处理等，导致应用效果不佳。

2. 应用阶段

随着组织规模的不断扩大，组织越来越希望能够打破时间、地域的限制，提高整个组织的运营效率，同时网络技术的迅速发展也促进了软件技术发生巨大变化，为办公自动化的应用提供了基础保证。这个阶段办公自动化的主要特点是以网络为基础、以工作流为中心，提供了文档管理、电子邮件、目录服务、群组协同等基础支持，实现了公文流转、流程审批、会议管理、制度管理等众多实用的功能，极大地方便了员工工作，规范了组织管理，提高了运营效率。

3. 发展阶段

办公自动化应用软件经过多年的发展已经趋向成熟，功能也由原先的行政办公信息服务，逐步扩大延伸到组织内部的各项管理活动环节，成为组织运营信息化的一个重要组织部分。同时市场和竞争环境的快速变化，使得办公应用软件应具有更高更多的内涵，客户将更关注如何方便、快捷地实现内部各级组织、各部门以及人员之间的协同、内外部各种资源的有效组合、为员工提供高效的协作工作平台。

办公自动化的发展方向是数字化办公。所谓数字化办公，是指几乎所有的办公业务都在网络环境下实现。从技术发展角度来看，特别是互联网技术的发展、安全技术的发展和软件理论的发展，实现数字化办公是可能的。从管理体制和工作习惯的角度来看，全面的数字化办公还有一段距离，首先数字化办公必然冲击现有的管理体制，使现有管理体制发生变革，而管理体制的变革意味着权利的重新分配；另外管理人员原有的工作习惯、工作方式和法律体系有很强的惯性，短时间内改变尚需时日。尽管如此，全面实现数字化办公是办公自动化发展的必然趋势。

4.2 办公自动化常用软件

现在有很多用于办公自动化的软件，国内有红旗公司的红旗 Office、金山公司的 WPS，iWPS、无锡永中公司的永中 Office 等，国外有微软的 Office，Lotus 1-2-3 软件、Sun Microsystems 公司的 StarOffice、HancomLinux 公司开发的 HancomOffice，还有一个免费的办公软件 OpenOffice. org 1.0。OpenOffice. org 是原来由 Sun Microsystems 作为开放源码公开的“StarOffice”，经志愿者改进之后开发出的软件，其最主要的制胜武器是可免费使用。而 Lotus 1-2-3 软件，它集成了电子表格、数据库、商业绘图三项功能，给使用者带来了极大方便，因此在美国也是热门的软件之一。

不论是什么公司的什么产品，一般都具有数据处理功能、文字处理功能、电子表格功能、文稿演示、邮件管理、日程管理等功能。当然各公司的软件都有自己的特点，不同公司的软件在功能上的侧重点也有所不同，随着时代的发展，办公自动化软件的内容和功能也在不停地更新。下面介绍使用面较为广泛的办公自动化软件。

4.2.1 WPS Office 简介

WPS Office 系列产品是金山公司研制开发的。最早推出的 DOS 平台下的 WPS 就受到了广泛的好评，使用较为广泛，市场占有率较高。它在关注新技术的发展和创新的同时，兼顾国内办公的使用现状，全面提升工作效率。

WPS 发展历程如下：

1989 年，金山创始人求伯君推出 WPS 1.0。

2001 年，WPS Office 打响政府采购第一枪。

2005 年，WPS Office 个人版宣布免费。

2006 年，WPS Office 进军日本市场开启国际化。

2011 年，WPS Office 移动版发布。

2012 年，WPS Office 通过核高基重大专项验收。

2015 年，WPS+一站式云办公发布。

2017 年，WPS Office PC 版与移动用户双过亿；5 月，WPS Office 泰文版于曼谷发布。

2018 年，金山在北京奥林匹克塔召开主题为“简单・创造・不简单”的云・AI 未来办公大会，正式发布 WPS Office 2019，WPS 文档以及 WPS Office for Mac 等三款新软件。

2019 年，金山正式发布 WPS Office for macOS。

4.2.2 Microsoft Office 简介

由于微软的 Microsoft Office 是目前应用最为广泛的办公软件，在本书中就以 Microsoft Office 2016（以下简称 Office 2016）为例进行办公软件的学习，在这里先对其进行总体介绍。

Microsoft Office 是一套由微软公司开发的办公软件，它为 Microsoft Windows 和 Mac OS X 而开发。与办公室应用程序一样，它包括联合的服务器和基于互联网的服务。最近版本的 Office 被称为“Office system”而不叫“Office suite”，反映出它们也包括服务器的事实。

1. Microsoft Office 发展历程

1984 年，在最初的 Mac 中发布 Word 1.0。

1985 年，发布 Microsoft Excel 1.0。

1993 年，发布 Microsoft Office 3.0。

1993 年，发布 Microsoft Office 4.0。

1994 年，发布 Microsoft Office 4.2。

1995 年，发布 Microsoft Office 7.0 / 95。

1997 年，发布 Microsoft Office 97。

1999 年，发布 Microsoft Office 2000。

2003 年，发布 Microsoft Office 2003。

2006 年，发布 Microsoft Office 2007。

2008 年，发布 Microsoft Office mac 2008。

2009 年，发布 Microsoft Office 2010。

2012 年，发布 Microsoft Office 2013。

2015 年，发布 Microsoft Office 2016。

2018 年，发布 Microsoft Office 2019。

2. 各个组件的主要功能

虽然 Office 组件越来越趋向于集成化，但在 Office 2016 中的各个组件仍有着比较明确的分工；一般说来：

Microsoft Office Access 为数据库管理系统，主要用来创建数据库和程序来跟踪与管理信息；

Microsoft Office Excel 为数据处理程序，主要用来执行计算、分析信息以及可视化电子表格中的数据；

Microsoft Office InfoPath Designer 用来设计动态表单，以便在整个组织中收集和重用信息；

Microsoft Office InfoPath Filler 用来填写动态表单，以便在整个组织中收集和重用信息；

Microsoft Office OneNote 为笔记程序，用来搜集、组织、查找和共享笔记和信息；

Microsoft Office Outlook 为电子邮件客户端，用来发送和接收电子邮件，管理日程、联系人和任务，以及记录活动；

Microsoft Office PowerPoint 为幻灯片制作程序，用来创建和编辑用于幻灯片播放、会议和网页的演示文稿；

Microsoft Office Publisher 为出版物制作程序，用来创建新闻稿和小册子等专业品质出版物及营销素材；

Microsoft Office SharePoint Workspace 是一个 p2p（不需要服务器端支持）的协同工作软件；

Microsoft Office Word 为文字处理工具，用来创建和编辑具有专业外观的文档，如信函、论文、报告和小册子；

Office Communicate 为统一通信客户。

本章小结

在现代，要真正实现办公自动化，只能把数据处理、文字处理和各种通信功能一体化。这样可以充分利用设备和人力，以最大限度提高办公效率。

办公自动化综合了计算机技术、传真技术、通信技术、网络技术等现代技术，涉及行为科学、管理科学、社会学、系统工程学、人机工程等多种学科。办公室自动化是对办公中所有信息功能的综合，在现代，所有的用户通过局部网络和远程网络，可以建立、存储、恢复任何形式的信息，如图像、邮件、数据、声音等，并且可以传递给此组织中的其他用户，实现无纸化办公。

办公自动化从产生到现在，一般认为经过了三个发展阶段。第一阶段为起步阶段，是以结构化数据处理为中心，基于文件系统或关系型数据库系统，使日常办公也开始运用互联网技术，提高了文件等资料管理水平；第二阶段为应用阶段，这个阶段办公自动化的主要特点是以网络为基础、以工作流为中心，提供了文档管理、电子邮件、目录服务、群组协同等基础支持，实现了公文流转、流程审批、会议管理、制度管理等众多实用的功能，极大地方便了员工工作，规范了组织管理，提高了运营效率；第三阶段为发展阶段，办公自动化应用软件经过多年的发展已经趋向成熟，功能也由原先的行政办公信息服务，逐步扩大延伸到组织内部的各项管理活动环节，成为组织运营信息化的一个重要组织部分。办公自动化的发展方向是数字化办公。

现阶段办公自动化的主要功能为数据处理功能、文字处理、办公信息传递功能、数值计算与非数据计算功能、辅助决策功能。随着社会和科学技术的发展，办公自动化的功能也在不断地更新和增强。

第5章　文字处理Word 2016

Microsoft Word 2016(以下简称 Word 2016)可以对创建的各类办公文档进行排版、编辑和打印等。作为一款文字处理软件能够随心所欲地对文字进行编辑,可制作出各种文字效果。使用 Word 的用户可以在文档中进行图形制作、艺术字编辑、各类表格和图表的绘制等操作,并可制作内容丰富的图文混排文档。Word 2016 具有很强的图像处理能力,除了能够为图表、图形和艺术字等添加三维形状、透明度和阴影等效果外,还可以快速对文字应用这些特效。通过使用“快速样式”和“文档主题”,用户可以快速更改文本、表格和图形的外观,使用样式和配色方案以获得良好的视觉效果。

为了更好地适应网络的发展,Word 2016 能够方便地实现与他人的共享。在将文档发送给他人征求意见时,Word 2016 能够有效地收集和管理反馈回来的修订和批注,在正式发布这些文档时能够保证文档中不存在任何未经处理的修订和批注。同时,在与其他用户共享文档的最终版本时,用户可以将文档标记为只读,并告知其他用户文档是最终版本,从而无法对文档进行编辑和修改,以实现对文档的保护。用户可以使用 Word 文档协同工作,微软还在 Word 文档中增加了商用版 Skype,让用户可以与同事或合作伙伴通话以及视频聊天。

本章介绍了 Word 2016 中文版的各项功能,包括文档简单编辑、页面排版、表格制作和图文混排等基本操作,还包括文档制作、超链接等较高级功能。

5.1　Word 2016 概述

Word 2016 是微软公司开发的 Office 2016 办公组件之一,主要用于文字处理工作,它是一个广泛流行的文字处理软件。

5.1.1　Word 2016 的启动与退出

1. 启动方法

Word 2016 中文版文字处理软件的启动方法可以有多种,主要方法如下:

(1)单击任务栏上的“开始”按钮,将鼠标指针指向菜单中的“所有程序”项,再单击程序菜单中的“Word”。

(2)双击任意扩展名为 DOCX 的文件(Word 文档),就能够启动 Word 2016 并同时打开该文件。

2. 退出方法

(1)单击窗口左上角控制菜单中的“关闭”命令。

(2)使用[Alt+F4]快捷键可退出 Word 2016。

(3)单击 Word 2016 标题栏右侧的“关闭”按钮。

注意:若对文档进行过编辑修改而没有保存,则在退出时,Word 将显示一个信息警告框,询问用户是否保存更改后的内容。单击“保存”按钮,Word 将保存修改后的文档,然后退出;单击"不保存"按钮,Word 不保存所做的修改,直接退出,将临时提供最新副本;单击"取消"按钮,则继续在 Word 文档中,既不保存文档也不退出。

5.1.2 Word 2016 的窗口

从 Office 2007 开始,Office 就摒弃了传统的菜单和工具栏模式,而使用一种称为功能区的用户界面模式,这种改变使操作界面变得简洁且明快,使用户操作更加简单快捷。Office 功能区实际上是一个常用操作命令的集合体,用户能快速找到相关操作命令。功能区是位于屏幕顶端的带状区域,在程序的主界面中,功能区以菜单及工具栏样子显示二维布局模式。功能区中设置了面向任务的选项卡,在选项卡中集成了各种操作命令,而这些命令根据完成任务的不同分为各个任务组。功能区中的每一个命令按钮可以执行一个具体的操作,或进一步显示下一步命令菜单,相当于旧版本中的命令菜单项。

启动 Word 2016 后,屏幕显示的是它的工作窗口,同时打开一个名为"文档1"的空白文档,如图 5-1 所示。

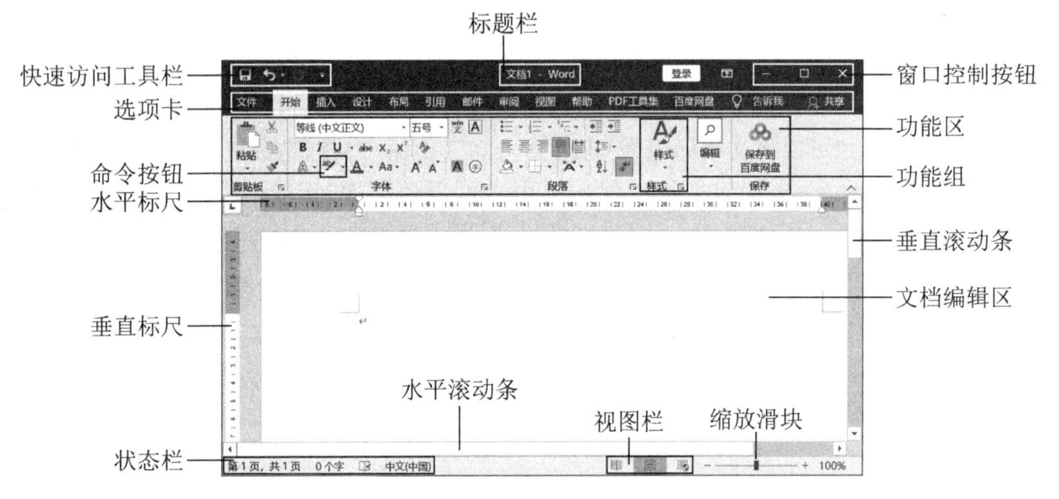

图 5-1 Word 2016 的窗口

1. 快速访问工具栏

快速访问工具栏位于窗口的顶部,用于快速执行某些操作。单击窗口左上角会出现快捷控制菜单,可以通过它完成最大化、最小化、关闭、移动窗口等操作。图标是"保存"按钮,用以保存当前文档。图标是"撤消"按钮,用以撤消最近执行的操作。图标是"恢复"按钮,用以恢复到执行操作前的状态,而"恢复"按钮的作用跟"撤消"按钮刚好相反。图标是自定义快速访问工具栏,单击它会出现如图 5-2 所示的快捷菜单,它具有高度的可定制性,用户可以将命令按钮添加到快速访问工具栏以方便使用。同时,快速访问工具栏中的按钮也可以随时删除,用户也可以根据需要改变其在主界面中的位置。

图 5-2 自定义快速访问工具栏菜单

2. 选项卡

默认情况下包括文件、开始、插入、设计、布局、引用、邮件、审阅、视图和帮助十个选项卡。选项卡下方集合了与之对应的编辑工具。在针对具体对象进行操作时还会出现其他的选项卡。例如，当选择一个图表准备对其进行操作时，就会出现设计和格式选项卡，这些选项卡集合了所有与图表操作有关的命令，为用户提供了图表的设置工具。

下面对几个常用选项卡进行说明。

（1）“开始”选项卡，包括剪贴板、字体、段落、样式和编辑五个功能组，主要用于帮助用户对文档进行文字编辑和格式设置，是用户最常用的选项卡。

（2）“插入”选项卡，包括页面、表格、插图、加载项、媒体、链接、批注、页眉和页脚、文本和符号十个功能组，主要用于在文档中插入各种元素。

（3）“设计”选项卡，包括文档格式和页面背景两个功能组，主要用于文档的格式以及背景设置。

（4）“布局”选项卡，包括页面设置、稿纸、段落和排列四个功能组，主要用于帮助用户设置文档页面样式。

（5）“引用”选项卡，包括目录、脚注、信息检索、引文与书目、题注、索引和引文目录七个功能组，主要用于实现在文档中插入目录等比较高级的功能。

（6）“邮件”选项卡，包括创建、开始邮件合并、编写和插入域、预览结果和完成五个功能组，该选项卡的作用比较专一，专门用于在文档中进行邮件合并方面的操作。

（7）“审阅”选项卡，包括校对、辅助功能、语言、中文简繁转换、批注、修订、更改、比较、保护和墨迹十个功能组，主要用于对文档进行校对和修订等操作，适用于多人协作处理长文档。

（8）“视图”选项卡，包括视图、页面移动、显示、缩放、窗口和宏六个功能组，主要用于帮助用户设置 Word 2016 操作窗口的视图类型，以便操作。

3. 标题栏和窗口控制按钮

标题栏用于显示文档的名称。窗口控制按钮可以最小化、最大化/恢复或关闭 Word 窗口。

4. 功能区

Office 2016 的功能区位于 Office 屏幕顶端的带状区域，它包含了用户使用 Office 时需要的大部分功能。功能区将命令按逻辑进行了分组，用户可以自由地对功能区进行定制，包括功能区在界面中隐藏和显示、设置功能区按钮的屏幕提示以及向功能区添加命令按钮。

1）隐藏或显示功能区

隐藏功能区可在功能区的任意一个按钮上右击，选择快捷菜单中的“折叠功能区”命令即可，如图 5－3 所示。

单击标题栏右上方的“功能区显示选项”按钮，在弹出的菜单中选择“显示选项卡和命令”选项，如图 5－4 所示，功能区将重新展开并显示选项卡的内容。

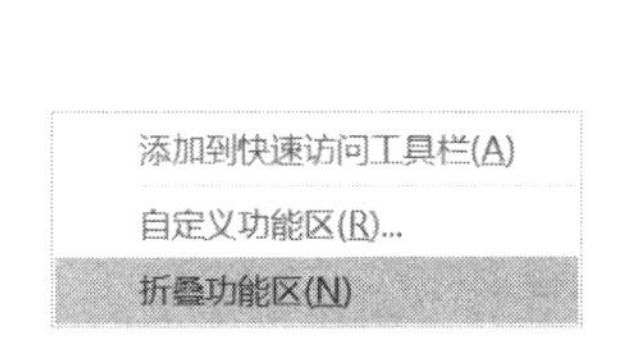

图 5－3　选择“折叠功能区”命令

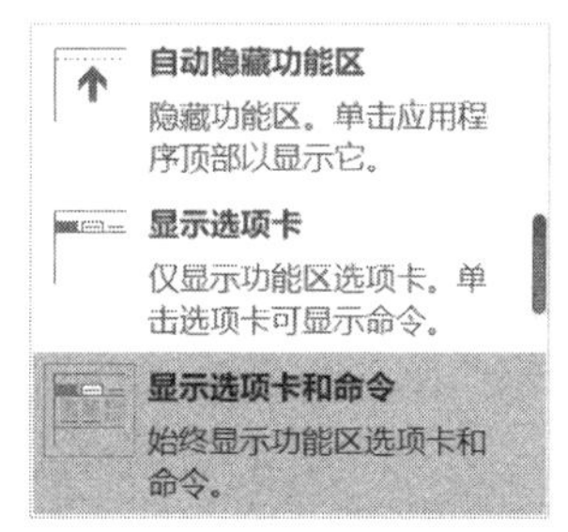

图 5－4　重新显示功能区

2)设置功能区提示

为了使用户更快地掌握功能区中各个命令按钮的功能,Office 2016 提供了屏幕提示功能,当鼠标放置于功能区的某个按钮上时,系统会弹出一个提示框,框中将显示该按钮的有关操作信息,包括按钮名称、快捷键和功能介绍等内容。具体操作如下:单击“文件”选项卡,选择“选项”命令,或在功能区的任意一个按钮上右击,选择快捷菜单中的“自定义功能区”命令,将打开“Word 选项”对话框,如图 5-5 所示。在“常规”选项中,通过“屏幕提示样式”下拉列表中的选项进行选择,从而设置功能区的提示。

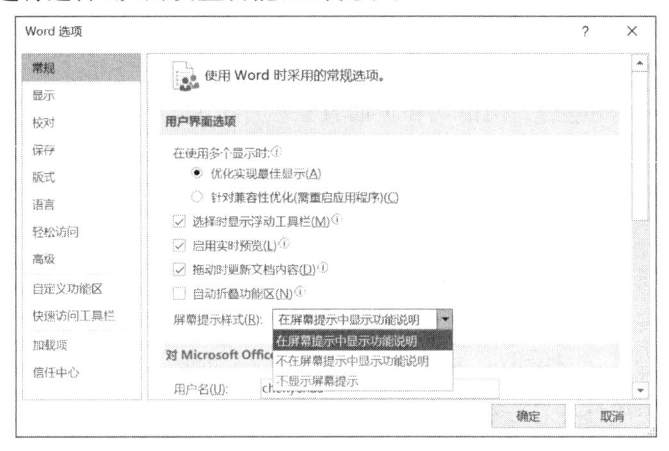

图 5-5 “Word 选项”对话框

3)向功能区添加命令按钮

在 Office 2016 中,用户可以通过“Word 选项”对话框来向功能区中添加命令按钮,如图 5-6 所示。功能区的自定义分为两种情况,一种是自定义选项卡绑定在文档中,其他文档无法使用,另一种是所有的文档都可以使用。通过对“自定义功能区”下拉列表中的选项进行选择,可以确定功能区的自定义方式。

图 5-6 自定义功能区

自定义功能区时,命令按钮必须添加到自定义组中,因此不管是向自定义选项卡还是向功能区中已有的选项卡添加命令,都必须先在该选项卡中创建自定义组,用户添加的命令只能放在这个自定义组中。

5. 标尺

标尺是 Word 2016 用来精确定位的工具，分为水平标尺和垂直标尺，用来查看正文的宽度和高度，以及图片、图文框、文本框、表格等的宽度和高度，也可通过标尺快速改变边界和缩进情况。水平标尺上有三个游标，上面的游标表示段落首行的起始位置，下面左边的游标表示段落其他行或所有行的起始位置，右边的游标表示段落所有行的右边界。

6. 文档编辑区

文档编辑区指窗口中间的空白处，是用户输入和编辑文本、绘制图形、引入图片、进行排版的工作区域，又称为工作区或文档窗口。光标进入工作区会变成“I”形，工作区中闪烁的竖条代表插入点，指示下一个键入字符的位置，一个弯曲的箭头为回车标记，代表段落结束。

7. 滚动条

滚动条可以分为垂直滚动条与水平滚动条。单击垂直或水平滚动条，或拖动滚动条中的方块，可调整文档的显示区域。

8. 状态栏

状态栏位于 Word 2016 工作窗口的左下方，用来显示插入点所在页的一些附加信息，如显示有关选项、工具栏、按钮以及正在进行的操作或插入点所在的位置等信息。

9. 视图栏和缩放滑块

视图栏和缩放滑块位于窗口右下角，用于切换视图的显示方式以及调整视图的显示比例。

Word 2016 的视图模式包括阅读视图、页面视图、Web 版式视图、大纲视图和草稿视图。利用这五个按钮可切换文档显示的方式。

在阅读视图中，适合用户查阅文档，用模拟书本阅读的方式让用户感觉如同在翻阅书籍。该视图模式将隐藏不必要的选项卡。在阅读视图模式下，界面的左上角提供了用于对文档进行操作的“工具”，使用户能够方便地进行文档的查找操作，如图 5－7 所示。在界面右上角单击“视图”选项，在下拉列表中选择相应的选项可以对阅读视图进行设置，如图 5－8 所示。

图 5－7 阅读视图中的“工具”选项

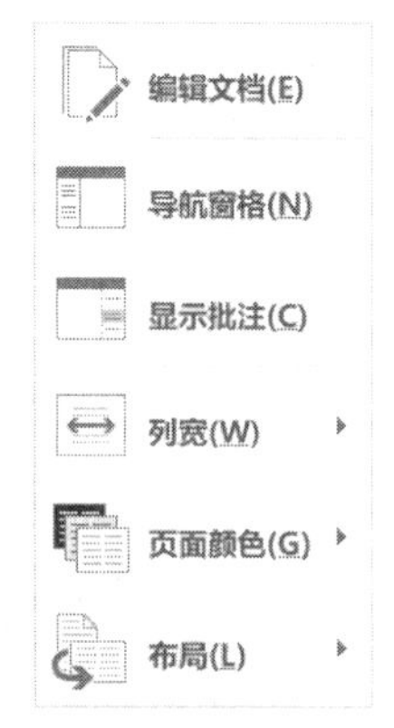

图 5－8 阅读视图中的“视图”选项

在页面视图中，可以查看在打印出的页面中文字、图片和其他元素的位置，能够显示水平标尺和垂直标尺。页面视图可用于编辑页眉和页脚、调整页边距与处理栏和图形等对象。

在 Web 版式视图中，可以创建能显示在屏幕上的 Web 页或文档。在 Web 版式视图中，可看到背景和为适应窗口而换行显示的文本，且图形位置与在 Web 浏览器中的位置一致。

在大纲视图中，能查看文档的结构，还可以通过拖动标题来移动、复制和重新组织文本。还可以通过折叠文档来查看主要标题，或者展开文档以查看所有标题，以至正文内容。大纲视图还使得主控文档的处理更为方便。主控文档有助于使较长文档（如有很多部分的报告或多章节的书）的组织和维护更为简单易行。大纲视图中不显示页边距、页眉和页脚、图片和背景。

在草稿视图中，只显示了字体、字号、字形、段落及行间距等基本的格式，将页面的布局简化，适合于快速输入或编辑文字并编排文字。

5.2 文档的管理与编辑

5.2.1 文档的操作

1. 文档的建立

新建文档有很多种方法，主要有创建空白文档、根据模板创建新的文档、根据现有文档创建新文档等，如图 5-9 所示。

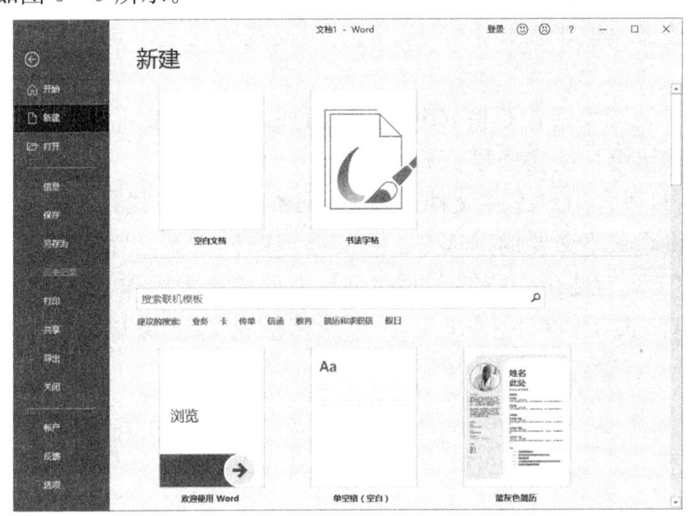

图 5-9 新建文档

1）新建一个空白文档

在启动 Word 时，系统会自动新建一个空白文档，也可以选择“文件”选项卡中的“新建”选项，再单击“空白文档”图标来创建。

2）根据模板创建新的文档

在 Word 程序窗口单击“文件”选项卡中的“新建”选项，在右侧窗格列表中可以选择需要的模板，以便快捷地创建文档。

Word 提供了在线模板的下载，还提供了模板搜索功能，在“搜索联机模板”文本框里输入想要的模板名称就可以了。

2. 文档的打开与关闭

打开文档最快捷的方法是单击自定义快速访问工具栏上的“打开”按钮，也可以选择“文件”选项卡中的“打开”命令，或使用[Ctrl+O]快捷键，屏幕将出现“打开”界面，如图 5-10

所示。在"打开"界面双击"这台电脑"选项或单击"浏览"选项，弹出"打开"对话框，如图 5－11 所示，选定要打开的文档后单击"打开"按钮，即可将文档打开。

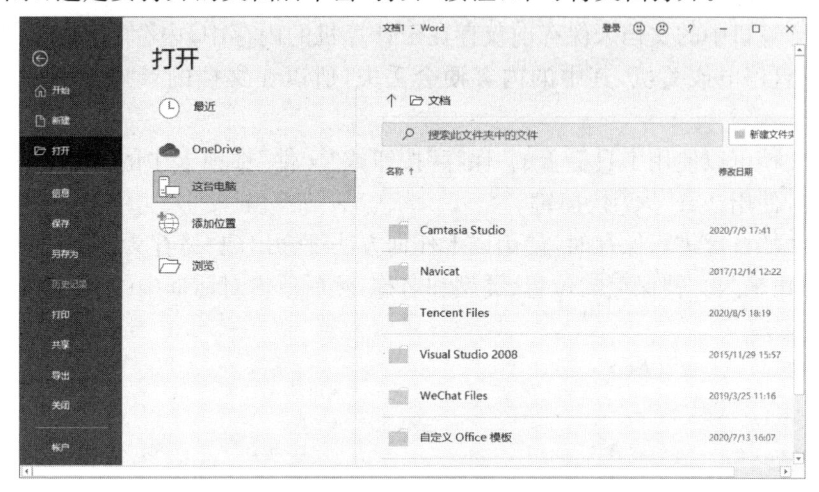

图 5－10　"打开"界面

图 5－11　"打开"对话框

单击"打开"按钮右侧的下三角按钮，将出现一个文档打开方式的列表，包括打开、以只读方式打开、以副本方式打开、在浏览器中打开、打开时转换、在受保护的视图中打开和打开并修复等，如图 5－12 所示。

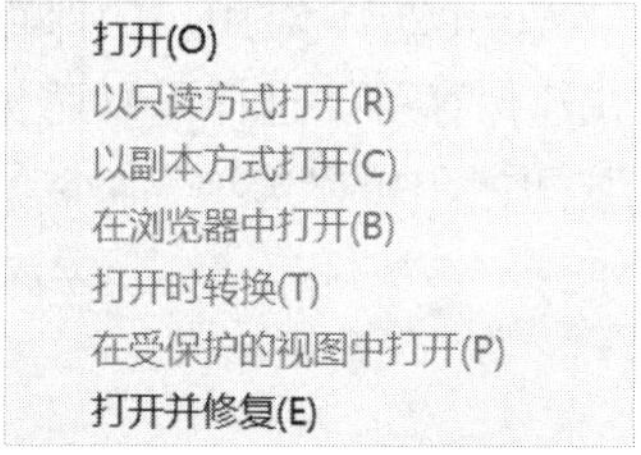

Word 2016 可同时打开多个文档，方法是在按住[Ctrl]键的同时用鼠标点选需要打开的各个文档，然后单击"打开"按钮即可。另外，Word 2016 能够记住最近使用过的多个文档，通过"文件"选项卡中的"最近"选项，可直接用鼠标选取。

打开(O)
以只读方式打开(R)
以副本方式打开(C)
在浏览器中打开(B)
打开时转换(T)
在受保护的视图中打开(P)
打开并修复(E)

图 5－12　打开文档列表

关闭文档前应先保存文档，否则将显示提示信息。在"文件"选项卡中选择"关闭"命令，或者单击窗口控制按钮栏的"关闭"按钮，或者右击标题栏,在弹出的快捷菜单中选择“关闭”命令,或者通过[Ctrl+F4]快捷键就可关闭当前文档。

3. 文档的保存

输入到计算机中的文档未保存前仅存在于计算机的内存中,内存是计算机暂时存放信息的地方,一旦停电或关机,其中的内容便会丢失,所以在文档的录入过程中应经常保存文档。

要保存文档可以使用工具栏上的“保存”按钮或“文件”选项卡中的“保存”命令和“另存为”命令,或者使用[Ctrl+S]快捷键。

当对新文档首次进行保存时,使用以上任何方法都会出现“另存为”对话框,如图 5-13 所示。这时,可输入文档保存的位置、类型和名称,然后单击对话框中的“保存”按钮即可。

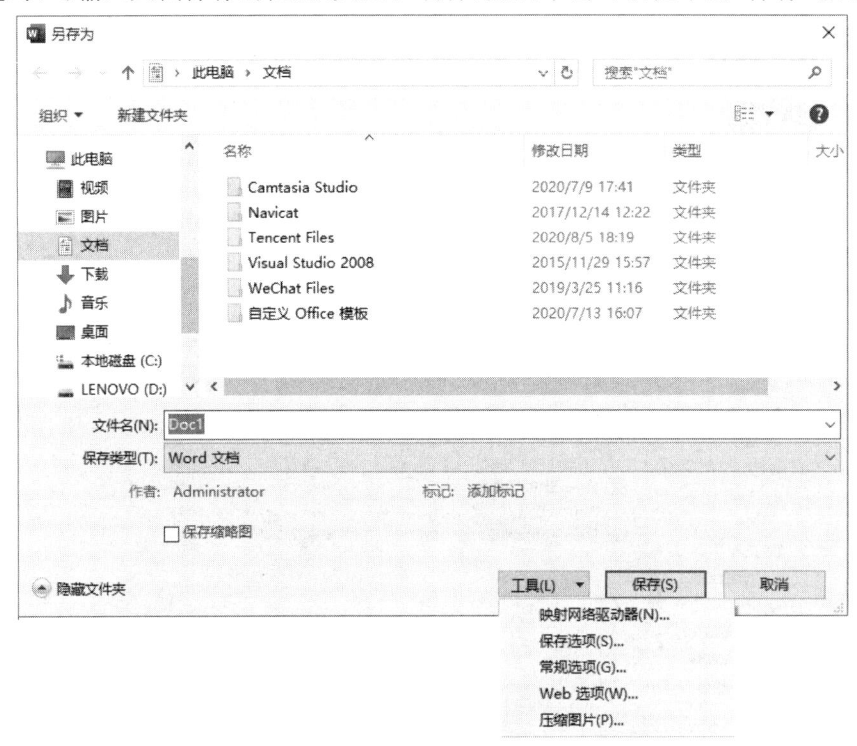

图 5-13 保存文件

若要对已命名的文档进行保存时,可使用上述任何方法。对已命名的文档使用“另存为”命令会另外采用和原文档不同的名称、位置或类型重新保存一个文档,文档的改变不影响原文档。

Word 2016 对用户的保存文档方法提供了一些设置,如自动保存、使用口令、建立备份及快速保存等。这样可以避免突然断电时来不及保存,或保护文档不被他人修改。选择“文件”选项卡中的“选项”命令,在“Word 选项”对话框中单击“保存”,各项设置如图 5-14 所示。

图 5-14　保存选项设置

5.2.2　文本的编辑

1. 输入文本

安装 Office 2016 时，安装程序会自动安装微软拼音输入法，该输入法是一款中文输入工具，汉字的输入智能化得到了加强，同时它也是为数不多的支持整句的输入法之一。

文档的初始状态下，用户的鼠标位置在第一行的第一栏。选择所需的输入法后，键入文字，到行尾时，Word 将自动换行。若到段落结束时，按回车键，则出现一个段落标记，光标跳到下一行的起始位置上。单击“文件”选项卡中的“选项”命令，弹出“Word 选项”对话框，选择“显示”命令，在“始终在屏幕上显示这些格式标记”栏中可设置显示或隐藏段落标记。

输入文本时，Word 会自动实现对单词、符号和中文文本或图形进行指定的更正。单击“文件”选项卡中的“选项”命令，弹出“Word 选项”对话框，选择“校对”命令，在“自动更正选项”栏中可设置自动更正功能。

2. 选定文本或图形

在对文本或图形等进行有关操作前，必须先选定对象，然后才能进行相应的操作。可以用鼠标和键盘来选定对象。

用鼠标选定文本和图形的基本方法如表 5-1 所示。

表 5-1　鼠标选定文本和图形

选定内容	操作方法
任何数量的文本	拖过这些文本
一个单词	双击该单词
一个图形	单击该图形
一行文本	将鼠标指针移动到该行的左侧，指针变为指向右边的箭头，然后单击

续表

选定内容	操作方法
多行文本	将鼠标指针移动到该行的左侧，指针变为指向右边的箭头，然后向上或向下拖动鼠标
一个句子	按住[Ctrl]键，然后单击该句中的任何位置
一个段落	将鼠标指针移动到该段落的左侧，直到指针变为指向右边的箭头，然后双击。或者在该段落中的任意位置三击
多个段落	将鼠标指针移动到该段落的左侧，直到指针变为指向右边的箭头，然后双击，并向上或向下拖动鼠标
一大块文本	单击要选定内容的起始处，然后滚动要选定内容的结尾处，在按住[Shift]键同时单击
整篇文档	将鼠标指针移动到文档中任意正文的左侧，直到指针变为指向右边的箭头，然后三击
页眉和页脚	在普通视图中，单击"视图"菜单中的"页眉和页脚"命令；在页面视图中，双击灰色的页眉或页脚文字。将鼠标指针移动到页眉或页脚的左侧，直到指针变为指向右边的箭头，然后三击
批注、脚注和尾注	在窗格中单击，将鼠标指针移动到文本的左侧，直到鼠标变成一个指向右边的箭头，然后三击
一块垂直文本（表格单元格内容除外）	按住[Alt]键，然后将鼠标拖过要选定的文本

用键盘选定文本和图形的方法：首先将光标定位在要选定的位置，然后可按表中方法将选定范围进行扩展，如表5-2所示。

表5-2　键盘选定文本和图形

操作方法	将选定范围扩展至	操作方法	将选定范围扩展至
Shift+右箭头	右侧的一个字符	Shift+Page Down	下一屏
Shift+左箭头	左侧的一个字符	Shift+Page Up	上一屏
Ctrl+Shift+右箭头	单词结尾	Ctrl+Shift+Home	文档开始处
Ctrl+Shift+左箭头	单词开始	Ctrl+Shift+End	文档结尾处
Shift+End	行尾	Alt+Ctrl+Shift+Page Down	窗口结尾
Shift+Home	行首	Ctrl+A	整篇文档
Shift+下箭头	下一行	Ctrl+Shift+F8，然后使用箭头键；按[Esc]键取消选定模式	纵向文本块
Shift+上箭头	上一行		
Ctrl+Shift+下箭头	段尾	F8+箭头键；按[Esc]键可取消选定模式	文档中的某个具体位置
Ctrl+Shift+上箭头	段首		

3. 删除、插入和改写文本

删除：首先将插入点定位于待删除的位置，然后按[Delete]键可删除插入点右边的字符，按[Backspace]键可删除插入点左边的字符。要删除一段文档，可先选定文档，然后按

[Delete]键或[Backspace]键。

插入和改写：在 Word 2016 中，可以按[Insert]键，进行插入/改写的状态切换。在“插入”状态下，新键入(或粘贴)的文档(或图形、表格等)不会取代原有的内容，Word 2016 会自动调整段落的其余部分以容纳插入的新文档。在“改写”状态下，Word 2016 会将输入的内容取代原来的内容。

4. “剪切”“复制”“粘贴”和剪贴板的使用

在“开始”选项卡中的“剪贴板”功能组中，有“剪切”“复制”和“粘贴”等命令。“剪切”命令是将所选文档或图形从原文档中删除，并放入剪贴板，“复制”命令是复制所选部分到剪贴板。“粘贴”命令是将剪贴板上的内容粘贴到文档的插入点处。使用“剪切”和“粘贴”可实现文本或图形的移动，使用“复制”和“粘贴”可实现文本或图形的拷贝。这些编辑命令都要通过剪贴板来实现。剪贴板是内存中一个临时存放文档或图形的特殊区域，最多可同时保存 24 项内容，当试图复制第 25 项内容时，将会出现一条信息，询问是否要放弃“Office 剪贴板”上的第一项内容并将新内容添加到剪贴板的尾部。注意：收集到的内容将一直保持在“Office 剪贴板”上，直到关闭了计算机上运行的所有 Office 程序为止。在选中对象之前，“剪切”“复制”是灰色的，不可使用，只有选中了要“剪切”“复制”的对象，这些命令才能使用，而只有剪贴板里面有内容时，“粘贴”命令才能使用。

也可以用键盘来进行“复制”等工作。[Ctrl＋C]快捷键对应于“复制”命令，[Ctrl＋X]快捷键对应于“剪切”命令，[Ctrl＋V]快捷键对应于“粘贴”命令。

将鼠标指针放置于选择的文本上，按下鼠标左键拖动鼠标到目标位置，释放鼠标后，选择的文本可移动到目标位置。

5. 撤消和恢复

撤消是指撤消误操作，撤消操作可通过单击“快速访问工具栏”上“撤消”按钮进行。单击“快速访问工具栏”上“撤消”按钮旁边的向下的小三角，Word 将显示最近执行的可撤消操作的列表，单击要撤消的操作即可。注意：在撤消某项操作的同时，也将撤消列表中该项操作之上的所有操作。当文档被保存后，将无法执行撤消操作。

恢复是指恢复到撤消前的状态，是撤消的逆操作。如果撤消某操作后又认为该操作不应撤消，可单击“快速访问工具栏”上“恢复”按钮恢复该操作。

与“撤消”“恢复”命令相对应的是“恢复/重复”命令，当执行完“撤消”命令后，又想恢复到撤消前的状态，可单击“快速访问工具栏”中的“恢复”命令。根据用户执行的最后一次操作的不同，“恢复”命令又可能变为“重复”命令。例如，可以进行“重复删除”“重复键入”“重复粘贴”等操作。

6. 定位、查找和替换

当窗口中的内容超过一屏时，可以使用 Word 的定位文档功能来查看文档。在 Word 2016 编辑区中定位文档可通过单击“开始”选项卡下“编辑”功能组中“查找”命令的下三角按钮，在打开的快捷菜单中单击“转到”选项，如图 5－15 所示，弹出如图 5－16 所示的“定位”对话框。

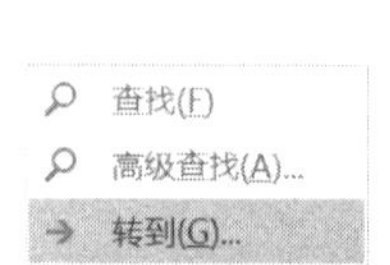

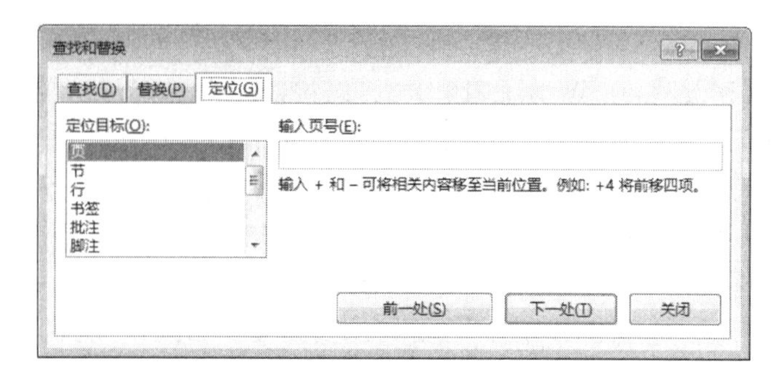

图 5-15　转到

图 5-16　“定位”对话框

用“查找”命令在文档中查找指定的文字或格式，还可查找段落标记、分页符等；用“替换”命令，可将指定的内容替换查找到的对象。单击“编辑”功能组中“查找”命令下拉菜单中的“转到”选项或“替换”命令，会弹出相应一个对话框，“查找”对话框如图 5-17 所示，“替换”对话框如图 5-18 所示。

图 5-17　“查找”对话框

图 5-18　“替换”对话框

查找：要搜索具有特定格式的文字，可在“查找内容”框内输入文字。如果只需搜索特定的格式，请删除“查找内容”框中的文字。默认状态下，看不到“格式”按钮，可单击“更多”按钮展开对话框。如果要清除已指定的格式，请单击“不限定格式”按钮。单击“格式”按钮，然后选择所需格式。单击“查找下一处”按钮，可查找下一处相同的内容。按[Esc]键可取消正在执行的搜索。

通过勾选“视图”选项卡下“显示”功能组中的“导航窗格”选项，打开“导航”窗格，也可实现“查找”功能，如图 5-19 所示。在“导航”窗格的“在文档中搜索”文本框中输入待查找的文字，单击“搜索”按钮，Word 2016 将在“导航”窗格中列出文档中包含待查找文字的段落，同时待查找文字在文档中突出显示。此时，在“导航”窗格中单击该段落选项，文档将定位到该段落。单击“在文档中搜索”文本框右侧的下拉按钮，可在打开的快捷菜单中搜索更多内容，如图 5-20 所示。

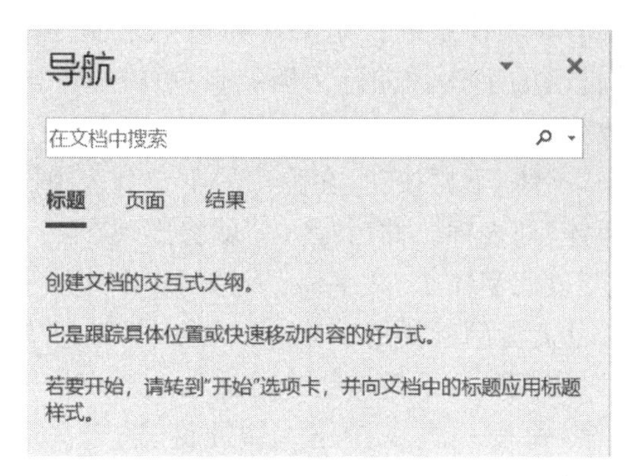

图 5－19　导航窗格

图 5－20　导航窗格"搜索更多内容"

替换：在"查找内容"文本框内输入要查找的内容，在"替换为"文本框内输入替换的内容，再选择其他所需选项，单击"查找下一处""替换"或者"全部替换"按钮完成文本替换。按[Esc]键可取消正在进行的替换。

7. 公式的输入

编写数学、物理和化学等自然科学文档时，往往需要输入大量公式，这些公式不仅结构复杂，而且要使用大量的特殊符号，使用普通的方法很难顺利地实现输入和排版。Word 2016 通过"插入"选项卡下"符号"功能组中的"公式"命令提供了功能强大的公式输入工具，如图 5－21 所示。如果 Word 文档的格式是"＊.doc"，"公式"按钮将不可用。也就是说，在兼容模式下无法使用"Word 2016"的公式编辑器，公式编辑器只能在"＊.docx"文档中使用。另外，在 Word 2016 中创建的公式在低版本的 Word 中将只能以图片方式显示。

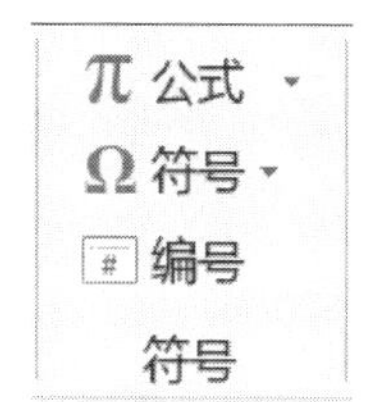

图 5－21　"符号"功能组

5.3　文本格式编辑

在 Word 文档中往往包含一个或多个段落，每个段落都由一个或多个字符构成。这些段落或字符都需要设置固定的外观效果，这就是所谓的格式。文字的格式包括文字的字体、字号、颜色、字形、字符边框或底纹等，只影响所选定的文字。而段落的格式包括段落的对齐方式、缩进方式以及段落或行的边距等。

5.3.1　字符格式

文字是文档的基本构成要素，在 Word 2016 中，对字体格式的设置主要通过"开始"选项卡下"字体"功能组中的命令按钮来实现，如图 5－22 所示。

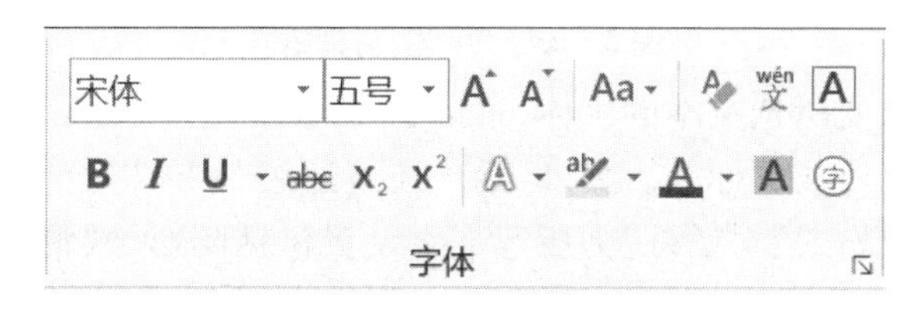

图 5－22　"字体"功能组

字体指的是某种语言字符的样式。Windows 操作系统常用的字体包括宋体、楷体、隶书和黑体等。同时用户也可以根据需要安装自己的字体。进行文档编辑操作时，一般是先输入文本，然后再设置文字的字体和字号以改变文字的外观。

选定要改变的文字，单击“字体”功能组中“字体”下拉按钮，在弹出的下拉列表中选择所要的字体即可。例如，选择“黑体”，就单击“黑体”列表项。此后“黑体”就将出现在“字体”列表窗中，成为当前字体，随后被选定的文字就变成此字体了。“字体”下拉列表中列出了中文 Word 2016 所支持的所有字体，如果没有在屏幕上看到所要的字体，可以拖动列表框右边缘的滚动条让它显示出来。要改变“字号”则可以用“字号”下拉按钮中的选项改变字号。

可使用键盘操作改变文字大小。选定文字，每按一次[Ctrl＋]]快捷键，选定文字就放大一磅。每按一次[Ctrl＋[] 快捷键，选定文字就缩小一磅。也可以直接在“字体”下拉列表框中输入数字来设置文字的大小，其输入值为 1～1638。

还可以进行字符格式的其他设定，如加粗、倾斜、下划线、字符边框、字符底纹、字符比例、字体颜色等，在工具栏上有相应的工具按钮。用法是选中要进行设置的文档，单击相应按钮。

格式化字符还可以选择“字体”功能组右下角的“字体”按钮，弹出“字体”对话框，其中包含“字体”和“高级”两个选项卡，如图 5－23 所示。

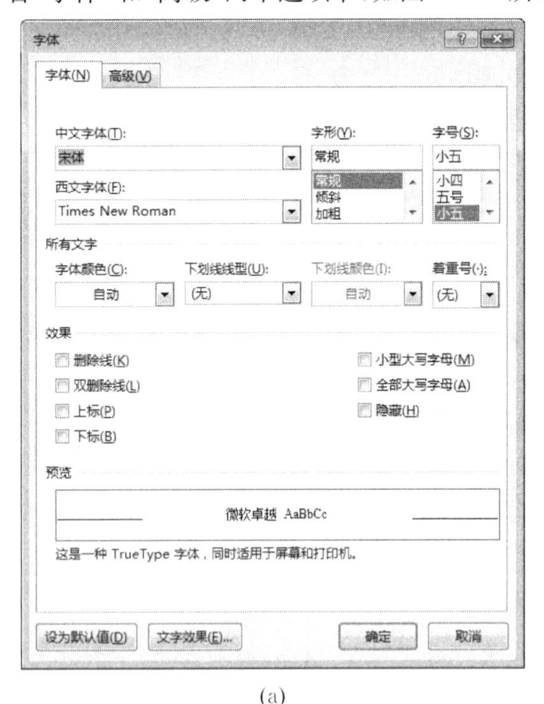

(a)

(b)

图 5－23 “字体”对话框

通过设置选项可改变所选文本的字体、字形、字号及颜色，指定是否带下划线、着重号，指定所选内容是否为上标或下标等。另外，用户还可通过“字体”对话框中的“文字效果”按钮，打开“设置文本效果格式”对话框，为所选文字设置包括阴影、映像和三维格式等多种特效，如图 5－24 所示。更改设置后的效果可以在“预览”框中预览。

(a)

(b)

图 5－24　“设置文本效果格式”对话框

5.3.2　段落格式

在 Word 2016 中，段落是独立的信息单位，每个段落的结尾处都有段落标记。段落具有自身的格式特征，如对齐方式、间距和样式。文档中段落格式的设置取决于文档的用途以及用户所希望的外观。通常，会在同一篇文档中设置不同的段落格式。例如，如果正在撰写一篇文章，可能会创建一个标题页，其中有居中的标题，位于页面底端的作者姓名以及日期。文章正文中的段落则可为两端对齐格式，具有单倍行距。论文中可能还包含自成段落的页眉、页脚、脚注或尾注等。对段落格式的设置主要通过“开始”选项卡下“段落”功能组中的命令按钮来实现，如图 5－25 所示。

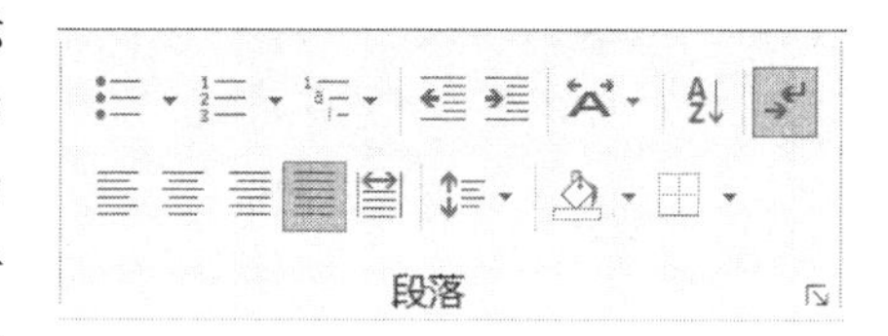

图 5－25　“段落”功能组

1. 段落缩进

段落缩进有左缩进、首行缩进、悬挂缩进、右缩进四种。设置段落缩进可通过水平标尺进行。水平标尺如图 5－26 所示，上面有四个标记符。如果看不到水平标尺，那么可勾选“视图”选项卡下“显示”功能组中的“标尺”命令。

图 5－26　水平标尺

利用标尺进行段落缩进的方法是：将插入点置于需设置段落缩进的段落中，根据需要将相应的标记进行拖动。例如，若要设置首行缩进，则将“首行缩进”标记拖动到要缩进的位置；若要进行悬挂缩进，即设置段落中除第一行外的其他行左缩进，则可拖动“悬挂缩进”标记；若要设置整个段落的左缩进，则可拖动“左缩进”标记；若要设置整个段落的右缩进，则可拖动“右缩进”标记。也可以通过“即点即输”设置首行缩进效果。方法是：首先切换到页面视图或 Web 版式视图，然后双击新段落的开始处，接着开始键入文本。输入时，会发现 Word 已在双击之处设置了首行缩进效果。

为更精确地设置首行缩进，可以使用“段落”功能组右下角的“段落设置”按钮，弹出“段落”对话框，在“缩进和间距”选项卡中选择对应的选项，如图 5－27 所示。方法是：在“缩进”栏的“特殊”下拉列表框中，单击“首行”选项，然后还可以设置其他选项。预览框中显示了设置效果，这样在最后决定之前，用户可以实验各种设置。

图 5－27　“段落”对话框

Word 2016 提供了左对齐、右对齐、居中、两端对齐和分散对齐五种对齐方式：

(1)左对齐：文本靠左边排列，段落左边对齐。

(2)右对齐：文本靠右边排列，段落右边对齐。

(3)居中：文本由中间向两边分布，始终保持文本处在行的中间。

(4)两端对齐：段落中除最后一行以外的文本都均匀地排列在左右边距之间，段落左右两边都对齐。一般情况下，“两端对齐”与“左对齐”方式很难看出区别，只有在英文文档中才能明显看出效果。

(5)分散对齐：将段落中的所有文本(包括最后一行)都均匀地排列在左右之间。

设置对齐方式的方法主要有两种，一种是通过如图 5－25 所示的“段落”功能组中的对齐命令按钮实现对齐功能；另一种是通过如图 5－27 所示的“段落”对话框中的“对齐方式”下的列表框中的选项实现对齐功能。

2. 段落间距与行距

段落间距是指该段落与其前后段落之间的距离，分为段前间距和段后间距。段落行距是指段落中各行之间的距离。段落的间距和行距可根据需要进行调整。对它们的设置一般可通过三种方式完成：

（1）打开“开始”选项卡，单击“段落”功能组中的“行与段落间距”命令按钮进行设置。

（2）打开“开始”选项卡，单击“段落”功能组右下角的“段落设置”按钮，弹出“段落”对话框，在“缩进和间距”选项卡下“间距”栏中选择对应的选项。

（3）打开“布局”选项卡，在“段落”功能组下“间距”栏的“段前”和“段后”增量框中调整数值设置段落间距，如图 5－28 所示。

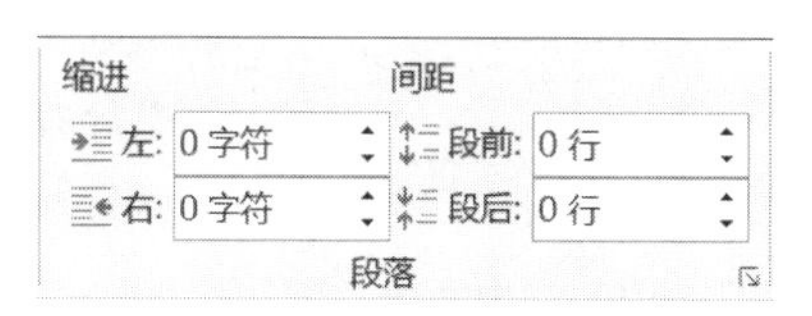

图 5－28　“布局”选项卡中的“段落”功能组

5.3.3　项目符号与编号

可利用项目符号与编号为列表或文档设置层次结构。可以快速在现有的文本行中添加项目符号或编号，也可以在键入时自动创建项目符号和编号列表。如果是为 Web 页创建项目符号列表，那么还可使用图像或图片作为项目符号。

1. 添加项目符号或编号

选定要添加项目符号或编号的项目。在“开始”选项卡下“段落”功能组中，单击“项目符号”命令按钮，可为其添加项目符号；单击“编号”命令按钮，可为其添加编号。要在输入时自动创建项目符号或编号，可键入“ * ”或“1. ”，再按空格键或［Tab］键，然后键入任何所需文字。当按下［Enter］键以添加下一列表项时，Word 会自动插入下一个项目符号或编号。要结束列表，需按两次［Enter］键。也可通过按［Backspace］键删除列表中的最后一个项目符号或编号，来结束该列表。

如果在段落开始处键入连字符“-”或星号“ * ”，其后紧跟着键入空格或制表符及一些文本，那么在按下［Enter］键结束该段落时，Word 会自动将该段落转换为带有项目符号的列表项。

2. 删除项目符号或编号

选定要删除其项目符号或编号的列表项，在“开始”选项卡下“段落”功能组中，执行下列操作之一：单击“项目符号”命令按钮，可删除项目符号；单击“编号”命令按钮，可删除编号，Word 将自动调整编号列表中的编号顺序。

要删除单个项目符号或编号，可先在项目符号或编号与对应文本之间单击，再按下［Backspace］键。要删除多余的缩进，可再次按下［Backspace］键。

5.3.4　特殊的中文版式

针对一些特殊场合的需要，Word 提供了许多具有中文特色的特殊文字样式，如可以将文本以竖直方式进行排版、为中文添加拼音等。

1. 文字竖排

一般说来，Word 2016 中的文字是以水平方式输入排版的。中文排版时，有时需要以竖直方式进行排版，如输入古诗词。通过“布局”选项卡下“页面设置”功能组中的“文字方向”命令按钮，能够很容易地将水平排列的段落文字设置为竖直排列的文字。

2. 纵横混排、合并字符与双行合一

纵横混排功能可以在横排的段落中插入竖排的文本，从而制作出特殊的段落效果；合并字符功能能够使多个字符只占有一个字符的宽度；双行合一功能可以将两行文字显示在一行文字的空间中。通过“开始”选项卡下“段落”功能组中的“中文版式”命令按钮，在下拉列表（见图5－29）中选择“纵横混排”选项实现纵横混排效果；选择“合并字符”选项实现字符合并效果；选择“双行合一”选项实现双行合一效果。

图5－29 “中文版式”下拉列表框

在“纵横混排”对话框中勾选“适应行宽”复选框，则纵向排列的所有文字的总高度将不会超过该行的行高，取消该复选框的勾选，则纵向排列的每个文字将在垂直方向上占一行的行高空间。

设置了纵横混排、合并字符和双行合一效果后，如果需要取消这些效果，在打开相应的设置对话框后，单击“删除”按钮即可。

5.3.5 首字下沉

设置了首字下沉后，文章开始的首字或字母会放大数倍，以引起阅读文档的人的注意力，在报纸和杂志中经常可以看到这种格式。Word 2016 的首字下沉包括下沉和悬挂两种效果。

将插入点置于需要首字下沉的段落，选定段首的单字或字母，在“插入”选项卡下“文本”功能组中单击“首字下沉”命令按钮，在下拉列表（见图5－30）中选择“首字下沉选项”，弹出“首字下沉”对话框，如图5－31所示。在对话框中首先单击“位置”栏中的“下沉”命令，然后在“选项”栏中的“字体”下拉列表中选择段落首字的字体，并输入首字下沉的字符行数和与正文之间的距离，最后单击“确定”按钮，设置便完成了。

图5－30 “首字下沉”按钮选项

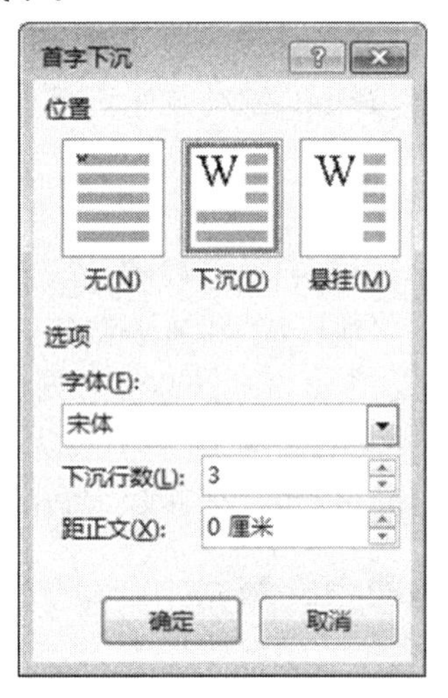

图5－31 “首字下沉”对话框

5.3.6　目录

对于一篇较长的文档来说，文档中的目录是文档不可或缺的一部分。使用目录可便于读者了解文档结构，把握文档内容，并显示要点的分布情况。Word 2016 提供了抽取文档目录的功能，可以自动将文档中的标题抽取出来。

打开需要创建目录的文档，在文档中单击将插入点放在需要添加目录的位置，在功能区中打开“引用”选项卡，单击“目录”功能组中的“目录”命令按钮，在下拉列表中选择一款自动目录样式，如图 5－32 所示。此时在插入点处将会获得所选样式的目录。

选择创建的目录，单击“目录”命令按钮，选择下拉列表中的“自定义目录”选项，弹出“目录”对话框，如图 5－33 所示，在对话框中可以对目录的样式进行设置，如制表符的样式。单击“选项”按钮将弹出“目录选项”对话框，如图 5－34 所示，设置采用目录形式的样式内容。

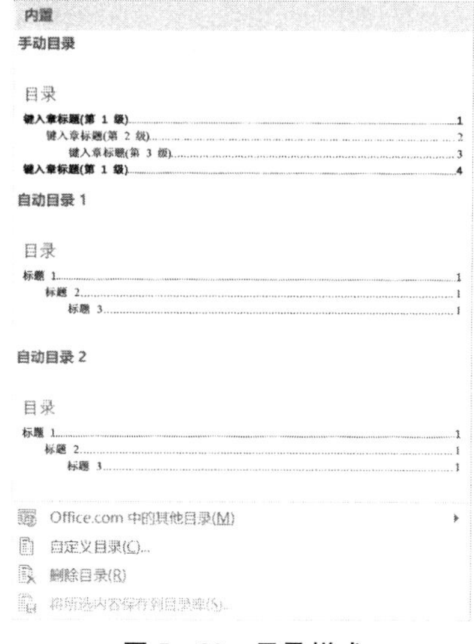

图 5－32　目录样式

图 5－33　“目录”对话框

图 5－34　“目录选项”对话框

在“目录”对话框中单击“修改”按钮弹出“样式”对话框，如图 5－35 所示，对目录的样式进行修改。在对话框的“样式”列表中选择需要修改的目录，单击对话框中的“修改”按钮。此时将弹出“修改样式”对话框，如图 5－36 所示，对目录样式进行修改，如修改目录文字的字体。

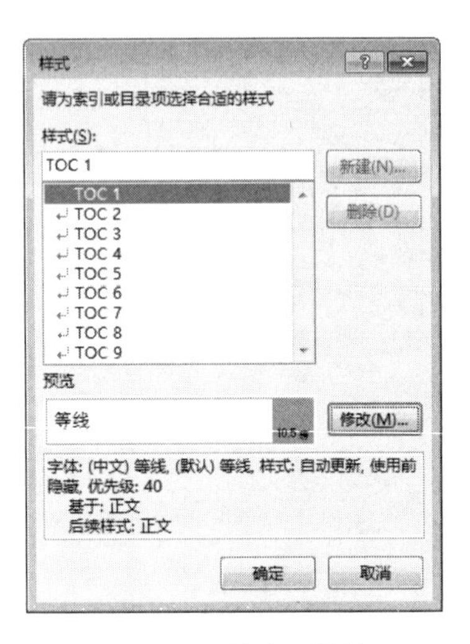

图 5-35 “样式”对话框

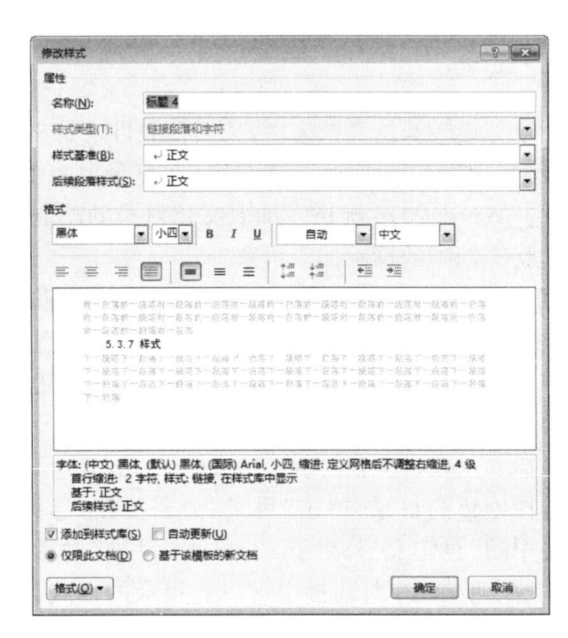

图 5-36 “修改样式”对话框

5.3.7 样式

“样式”规定了文档中标题、题注以及正文等各个文本元素的外观形式，使用它不仅可以更加方便地设置文档的格式，而且可以构筑文档的大纲和目录。要定义样式，首先需要新建样式，新建样式可以利用已设定好格式的段落或文字来进行。在功能区中打开“开始”选项卡，单击“样式”功能组右下角的“样式”按钮，打开“样式”窗格，如图 5-37 所示。将鼠标指针放置到“样式”窗格列表的某个选项上时，将显示该项所对应的字体、段落和样式的具体设置情况。

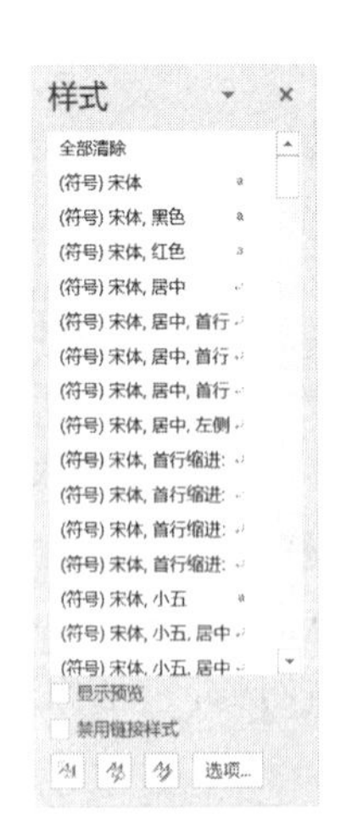

图 5-37 “样式”窗格　　图 5-38 “根据格式化创建新样式”对话框

在“样式”窗格中，单击“新建样式”按钮，弹出“根据格式化创建新样式”对话框，如图 5-38 所示，在对话框中对样式进行设置。“样式类型”用于设置样式使用的类型。“样式基准”用于指定一个内置样式作为设置的基准。“后续段落样式”用于设置应用该样式的文字的后续段落样式。如果需要将该样式应用于其他文档，那么可以选中“基于该模板的新文档”单选按钮；如果只需要应用于当前文档，那么可以选中“仅限此文档”单选按钮。

在 Word 2016 中，可以将当前已经完成格式设置的文字或段落的格式保存为样式放置到样式库中，以便于以后使用。将需保存的样式通过“样式”中的“创建样式”选项，实现样式的保存，如图 5-39 所示。

对于自定义的样式，用户可以随时对其进行修改。在“样式”窗格中，将鼠标指针放置到窗格中需要修改的样式选项上，单击其右侧出现的下三角按钮，在下拉列表中单击“修改”选项，如图 5-40 所示。如果单击“从样式库中删除”命令，那么将删除选择的样式，但 Word 的内置样式是无法删除的。如果选择了“更新‘正文’以匹配所选内容”命令，那么带有该样式的所有文本都将自动更改以匹配新样式。

图 5-39　样式库

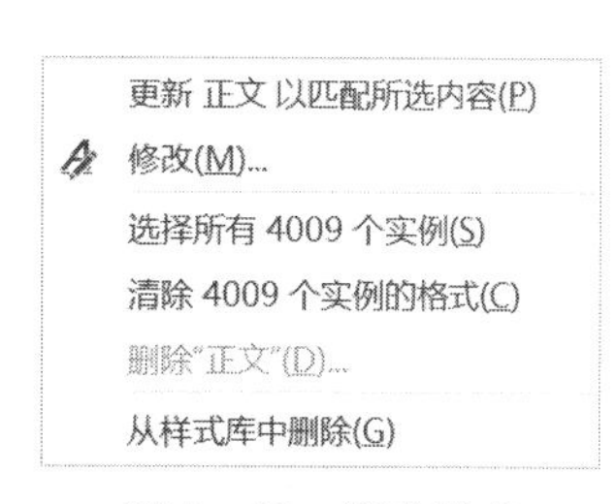

图 5-40　修改样式

Word 2016 提供了专门的“管理样式”对话框来实现对文档中使用的样式进行管理。在“样式”窗格中，单击“管理样式”按钮，弹出“管理样式”对话框，如图 5-41 所示。在“管理样式”对话框中选择某个样式后单击“删除”按钮将删除该样式。该样式被删除后，使用该样式的文字格式将恢复到默认状态。在“管理样式”对话框中单击“导入/导出”按钮，弹出“管理器”对话框，“样式”选项卡下左侧的列表将列出当前文档的所有样式，选择一种样式后单击“复制”按钮，该样式将添加到右侧的“到 Normal.dotm”列表中。单击“关闭”按钮，该样式将被添加到通用模板中，每次创建新文档，文档中都可以使用该样式。

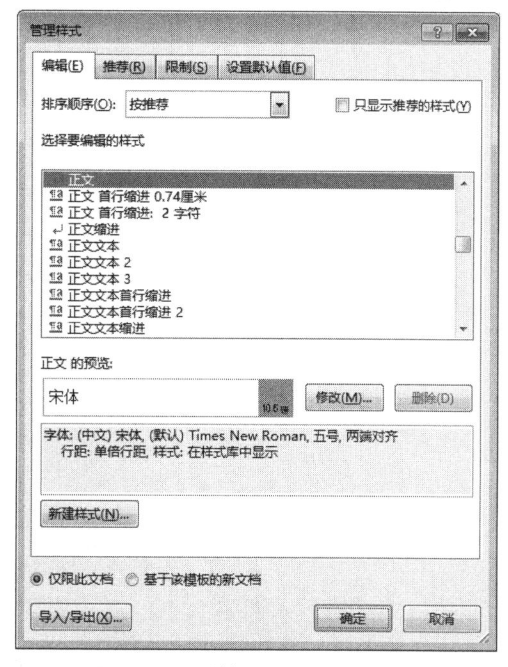

图 5-41　“管理样式”对话框

为了方便用户对文档样式进行设置，Word 2016 为不同类型的文档提供了多种内置的样式集供用户选择使用。样式集实际上是文档中标题、正文和引用等不同文本和对象格式的集合。

在“设计”选项卡下“文档格式”功能组中可选择所需样式，如图5－42所示，用户可以根据需要选择“重置为默认样式集”或“另存为新样式集”。

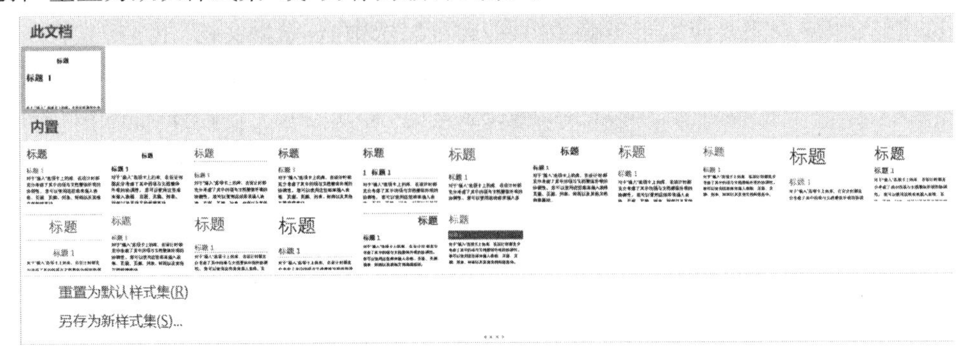

图5－42 样式集

使用样式集也可通过快速访问工具栏中添加“更改样式”选项，如图5－43所示。随后，在快速访问工具栏中单击“更改样式”按钮，在打开的下拉菜单中选择“样式集”命令，在下级列表中选择文档需要使用的样式集，如图5－44所示。此时，选择的样式集将被加载到“样式”功能组的样式库列表中，同时文档格式将更改为这个样式集的样式。

图5－43 添加“更改样式”

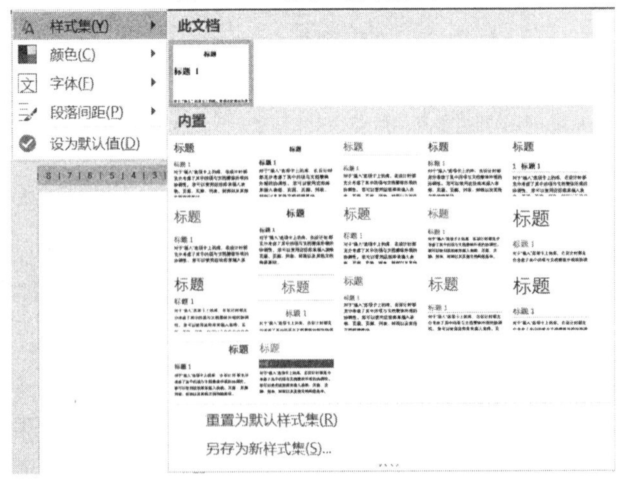

图5－44 快速访问工具栏中更改样式

5.3.8 特殊符号

在输入编辑文档的时候，有时会需要输入一些特殊的符号，特殊字符指无法通过键盘直接输入的符号，如：①，⑴，∧，Ⅱ等。

单击“插入”选项卡，在“符号”功能组中单击“符号”命令按钮，在下拉菜单中单击“其他符号”选项，弹出“符号”对话框，如图 5－45 所示。在“符号”对话框中，将符号按照不同类型进行分类，所以在插入特殊符号前，先要选择符号类型，只要单击“字体”或者“子集”下拉列表框右侧的下三角按钮就可以选择符号类型了，找到需要的类型后就可以选择所需的符号。

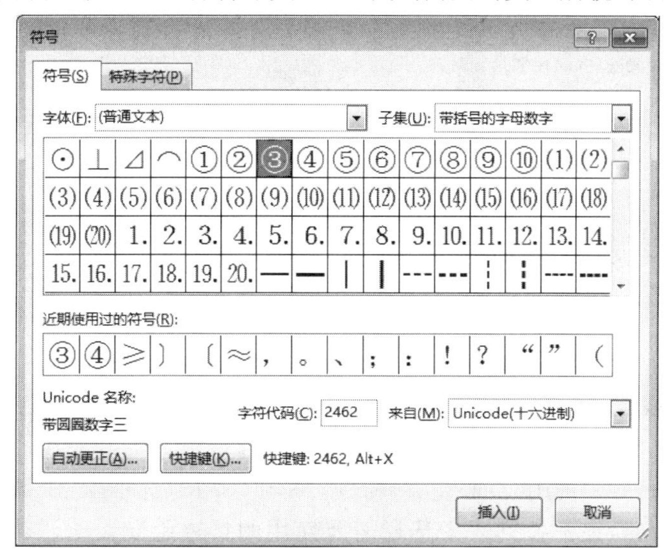

图 5－45 “符号”对话框

5.4 页面格式和版式设计

对于一篇设计精美的文档，除需要对字符和段落的格式进行设置外，还需要有美观的视觉外观，这就需要对文档的整个页面进行设计，如页面大小、页边距、页面版式布局以及页眉页脚等。

5.4.1 页面

页面设置就是要设置纸张的大小、方向、来源以及设置页边距等。

1. 纸型的设置

在“布局”选项卡下“页面设置”功能组中单击“纸张大小”命令按钮，在下拉列表中选择需要的纸张大小，如图 5－46 所示；单击“纸张方向”按钮，在下拉列表中需要选择页面方向为“纵向”或“横向”。

在打开的“纸张大小”下拉列表中选择“其他纸张大小”选项，弹出“页面设置”对话框，如图 5－47 所示，在“宽度”和“高度”增量框中输入数值自定义纸张大小，完成设置后单击“确定”按钮关闭对话框。此时页面大小将按照自定义值改变。

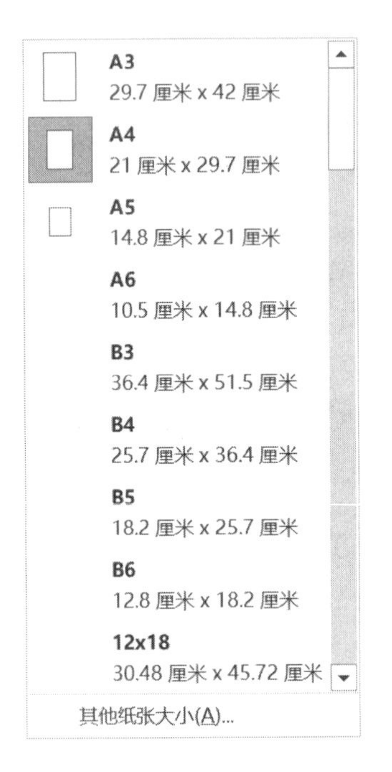

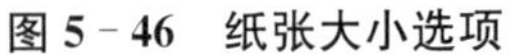

图 5－46　纸张大小选项

图 5－47　“页面设置”中的“纸张”设置

2. 页边距的设置

页边距是指文档中的文字和纸张边缘的距离。通过标尺可以快速地调整页边距，如果要精确设定距离值，必须使用“页面设置”命令。单击“布局”选项卡下“页面设置”功能组中的“页边距”命令按钮，在下拉列表中选择需要使用的页边距设置项，如图 5－48 所示。在“页边距”列表中单击“自定义页边距”选项，弹出“页面设置”对话框，对“页边距”选项卡中的

参数进行设置能够更为自由地实现页边距的设置，如图 5－49 所示。例如，当文档需要装订时，为了不会因为装订而遮盖文字，需要在文档的两侧或顶部添加额外的边距空间，即装订线边距。

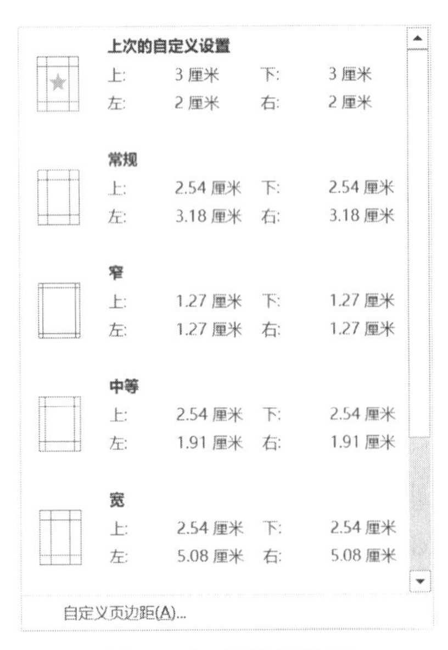

图 5－48　页边距选项

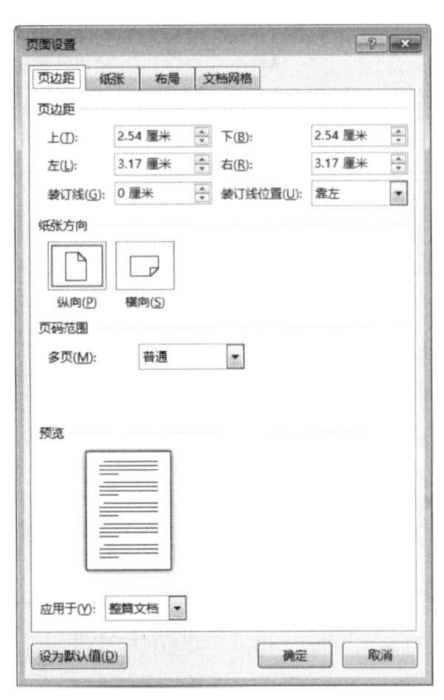

图 5－49　“页面设置”中的“页边距”设置

"多页"下拉列表中的选项可以用来设置一些特殊的打印效果。如果打印后要求装订为从右向左书写文字的小册子,可以选择"反向书籍折页"选项。如果打印后要拼成一个整页的上下两个小半页,可选择"拼页"选项。如果需要创建小册子,或创建诸如菜单、请帖或其他类型的使用单独居中折页样式的文档,可选择"书籍折页"选项。如果需要创建诸如书籍或杂志一样的双面文档的对开页,即左侧页的页边距和右侧页的页边距等宽,可以选择"对称页边距"选项。对于这种对称页边距的文档如果需要装订,那么需要对装订线边距进行设置。

3. 设置文档网格

在文档中使用文档网格可以让用户有一种在稿纸上书写的感觉,同时也可以利用文档网格来对齐文字。在"布局"选项卡下单击"页面设置"功能组右下角的"页面设置"按钮打开"页面设置"对话框,选择"文档网格"选项卡,如图 5-50 所示。在该选项卡中可以定义每页显示的行数和每行显示的字符数,可以设置正文的排列方式以及水平或垂直的分栏数。

图 5-50 "页面设置"中的"文档网络"设置

单击"文档网格"选项卡中的"绘图网格"按钮弹出"网格线和参考线"对话框,勾选"在屏幕上显示网格线"复选框,同时对是否在屏幕上显示网格和网格的间距等进行设置。

5.4.2 页眉和页脚

现实生活中,绝大多数书籍或杂志的每一页顶部或底部都会有一些因书而异但各页却都有相同的内容,如书名、该页所在章节的名称或作者信息等。同时,在书籍每页两侧或底部都会出现页码,这就是所谓的页眉和页脚。页眉出现在页面的顶部,页脚出现在页面的底部。在使用 Word 进行文档编辑时,页眉和页脚并不需要每添加一页都创建一次,可以在进行版式设计时直接为全部的文档添加页眉和页脚。

1. 设置方法

单击"插入"选项卡下"页眉和页脚"功能组(见图 5-51)中的"页眉"或"页脚"命令按钮,从下拉列表中选择一款内置的"页眉"或"页脚",即可在文档中插入页眉。随

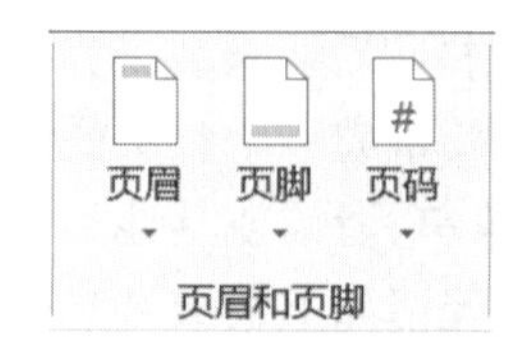

图5-51 “页眉和页脚”功能组

后可进行页眉和页脚的编辑了。

2. 说明

(1)在创建“页眉”或“页脚”后，Word 2016 窗口将会添加一个新的“页眉和页脚工具|设计”选项卡，如图5-52所示。在该选项卡下功能组中选择相应的按钮可在页眉/页脚位置插入页码、当前日期等域。(域是Word处理动态数据的一种方法，它是插入到文档中的一条指令，Word根据指令显示运行后的结果。正是因为指令可以随时重新执行，所以域的内容才能自动更新。选中页码域按[Shift+F9]快捷键可进行域公式/域结果的切换。)

(2)对“页眉”或“页脚”处文字的编辑方法和以前文档排版编辑的方法一致，如字体、字号、颜色、对齐方式等。

(3)修改“页眉”或“页脚”时，在“页眉”或“页脚”处双击即可进入编辑状态。

(4)在“页眉和页脚”功能组中单击“页眉”或“页脚”按钮，然后在下拉列表中选择“删除页眉”或“删除页脚”命令可删除“页眉”或“页脚”。

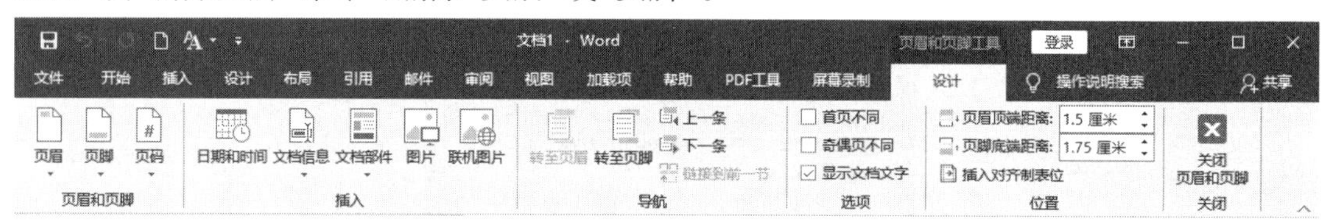

图5-52 “页眉和页脚工具|设计”选项卡

5.4.3 页码

对于多页文档来说，通常需要为文档添加页码。如果单纯地进行页码编排，那么可以直接使用“页码”对话框来添加页码以提高工作效率。Word 2016 提供了专门的命令按钮来实现添加页码的功能，页码的添加和设置与页眉页脚的添加和设置方法基本相同。

打开“插入”选项卡，在“页眉和页脚”功能组中单击“页码”按钮，在下拉列表中选择页码的样式，如图5-53所示。单击“设置页码格式”选项，此时可以弹出“页码格式”对话框，如图5-54所示。根据需要可以进行页码的格式类型、起始方式等的设置。

图5-53 页码选项

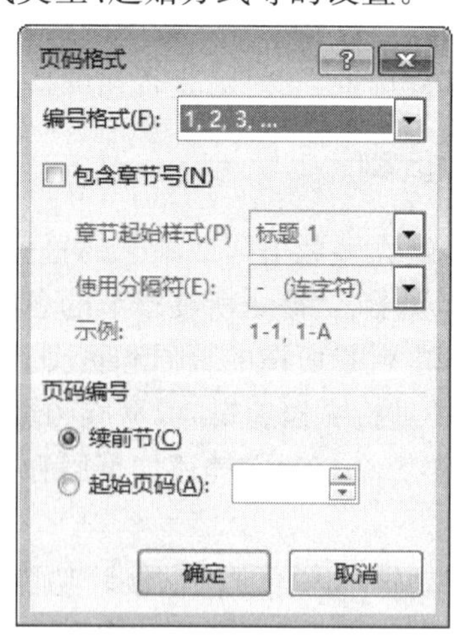

图5-54 “页码格式”对话框

5.4.4　打印和打印预览

在 Word 中，完成文档的打印一般需要经过打印选项的设置、打印效果预览和文档的打印输出这几个步骤。

1. 设置打印选项

进行文档打印前，可以先对要打印的文档内容进行设置。在 Word 2016 中，通过“Word 选项”对话框能够进行文档的“打印选项”设置，可以决定是否打印文档中绘制的图形、插入的图像以及文档属性信息等内容。单击“文件”选项卡中的“选项”命令，在弹出的“Word 选项”对话框左侧窗格中选择“显示”选项，在右侧窗格“打印选项”栏中勾选相应的复选框设置文档的打印内容，如图 5-55 所示。完成设置后单击“确定”按钮关闭对话框，即可进行文档的打印操作。

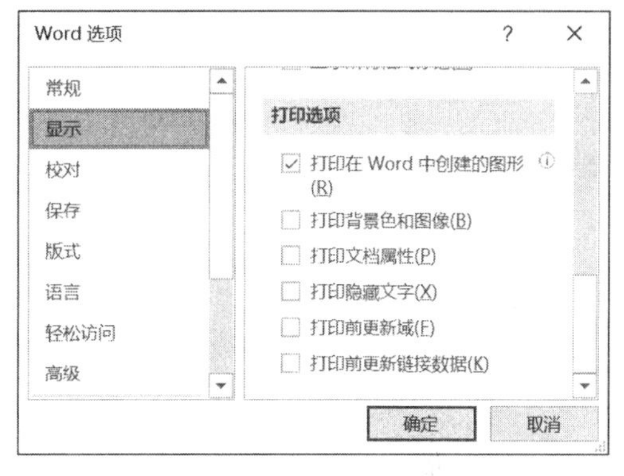

图 5-55　打印选项

2. 预览打印文档

Word 具有对打印的文档进行预览的功能，该功能可以根据文档的打印设置模拟文档被打印在纸张上的效果。在打印文档之前进行打印预览，可以及时发现文档中的版式错误，如果对打印效果不满意，也可以及时对文档的版面进行重新设置和调整，以便获得满意的打印效果，避免打印纸张的浪费。打开文档，单击“文件”选项卡中的“打印”命令，此时在文档窗口中将显示所有与文档打印有关的命令选项，在最右侧的窗格中将能够预览打印效果，使用[Ctrl+P]快捷键也可打开打印选项。拖动“显示比例”滚动滑块能够调整文档的显示大小，单击“下一页”按钮和“上一页”按钮，将能够进行预览的翻页操作，如图 5-56 所示。

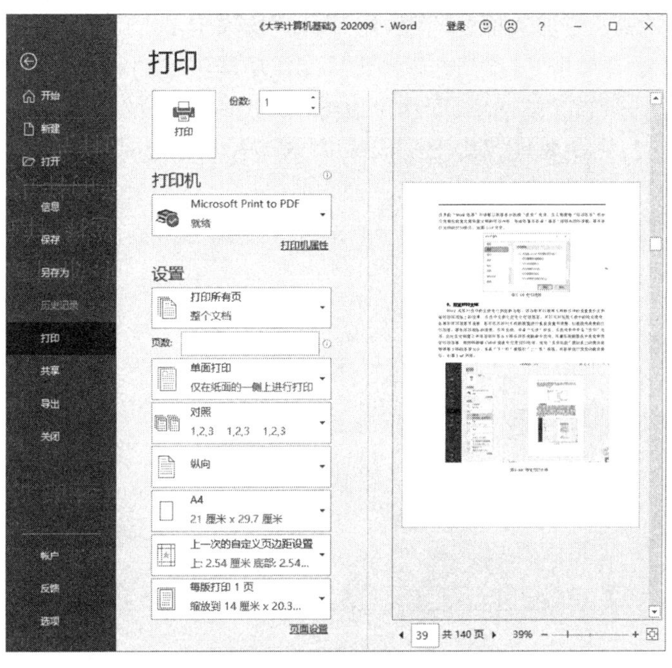

图 5-56　预览打印文档

3. 打印文档

对打印的预览效果满意后，即可对文档进行打印。在 Word 2016 中，为打印进行页面、页数和份数等设置，可以直接在“打印”命令列表中选择操作。打开需要打印的文档，单击“文件”选项卡中的“打印”命令，在中间窗格中“份数”增量框中设置打印份数，单击“打印”按钮即可开始文档的打印。

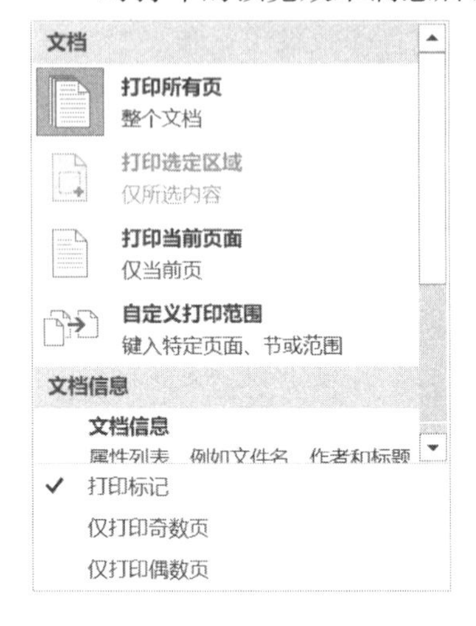

图 5－57　打印页页面设置

Word 2016 默认是打印文档中的所有页面，单击此时的“打印所有页”按钮，在打开的列表中选择相应的选项，可以对需要打印的页进行设置，如图 5－57 所示。例如，选择“打印当前页”选项意味着只打印当前页。

在“打印”命令的列表窗格中提供了常用的打印设置按钮，如设置页面的打印顺序、页面的打印方向以及设置页边距等。用户只需要单击相应的选项按钮，在下级列表中选择预设参数即可。如果需要进行进一步的设置，那么可以单击“页面设置”命令打开“页面设置”对话框来进行设置。

5.4.5　边框和底纹

为了使文档页面更加美观，或对重要的文字或内容进行强调，可在文字、表格（或图形）加上边框和底纹，还可以制作阴影效果，可通过“边框和底纹”对话框进行。

1. 边框和页面边框

在 Word 文档中，对于单个文字以及段落都是可以添加边框的。文字边框的添加和设置可以通过“边框和底纹”对话框中的“边框”选项卡设置来实现，其操作与文档边框的添加相类似。

打开文档，选择需要添加边框的段落，在“设计”选项卡下“页面背景”功能组中单击“页面边框”命令按钮，或者单击“开始”选项卡下“段落”功能组中的“边框”命令的下拉按钮，在下拉列表中选择“边框和底纹”选项，同样可以弹出“边框和底纹”对话框，如图 5－58 所示。

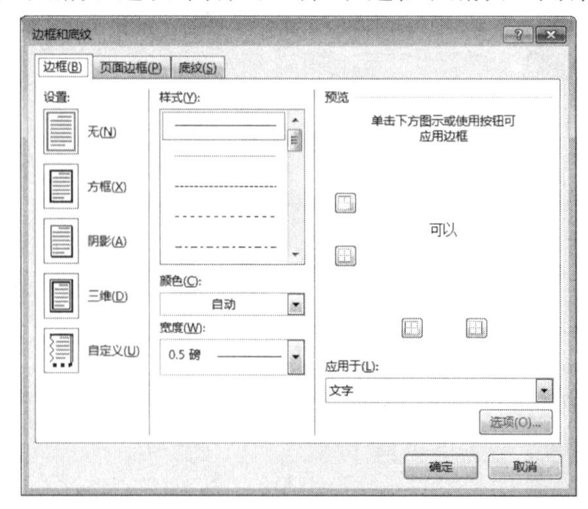

图 5－58　“边框和底纹”对话框

在“边框和底纹”对话框中选择“边框”选项卡，在“设置”栏中选择边框的类型；在“样式”列表中选择边框线的线型；在“颜色”下拉列表框中设置边框线的颜色；在“宽度”下拉列表框设置边框线的宽度；在“预览”栏中改变“上”“下”“左”“右”按钮状态可以设置边框四边的效果。例如，这里单击“上”按钮和“下”按钮使其处于非按下状态，将取消边框上、下边的显示，此时段落边框的样式将被修改。通过“应用于”下拉列表框可以设置边框在页面中应用的范围。

为文档添加边框能够修饰文档内容，同时能够起到美化文档的作用。在“边框和底纹”对话框的“页面边框”选项卡中，在“艺术型”下拉列表中选择需要使用的艺术边框。

在“边框和底纹”对话框“页面边框”选项卡中单击“选项”按钮，弹出“边框与底纹选项”对话框，在该对话框中可对边框的边距进行设置，如图 5－59 所示。单击“确定”按钮关闭“边框与底纹选项”对话框，然后单击“确定”按钮关闭“边框与底纹”对话框，文档中将被添加选择的艺术边框。

注意：添加艺术边框后，边框的宽度和颜色不能改变。另外，艺术边框只能在页面视图中显示。

2. 底纹

底纹与边框不同，其只能用于文字与段落，而无法添加到整个页面。底纹可以通过“边框和底纹”对话框中的“底纹”选项卡来进行添加和设置。

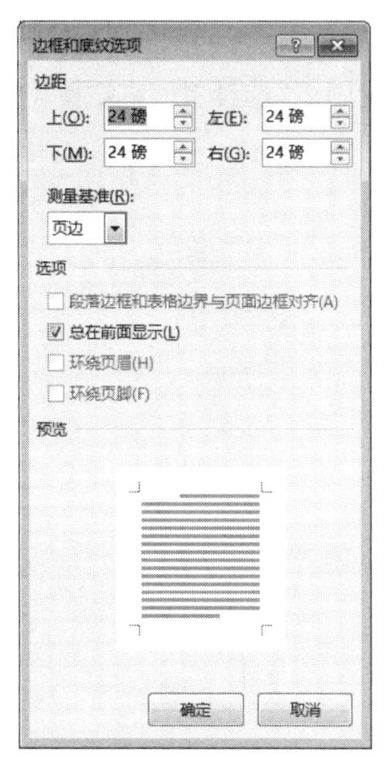

图 5－59　“边框和底纹选项”对话框

在文档中选择需要添加底纹的段落，选择“边框与底纹”对话框中的“底纹”选项卡，如图 5－60 所示。在选项卡的“填充”下拉列表中选择需要使用的填充颜色；在“样式”下拉列表中选择需要使用的填充图案的样式；在“颜色”下拉列表中选择填充图案的颜色。

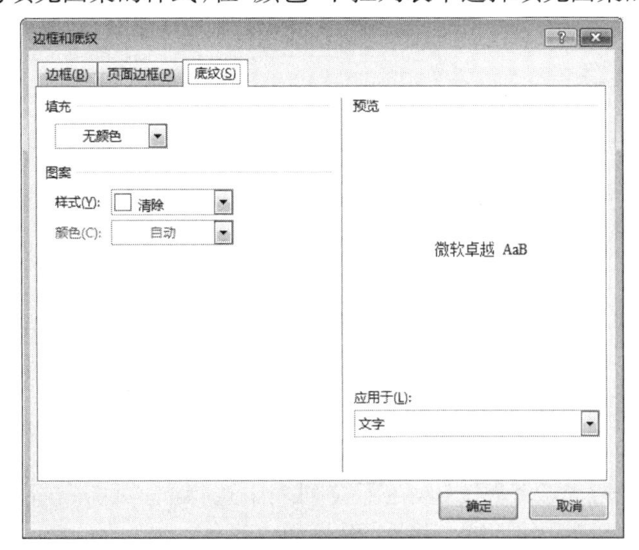

图 5－60　底纹设置

5.4.6 分栏

Word 2016 允许用户为自己的文本设置分栏。在“布局”选项卡下“页面设置”功能组中单击“栏”按钮，在下拉列表中选择需要的分栏形式，如图 5-61 所示。此时段落将根据选择进行分栏。如果对“栏”下拉列表中的分栏形式不满意，那么可以选择“栏”下拉列表中的“更多栏”命令，弹出“栏”对话框，在对话框中对分栏格式进行自定义，如图 5-62 所示。若让一段文字分四栏显示，则在“栏数”增量框中输入“4”，“应用于”选择“所选文字”，单击“确定”按钮，文档就设置好了。

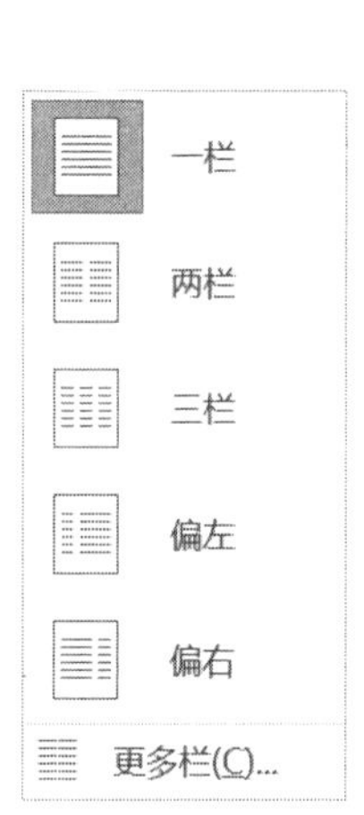

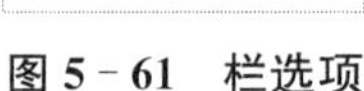
图 5-61　栏选项

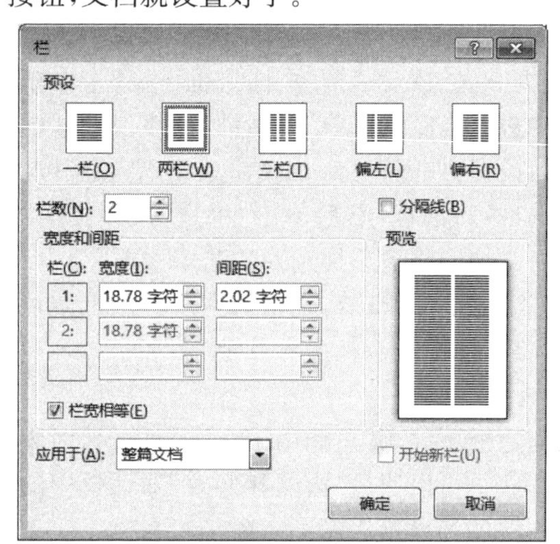

图 5-62　“栏”对话框

调整栏宽：在“栏”对话框中，有“栏”的“宽度”和“间距”两个增量框，单击“宽度”增量框的上箭头来调整栏宽的数值，“间距”中的数字也同时变化了。

在栏中间加分隔线：在“栏”对话框中勾选“分隔线”复选框，单击“确定”按钮，在各个栏之间就出现了分隔线。

5.4.7 分页和分节

在文档的上一页和下一页开始的位置之间，Word 会自动插入一个分页符，称为软分页；如果用户插入了手动分页符到指定位置可以强制分页，这就是硬分页。在文档中，用于标识节的末尾的标记就是分节符，分节符包含了节的格式设置元素。

1. 分页符

在 Word 文档中，长的文档会被自动插入分页符，用户也可以在特定的位置根据需要插入手动分页符来对文档进行分页。另外，当段落不希望放置在两个不同页面上时，也可以通过设置来避免段落中间出现分页符。

打开需要处理的文档，将插入点放置到需要分页的位置。在“布局”选项卡下单击“页面设置”功能组中的“分隔符”命令按钮，在下拉列表中选择“分页符”选项，如图 5-63所示。此时，文档从插入点处插入分页符，同时完成分页。

单击“开始”选项卡下“段落”功能组右下角的“段落”按钮。在弹出的“段落”对话框(见图 5-64)的“换行和分页”选项卡中勾选“段中不分页”复选框。单击“确定”按钮关闭该对话框，文档中将会按照段落的起止来分页，避免了同一段落放在两个页面上的情况。在“换行和分页”选项卡中勾选“段前分页”复选框，可以在段落前指定分页。如果勾选“与下段同页”复选框，那么可以使前后两个关联密切的段落放在同一页中。如果勾选“孤行控制”复选框，则会在页面的顶部或底部放置段落的两行以上。

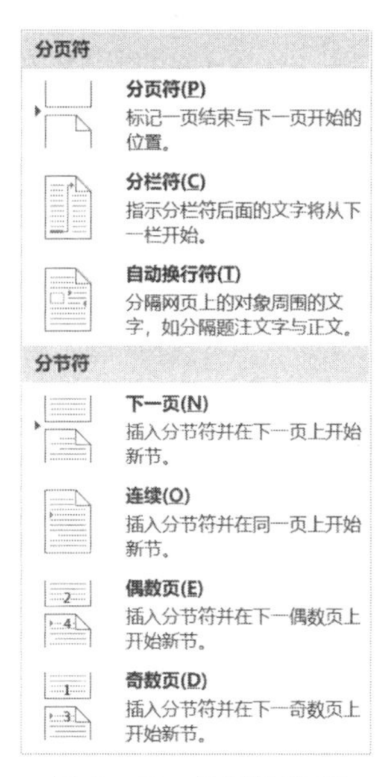

图 5-63　分隔符选项

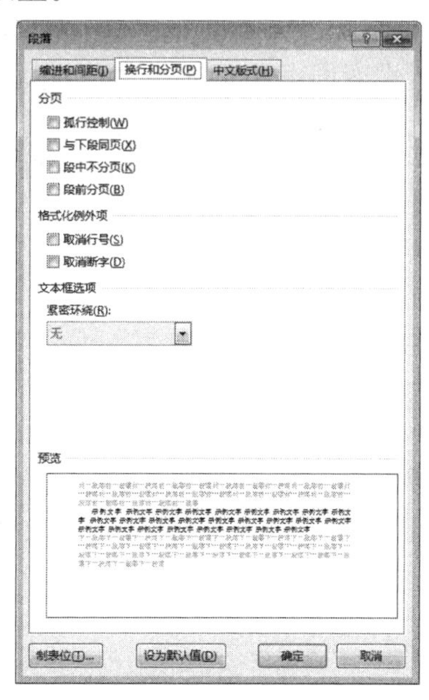

图 5-64　“段落”中的“换行和分页”设置

2. 分节符

Word 中的分节符可以改变文档中一个或多个页面的版式和格式，如将一个单页页面的一部分设置为双页页面。使用分节符可以分隔文档中的各章，使章的页码编号单独从 1 开始。另外，使用分节符还能为文档的章节创建不同的页眉和页脚。

将插入点放置到需要分节的位置，在“布局”选项卡下“页面设置”功能组中单击“分隔符”命令按钮，在下拉列表的“分页符”栏中单击对应选项。“下一页”选项用于插入一个分节符，并在下一页开始新节，常用于在文档中开始新的章节。“连续”选项将用于插入一个分节符，并在同一页上开始新节，适用于在同一页中实现不同格式。“偶数页”选项用于插入分节符，并在下一个偶数页上开始新节。“奇数页”选项用于插入分节符，并在下一个奇数页上开始新页。

默认情况下。每一节中的“页眉”内容都是相同的，如果更改第一节的“页眉”，那么第二节也会随着改变。要想使两节的“页眉”不同，可以打开“页眉和页脚工具|设计”选项卡，在“导航”功能组中单击“链接到前一节”按钮，使其处于非按下状态，断开新节的页眉与前一节页眉的连接。

要想取消人工创建的分节，将插入点放置在该节的末尾，按[Delete]键删除分节符即可，删除分节符将会同时删除分节符之前的文本节格式，该分节符之前的文本将成为后面节的一部分，并采用后面节的格式。

5.4.8　文档背景

Word 2016 能够给文档添加背景以增强文档页面的美观性，使文档易于阅读。设置文档的背景，除可以给背景填充颜色外，还包括填充渐变色、纹理、图案、图片以及水印等。

1. 纯色填充背景

对于一篇纯文字文档来说，阅读起来是比较枯燥的，如果此时以某种颜色作为文档的背景，可以在增强文档的美观性的同时，有效地降低阅读者的视觉疲劳。

打开需要添加背景颜色的文档，单击“设计”选项卡下“页面背景”功能组中的“页面颜色”命令按钮，在下拉列表的“主题颜色”中选择需要使用的颜色，Word 将以该颜色填充文档背景，如图 5－65 所示。在下拉列表中选择“其他颜色”选项，此时将弹出“颜色”对话框。在对话框的“标准”或“自定义”选项卡中选择颜色，如图 5－66 所示。关闭“颜色”对话框后，选择的颜色将填充背景。

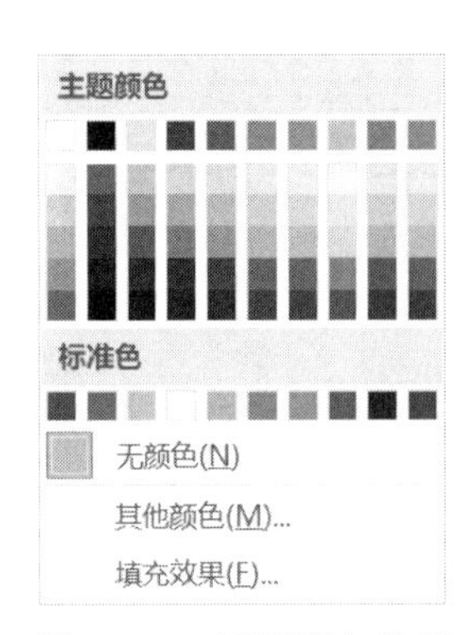

图 5－65　页面颜色选项

图 5－66　“颜色”对话框

2. 填充效果填充背景

除可以使用纯色填充背景外，Word 2016 还可以使用渐变色填充背景，使文档获得更为美观的效果。

单击“设计”选项卡下“页面背景”功能组中的“页面颜色”命令按钮，在下拉列表中选择“填充效果”选项，此时将弹出“填充效果”对话框，如图 5－67 所示。选择“渐变”选项卡，这里选中“预设”单选按钮，选择使用 Word 预设渐变效果，并在“预设颜色”下拉列表中选择一款预设的渐变色；在“底纹样式”列表中选中相应的单选按钮选择一种渐变样式，完成设置后单击“确定”按钮以设定的渐变色填充背景。

在 Word 2016 中，用户不仅可以使用纯色和渐变色作为文档背景颜色，还可以为文档设置纹理背景。单击“设计”选项卡下“页面背景”功能组中的“页面颜色”命令按钮，在下拉列表中选择“填充效果”选项，此时将打开“填充效果”的“纹理”选项卡，如图 5－68 所示。例如，选择“羊皮纸”，可以给纸张施加羊皮纸的纹理。

通过“填充效果”对话框，还可以对文档背景进行图案和图片填充，在对话框中打开相应的选项卡，对填充效果进行设置即可。

注意：为文档添加纯色或填充效果后，只能在页面视图和 Web 版式视图模式下才可以显示出来。

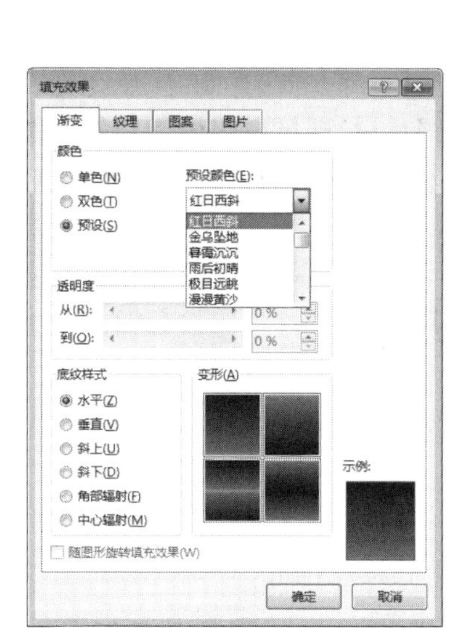

图 5－67　“填充效果”对话框

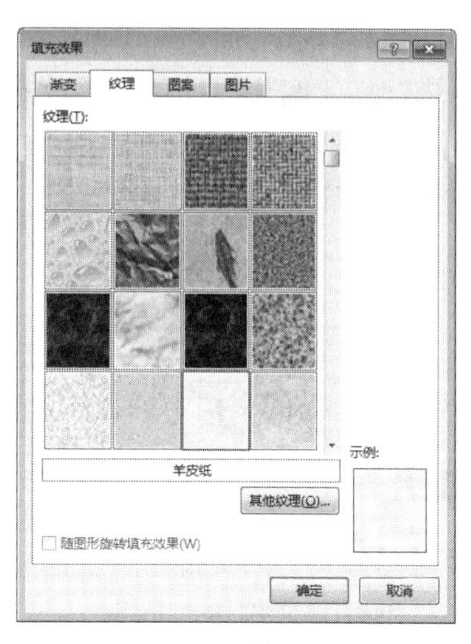

图 5－68　填充纹理

3. 添加水印

在 Word 2016 中，可以为文档添加水印。水印是出现在文档背景上的文本或图片，添加水印可以增加文档的趣味性，更重要的是可以标识文档的状态。文档中添加水印后，用户可以在页面视图中查看水印，也可以在打印文档时将其打印出来。

在“设计”选项卡下单击“页面背景”功能组中“水印”命令按钮，在下拉列表中选择需要添加的水印，如图 5－69 所示。

在下拉列表中选择“删除水印”命令，删除添加的水印。选择“自定义水印”命令，弹出“水印”对话框，如图 5－70 所示。在对话框中选中“文字水印”单选按钮，设置插入的文字水印。在“文字”下拉列表中选择水印文字；在“字体”下拉列表中选择水印文字的字体；在“字号”下拉列表中输入数值，设置水印文字的大小；在“颜色”下拉列表中选择水印文字的颜色；其他设置项使用默认值。完成设置后，单击“确定”按钮关闭对话框。此时，文档中将添加自定义水印效果。

图 5－69　水印选项

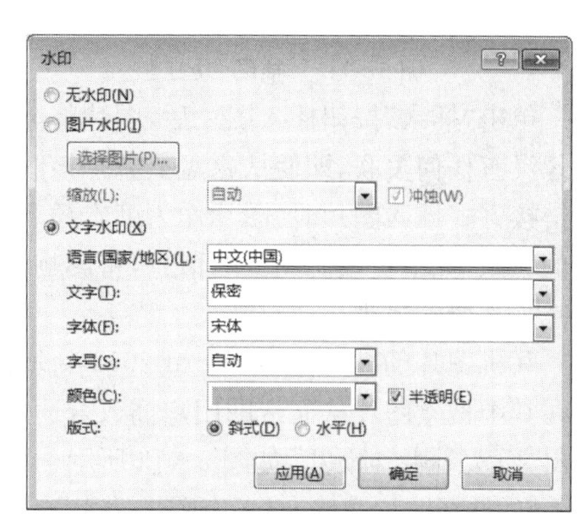

图 5－70　“水印”对话框

在“水印”对话框中，如果选中“图片水印”单选按钮，那么“选择图片”按钮将可用。单击该按钮将打开“插入图片”对话框，在对话框中选择图片后，即可以将该图片作为图片水印插入到文档中。另外，单击“应用”按钮可以将设置的水印添加到文档中而“水印”对话框不会关闭，可以预览水印的效果，方便修改。

5.5 图文混排技术

用户可以在自己的文档中插入图片，这样可以使文档更加活泼生动。

5.5.1 图片

Word 对图像文件的支持十分优秀，支持当前流行的所有格式的图像文件，如 BMP 文件、JPG 文件和 GIF 文件等。同时，用户还可以使用 Microsoft 剪辑管理器来插入格式为 WMF 的剪贴画。在文档中插入的图片，使用 Word 2016 能方便地进行简单的编辑、样式的设置和版式的设置。

1. 插入图片

Word 2016 允许用户在文档的任意位置插入常见格式的图片。打开需要插入图片的文档，将插入点放置到需要插入图片的位置。单击“插入”选项卡下“插图”功能组中的“图片”命令按钮，如图 5-71 所示。“插入图片来自”可选择“此设备”或“联机图片”。当选择“此设备”时将打开“插入图片”对话框，选择图片所在的文件夹，在对话框中选择需要插入到文档中的图片，然后单击“插入”按钮。在“插入图片”对话框中选择图片，单击“插入”按钮上的下三角按钮，在下拉菜单中选择“链接到文件”命令，如图 5-72 所示。此时图片将以链接文件的形式插入到文档中。

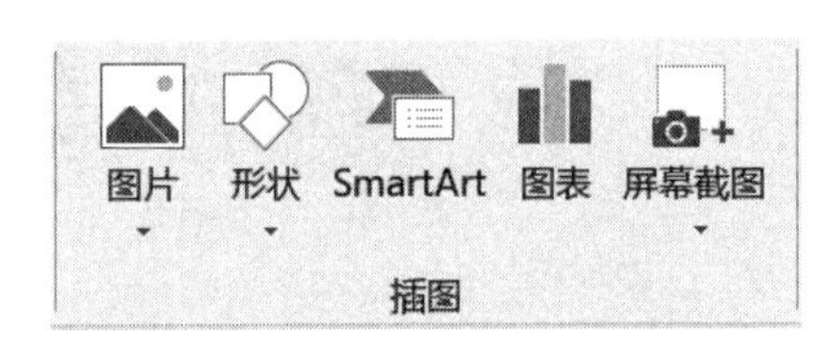

图 5-71 “插图”功能组

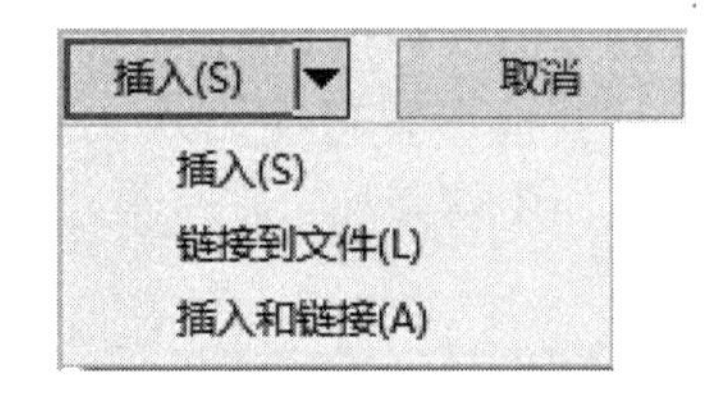

图 5-72 “插入”按钮选项

单击“插入”按钮插入图片后，图片将嵌入到文档中成为文档的一部分，此时的图片和源图像没有任何关联，即使从磁盘上删掉该图片，文档中的图片仍然存在。选择“链接到文件”以链接方式插入图片时，图片作为副本插入到文档中，源图像和插入图像之间仍然存在着一定的联系，如果更改源图像的信息，将影响到文档中的文件。使用链接的方式插入图片，可以减少文档的大小。

联机图片的插入是从 Word 2013 新增的，Word 2016 也具有该功能，通过连接互联网并在其中搜索图片从而帮助用户插入合适的图片。当“插入图片来自”选择“联机图片”时将弹出“插入图片”对话框，如图 5-73 所示。可通过“必应图像搜索”中搜索图像或“OneDrive - 个人”中选择图片。单击“必应图像搜索”的搜索图标将图片分组显示，如图 5-74 所示。搜索结果将展开来显示所有必应图像，用户根据所需进入对应图组选择图片，选中后单击“插入”按钮即可完成联机图片的插入。为尊重他人的版权，从网络提供的图片会注明此照片作者及许可证。

图 5-73 “插入图片”对话框

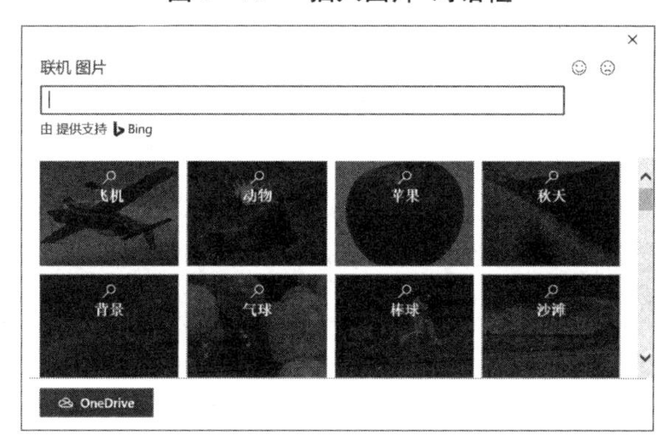

图 5-74 图片分组

2. 插入屏幕截图

编写某些特殊文档时,经常需要向文档中插入屏幕截图。在以前的 Office 版本中,要截取计算机屏幕的内容,只能使用第三方软件来实现。Office 2016 提供了屏幕截图功能,用户编写文档时,可以直接截取程序窗口或屏幕上的某个区域的图像,这些图像将能自动插入到当前插入点所在的位置。

在“插入”选项卡下“插图”功能组中单击“屏幕截图”命令按钮。在打开的“可用的视窗”列表(见图 5-75)中将列出当前打开的所有程序窗口。选择需要插入的窗口截图。此时,该窗口的截图将被插入文档插入点处。单击“屏幕截图”命令按钮,在打开的列表中选择“屏幕剪辑”选项,此时当前文档的编辑窗口将最小化,屏幕将灰色显示,单击并拖动鼠标框选出需要截取的屏幕区域,松开鼠标,框选区域内的屏幕图像将插入到文档中。

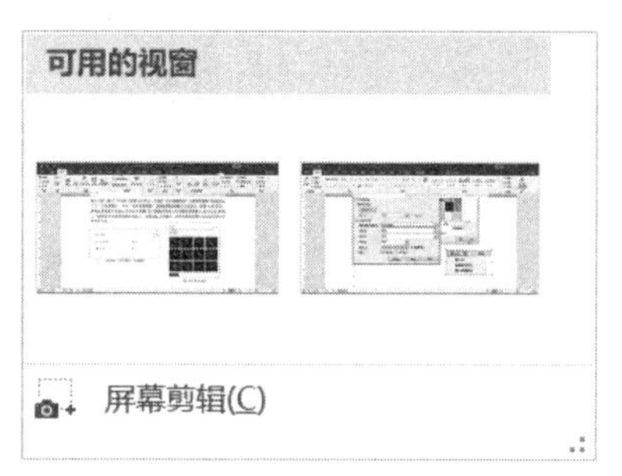

图 5-75 当前可用视窗

3. 旋转图片和调整图片的大小

在文档中插入图片后,可以对其大小和放置角度进行调整,以使图片适合文档排版的需要。调整图片的大小和放置角度可以通过拖动图片上的旋转控制柄来实现,也可以通过功能区设置项来进行精确设置。

(1)在插入的图片上单击,拖动图片框上的控制柄,可以改变图片的大小。将鼠标指针放置到图片框顶部的控制柄上,拖动鼠标将能够对图像进行旋转操作,如图 5-76 所示。图片四周会出现 8 个控制柄,称为尺寸控制柄,可以用来调整图片的大小。图片上方有一个旋转控制柄，可以用来旋转图片。

（2）选择插入的图片，在“图片工具|格式”选项卡下“大小”功能组中的“高度”和“宽度”增量框中调整数值，可以精确调整图片的大小，如图 5－77 所示。

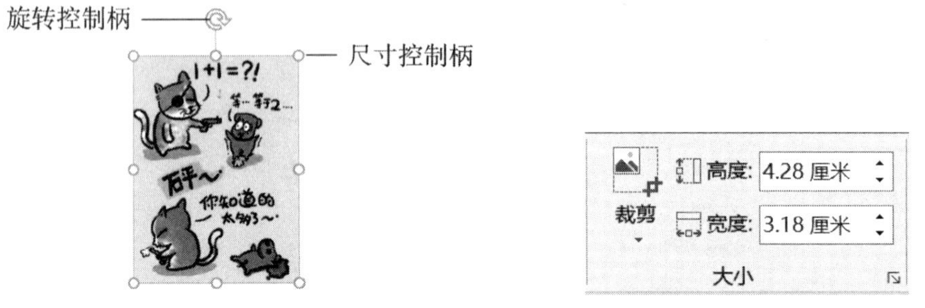

图 5－76　图片编辑控制柄　　　　图 5－77　“大小”功能组

（3）单击“大小”功能组右下角的“高级版式：大小”按钮，弹出“布局”对话框，通过该对话框可以修改图片的高度和宽度，如图 5－78 所示。勾选“锁定纵横比”复选框，则无论是手动调整图片的大小还是通过输入图片宽度和高度值调整图片的大小，图片大小都将保持原始的宽度和高度比值。另外，通过“缩放”栏中调整“高度”和“宽度”的值，能够按照与原始高度和宽度值的百分比来调整图片的大小。在“旋转”增量框中调整数值，能够设置图像旋转的角度。

图 5－78　“布局”中的“大小”选项

4. 裁剪图片

有时需要对插入 Word 文档中的图片进行重新裁剪，在文档中只保留图片中需要的部分。较之以前版本，Word 2016 的图片裁剪功能更为强大，其不仅能够实现常规的图像裁剪，还可以将图像裁剪为不同的形状。

选中插入的图片，在“图片工具|格式”选项卡中单击“裁剪”命令按钮，图片四周出现裁剪框，拖动裁剪框上的控制柄调整裁剪框包围住图像的范围，如图 5－79 所示。操作完成

后,按[Enter]键,裁剪框外的图像将被删除。

单击“裁剪”命令按钮的下三角按钮,在下拉列表(见图 5－80)中单击“纵横比”选项,在下级列表中选择裁剪图像使用的纵横比;在下拉列表中选择“裁剪为形状”选项,在下级列表中选择形状;选择“适合”命令,图像周围将被裁剪框包围。

图 5－79　图片裁剪控制柄

图 5－80　裁剪选项

5. 调整图片色彩

在 Word 文档中,对于某些亮度不够或比较灰暗的照片,打印效果将会不理想。使用 Word 2016,能够对插入图片的亮度、对比度以及色彩进行简单调整,使照片效果得到改善。

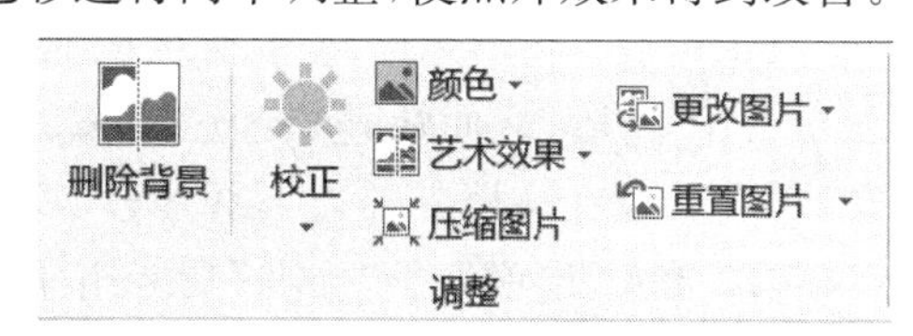

图 5－81　“调整”功能组

在文档中选中插入的图片,在“图片工具|格式”选项卡的“调整”功能组(见图 5－81)中单击“校正”命令按钮,在“亮度/对比度”栏中选择需要的选项,即可将图片的亮度和对比度调整为设定值;单击“校正”命令按钮,在“锐化/柔化”栏中单击相应的选项即可对图片进行柔化和锐化操作;单击“颜色”命令按钮,在“重新着色”栏中选择需要颜色即可为图片重新着色;在“颜色”下拉列表中选择“设置透明色”命令,在图片中单击,则图片中与单击点处相似的颜色将被设置为透明色;单击“压缩图片”命令按钮,弹出“压缩图片”对话框,通过对话框可以对图片压缩进行设置。

6. 图片的版式

所谓的图片版式,是指插入文档中图片与文档中文字的相对关系,使用“图片工具|格式”选项卡下“排列”功能组中工具能够对插入文档中的图片进行排版。图片排版主要包括设置图片在页面中的位置和设置文字相对于图片的环绕方式,分别为嵌入型、四周型、紧密型环绕、穿越型环绕、上下型环绕、衬于文字下方和浮于文字上方,如图 5－82 所示。

在文档中,图片和文字的相对位置有两种情况,一种是嵌入型的排版方式,此时图形和正文不能混排;另一种方式是非嵌入式方式,此时图片和文字可以混排,文字可以环绕在图片周围或在图片的上方或下方,拖动图片可以将图片放置到文档中的任意位置。

选择“其他布局选项”命令,弹出“布局”对话框,在“文字环绕”选项卡中能够对文字的环绕方式进行精确设置,如图 5－83 所示。

图 5-82　文字环绕方式选项

图 5-83　“布局”中的“文字环绕”选项

7. SmartArt 图形

SmartArt 图形是信息和观点的视觉表示形式，可以通过选择多种不同布局来创建 SmartArt 图形，从而快速、轻松、有效地传达信息。借助 Word 2016 提供的 SmartArt 功能，用户可以在文档中插入丰富多彩、表现力丰富的 SmartArt 示意图。

在“插入”选项卡下“插图”功能组中单击“SmartArt”命令按钮，弹出“选择 SmartArt 图形”对话框，如图 5-84 所示。在对话框中，单击左侧的类别名称选择合适的类别，然后在对话框中间部分单击选择需要的 SmartArt 图形，并单击“确定”按钮，返回文档窗口，在插入的 SmartArt 图形中单击文本占位符输入合适的文字。

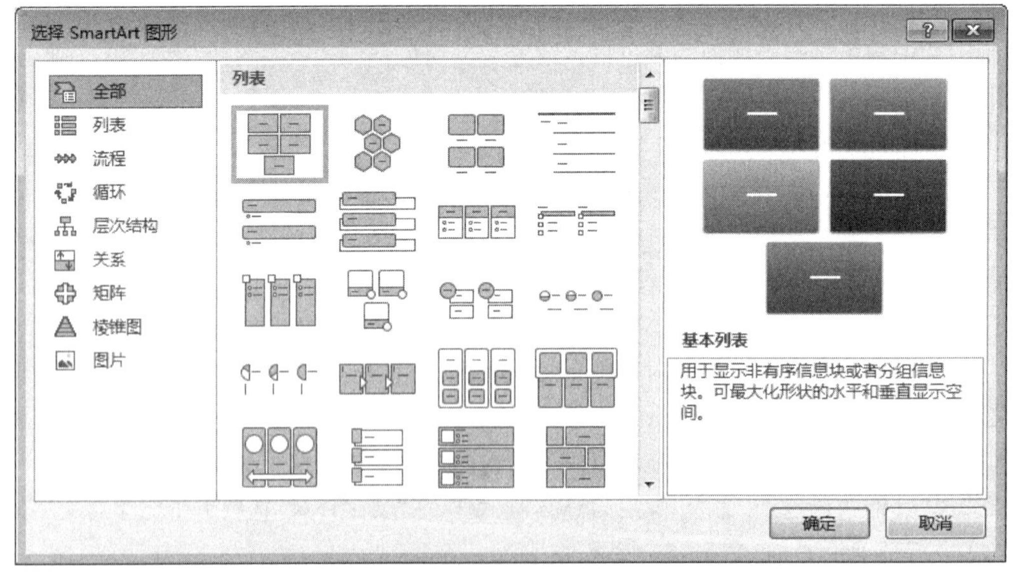

图 5-84　“选择 SmartArt 图形”对话框

8. 自选图形

在 Word 2016 文档中，用户可以方便地绘制各种自选图形，并可对自选图形进行编辑和设置。在 Word 中，自选图形包括直线、矩形、圆形等基本图形，同时还包括各种线条、连接符、箭头和流程图符号等。

1)绘制自选图形

在进行文档编辑时,根据需要,用户有时需要绘制图形,如试卷中的几何图形、各种实验仪器以及各种流程图等。Word 2016 能够允许用户在文档中绘制自选图形,同时可以对绘制的自选图形的形状进行修改。

在“插入”选项卡下单击“插图”功能组中的“形状”命令按钮,在下拉列表中选择需要绘制的形状,如图 5－85 所示。在文档中单击拖动鼠标即可绘制选择的图形。

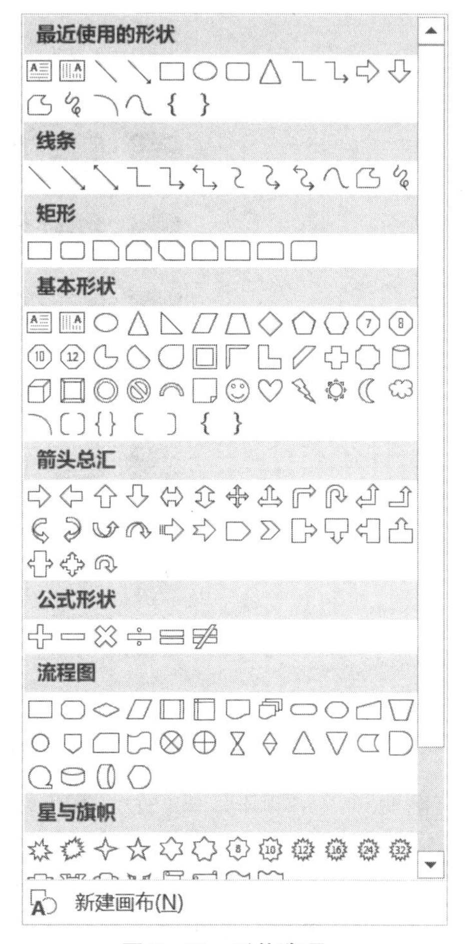

图 5－85　形状选项

拖动图形边框上的调节控制柄更改图形的外观形状;拖动图形边框上的尺寸控制柄调整图形的大小;拖动图形边框上的旋转控制柄调整图形的放置角度。将鼠标指针放置在图形上,拖动图形可以改变图形在文档中的位置。

2)修改自选图形

绘制好自选图形后,用户可以对绘制的自选图形进行编辑修改,编辑修改包括更改绘制的自选图形和对图形的形状进行编辑两个方面的操作。

选择已创建的图形,在“绘图工具|格式”选项卡下“插入形状”功能组中单击“编辑形状”命令按钮,在下拉列表中选择所需的形状即可实现选择图形形状的更改,如图 5－86 所示。

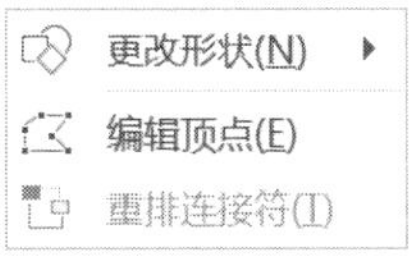

连接类自选图形分为直接连接符、肘形连接符和曲线连接符三类。在文档中选择一个连接类图形后右击,在弹出的快捷菜单中选择“连接符类型”命令,在级联菜单中将能查看当前图形的类型。在连接符间进行转换时,只能转换为同样箭头样式的连接线,如单箭头样式的连接线不能转换为双箭头或无箭头样式。

更改形状(N)
编辑顶点(E)
重排连接符(I)

图 5－86　编辑形状选项

3)设置形状样式

自选图形的线条设置包括线条颜色、线型、线条虚实和粗细等方面的设置,使用“格式”选项卡下“形状样式”功能组中的命令能够直接为线条添加内置样式效果,如图 5－87 所示。同时,在“设置形状格式”窗格中,能够通过参数设置来自定义线条样式。

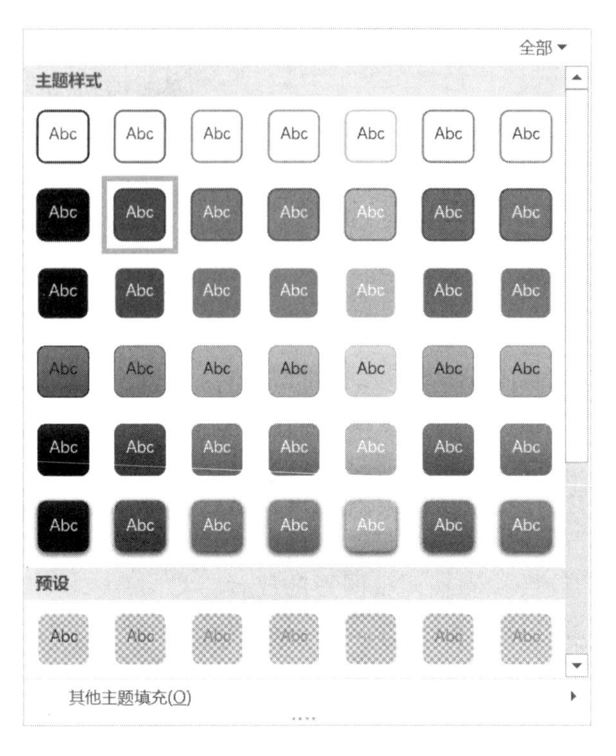

图 5-87　内置的形状样式

在“形状样式”功能组中，单击“形状填充”命令按钮的下三角按钮，在下拉列表中选择“渐变”命令，如图 5-88 所示，在下级列表中选择需要使用的渐变色并将其应用到图形；单击“形状轮廓”按钮的下三角按钮，在下拉列表中选择颜色应用于图形轮廓，如图 5-89 所示，选择“粗细”命令，在下级列表中单击相应的选项即可设置轮廓线的宽度；单击“形状效果”选项，可以为自选图形添加阴影、发光和三维旋转等图形效果，如图 5-90 所示。

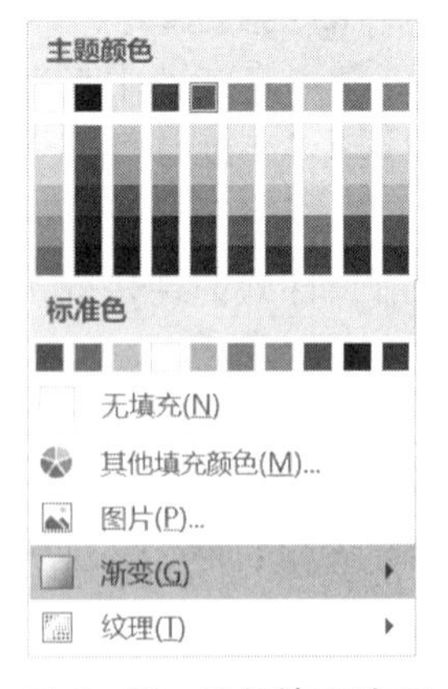

图 5-88　形状填充选项

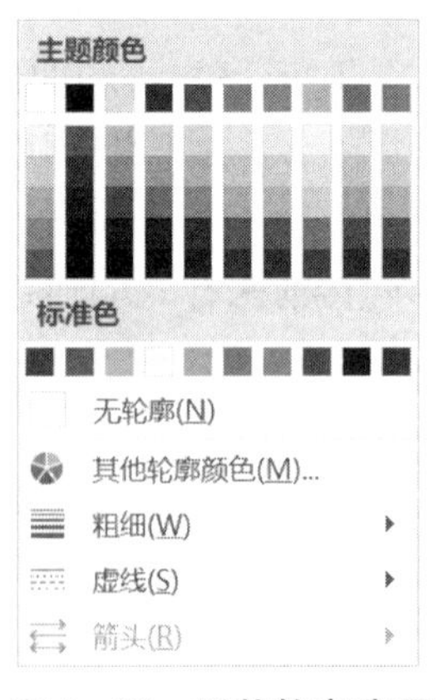

图 5-89　形状轮廓选项

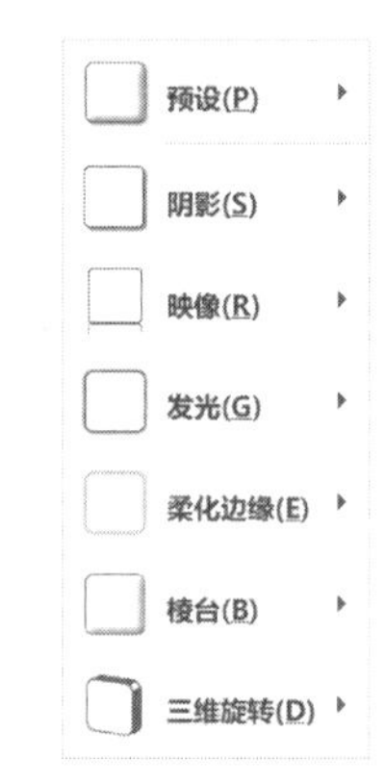

图 5-90　形状效果选项

5.5.2　文本框

在编辑版式时，通常会遇到比较复杂的文档，这时可以通过在文档中插入文本框并利用文本框之间的链接功能来增强文档排版的灵活性。

1. 插入文本框

单击“插入”选项卡下“文本”功能组中的“文本框”命令按钮，在下拉列表的“内置”栏中选择需要使用的文本框，如图 5－91 所示。选择的文本框即被插入到文档中，直接在文本框中输入文字，即可完成文本框的创建。

图 5－91　文本框选项

2. 编辑文本框

1)调整文本框大小

要调整文本框大小，首先要右击文本框的边框，在打开的快捷菜单中选择“其他布局选项”命令，弹出“布局”对话框并切换到“大小”选项卡，然后在“高度”和“宽度”绝对值编辑框中分别输入具体数值，以设置文本框的大小。也可以通过鼠标拉动文本框边角上的控制柄来达到调整文本框大小的目的。

2)移动文本框

当设置好文本框的格式后，可灵活地将文本框放在文档的任何位置。单击选中文本框，把光标指向文本框的边框，当光标变成四向箭头形状时按住鼠标左键拖动文本框即可移动其位置。

3)改变文本框的文字方向

在 Word 2016 中，文本框的默认文字方向为水平方向。用户可以根据实际需要将文字方向的文本框，在“绘图工具|格式”选项卡下“文本”功能组中单击“文字方向”命令，在打开的列表中选择需要的文字方向，包括水平、垂直、将所有文字旋转 90°、将所有文字旋转 270°、将中文字符旋转 270°共五种选择，如图 5－92 所示。

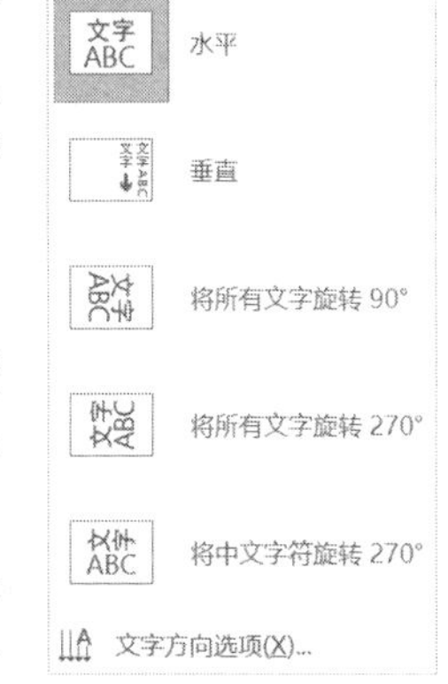

图 5－92　文字方向选项

4)设置文本框的形状格式

文本框的形状格式涉及框线的线形和颜色、填充效果、大小、版式等格式，有“形状选项”和“文本选项”两组选项。在“形状选项”中有三个类别：“填充与线条”是设置线条、填充颜色、线条的颜色等；“效果”是设置文本框的形状样式效果；“布局属性”是设置垂直对齐方式、文字方向、文本框边距、替换文字等。在“文本选项”中也有“文本填充与轮廓”“文本效果”和“布局属性”三个类别。

默认情况下，Word 2016 文档的文本框垂直对齐方式为“顶端对齐”，文本框内部左右边距为 0.25 厘米，上下边距为 0.13 厘米。设置文本框边距和垂直对齐方式可右击文本框，在打开的快捷菜单中选择“设置形状格式”命令，将打开“设置形状格式”窗格，如图 5－93 所示。选择“形状选项”下的“布局属性”类别，在“左边距”“右边距”“上边距”“下边距”中设置文本框边距，在“垂直对齐方式”中选择“顶端对齐”“中部对齐”或“底端对齐”方式，如图 5－94 所示。

图 5－93 “设置形状格式”窗格

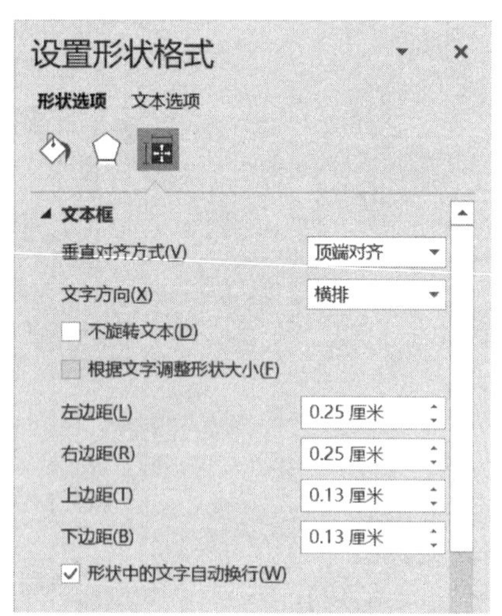

图 5－94 布局属性选项

5)设置文本框链接

如果在文档中建立了若干个文本框，那么还可以在这些文本框之间建立链接，可以进行如下操作：单击其中一个文本框上的非文字区，在“绘图工具|格式”选项卡下“文本”功能组中选择“创建链接”命令，如图 5－95 所示，这时鼠标指针变成一个直立的水壶。将鼠标移到另一个文本框上，指针变成一个倾倒的水壶，这时单击，链接便完成，以此类推，可以进行若干个文本框的链接。

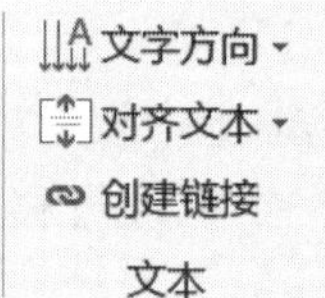

图 5－95 创建链接

注意：只有在空文本框中才能建立链接，并且这种链接只能单向串联，即横排的文本框只能与横排的文本框进行链接，竖排的与竖排的链接。

当文本框建立链接后，在前一文本框中输入文字占满文本框时，光标会自动跳到与其链接的文本框继续接受录入，且当前一文本框的大小调整时，其中的文本会自动调整。

6)设置文本框文字环绕方式

文本框文字环绕方式是指 Word 2016 文档的文本框周围的文字以何种方式环绕文本框，默认设置为“浮于文字上方”环绕方式。在“布局”对话框上单击“文字环绕”选项卡，在“环绕方式”栏选择需要的环绕方式。相关操作类似图片的版式操作。

5.5.3 艺术字

用户可以在文档中插入形式多样、丰富多彩的艺术字，使制作出的文档美观、活泼。

1. 插入艺术字

在“插入”选项卡下单击“文本”功能组中的“艺术字”命令按钮，并在打开的艺术字预设样式面板中选择合适的艺术字样式，如图 5－96 所示。打开艺术字的文本编辑框，直接输入艺术字即可，用户可以对输入的艺术字分别设置字体和字号。

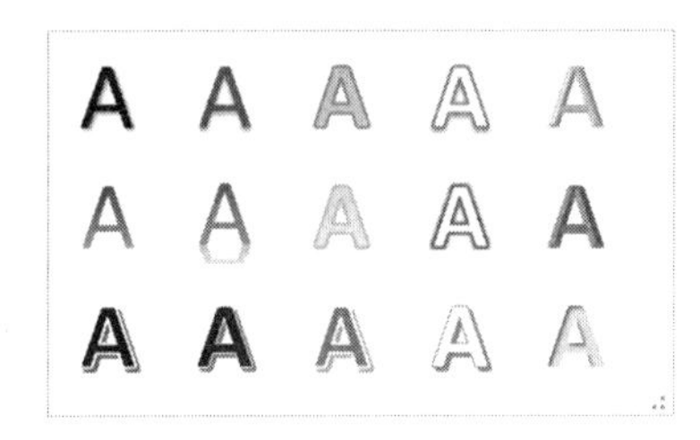

图 5-96 艺术字选项

2. 修改艺术字

用户在 Word 2016 中插入艺术字后，可以随时修改艺术字。与以往版本不同的是，在 Word 2016 中修改艺术字不需要打开“编辑艺术字文字”对话框，只需要单击艺术字即可进入编辑状态。

3. 设置艺术字样式

用户可以在 Word 2016 文档中实现丰富多彩的艺术字效果。单击需要设置样式的艺术字使其处于编辑状态，在自动打开的“绘图工具|格式”选项卡下单击“艺术字样式”功能组中的“文字效果”按钮，在下拉列表中，鼠标指针指向“阴影”“映像”“发光”“棱台”“三维旋转”“转换”相关选项，从下级列表中选择需要的样式。相关操作类似设置自选图形的形状样式操作。

5.6 表格的创建与编辑

日常工作中经常要制作表格，Word 2016 具有一定的表格制作功能，在表格中，用户可以方便地进行字符格式的设置、更改行高、列宽等，还可以进行插入、删除、粘贴等编辑处理，并可以自动套用表格格式，使用户可以方便快捷地制作出符合需要的表格来。

5.6.1 表格的创建

创建表格的常用方法有四种，用户可根据自己的需要选择合适的方法创建表格。

1. 通过“表格”命令按钮快速插入表格

在文档中需要插入表格的位置单击放置插入点。在“插入”选项卡下“表格”功能组中单击“表格”命令按钮，在下拉列表的“插入表格”栏中存在一个 8 行 10 列的按钮区，如图 5-97 所示。在这个按钮区中移动鼠标，文档中将会随之出现与列表中的鼠标划过区域具有相同行、列数的表格。当行、列数满足需要后单击，文档中即会创建相应的表格。该方法创建表格十分方便，但表格的行列数会有限制，最多只能创建 8 行 10 列的表格，当表格行、列数较多时，表格无法一次完成。

2. 使用“插入表格”对话框来实现表格的定制插入

在“插入”选项卡下“表格”功能组中单击“表格”命令按钮，在下拉列表中选择“插入表格”命令，弹出“插入表格”对话框。在对话框的“行数”和“列数”增量框中输入数值设置表格的行数和列数，在“自动调整”操作栏中选择插入表格大小的调整方式，如图 5-98 所示。单击“确定”按钮关闭“插入表格”对话框，文档中将按照设置插入一个表格。该方法最多可以设置 63 列、32767 行的表格。

图 5－97　插入选项

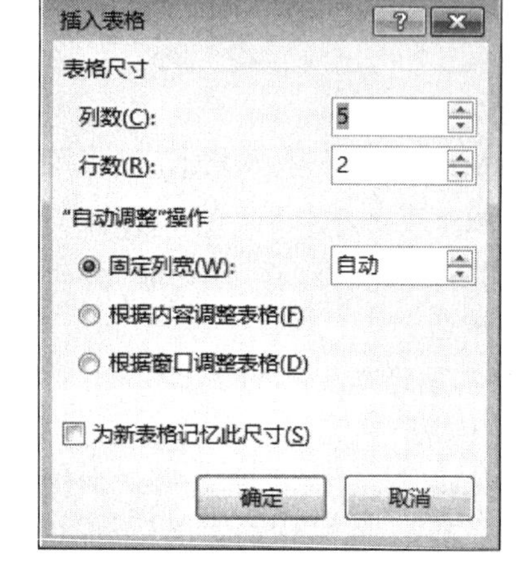

图 5－98　“插入表格”对话框

3. 手工画表

在 Word 2016 中，可以手动绘制表格创建不规则表格，如绘制包含不同高度的单元格或每行包含不同列数的表格等。手动绘制表格的最大优势在于，可以像使用笔那样随心所欲地绘制各种类型的表格。

在“插入”选项卡下“表格”功能组中单击“表格”命令按钮，在下拉列表中选择“绘制表格”命令。此时，鼠标指针变为铅笔形，像用铅笔在纸上画表一样，用鼠标在屏幕上绘制表格。有画错的地方可用“橡皮擦”按钮擦除。

4. 转换

如果有一段文本且数据之间用分隔符(逗号、空格等)来分隔，那么可选定这段文本，在“插入”选项卡下“表格”功能组中单击“表格”命令按钮，在下拉列表中选择“文本转换成表格”命令。此时将弹出“将文字转换成表格”对话框，在对话框中选中“制表符”单选按钮确定文本使用的分隔符，在“列数”增量框中调整数字设置列数，如图 5－99 所示，将此文本直接转换成表格。

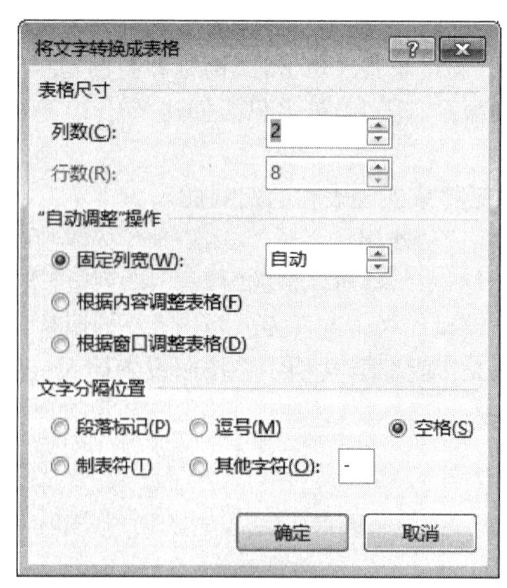

图 5－99　“将文字转换成表格”对话框

5.6.2　表格的编辑

1. 选取对象

表格是由一个或多个单元格组成的，单元格就像文档中的文字一样，要对它操作，必须先选取它。

把插入点定位到单元格里，在“表格工具|布局”选项卡下“表”功能组中单击“选择”命令按钮，在下拉列表选项中可选中行、列、单元格或者整个表格。

还可以用下述方法进行表格的选择：

(1)把插入点放到单元格的左下角，鼠标指针变成一个指向右边的黑色箭头，单击可选定一个单元格，拖动可选定多个。

(2)像选中一行文字一样，在左边文档的选定区中单击，可选中表格的一行单元格。

(3)把插入点移到这一列的上边框，等鼠标指针变成向下的黑色箭头时单击即可选中一列。

(4)把插入点移到表格上，等表格的左上方出现一个移动标记时，在这个标记上单击即可选中整个表格。

2. 编辑表格中的文字

将插入点停在要输入文字的单元格中，输入文字；用以前介绍过的文字编辑方法对输入的文字进行编辑(如字体、字号、颜色、对齐方式、复制、移动等)，如表5-3所示。

表5-3　表格编辑时键盘的操作

快捷键	功能	快捷键	功能
→　←	在本单元格文字中左/右移动	回车	在本单元中表示开始新的一行
↑　↓	上一行/下一行	Alt+Home	移至本行的第一个单元格
Tab	下一单元(插入点位于表格的最后一个单元格时，按下[Tab]键将添加一行)	Alt+End	移至本行的最后一个单元格
		Alt+PageUp	移至本列的第一个单元格
Shift+Tab	上一单元	Alt+PageDown	移至本列的最后一个单元格

3. 给表格加一标题

给表格加一标题有以下两种方法：

(1)先输入几个回车，空出几行后再插入表格，这样可在表格上方的空行处输入表格标题。

(2)在文档开头的表格的第一个单元格第一列中按下回车键表示在此表格前插入若干个空行。

4. 增加和删除表格行列

表格创建完成后，往往需要对表格进行编辑修改，如在表格中插入或删除行和列，在表格的某个位置插入或删除单元格。

Word 2016中，在表格中插入行或列一般都有三种方法：一是使用“表格工具|布局”选项卡下“行和列”功能组中的命令按钮，如图5-100所示；二是选择“行和列”功能组右下角的“表格插入单元格”按钮，弹出“插入单元格”对话框，如图5-101所示；三是右击单元格，在弹出的快捷菜单中选择“插

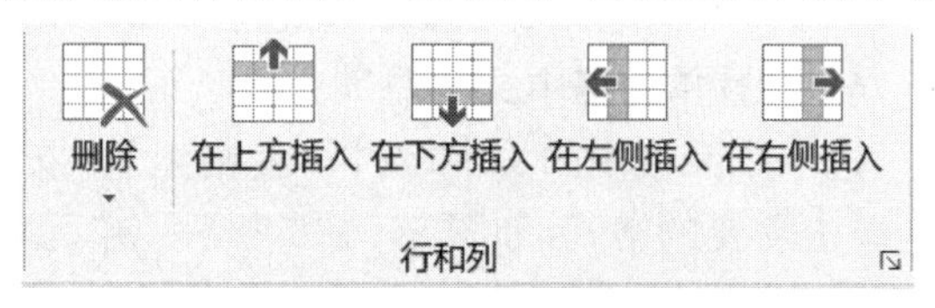

图5-100　“行和列”功能组

入”命令，如图 5－102 所示。

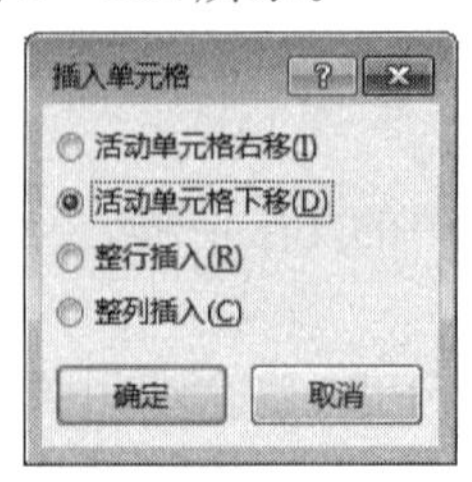

图 5－101 “插入单元格”对话框

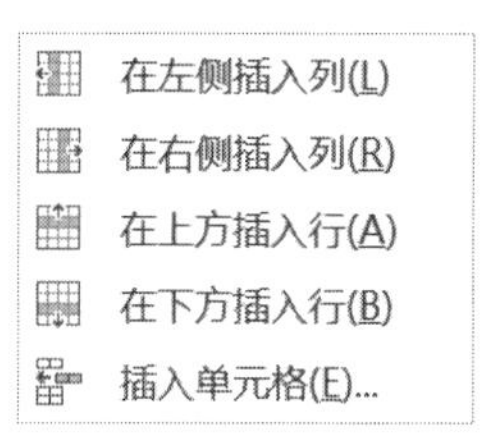

图 5－102 快捷菜单中的“插入”命令

如果需要删除单元格，可在需要删除的单元格中单击放置插入点。打开“表格工具|布局”选项卡，单击“行和列”功能组中的“删除”按钮，在下拉列表中选择“删除单元格”选项，如图 5－103 所示。此时，将弹出“删除单元格”对话框，在对话框中可对删除方式进行设置，如图 5－104 所示。

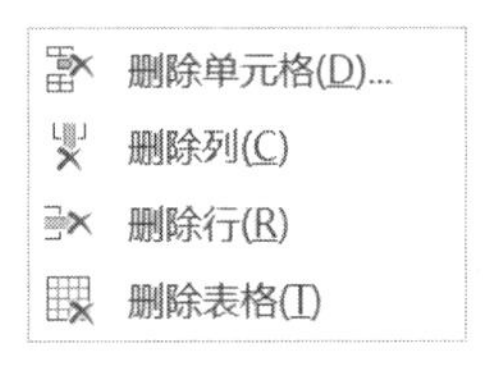

图 5－103 删除选项

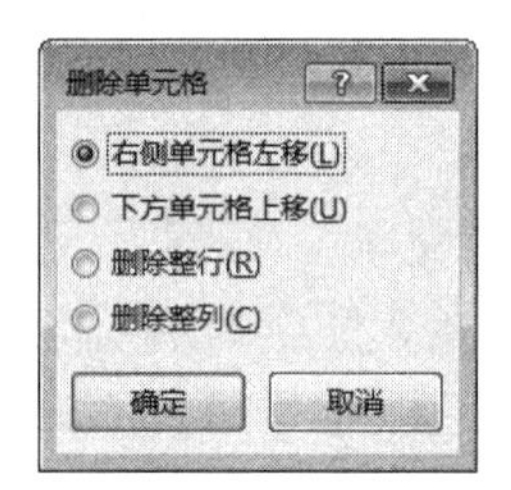

图 5－104 “删除单元格”对话框

5. 合并和拆分单元格

单元格的合并是指将两个或多个单元格合并成一个单元格；而单元格的拆分是指将一个单元格变为多个单元格。在 Word 2016 中，使用“表格工具|布局”选项卡下“合并”功能组中的命令按钮便可实现单元格的合并和拆分操作，如图 5－105 所示，或右击单元格，在弹出的快捷菜单中选择“合并单元格”/“拆分单元格”命令。

合并单元格时，如果单元格中没有内容，那么合并后的单元格中只有一个段落标记；如果合并前每个单元格中都有文本内容，那么合并这些单元格后原来单元格中的文本将各自成为一个段落。拆分单元格时，如果拆分前单元格中只有一个段落，那么拆分后文本将出现在第一个单元格中；如果段落超过拆分单元格的数量，那么优先从第一个单元格开始放置多余的段落。

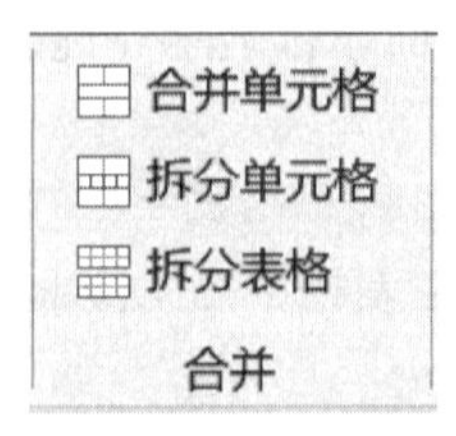

图 5－105 “合并”功能组

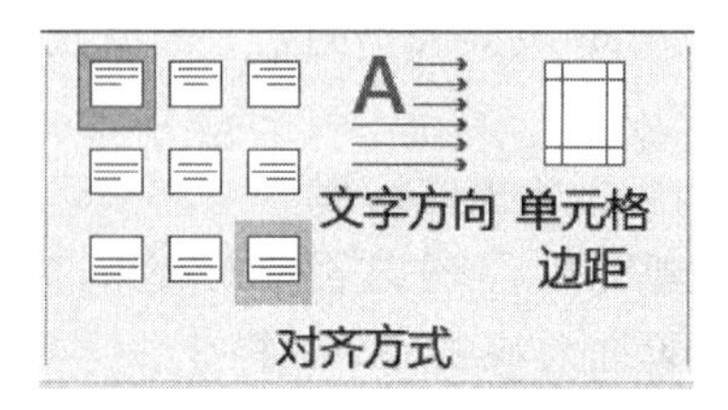

图 5－106 “对齐方式”功能组

6. 设置单元格中文字对齐方式

选取单元格中的文字，选择“表格工具|布局”选项卡下“对齐方式”功能组中的命令按钮，单击需要的格式，如图 5－106 所示。单元格中的文字对齐方式分靠上、中部、靠下三层，每层又分左、中、右三部分，具体方式包括靠上左对齐、靠上居中对齐、靠上右对齐、中部左对齐、水平居中、中部右对齐、靠下左对齐、靠下居中对齐、靠下右对齐共九项选择。

若要让所有单元格里的文字格式都一样：把鼠标移动到表格上，在表格左上方的移动标记上单击，从“对齐方式”功能组中选择需要的格式，整个表格中的所有单元格就都一样了。

7. 复制表格

表格可以全部或者部分的复制，与文字的复制一样，先选中要复制的单元格，单击“复制”命令按钮，把光标定位到要复制表格的地方，单击“粘贴”命令按钮，刚才复制的单元格形成了一个独立的表。

8. 删除表格

选中要删除的表格或者单元格，按下[Backspace]键，弹出一个“删除单元格”对话框，其中的几个选项同插入单元格时的是对应的，单击“确定”按钮。

注意：选中单元格后按[Delete]键是删除文字，而按[Backspace]键是删除表格的单元格。

5.6.3　表格的修饰

表格的格式与段落的设置很相似，有对齐、底纹和边框修饰等。

1. 自动套用格式

在“表格工具|设计”选项卡下“表格样式”功能组中单击“其他”按钮，在表格样式列表中单击需要使用的样式将其应用到表格，如图 5－107 所示。

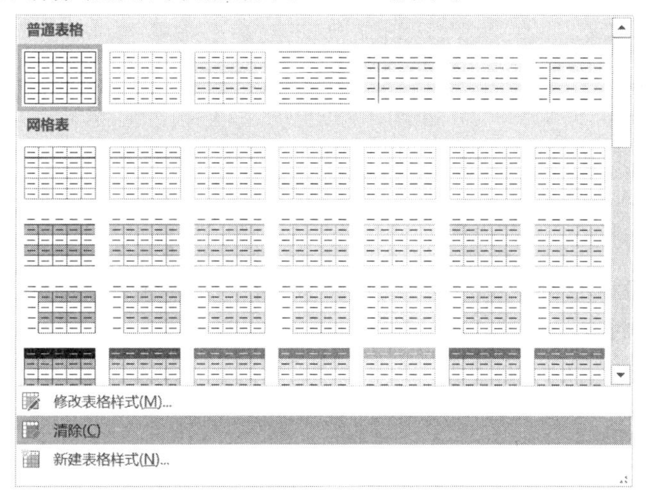

图 5－107　表格样式

2. 表格边框修饰和添加底纹

在表格中选择单元格，在“表格样式”功能组中单击“底纹”命令按钮的下三角按钮，在下拉列表中单击主题颜色选项，可以设置选择单元格的填充颜色，如图 5－108 所示。在“边框”功能组的“边框样式”下拉列表中可选择主题边框，使用常用样式或用户最近使用过的样式设置表格中特定边框的格式，也可以使用“边框取样器”复制现有边框的格式并将其应用于其他位置。

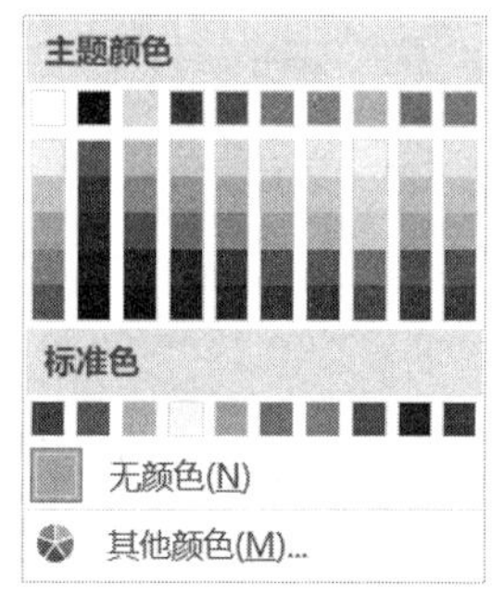

图 5－108　底纹选项

“边框”功能组中的“边框刷”可将格式应用于表格中的特定边框，如要更改所应用的边框的外观，可使用样式、粗细和笔颜色菜单。设置“边框刷”并将样式应用到单元格的边框上可右击表格中的单元格，在打开的快捷菜单中选择“边框样式”命令，在打开的级联菜单中选择“边框取样器”命令，此时鼠标指针变为吸管形，在某个单元格边框中单击即可获取该边框的样式，接着鼠标指针变为笔形，在另一个单元格边框上单击可将获取的边框样式复制到该边框上。

单击“边框”功能组中的“边框”命令按钮的下三角按钮，在下拉列表（见图5－109）中使某个选项处于选择状态，则表中将显示对应的框线；取消某个选项的被选择状态，则将删除对应的边框线。例如，单击“外侧框线”选项可取消其被选择状态，则表格四周的框线将被删除。在下拉列表中选择“边框和底纹”命令，将弹出“边框和底纹”对话框。单击“底纹”选项卡，可设置底纹的填充颜色、底纹图案的样式和颜色，如图5－110所示。

图5－109 边框选项

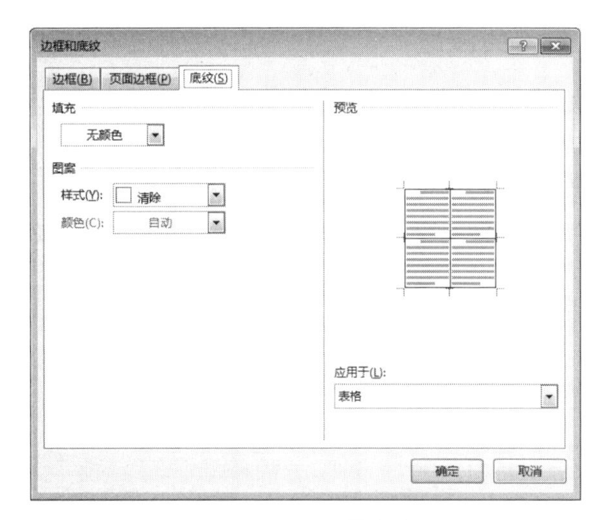

图5－110 设置底纹

3. 设置表格属性

为了使表格在整个文档页面中的位置合理，可以通过设置表格的属性来进行调整。表格属性的设置包括对表格中的行列的设置、对单元格的设置和对整个表格的设置。

图5－111 “表格属性”对话框

将插入点放置到表格的任意单元格中。在“表格工具|布局”选项卡下“表”功能组中单击“属性”按钮。此时将弹出“表格属性”对话框，如图5－111所示，在对话框的“表格”选项卡下勾选“指定宽度”复选框，在其后的增量框中输入数值便可指定整个表格的宽度。在“对齐方式”栏中选择表格在水平方向上的对齐方式，在“文字环绕”栏中选择文字是否环绕。单击“选项”按钮弹出“表格选项”对话框，在对话框中对表格中单元格的属性进行设置。在“表格属性”对话框中，打开“行”选项卡，勾选“指定高度”复选框后在右侧的增量框中输入行高值，单击“下一行”按钮继续对下一行的行高进行设置；打开“列”选项卡，在其中设置列宽的方法与这里设置方法相同；

打开“单元格”选项卡，勾选“指定宽度”复选框，在其后的增量框中输入数值设置宽度比例。

改变单元格宽度后，单元格所在的整列宽度都会发生改变。在 Word 2016 中，还可以使用“表格工具|布局”选项卡中的“单元格大小”功能组来设置单元格的列宽和行高；也可以通过用鼠标直接拖动表格框线来改变单元格的大小。如果需要使表格中的单元格具有相同的行高或列宽，可以直接单击“单元格大小”功能组中的“分布行”和“分布列”命令按钮来实现。

5.6.4 表格数据的处理

在 Word 2016 的表格中，提供了一定的计算功能，可以进行求和、求平均值等等函数运算，可以实现简单的统计功能。方法：在表格中单击将插入点放置到表格的最后一个单元格中。在“表格工具|布局”选项卡下单击“数据”功能组中的“公式”命令按钮，弹出“公式”对话框，如图 5－112 所示。

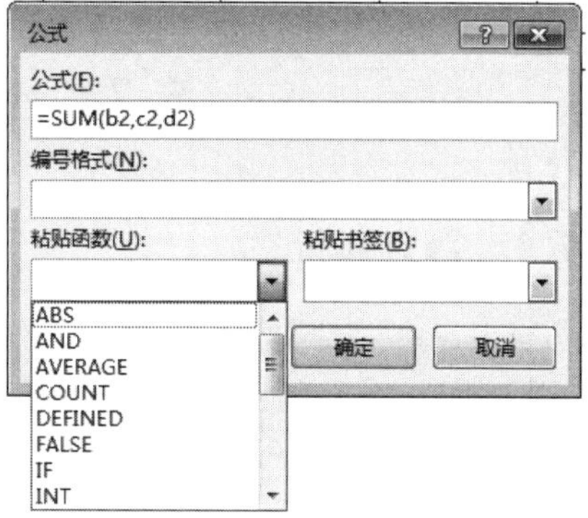

图 5－112 “公式”对话框

在公式栏中输入公式，格式为＝函数（单元格地址）。

1）函数

可在下面的“粘贴函数”栏中选择，或自己输入；系统默认为求和函数 SUM。经常使用的函数有：SUM（求和）、AVERAGE（求平均）。

2）单元格地址

可填写计算方向：ABOVE（系统默认，以上）、BELOW（以下）、LEFT（左）、RIGHT（右），常用的为插入点的上面 ABOVE、插入点的左边 LEFT。在此处也可直接引用单元格地址，单元格地址应该用 A1，A2，B1，B2 这样的形式进行引用。其中，字母代表列，数字代表行：

A1 B1 C1

A2 B2 C2

A3 B3 C3

用逗号分隔表示若干个单元格，如（A1，B1，C3）表示 A1，B1 和 C3 单元格。

用冒号分隔表示一个区域，如（A1：C1）表示 A1 到 C1 单元格区域。

3）数字格式

选取计算结果的格式，如 0.00 表示保留小数后两位。

Word 2016 还可以对表格中的数据进行排序，排序方法是：在“表格工具|布局”选项卡下单击“数据”功能组中的“排序”命令按钮，此时将弹出“排序”对话框，如图 5－113 所示。在对话框的“主要关键字”下拉列表中选择排序的主关键字，在“类型”下拉列表框中选择排序标准。

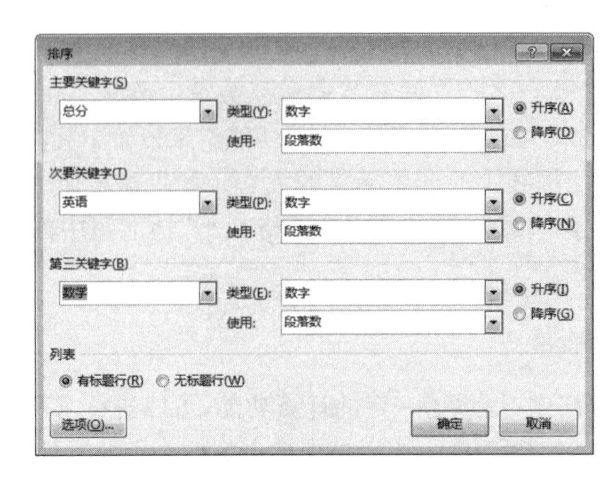

图 5-113 “排序”对话框

5.7 Word 的高级排版技术

5.7.1 修订和批注

当用户有一份文档需要经过工作组审阅，并且希望能够控制决定接受或拒绝哪些修改时，用户可以将该文档的副本分发给工作组的成员，以便在计算机上进行审阅并将修改标记出来。如果启用了修订功能，那么 Word 将使用修订标记来标记修订。文档审阅完毕之后，用户可以区分出不同审阅者所做的修订，因为不同审阅者的修订可以用不同颜色进行标记。查看修订后，用户可以接受或拒绝各项修订。

1. 修订文档

修订是审阅者根据自己的理解对文档所做的各种修改。Word 具有文档修订的功能，当需要记录文档的修改信息以便于审阅或者需要展示一个文档的准确的编辑过程时，可以打开文档的修订功能，Word 2016 会自动跟踪操作者对文档文本和格式的修改，并给以标记。

在文档中单击将插入点放置到需要添加修订的位置。在“审阅”选项卡下“修订”功能组中单击“修订”命令按钮的下三角按钮，在下拉列表中选择“修订”选项。对文档进行编辑，文档中被修改的内容以修订的方式显示，这里直接单击“修订”按钮使其处于按下状态，将能够直接进入修订状态，再次单击该按钮取消其按下状态，将能够退出文档的修订状态。

添加批注和修订的 Word 文档由于批注框、插入内容和删除内容的颜色不同而显得色彩繁杂，从而使得整个界面显得相当凌乱。Word 2016 提供了“简单标记”的功能，使用该功能会简单显示接受修订后的文档效果，即只是在文档左侧显示修订行的标记线，以此来标记该行有修订或批注。

若需使批注内容在批注框中显示，则可通过“显示标记”下拉列表中“批注框”级联菜单下的“在批注框中显示修订”选项实现。Word 2016 能将在文档中添加批注的所有审阅都记录下来。在“显示标记”下拉列表中选择“特定人员”命令，在打开的审阅者名单列表中选择相应的审阅者，可以仅查看该审阅者添加的批注。

单击“审阅窗格”选项将打开“垂直审阅窗格”，用户可以在审阅窗格中查看文档中的修订和批注，并随时更新修订的数量。

单击“修订”功能组右下角的“修订选项”按钮，弹出“修订选项”对话框，如图 5 - 114 所示。在对话框中设置显示内容，单击“高级选项”按钮，弹出“高级修订选项”对话框，如图 5 - 115 所示。在对话框中的“插入内容”“删除内容”“修订行”等下拉列表中选择对应选项。“移动”栏中的各设置项用于在文档中移动文本时控制格式和颜色的显示，如果取消对“跟踪移动”复选框的勾选，则 Word 不会跟踪文本的移动操作。通过插入、删除、合并或拆分单元格的操作，实现单元格突出显示。

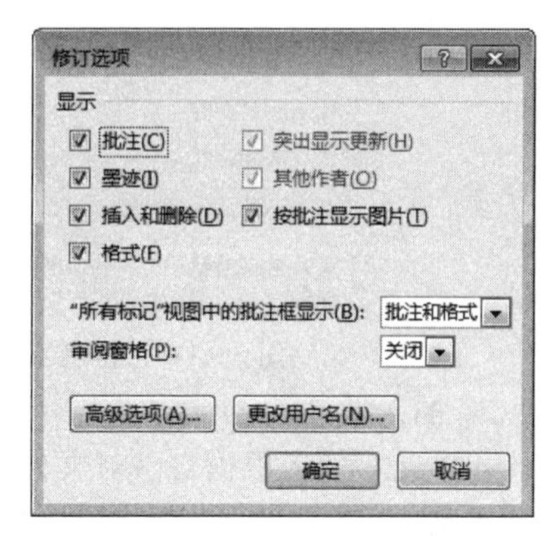

图 5 - 114　“修订选项”对话框

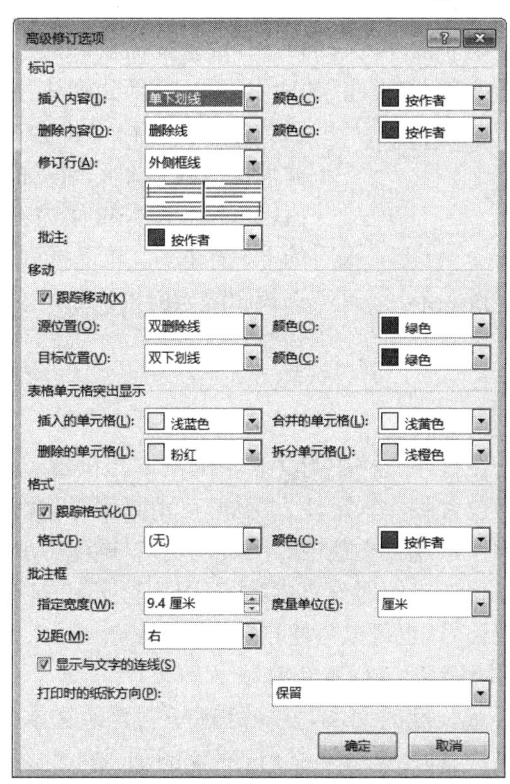

图 5 - 115　“高级修订选项”对话框

当文档中存在多个修订时，在“更改”功能组中单击“上一处”或“下一处”命令按钮能够将插入点定位到上一条或下一条修订处。在“更改”功能组中单击“拒绝”命令按钮的下三角按钮，在下拉列表(见图 5 - 116)中选择“拒绝并移到下一处”选项，将拒绝当前的修订并定位到下一条修订。如果用户不想接受其他审阅者的全部修订，那么可以选择“拒绝所有修订”选项。单击“接收”命令按钮的下三角按钮，在下拉列表(见图 5 - 117)中选择“接受并移到下一处”选项，将接受本处的修订并定位到下一条修订。

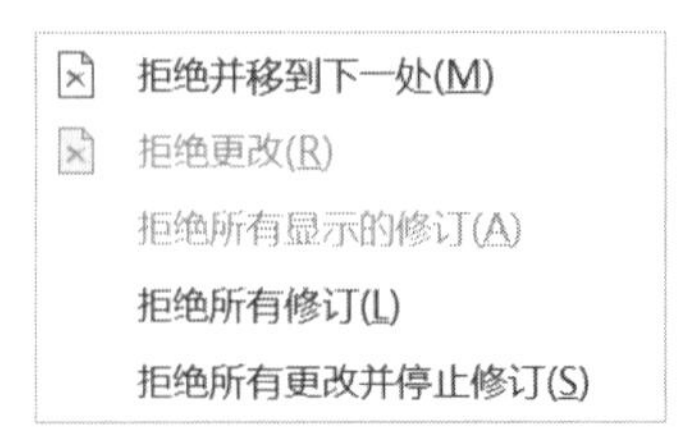

图 5－116　拒绝修订

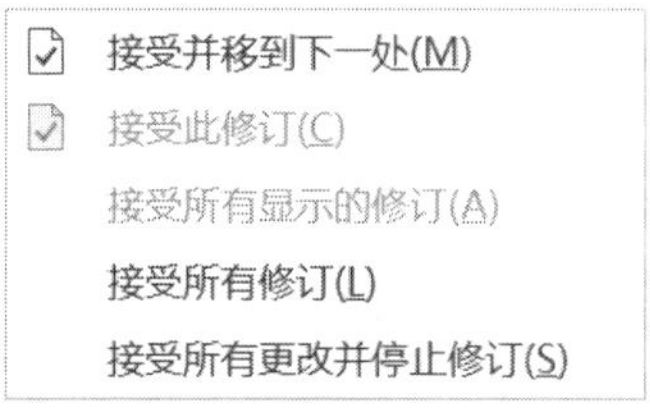

图 5－117　接受修订

2. 插入批注

批注是审阅者根据自己对文档的理解为文档添加的注解和说明文字。批注可以用来存储其他文本、审阅者的批评建议、研究注释以及其他对文档开发有用的帮助信息等内容，其可以作为交流意见、更正错误、提问或向共同开发文档的同事提供信息。

将插入点放置到需要添加批注内容的后面，或选择需要添加批注的对象，如这里选择文档中的图像。在“审阅”选项卡下“批注”功能组中单击“新建批注”命令按钮，如图 5－118 所示。此时在文档中将会出现批注框，在批注框中输入批注内容即可创建批注。单击“显示批注”按钮，将显示/隐藏批注内容。单击“删除”命令按钮的下三角按钮，在下拉列表中选择“删除”命令，可选择删除当前批注或所有批注。

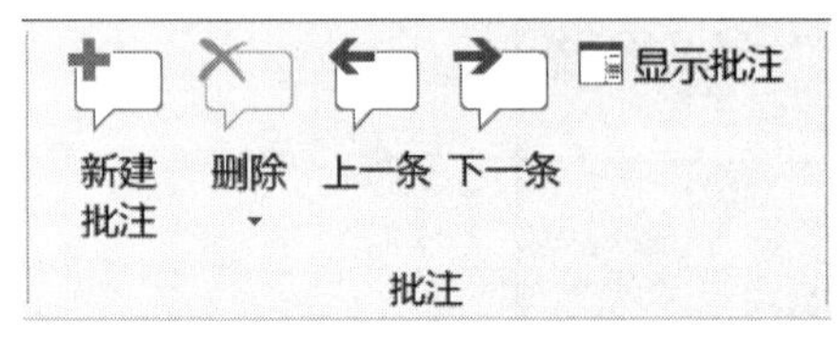

图 5－118　“批注”功能组

5.7.2　脚注和尾注

1. 脚注和尾注的用途

脚注和尾注主要用于在打印文档中为文档中的文本提供解释、批注以及相关的参考资料。在一篇文档中可同时包含脚注和尾注。例如，可用脚注对文档内容进行注释说明，而用尾注说明引用的文献。脚注出现在文档中每一页的底端，尾注一般位于整个文档的结尾。

脚注或尾注由两个互相链接的部分组成：注释引用标记和与其对应的注释文本。用户可以让 Word 自动为标记编号，也可以创建自定义的标记。添加、删除或移动了自动编号的注释时，Word 将对注释引用标记进行重新编号。

在注释中可以使用任意长度的文本，并像处理任意其他文本一样设置注释文本格式。用户可以自定义注释分隔符，即用来分隔文档正文和注释文本的线条。

2. 查看与打印脚注和尾注

如果是在屏幕上查看文档，那么只需将指针停留在文档中的注释引用标记上便可以查看注释。注释文本会出现在标记上方。要将注释文本显示在屏幕底部的注释窗格中，可双击注释引用标记。打印文档时，脚注会出现在指定的位置：位于每一页的底端，或者紧接在该页上最后一行文本的下面；尾注也会出现在指定的位置：位于文档末尾，或者位于每一节的末尾。

3. 插入脚注或尾注

在“引用”选项卡下“脚注”功能组中单击“插入脚注”/“插入尾注”命令按钮，如图 5－119 所示，或者选择“脚注”功能组右下角的“脚注和尾注”按钮，弹出“脚注和尾注”对话框，如图 5－120 所示。

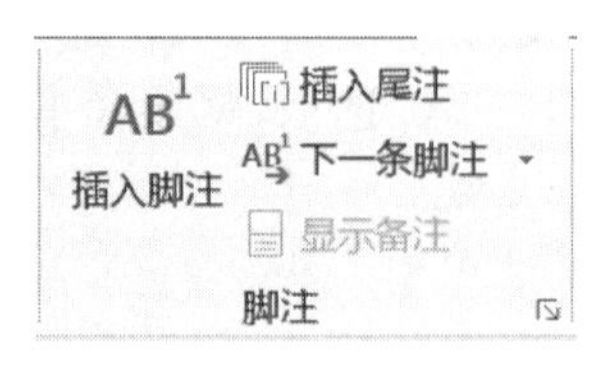

图 5－119　“脚注”功能组

注意：在打印出的文档或联机查看的打印形式的文档中，默认情况下，Word 会将脚注置于每页的底部，将尾注置于文档的结尾处。用户可以改变脚注的位置，以使脚注紧接着显示在文本下方。与此类似，用户也可以改变尾注的位置，以使尾注显示在每节的结尾。

4. 删除脚注或尾注

如果要删除注释，那么需删除文档窗口中的注释引用标记，而非注释窗格中的文字。在文档中选中要删除的注释的引用标记，然后按［Delete］键。删除一个自动编号的注释引用标记后，Word 会自动对其余的注释重新编号。

要删除所有自动编号的脚注或尾注，可在“查找和替换”对话框中的“替换”选项卡上，单击“更多”按钮，再单击“特殊格式”按钮，然后选择“尾注标记”或“脚注标记”命令，确保“替换为”文本框为空，最后单击“全部替换”按钮。注意：不能一次删除所有的自定义脚注引用标记。

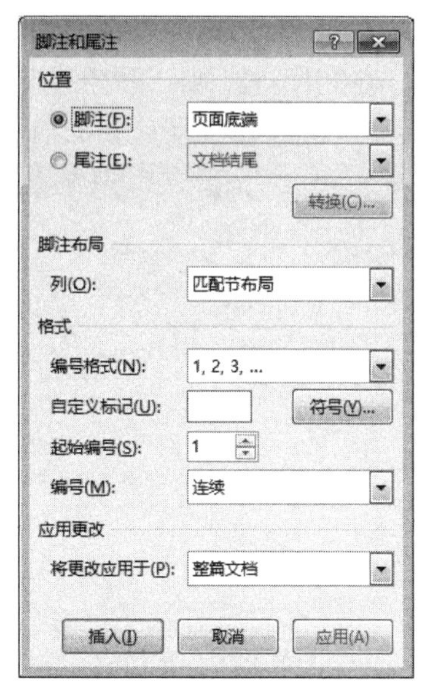

图 5-120　“脚注和尾注”对话框

5.7.3　题注和索引

在 Word 文档中经常会使用图像、表格和图表等对象，而对于这些对象又常常需要对其进行编号，有时还需要添加文字进行识别，这可以利用 Word 2016 的题注功能来实现。对于纸质图书来说，索引是帮助读者了解图书价值的关键，能够帮助读者了解文档的实质。

1. 题注

在文档中插入图片，将插入点放置在图片的下方。在“引用”选项卡下“题注”功能组中单击“插入题注”命令按钮，此时将弹出“题注”对话框，如图 5-121 所示。在“标签”下拉列表中选择标签类型，此时在“题注”文本框中将显示该类标签的题注样式。如果不符合自己的要求，可以单击“新建标签”按钮弹出“新建标签”对话框，在“标签”文本框中输入新的标签样式。单击“编号”按钮，弹出“题注编号”对话框，在“格式”下拉列表中选择编号的格式，如图 5-122 所示。

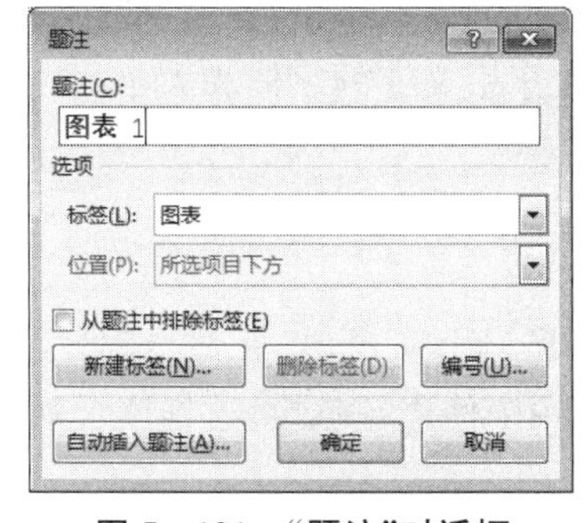

图 5-121　“题注”对话框

完成题注的添加后，按［Ctrl＋Shift＋S］快捷键打开“应用样式”窗格，如图 5-123 所示，单击“修改”按钮弹出“修改样式”对话框。在“修改样式”对话框中对题注的样式进行修改，设置文字的字体和字号以及对齐方式。

图 5-122　“题注编号”对话框

图 5-123　“应用样式”窗格

2. 索引

在“引用”选项卡下“索引”功能组中单击“标记条目”命令按钮，弹出“标记索引项”对话框，如图 5－124 所示。在文档中选择作为索引的文本，单击“主索引项”文本框，将选择的文字添加到文本框中，单击“标记”按钮标记索引项。在不关闭对话框的情况下标记其他索引项。

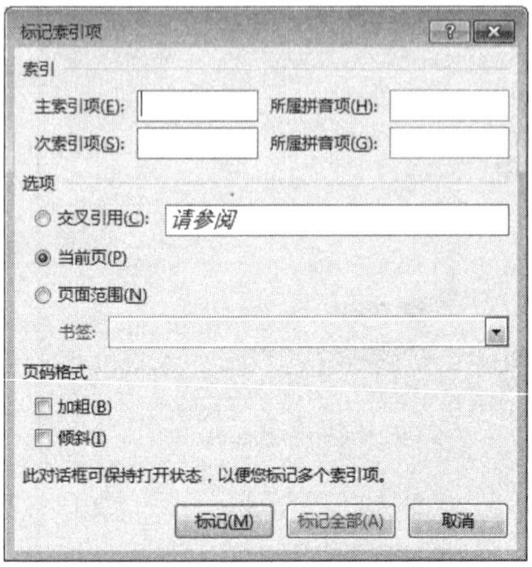

在次索引项后面加上“;”，可以创建下级索引。选中“交叉引用”单选按钮，在其后的文本框中输入文字可以创建交叉索引。选中“当前页”单选按钮，可以列出索引项的当前页码。单击选中“页码范围”单选按钮，Word 会显示一段页码范围。当一个索引项有多页时，则可选定这些文本后将索引项定义为书签，然后在“书签”文本框中选定该书签，Word 将能自动计算该书签所对应的页码范围。

图 5－124 “标记索引项”对话框

在“索引”功能组中单击“插入索引”命令按钮，弹出“索引”对话框，在对话框中对创建的索引进行设置。如果选中“缩进式”单选按钮，那么次索引将相对于主索引项缩进；如果选中“接排式”单选按钮，那么主索引将和次索引排在一行中。由于中文和西文的排序方式不同，因此应该在“语言”(国家/地区)下拉列表框中选择索引使用的语言。如果是中文，那么可在“排序依据”下拉列表中选择排序的方式。若勾选“页码右对齐”复选框，则页码将右排列，而不是紧跟在索引的后面。

如果需要对索引的样式进行修改，那么可以再次打开“索引”对话框，单击其中的“修改”按钮弹出“样式”对话框，在“索引”列表框中选择需要修改样式的索引，单击“修改”按钮弹出“修改样式”对话框，在对话框中对索引样式进行设置，可修改索引文字的字体和大小。

5.7.4 交叉引用

1. 交叉引用的概念

交叉引用是对文档中其他位置的内容的引用，可以为标题、脚注、书签、题注、编号段落等创建交叉引用。如果创建的是联机文档，那么可在交叉引用中使用超链接，这样读者就可以跳转到相应的引用内容。

2. 创建交叉引用

要创建交叉引用，需键入附加文字，然后插入一项或多项引用内容。创建交叉引用具体方法如下：在文档中，键入交叉引用开头的介绍文字，如键入“详细内容，请参阅”等字样。在“引用”选项卡下“题注”功能组中单击“交叉引用”命令按钮，弹出“交叉引用”对话框，如图 5－125 所示。在“引用类型”下拉列表中，选择要引用的项目的类型，如“标题”。在“引用内容”下拉列表中，选择要在文档中插入的信息，如“标题文字”。在“引用哪一个标题”框中，单击要引用的特定项目。要使用户可以跳转到所引用的内容，需勾选“插入为超链

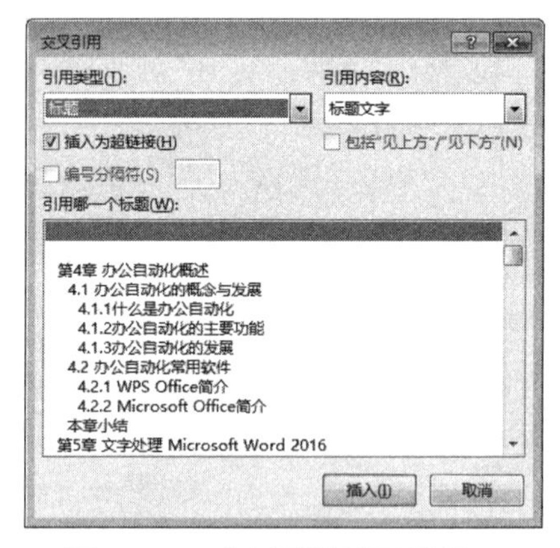

图 5－125 “交叉引用”对话框

接"复选框。如果"包括'见上方'/'见下方'"复选框可用,那么可选中此复选框来包含有关所引用内容的相对位置的信息。

只能引用位于同一文档中的内容。要引用其他文档中的内容,首先要将文档合并到主控文档中。Word 以域的方式插入交叉引用。如果用户的交叉引用显示为{REF _Ref249586 * MERGEFORMAT}或类似字样,那么表明 Word 显示的是域代码,而不是域结果。要查看域结果,需右击域代码,然后单击快捷菜单中的"切换域代码"命令。

3. 改变交叉引用的引用内容

创建交叉引用之后,可以改变交叉引用的引用内容。例如,可将引用的内容从页码改为段落编号。改变交叉引用所引用的内容的方法如下:选定文档中的交叉引用(如"图表 1"),注意不要选定介绍性的文字(如"详细内容,请参阅")。在"引用"选项卡下单击"题注"功能组中的"交叉引用"命令按钮,弹出"交叉引用"对话框,在"引用内容"框中,单击要引用的新项目。若要修改交叉引用中的介绍性文字,则只需在文档中对其进行编辑即可。

4. 更新交叉引用

如果编辑、删除或移动了交叉引用所引用的内容,那么需要手动更新交叉引用。例如,编辑一个标题并将其移至其他页,就需要确保交叉引用反映出了修改后的标题和页码。

若要更新某个题注或交叉引用,则可将此题注或交叉引用选定。若要更新所有题注或交叉引用,则选定整篇文档。右击所选的域,然后单击快捷菜单中的"更新域"命令。

5.7.5 域和邮件合并

域是一种占位符,是一种插入到文档中的代码,它可以让用户在文档中添加各种数据或启动一个程序。对于以前的版本中许多需要使用域来完成的任务,在 Word 2016 中都可以找到更为简单高效的方法来实现。但在 Word 2016 中的某些功能,如日期、页码和邮件合并等,仍然依赖域才能实现。

1. 插入域

在 Word 中,域作为一种占位符可以在文档的任何位置插入。使用域能够灵活地在文档中插入各种对象,并且能够进行动态更新,这样能使文档版式更为活泼并具有及时性。在 Word 中,域一般有三种作用:可以用来执行某种特定的操作、给特定的项做标记以及进行计算并显示结果。

在文档中单击放置插入点,在"插入"选项卡下"文本"功能组中单击"文档部件"命令按钮,在下拉列表中选择"域"选项,如图 5-126 所示。此时将弹出"域"对话框,在"类别"下拉列表中选择需要使用的类别,在"域名"列表框中列出了选择类型的域,选择需要使用的域名;在右侧的"域属性"栏的列表中选择使用的格式,如图 5-127 所示。

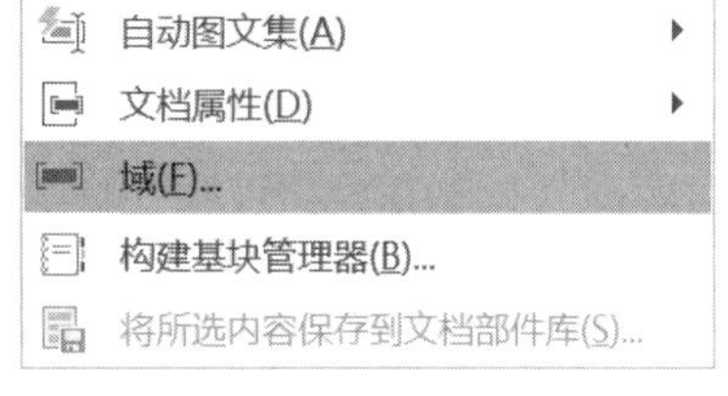

图 5-126　文档部件选项

如果对域代码十分熟悉,那么在文档中单击放置插入点后,按[Ctrl+F9]快捷键,在出现的大括号中直接插入域代码即可创建域。

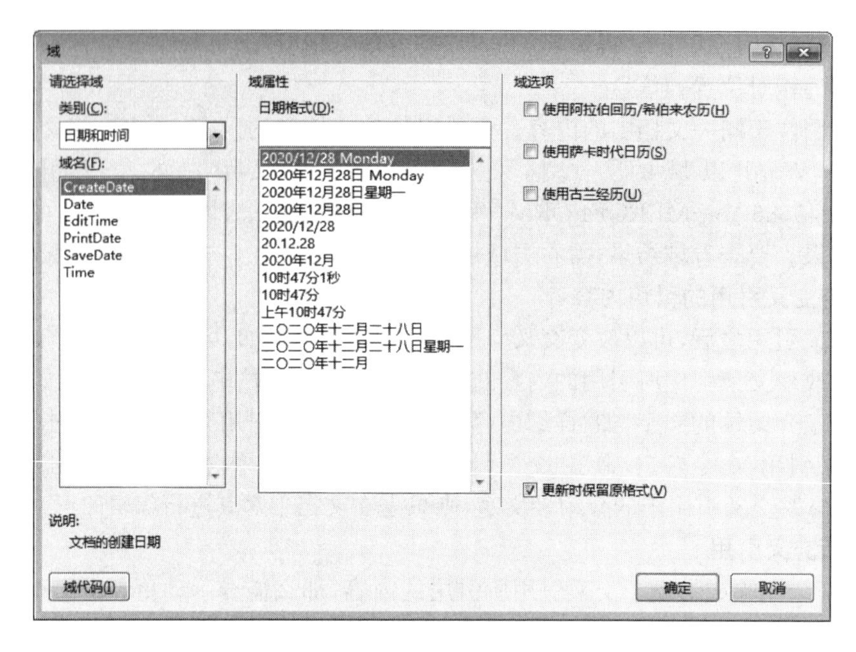

图 5-127 “域”对话框

2. 编辑域

在文档中插入域后，可以对插入的域进行编辑和修改。这包括对域属性进行修改、设置域的格式和重新指定域开关等操作。右击插入文档中的域后，选择快捷菜单中的“编辑域”命令。此时将弹出“域”对话框，单击“域代码”按钮便能在对话框中显示域的代码，如图 5-128 所示。

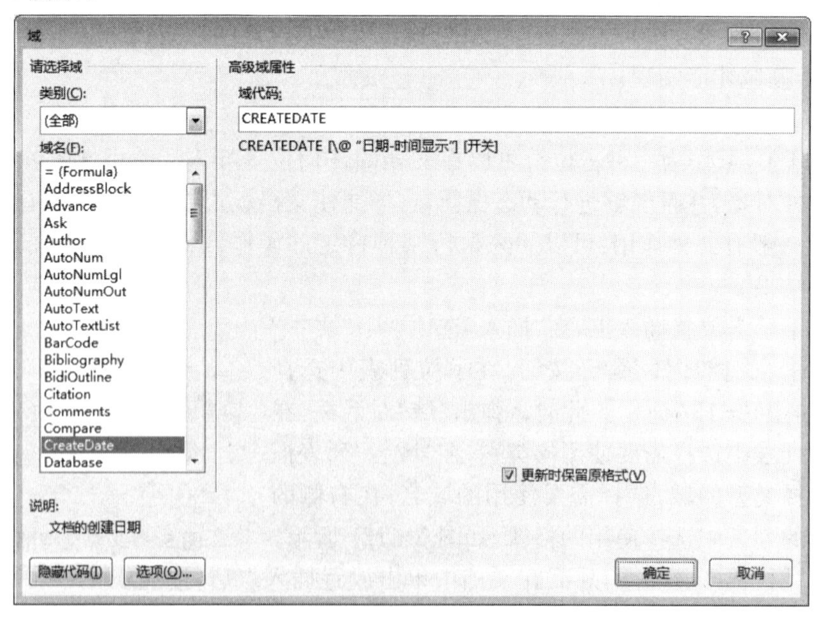

图 5-128 显示域代码

默认情况下，域插入到文档中后只能看到域结果，而无法看到域代码。如果需要在文档中显示域代码，可以右击域，在快捷菜单中选择“切换域代码”命令即可。如果需要重新显示域结果，那么可以再次选择快捷菜单中的“切换域代码”命令。

在图 5 - 128 中，单击“选项”按钮打开“域选项”对话框，如图 5 - 129 所示，在列表框中选择一款代码，单击“添加到域”按钮将其添加到“域代码”文本框中，在“域代码”文本框中可对域代码进行编辑。

一个完整的域代码一般包括四个部分，分别是域名、域指令、域开关和域标识符。例如，CREATEDATE 是域名，即域的名称；yyyy 年 M 月 d 日星期 WHH:mm:ss 为域指令。域开关是在域中能够导致特定操作的特殊指令，如 CREATEDATE 域开关可以在“域专用开关”选项卡中选择设置，也可以在域代码中直接输入开关。域标识符是在文档中插入域时代码开头和结尾的大括号“{}”。

图 5 - 129　“域选项”对话框

在文档中选择域结果文字，此时将会得到浮动工具栏。使用浮动工具栏可以设置域结果样式。单击“文件”标签，选择“选项”命令，在左侧窗格中选择“高级”选项，在右侧窗格的“显示文档内容”设置栏的“域底纹”下拉列表中设置域底纹的显示方式。“域底纹”下拉列表中有三个选项，默认情况下为“选取时显示”，在文档中只有域被选择时才会显示域底纹。当将其设置为“不显示”时，域底纹将不显示。若在“显示文档内容”栏中勾选“显示域代码而非域值”复选框，则文档中插入的域将只显示域代码。

3. 使用域进行计算

进行文档处理时，有时需要对文档中的数据进行计算，在 Word 2016 中，可以使用域来进行计算，前提条件是计算的数据必须是由域插入的数据或带有书签的数据。

在文档中选择需要计算的数据，在“插入”选项卡下“链接”功能组中单击“书签”按钮，弹出“书签”对话框，在对话框中创建一个书签。在需要插入域的位置单击放置插入点，在“插入”选项卡下“文本”功能组中单击“文档部件”命令按钮弹出“域”对话框，单击“公式”按钮。此时将弹出“公式”对话框，在“公式”文本框的“＝”后面单击放置插入点，在“粘贴函数”下拉列表中选择需要使用的函数。函数被粘贴到“公式”文本框后，在函数中输入需要的运算式，在“粘贴书签”下拉列表中选择书签将其粘贴到公式文本框中。公式输入完成后单击“确定”按钮关闭“公式”对话框，插入点处将显示域计算结果。

4. 邮件合并

邮件合并指的是在邮件文档（主文档）的固定内容中合并与发送信息相关的一组通信资料（数据源），从而批量生成需要的邮件文档。合并邮件的功能除能批量处理信函和信封这些与邮件有关的文档外，还可以快捷地用于批量制作标签、工资条和成绩单等。在批量生成多个具有类似功能的文档时，邮件合并功能能够大大地提高工作效率。

下面举一个简单的例子来说明如何创建邮件合并。

在某邀请函中需实现以下功能：在起始“尊敬的”文字后面插入拟邀请的客户姓名和称谓，拟邀请的客户信息在某 Excel 文件中，客户称谓则根据客户性别自动显示为“先生”或“女士”，每个客户的邀请函占 1 页内容，且每页邀请函中只能包含 1 位客户姓名。操作步骤如下：

图 5-130　开始邮件合并选项

(1)将插入点定位在“尊敬的”文字之后,在“邮件”选项卡下“开始邮件合并”功能组中单击“开始邮件合并”下拉按钮,在弹出的下拉列表中选择“邮件合并分步向导”命令,如图 5-130 所示。

(2)打开“邮件合并”任务窗格,如图 5-131 所示,进入“邮件合并分步向导”的第 1 步。在“选择文档类型”栏中选择一个希望创建的输出文档的类型,此处选择“信函”。

(3)单击“下一步:开始文档”,进入“邮件合并分步向导”的第 2 步,如图 5-132 所示,在“选择开始文档”选项区域中选中“使用当前文档”单选按钮,以当前文档作为邮件合并的主文档。

(4)单击“下一步:选择收件人”,进入“邮件合并分步向导”的第 3 步,如图 5-133 所示,在“选择收件人”选项区域中选中“使用现有列表”单选按钮。

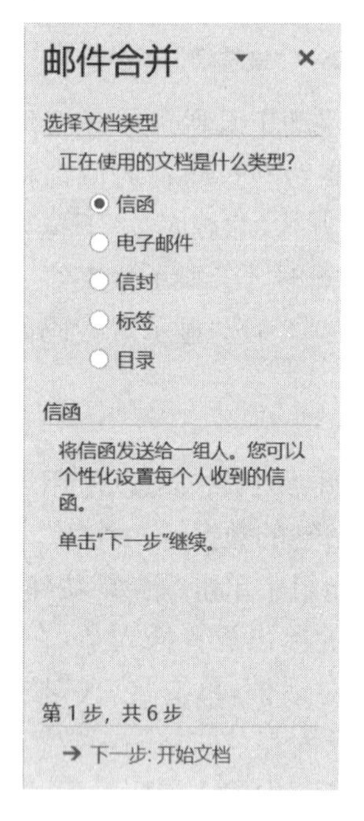

图 5-131　邮件合并第 1 步

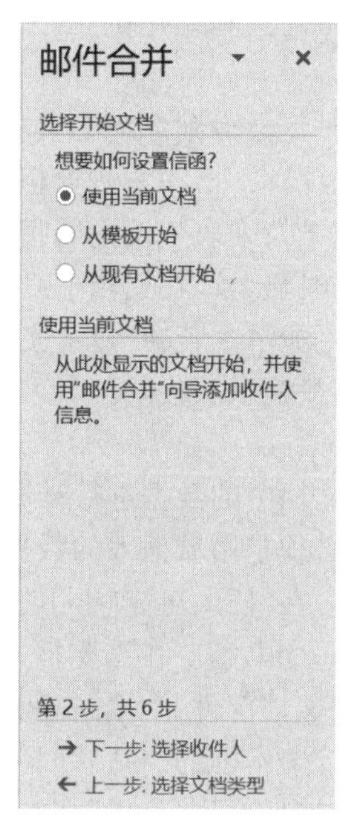

图 5-132　邮件合并第 2 步

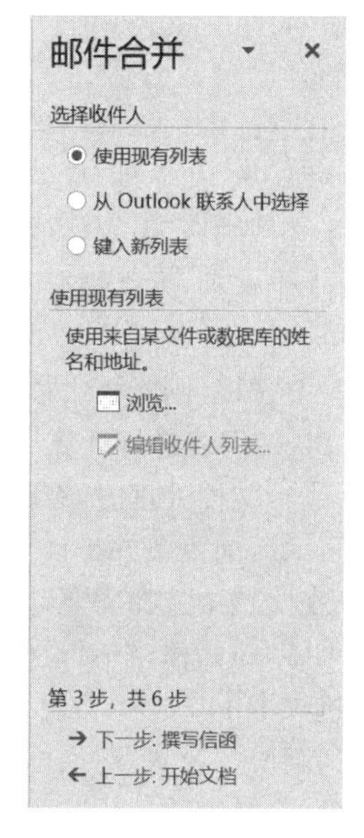

图 5-133　邮件合并第 3 步

(5)单击“浏览”超链接,弹出“选取数据源”对话框,选择客户信息所在的 Excel 文件后单击“打开”按钮,弹出“选择表格”对话框,如图 5-134 所示。选择表格,单击“确定”按钮,进入“邮件合并收件人”对话框,如图 5-135 所示,单击“确定”按钮完成现有工作表的链接工作。

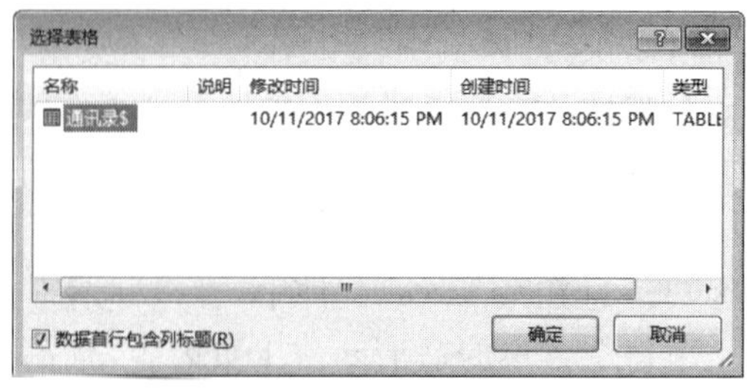

图 5-134　数据源的选择

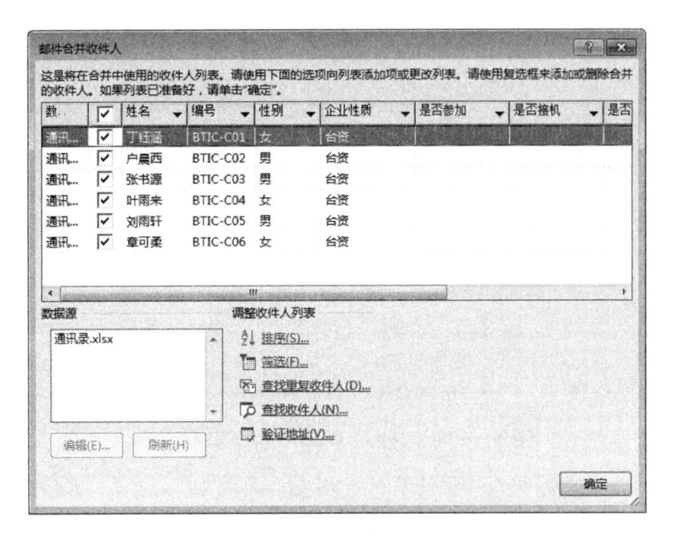

图 5-135　收件人列表选项

（6）单击“下一步：撰写信函”，进入“邮件合并分步向导”的第 4 步，如图 5-136 所示。在“撰写信函”区域中单击“其他项目”超链接。弹出“插入合并域”对话框，如图 5-137 所示，在“域”列表框中，选择“姓名”域，单击“插入”按钮，插入完所需的域后，单击“关闭”按钮，关闭对话框。文档中的相应位置就会出现已插入的域标记。

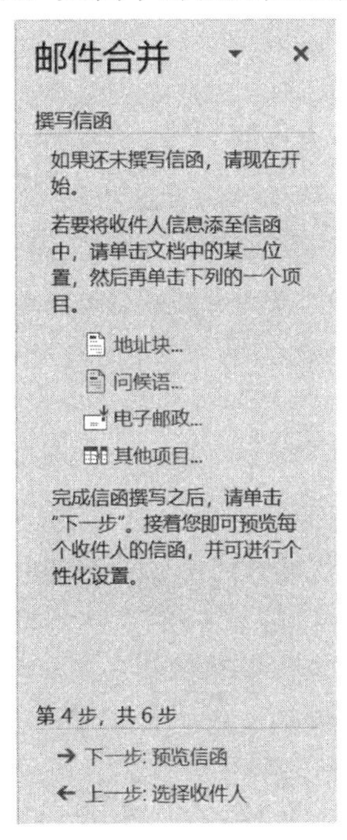

图 5-136　邮件合并第 4 步

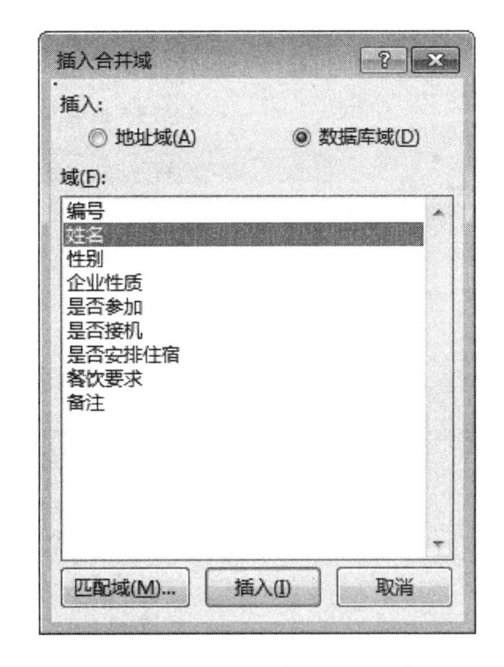

图 5-137　“插入合并域”对话框

（7）在“邮件”选项卡的“编写和插入域”功能组中单击“规则”下拉列表中的“如果…那么…否则…”命令。在弹出的“插入 Word 域：IF”对话框中的“域名”下拉列表中选择“性别”，在“比较条件”下拉列表中选择“等于”，在“比较对象”文本框中输入“男”，在“则插入此文字”文本框中输入“（先生）”，在“否则插入此文字”文本框中输入“（女士）”，如图 5-138 所示，最后单击“确定”按钮即可使被邀请人的称谓与性别建立关联。

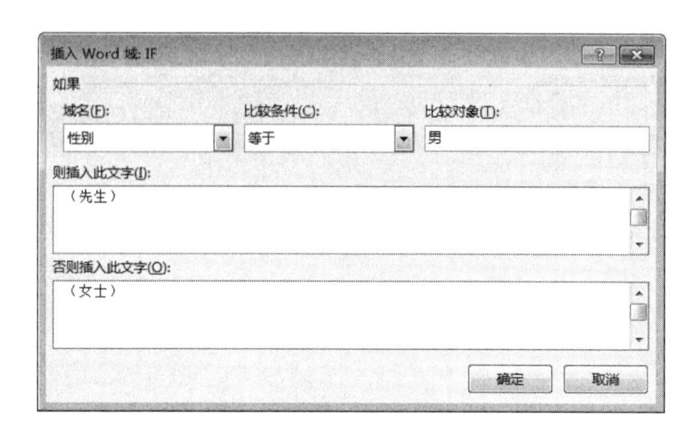

图 5-138 "插入 Word 域:IF"对话框

(8)在"邮件合并"任务窗格中,单击"下一步:预览信函",进入"邮件合并分步向导"的第5步,如图 5-139 所示。在"预览信函"选项区域中,单击<或>按钮,可查看具有不同邀请人的姓名和称谓的信函。

(9)预览并处理输出文档后,单击"下一步:完成合并",进入"邮件合并分步向导"的最后一步,如图 5-140 所示。此处,单击"编辑单个信函"超链接,弹出"合并到新文档"对话框,在"合并记录"选项区域中,选中"全部"单选按钮,如图 5-141 所示。设置完成后单击"确定"按钮即可。

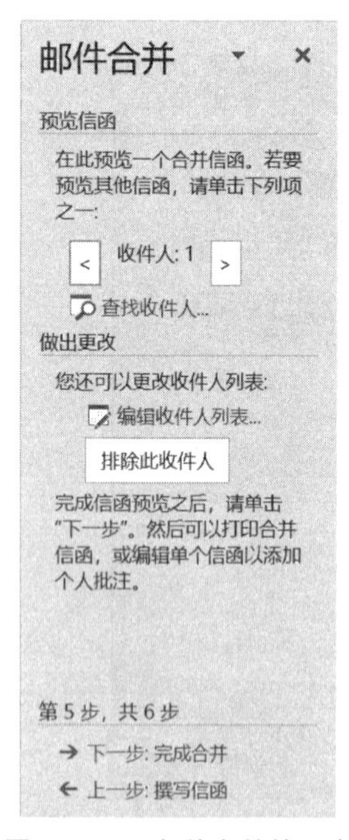

图 5-139 邮件合并第 5 步

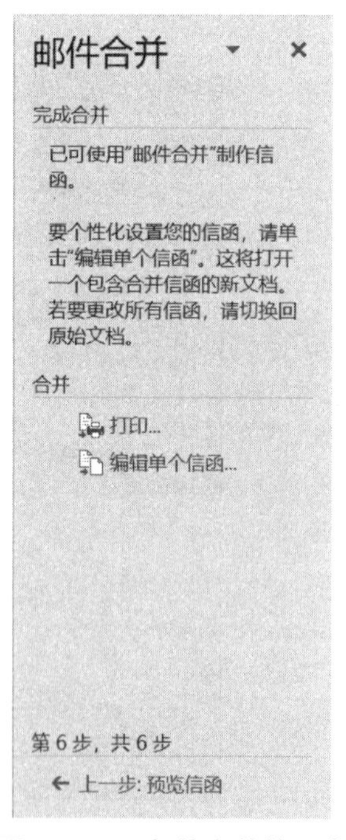

图 5-140 邮件合并第 6 步

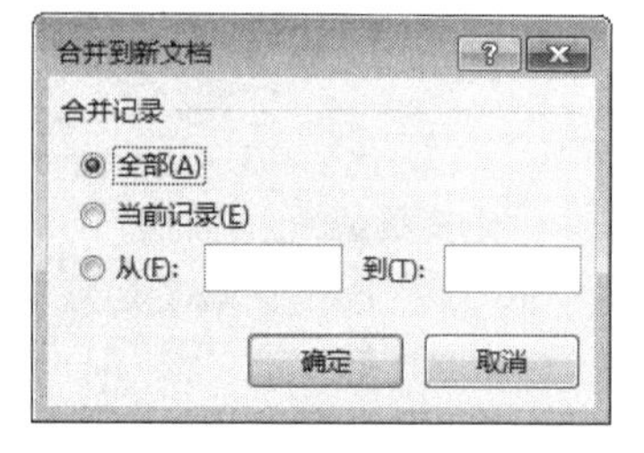

图 5-141 "合并到新文档"对话框

设置完成后可在文中看到每页邀请函中只包含 1 位被邀请人的姓名和称谓,其显示部分结果如图 5-142 所示。

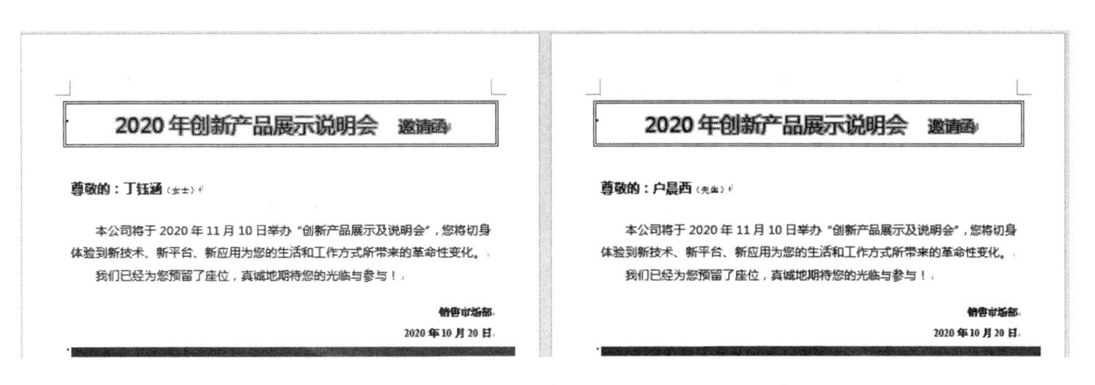

2020年创新产品展示说明会　邀请函

尊敬的：丁钰涵（女士）

本公司将于2020年11月10日举办“创新产品展示及说明会”，您将切身体验到新技术、新平台、新应用为您的生活和工作方式所带来的革命性变化。

我们已经为您预留了座位，真诚地期待您的光临与参与！

销售市场部

2020年10月20日

2020年创新产品展示说明会　邀请函

尊敬的：户晨西（先生）

本公司将于2020年11月10日举办“创新产品展示及说明会”，您将切身体验到新技术、新平台、新应用为您的生活和工作方式所带来的革命性变化。

我们已经为您预留了座位，真诚地期待您的光临与参与！

销售市场部

2020年10月20日

图5-142　邮件合并效果图

5.7.6　超链接

如果希望Word文档的效果更为丰富，用户可以在其中插入超链接。超链接的外观既可以是图形，又可以是具有某种颜色或带有下划线的文字。超链接表示为一个“热点”图像或显示的文字，用户单击之后可以跳转到其他位置。这一位置既可以在用户的硬盘上，或公司的Intranet上，或Internet上，如全球广域网上的某一Web页。例如，用户可以在Word文件中创建跳转到Excel中某一图表的超链接，以便提供更详细信息。

1. 插入跳转到另一个文档、文件或Web页的超链接

创建的超链接可以跳转至已有的文件或新文件。指定新文件的名称之后，用户既可以立即打开该文件进行编辑，也可以以后再编辑该文件。无论采用哪种方式，都会为用户创建该文件。具体方法是：选择要作为超链接显示的文本或图形对象，然后右击选择快捷菜单上的“链接”命令，则会弹出“插入超链接”对话框，如图5-143所示。

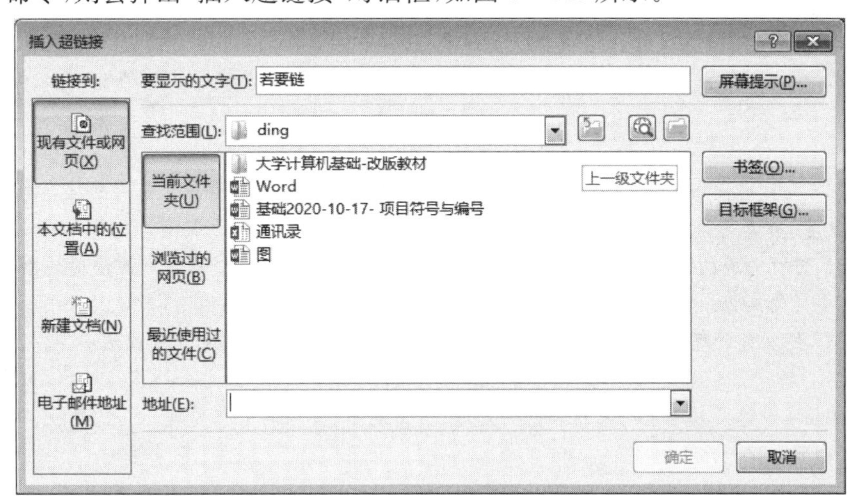

图5-143　“插入超链接”对话框

若要链接到已有的文件或Web页，则可单击对话框中“链接到”下的“现有文件或网页”命令，查找并选择要链接的文件。若要链接到尚未创建的文件，则可单击“链接到”下的“新建文档”命令，键入新文件的名称。还可以指定新文件的路径，并决定是现在立即打开并编辑新文件还是以后再执行此操作。要指定鼠标指针停留在超链接上时显示的屏幕提示，可以单击“屏幕提示”按钮，然后键入所需文字。如果没有指定，那么Word将用文件的路径或地址作为提示。

2. 插入指向电子邮件地址的超链接

若用户已安装了电子邮件程序，则在单击指向电子邮件地址的超链接时，Web 浏览器将创建一封电子邮件，并在“收件人”行中填好地址。具体方法是：选择要代表电子邮件地址的文字或对象，单击“链接”命令按钮，在“链接到”下，单击“电子邮件地址”。在“电子邮件地址”框中，键入要链接的电子邮件地址。在“主题”框中，键入电子邮件的主题。如果要指定鼠标指针停留在超链接上时显示的屏幕提示，那么需单击“屏幕提示”按钮然后键入所需文字。如果没有指定提示，那么 Word 将使用“mailto”后接电子邮件地址和主题行来作为提示。

3. 链接到其他文档或 Web 页中的特定位置

如果文档或 Web 页中包含书签，那么用户还可以准确地跳转到该书签所在的位置。例如，如果某一 Web 页中包含三个表格，那么用户可以将超链接设置为直接跳转到第二个表格。

设置方法是：打开要前往的目标文档，并插入书签。打开要包含超链接的文档，然后选定要作为超链接的文字或对象。单击“链接”命令按钮，在“链接到”下，单击“现有文件或网页”命令，查找并选择要链接的目标文档，单击“书签”按钮，然后选择所需书签。

4. 插入指向当前文档或 Web 页中某一位置的超链接

如果要链接到当前文档的某一位置，那么可以使用 Word 中的标题样式或书签。具体方法是：在要前往的目标位置插入书签或对位于要前往的目标位置的文字应用 Word 的内置样式。选择要用于代表超链接的文字或对象。单击“链接”命令按钮，在“链接到”下，单击“本文档中的位置”命令，从列表中选择要链接的标题或书签。

本章小结

Word 2016 是目前使用最为广泛的办公自动化软件 Office 的组件，主要用于文字处理。通过 Word，用户可以输入文字，并对输入文字进行排版，如设置字体、字号、字间距、行间距等，还可以在文档中插入表格，并能对表格进行一般的处理，Word 还可以在文档中进行图片的插入，使用户方便快捷地制作出图文并茂、形式活泼多样的文稿。

Word 2016 的文档管理主要包括文件的建立、打开、保存、编辑，文档格式设置主要有字符、段落、页面、样式的设置。

Word 2016 高级排版技术主要包括表格的处理、图文混排、文档的分节处理、批注、题注、尾注、交叉引用、自动编写摘要、超链接等。

第6章　电子表格Excel 2016

电子表格是一种应用程序，其外观是一张庞大的二维表格，通过在表格中输入数据，由程序自动完成计算、统计分析、制表及绘图等功能。Microsoft Excel 2016(以下简称 Excel 2016)是微软公司出品的电子表格软件，也是办公自动化集成软件包 Office 2016 的重要组成部分，它功能强大，使用方便。它提供了友好的界面、强大的数据处理功能，完备的函数运算、精美的自动绘图、方便的数据库管理等功能，主要用来管理、组织和处理各种各样的数据，并以表格、图表、统计图形等多种方式输出最终结果。它不仅在商业统计上显示强大威力，而且在工程统计分析等其他领域也得到了广泛的应用。

本章主要介绍 Excel 2016 的基本功能和操作。

6.1　Excel 2016 概述

6.1.1　Excel 2016 的启动与退出

1. 启动方法

Excel 2016 中文版是在中文 Windows 环境下运行的应用程序，启动方法与其他 Windows 环境下应用程序的启动方法相似。启动 Excel 2016 的方法如下：单击任务栏上的"开始"按钮，弹出 Windows 的"开始"菜单，选择"所有程序"级联菜单下的"Excel"，即可启动 Excel 2016。

2. 退出方法

要退出 Excel 2016，可以选择下列操作方法之一：

(1)右击 Excel 2016 标题栏，在弹出的快捷菜单中选择"关闭"命令。

(2)在要关闭的工作簿中，单击左上角控制菜单中的"关闭"命令。

(3)单击 Excel 2016 标题栏右侧的"关闭"按钮。

(4)使用[Alt+F4]快捷键可退出 Excel 2016。

6.1.2　Excel 2016 的窗口

Excel 2016 启动后，屏幕显示如图 6-1 所示的主窗口。由图可见，Excel 2016 主窗口包括标题栏、快速访问工具栏、选项卡、功能区、编辑栏、工作表区和状态栏等元素。部分元素功能和操作与 Word 2016 相同。

图 6－1　Excel 2016 的窗口

1. 标题栏

标题栏位于 Excel 窗口的最上方，用于显示 Excel 打开的工作簿名称。当用户的 Excel 窗口不是处于最大化时，使用标题栏可以在桌面上移动 Excel 窗口，将鼠标指针指向标题栏，然后单击并拖动，即可将 Excel 窗口拖到新的位置。

2. 快速访问工具栏

Excel 2016 的快速访问工具栏中包含最常用操作的快捷按钮，以方便用户使用，可以执行相应的功能。单击快速访问工具栏中的按钮，弹出下拉菜单，用户只需勾选其中的项目，此项就可以出现在快速访问工具栏中。

3. 选项卡

选项卡下方集合了与之对应的编辑工具。默认情况下包括文件、开始、插入、页面布局、公式、数据、审阅和视图。在针对具体对象进行操作时还会出现其他的选项卡。

4. 功能区

Excel 2016 的功能区将命令按逻辑进行了分组，用户可以自由地对功能区进行定制，包括功能区在界面中隐藏和显示、设置功能区按钮的屏幕提示以及向功能区添加命令按钮。单击任意选项卡在功能区会出现此选项卡对应的功能。具体操作介绍参考 Word 2016 中的功能区。

5. 编辑栏

编辑栏显示当前单元格中相关的内容，若单元格内含有公式，则公式的结果会显示在单元格中，而公式本身则显示在编辑栏中。在编辑栏左边是名称框，用来定义单元格或区域的名称，或者根据名称来查找单元格或区域。

6. 工作表区

工作表区是用来编辑、查看数据的区域。

工作表右侧是垂直滚动条，单击滚动条的向上箭头、向下箭头或者拖动滑块，可以查看工作表的其他部分。

工作表区底部分为两部分，左边部分是工作表标签，右边部分是水平滚动条。工作表标签用来显示工作表的名称(默认情况下,工作表名称依次为 Sheet1,Sheet2,Sheet3 等,用户可以重新定义工作表的名称),当前正在使用的工作表标签以白底含下划线显示。水平滚动条的使用与垂直滚动条的使用一致。

7. 状态栏

状态栏位于 Excel 窗口的底部,显示与当前工作状态相关的各种状态信息。例如,显示“就绪”,表明 Excel 正准备接收命令或数据。

6.2　Excel 2016 的基本操作

工作簿是用于存储并处理数据的文件,工作簿名就是文件名。在 Excel 主窗口中,工作簿名显示在标题栏中。

一个工作簿中可以包含多个不同类型的工作表,在默认情况下,新建一个工作簿时,系统只提供一个工作表,称为活动工作表(或当前工作表),工作表名显示在工作表标签中(工作表区的下端)。

每个工作表由 16 384 列和 1 048 576 行组成,行和列相交处形成单元格。每一列列标由 A,B,C 等表示,每一行行号由 1,2,3 等表示,所以每一单元格的位置由交叉的列标、行号表示。例如,在列 B 和行 5 交叉的单元格可表示为 B5。

每个工作表中只有一个单元格为当前工作的,称为活动单元格或当前单元格,屏幕上带粗线黑框的单元格就是活动单元格,此时可以在该单元格中输入和编辑数据。

6.2.1　工作簿的操作

在正式工作之前,首先要掌握工作簿的管理:如何建立新工作簿,如何及时保存工作簿,当再次使用工作簿时如何打开工作簿等工作簿的操作。

1. 创建新工作簿

在 Excel 启动后,它自动创建一个名为“工作簿 1”的工作簿,在 Excel 2016 中,不仅可以创建空白工作簿,还可以根据模板创建带有格式的工作簿,工作簿默认的扩展名为 XLSX。

在“文件”选项卡中选择“新建”命令,在右侧窗格中产生“新建”视图,如图 6－2 所示。Excel 2016 为用户提供了多种模板类型,利用这些模板,用户可以快速创建各种类型的工作簿。

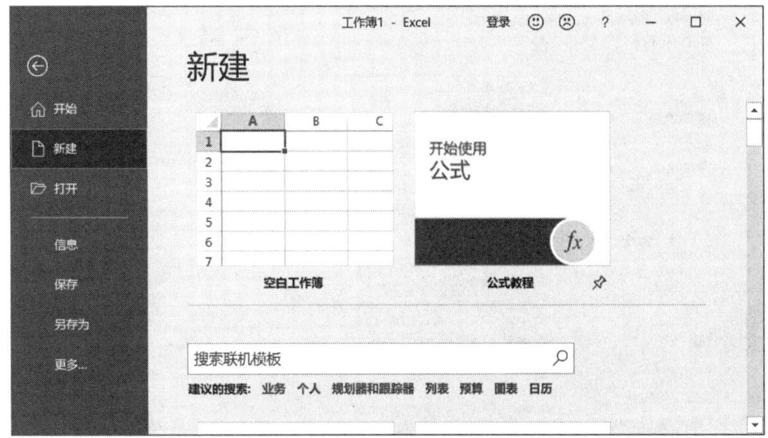

图 6－2　新建 Excel 工作簿

2. 打开已存在的工作簿

如果用户想打开一个已经存在的工作簿，那么在一般情况下，直接双击已有工作簿的图标就可将其打开。另外，通过“文件”选项卡下“打开”命令，右侧切换为“打开”界面。在“打开”界面双击“这台电脑”选项或单击“浏览”选项，弹出“打开”对话框，如图 6－3 所示，查找要打开的工作簿并单击，然后单击“确定”按钮即可打开。

图 6－3 “打开”对话框

3. 保存工作簿

用户应该及时保存所编辑的工作簿，以免由于意外情况造成工作簿的数据丢失。保存的方法很简单，只需要选择“文件”菜单中的“保存”命令或单击快速访问工具栏中的“保存”按钮即可。如果工作簿是第一次保存，那么选择“文件”菜单中的“保存”或“另存为”命令，或单击快速访问工具栏中的“保存”按钮，在选择存储位置后，将弹出“另存为”对话框，如图 6－4 所示。在“文件名”文本框中输入保存的工作簿名，再单击“保存”按钮即可。

图 6－4 “另存为”对话框

4. 关闭工作簿

在关闭工作簿前应先保存工作簿，否则将显示提示信息。在“文件”选项卡中选择“关闭”命令，或单击窗口控制按钮栏的“关闭”按钮，或通过[Ctrl+F4]快捷键关闭当前工作簿。

6.2.2　输入数据并保存工作簿

建立工作表的第一步应该是输入数据，在Excel中单元格是存储数据的基本单位，数据包括数值、文本、日期、时间、公式等。Excel能够按照其约定，自动识别你所输入的是什么类型的数据，每一个单元格最多能够输入255个字符，输入的数据能够按照默认的格式存放。

1. 选取单元格

Excel在执行大多数命令或操作前，必须选定要工作的单元格。选定的单元格将被突出显示出来，随后的操作和命令将作用于选定的单元格。当单一单元格被选取时，其四周将以粗边框包围，此单元格称为活动单元格，同一时刻只有一个活动单元格。

(1)选定单个单元格：单击所选取的单元格或按下箭头键移动到单元格位置，选定的单元格由粗边框包围。

(2)选定连续单元格区域：用鼠标指针移动到欲选定区域的任意一个角上的单元格，单击并拖动鼠标到欲选定区域的单元格的对角单元格。例如，将鼠标指针移到B5单元格，单击并拖动鼠标到D8单元格，被选定的单元格以反白显示，而未选定单元格仍为白色背景。

(3)选定整行或整列：要选定某一整行或整列，只要单击行号或列标即可。选定相邻的多行或多列，可单击行号或列标并拖动鼠标，或者选定第一行或第一列，然后按下[Shift]键，再选择最后一行或最后一列。

(4)选取非相邻单元格或单元格区域：首先选取第一个单元格或单元格区域，然后按下[Ctrl]键，再选取其他的单元格或单元格区域。

(5)选取大范围的单元格区域：选取单元格区域的第一个单元格，使用滚动条滚动工作表，找到区域的对角单元格，按下[Shift]键的同时单击此单元格。

(6)选取整个工作表的所有单元格：工作表区的左上角行号和列标交叉位置有一个按钮，称为“全部选取框”按钮，若要选取整个工作表的所有单元格，可单击此按钮。

2. 输入数据

在Excel中有三种数据类型：文字、数值和公式。文字可以是一个字母、一个汉字，也可以是一个句子；公式用于计算时使用，具体内容将在本章第四节介绍；数值型数据包括数字、日期、时间和货币等。对于不同的数据Excel有不同的输入方法。

1)输入文字和数字

对于文字和数字，用户只要在选择单元格后，就可以直接输入。当向单元格输入第一个字符时，编辑栏中将显示“取消”和“输入”按钮。数据输入完毕时，可以单击“输入”按钮或按方向键或[Enter]键表示确认。有时需要把某些数字当作文本来处理，如邮政编码、电话号码等，在键入这些资料时，我们需要用半角单引号(')引导即可，如'332000。

例如，在C4单元格中输入数据“90”，其步骤为：

(1)单击单元格C4；

(2)输入数据“90”，编辑栏中将显示“取消”和“输入”按钮，如图6-5所示；

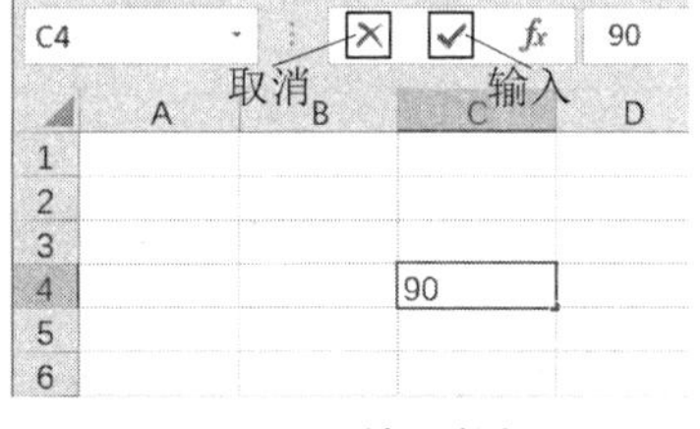

图6-5　输入数据

(3)按[Enter]键。

2)输入日期和时间

在 Excel 中日期和时间均按数学处理,工作表中的日期和时间的显示均取决于单元格中所采用的数字显示格式,当 Excel 辨认出键入的日期或时间时,单元格的格式就由常规的数字格式变为内部的日期或时间格式,如果不能辨认当前输入的日期或时间,Excel 就当作文本处理。

若要在同一单元格输入日期和时间,则只需要将日期与时间用空格隔开。

时间和日期可以进行运算。时间相减将得到时间差;时间相加得到总时间。日期也可以进行相减,相减得到相差的天数;日期加上或减去一个整数,将得到另一日期。

3)在单元格区域中输入数据

(1)选择要输入数据的单元格区域,单元格可以相邻,也可以不相邻。

(2)在第一个被选定的单元格输入数字或文本。

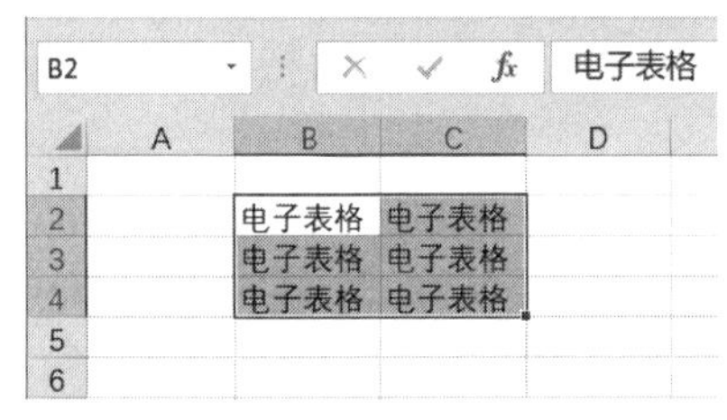

图 6-6 多个单元格输入相同内容

(3)按[Enter]键完成输入并移动到当前单元格下方的单元格,按[Shift+Enter]快捷键移动到上方单元格,按[Tab]键从左至右移动,按[Shift+Tab]快捷键则从右至左移动。

(4)继续输入其他内容,如果想在选定区域的各单元格输入相同的内容,那么在第二步之后单击编辑栏按[Ctrl+Enter]快捷键即可,如图 6-6 所示。

3. 输入、建立序列

在工作表中经常会用到许多序列,如数学序列、日期序列、月份序列等。Excel 提供了输入序列的简便方法,而且用户也可以自己定义序列。

在输入序列时会用到“填充柄”,如果选定了一个区域,那么在选定区域的右下角会有一个黑色的小方块,这就是“填充柄”。将鼠标指针移到“填充柄”,指针会变成黑色的小十字,单击并拖动“填充柄”就可以复制单元格的内容到相邻单元格,或使用数据序列填充相邻的单元格。

1)填充序列类型

(1)时间序列:时间序列包括指定增量的日、星期和月,或诸如星期、月份和季度的重复序列。

(2)等差序列:建立等差数列时,Excel 会根据步长来决定数值的升序或降序。

(3)等比数列:建立等比数列时,Excel 将数值乘以常数因子。

(4)其他序列:包括数字和文本的组合序列以及自定义序列。

2)填充数字、日期或其他序列

Excel 可自动填充日期、时间和数字系列,包括数字和文本的组合系列。在“开始”选项卡下单击“编辑”功能组中“填充”命令按钮的下三角按钮,在下拉列表中选择“序列”选项,弹出“序列”对话框,如图 6-7 所示。

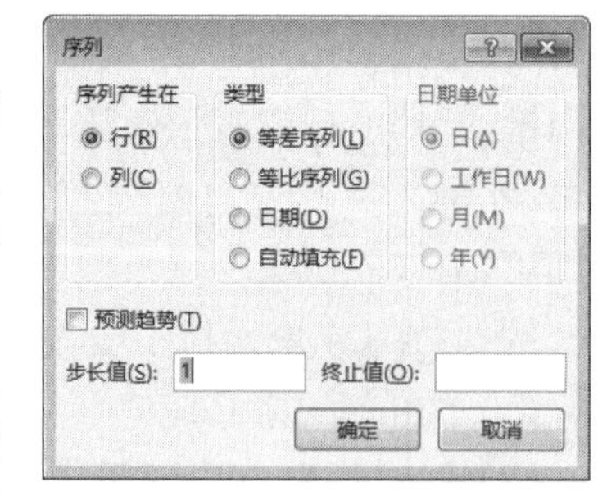

图 6-7 “序列”对话框

(1)选择要填充区域的第一个单元格,输入序列的初始值。如果序列的步长不是 1,那么在下一个单元格中输入序列的第二个数字,这两

个数之间的相差就决定了该序列的步长。

(2)单击并拖动“填充柄”到最后一个单元格。

(3)升序填充时向下或向右拖动“填充柄”,降序填充时向上或向左拖动“填充柄”。

如果需要按照自定义的文本序列来给 Excel 表格建立序列,那么可通过“文件”选项卡中的“选项”命令,打开“Excel 选项”对话框,选择左侧窗格的“高级”选项,在“高级”选项右侧的“常规”设置栏中找到“编辑自定义列表”按钮,单击后打开“自定义序列”对话框,在“输入序列”中输入自定义的文本内容后,单击“添加”按钮添加新的序列,如图 6-8 所示。

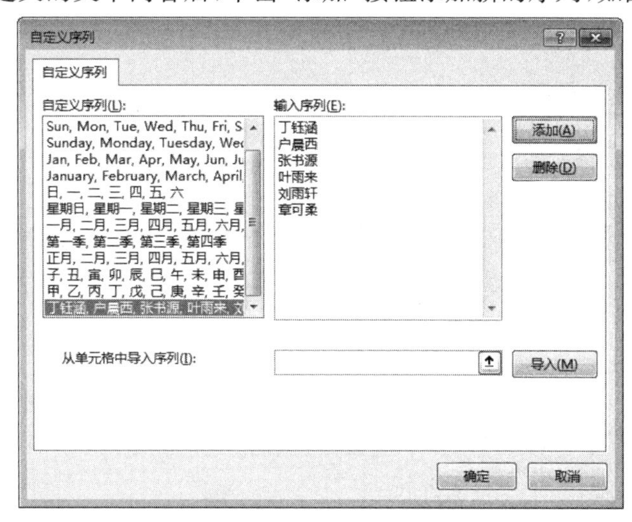

图 6-8　“自定义序列”对话框

6.3　表格的编辑

建立完文档后,随着时间或实际情况的变化,有时需要根据人们的要求进行诸如移动、复制、修改、增加、删除数据等编辑。电子表格也不例外,下面我们来讨论电子表格的基本编辑操作。

6.3.1　移动或复制单元格数据

短距离移动或复制数据的最简单的方法是使用鼠标拖曳功能;长距离移动或复制单元格(如复制到其他工作表、工作簿或应用程序),应使用“开始”选项卡下“剪贴板”功能组中的“剪切”“复制”和“粘贴”命令,或单击快速访问工具栏中的相应按钮,或使用快捷键命令。

在对单元格进行复制操作时可以复制单元格的所有内容,也可以复制其中的部分内容。

1. 长距离移动、复制或移动、复制到其他文件

(1)选择所要移动或复制的单元格。

(2)若要移动选定区域,则单击“剪切”按钮。若要复制选定区域,则单击“复制”按钮,之后选定的区域会被虚线活动边框所包围。

(3)若将单元格移动或复制到其他工作表或工作簿,则需先转换到相应的工作表或工作簿。

(4)选定粘贴区域的左上角单元格。

(5)若要将数据移动到已包含数据的单元格,则应单击“粘贴”按钮,Excel 会替换粘贴区域中现有的所有数据。

2. 在当前窗口短距离移动或复制单元格

(1)选择所要移动或复制的单元格。

(2)将鼠标指针指向选定区域的边框，鼠标指针会变成四向箭头形状。

(3)若要移动数据，则拖曳选定区域到选定的粘贴位置；若要复制数据，则在拖曳选定区域到选定的粘贴位置的同时，按下[Ctrl]键。若要在包含数据的单元格之间插入数据，则在拖曳选定区域到所要插入的位置时，应按下[Shift]键(如果是移动)，或[Shift+Ctrl]快捷键(如果是复制)。

6.3.2 插入单元格数据

1. 插入空白单元格数据

(1)选取欲插入空白单元格的区域；

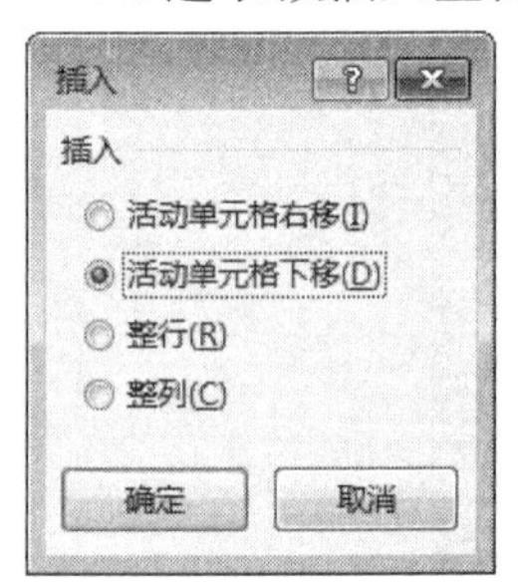

图 6-9 "插入"对话框

(2)单击"开始"选项卡下"单元格"功能组中的"插入"命令按钮。显示"插入"对话框，如图 6-9 所示。或右击，在快捷菜单中选择"插入"命令。

2. 插入列

如果需要在工作表中插入列，那么只需要在"插入"对话框中选中"整列"单选按钮，然后单击"确定"按钮即可。

3. 插入行

如果需要在工作表中插入行，那么只需要在"插入"对话框中选中"整行"单选按钮，然后单击"确定"按钮即可。

6.3.3 清除或删除单元格数据

在对单元格进行删除时，可以是删除整个单元格，也可以是清除单元格中的内容。删除单元格时，被删除的单元格从工作表中消失，空出的位置由周围的单元格填充。清除单元格时，单元格中的内容、格式或附注消失，但空白单元格仍保留在工作表上。

在插入或删除单元格、行或列时，Excel 会自动调整对移动过的单元格的引用，以正确反映新的位置，从而保证公式中的引用能得以更新。

1. 清除选定的单元格

(1)选择所要清除的单元格；

(2)单击"开始"选项卡下"编辑"功能组中的"清除"命令按钮，然后选择所需的命令即可，如图 6-10 所示。

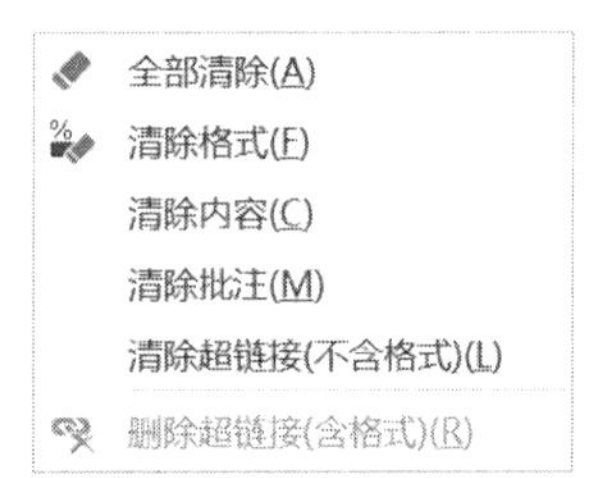

图 6-10 清除数据

2. 清除整行或整列

(1)选择一行或一列；

(2)单击"开始"选项卡下"编辑"功能组中的"清除"命令按钮，然后选择相应的命令。

若选定单元格、行或列后，直接按[Delete]键则清除单元格的内容。

3. 删除选定的单元格

(1)选择所要删除的单元格；

(2)单击"开始"选项卡下"单元格"功能组中的"删除"下拉按钮，在下拉列表中选择"删除单元格”命令；

(3)指定删除单元格后周围单元格的移动方向。

4. 删除选定的行或列

(1)选定整行或整列；

(2)单击“开始”选项卡下“单元格”功能组中的“删除”下拉按钮，在下拉列表中选择“删除工作表行”/“删除工作表列”。

6.3.4 查找或替换单元格数据

“查找”命令可以在选定的单元格或工作表中搜索指定的字符，并选定包含这些字符的第一个单元格。“替换”命令可以查找并用指定的内容去替换选定单元格或当前工作表中的字符。

1. 查找

(1)选定欲查找数据的单元格区域或工作表。

(2)单击“开始”选项卡下“编辑”功能组中的“查找和选择”命令按钮，在下拉列表中选择“查找”命令，弹出“查找和替换”对话框，如图 6-11 所示。

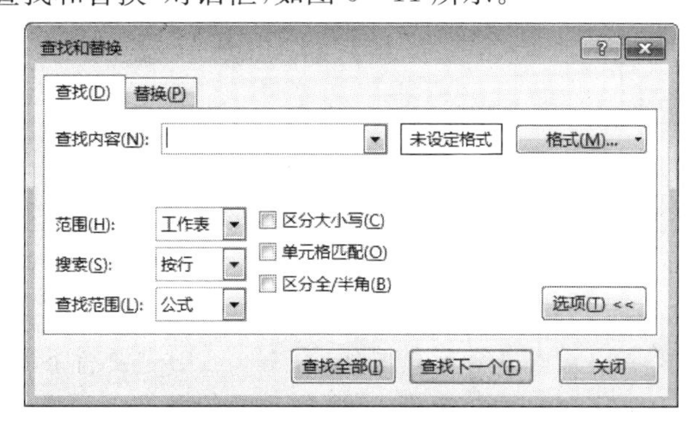

图 6-11 “查找和替换”对话框

(3)在“查找内容”编辑框中输入要查找的数据。

(4)在“搜索”下拉框中，选择“按行”顺序或“按列”顺序搜索。

(5)在“查找范围”下拉框中，选择“公式”“值”或“批注”。

(6)勾选或取消“区分大小写”“单元格匹配”和“区分全/半角”复选框。

(7)单击“查找下一个”按钮开始查找。如果找到匹配的单元格，那么 Excel 使此单元格为活动单元格。再次单击“查找下一个”按钮可以继续查找下一个。

2. 替换

在“查找和替换”对话框中的“替换为”编辑框中输入替换的内容，然后每单击一次“替换”按钮，就开始查找替换下一个匹配数据。若单击“全部替换”按钮，则一次替换完所有的匹配项。

6.4 公式与函数

除能在电子表格中输入常数外，还可以输入公式和函数，进行计算或解答问题，也正是有了公式和函数，电子表格程序才有了实际的意义，发挥出它强大的功能。公式有助于分析工作表中的数据，对工作表的数值可以进行诸如加、乘或比较等操作，在工作表中需要输入计算值时可以使用公式。公式可以包含下述元素：运算符、单元格引用值、工作表函数及名称。在编辑时键入这些元素的组合即可将公式输入到工作表单元格中，输入公式时必须由等号开始。

6.4.1 输入公式

1. 公式

（1）选定要输入公式的单元格。

（2）键入等号“＝”，然后输入公式。如果公式由粘贴名称或函数开始，Excel 将自动插入等号。在单元格完成公式输入后，Excel 会自动计算并将结果显示在单元格中，而将公式的内容显示在编辑栏中，如图 6－12 所示。

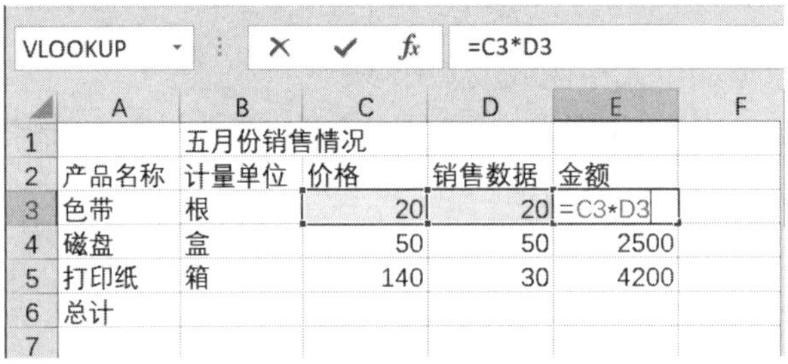

VLOOKUP　×　✓　fx　=C3*D3

	A	B	C	D	E	F
1		五月份销售情况				
2	产品名称	计量单位	价格	销售数据	金额	
3	色带	根	20	20	=C3*D3	
4	磁盘	盒	50	50	2500	
5	打印纸	箱	140	30	4200	
6	总计					
7						

图 6－12　公式示例

按[Ctrl+`]（位于键盘左侧）快捷键，可以使单元格在显示公式与显示公式的值之间进行切换。

2. 运算符

运算符用于对公式中的元素进行运算操作，在 Excel 中主要有下列四种运算符：

（1）算术运算符：完成基本的数学运算，结合数字数值并产生数字结果。

＋　　加
－　　减（在数值前面表示负号，如－1）
/　　除
*　　乘
%　　在数值后面，表示百分数，如 20%
^（脱字符）　　幂

（2）比较运算符：比较两个数据并且产生逻辑型 TRUE 或 FALSE。

＝　　等于
>　　大于
<　　小于
>=　　大于或等于
<=　　小于或等于
<>　　不等于

（3）文本运算符：将一个或多个文本连接为一个组合文本值。

&（连字符）　　连接两个文本值产生一个连续的文本值

（4）引用运算符：

：　　区域，对包括两个引用区域在内的所有单元格进行引用

,　　　　　　联合,产生由两个引用合成的引用
空格　　　　　交叉,产生两个引用的交叉引用

3. 引用地址

引用是对工作表的一个或一组单元格进行标识。它告诉 Excel 公式使用哪些单元格的值。通过引用,可以在一个公式中使用工作表不同部分的数据,或者在几个公式中使用同一单元格的数值。同样,可以对工作簿的其他工作表中的单元格进行引用,甚至对其他工作簿或其他应用程序中的数据进行引用。对其他工作簿中的单元格的引用称为外部引用;对其他应用程序中的数据的引用称为远程引用。

1)相对引用

相对引用时单元格引用地址表示的是单元格的相对位置,而非在工作表中的绝对位置,当公式所在的单元格位置变更时,单元格引用也会随之改变。相对地址引用直接以列标和行号表示。例如,在图 6-12 中,E3 单元格中的公式"=C3 * D3"表示意义为:E3 单元格中的值为同行第三列单元格中的值乘以同行第四列单元格中的值。

2)绝对引用

单元格绝对引用的表示法为在行号和列标前加符号"$",如果使用绝对地址引用,那么在进行含有公式的单元格复制时,引用的地址不会发生变化。

3)混合引用

单元格的混合引用是指在引用地址时行号或列标两者只有一个采用绝对引用,如$C5,C$5。

按[F4]键可以改变引用地址的表示法。首先将插入点放置在欲改变引用表示法的引用地址上,然后按[F4]键,引用地址将在"相对引用""绝对引用"和"混合引用"之间切换,如按[F4]键,引用 C5 将依次改变为$C$5,C$5,$C5,C5。

4)外部引用

在几个工作簿之间处理大量数据或复杂公式时,可使用外部引用。这些外部引用的创建方式不同,而且在单元格或编辑栏中显示的方式也不同。当无法做到将多个大型工作表模型一起保存在同一工作簿中时,外部引用特别有用。

如果使用单元格引用创建外部引用,那么也可以将公式应用于这些信息。通过在各种类型的单元格引用之间进行切换,还可以控制在移动外部引用时要链接到的单元格。例如,如果使用相对引用,那么当移动外部引用时,其链接到的单元格会更改,从而反映其在工作表上的新位置。

创建从一个工作簿到另一工作簿的外部引用时,应该使用一个名称来引用要链接到的单元格。可以使用已定义的名称创建外部引用,也可以在创建外部引用时定义名称。通过使用名称,可以更容易地记住要链接到的单元格的内容。使用已定义名称的外部引用在移动它们时不会更改,因为名称引用特定的单元格或单元格区域。如果希望使用已定义名称的外部引用在移动它时更改,那么可以更改外部引用中所使用的名称,也可以更改名称所引用的单元格。

根据源工作簿(为公式提供数据的工作簿)在 Excel 中处于打开还是关闭状态,包含对其他工作簿的外部引用的公式具有两种显示方式。当源工作簿在 Excel 中处于打开状态时,外部引用包含用方括号括起来的工作簿名称,然后是工作表名称和感叹号,接着是公式要计算的单元格。例如,下面的公式针对图 6-12 中的"Excel. xlsx"工作簿中的 E3:E5 单元格区域求

和，外部引用格式为=SUM([Excel.xlsx]Sheet1!E3:E5)。当源工作簿未在 Excel 中打开时，外部引用应包括完整路径，即外部引用为=SUM('C:\Reports\[Excel.xlsx]Sheet1'!E3:E5)。如果其他工作表或工作簿的名称中包含非字母字符，那么必须将相应名称（或路径）用单引号括起来。链接到其他工作簿中已定义名称（名称：代表单元格、单元格区域、公式或常量值的单词或字符串。名称更易于理解，如“产品”可以引用难于理解的区域“Sales!C20:C30”）的公式使用其后跟有感叹号的工作簿名称。例如，图 6-12 中 E3:E5 定义名称为“Amount”，工作簿中名为“Amount”的单元格区域求和为=SUM(Excel.xlsx!Amount)。

6.4.2 使用函数

Excel 提供了许多的内部函数，可实现对工作表的计算。在工作中灵活使用函数可以节省时间，提高效率。在函数中实现函数运算所使用的数值称为参数，函数返回的数值称为结果。在工作表中通过在公式中输入的方法使用函数。括号告诉 Excel 参数从哪里开始，到哪里结束，括号必须成对，并且前后不能有空格。参数可以是数字、文本、逻辑值、数值或引用。当函数的参数本身也是函数时，就是所谓的嵌套。在 Excel 中，公式可嵌套 7 级函数。使用函数时，用户可以在编辑栏中直接输入，但必须保证输入的函数名正确无误，并输入必要的参数。Excel 提供的函数很多，有时用户也许记不清函数的名字和参数，为此，Excel 提供了函数向导来帮助你建立函数。

（1）把插入点置于编辑栏或单元格中欲键入函数的位置；

（2）单击“公式”选项卡下“函数库”功能组中的“插入函数”命令按钮，如图 6-13 所示，弹出“插入函数”对话框，如图 6-14 所示；

图 6-13 “函数库”功能组

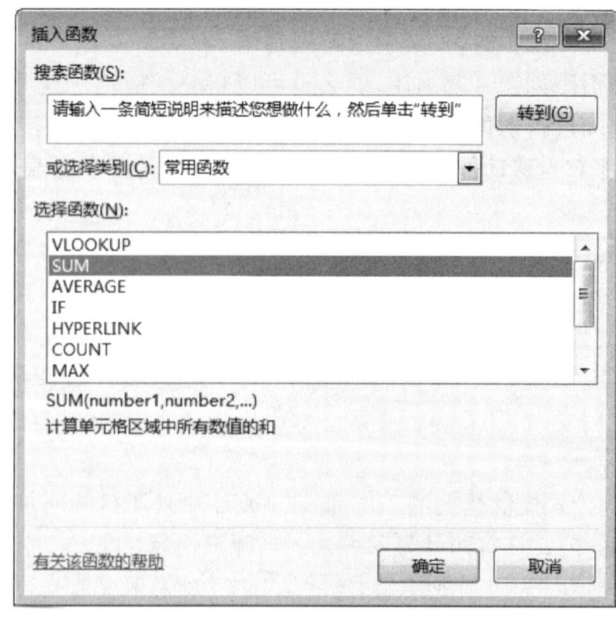

图 6-14 “插入函数”对话框

(3)在函数类别列表框中，选取想要的函数类别；

(4)在函数列表框中选取所需要的函数；

(5)单击“确定”按钮，弹出“函数参数”对话框，如图 6－15 所示；

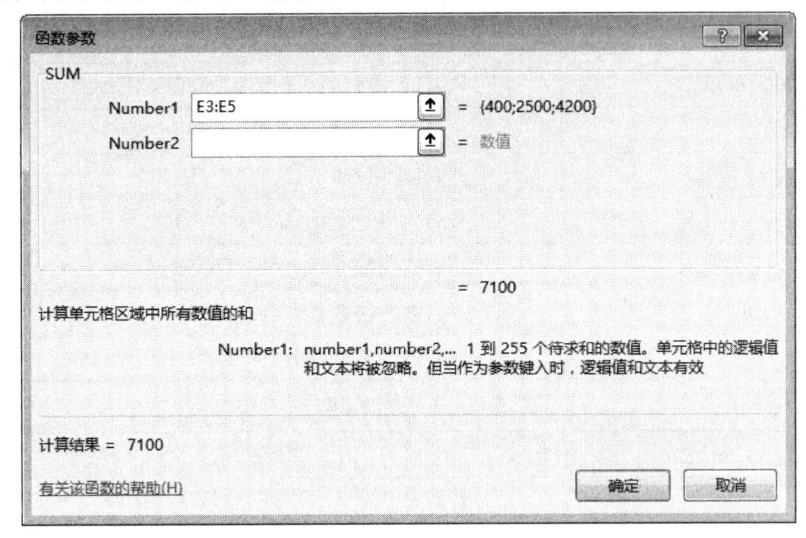

图 6－15　“函数参数”对话框

(6)按照提示输入函数所需的参数，若参数为单元格引用，则可直接单击相应单元格；

(7)单击“确定”按钮，完成函数的建立。

Excel 提供了大量的标准函数，按其功能分类可分为兼容性函数、多维数据集函数、数据库函数、日期与时间函数、工程函数、财务函数、信息函数、逻辑函数、查找与引用函数、数学与三角函数、统计函数、文本函数、与加载项一起安装的用户定义的函数、Web 函数。表 6－1 至表 6－7 分别给出了常用类型函数的说明。

表 6－1　日期与时间函数

函数	说明
DATE	返回特定时间的系列数
DATEDIF	计算两个日期之间的年、月、日数
DATEVALUE	将文本格式的日期转换为系列数
DAY	将系列数转换为月份中的日
HOUR	将系列数转换为小时
MINUTE	将系列数转换为分钟
MONTH	将系列数转换为月
NOW	返回当前日期和时间的系列数
SECOND	将系列数转换为秒
TIME	返回特定时间的系列数
TIMEVALUE	将文本格式的时间转换为系列数
TODAY	返回当天日期的系列数
WEEKDAY	将系列数转换为星期
YEAR	将系列数转换为年

表 6-2　信息函数

函数	说明
INFO	返回有关当前操作环境的信息
ISBLANK	若值为空，则返回 TRUE
ISERROR	若值为任何错误值，则返回 TRUE
ISEVEN	若数为偶数，则返回 TRUE
ISLOGICAL	若值为逻辑值，则返回 TRUE
ISNONTEXT	若值不是文本，则返回 TRUE
ISNUMBER	若值为数字，则返回 TRUE
ISODD	若数为奇数，则返回 TRUE
ISTEXT	若值为文本，则返回 TRUE

表 6-3　逻辑函数

函数	说明
AND	若所有参数为 TRUE，则返回 TRUE
FALSE	返回逻辑值 FALSE
IF	指定要执行的逻辑检测
NOT	反转参数的逻辑值
OR	若任一参数为 TRUE，则返回 TRUE
TRUE	返回逻辑值 TRUE

表 6-4　查找与引用函数

函数	说明
CHOOSE	从值的列表中选择一个值
COLUMN	返回引用的列标
COLUMNS	返回引用中的列数
INDEX	使用索引从引用或数组中选择值
LOOKUP	在向量或数组中查找值
MATCH	在引用或数组中查找值
ROW	返回引用的行号
ROWS	返回引用中的行数
VLOOKUP	查找数组的第一列并移过行，然后返回单元格的值

表 6-5　数学与三角函数

函数	说明
ABS	返回数的绝对值
ACOSH	返回数的反双曲余弦值
ASIN	返回数的反正弦
CEILING	对数取整为最接近的整数或最接近的多个有效数字

续表

函数	说明
COS	返回数的余弦
DEGREES	将弧度转换为度
EXP	返回 e 的指定数乘幂
FLOOR	将参数 Number 沿绝对值减小的方向取整
GCD	返回最大公约数
INT	将数向下取整至最接近的整数
LCM	返回最小公倍数
LN	返回数的自然对数
LOG	返回数的指定底数的对数
LOG10	返回以 10 为底的对数
MOD	返回两数相除的余数
PI	返回 Pi 值
POWER	返回数的乘幂结果
PRODUCT	将所有以参数形式给出的数字相乘
RAND	返回 0 和 1 之间的随机数
RANDBETWEEN	返回指定数之间的随机数
ROMAN	将阿拉伯数字转换为文本形式的罗马数字
ROUND	将数四舍五入取整至指定数
SIGN	返回数的正负号
SIN	返回给定数的正弦
SQRT	返回正平方根
SUBTOTAL	返回清单或数据库中的分类汇总
SUM	返回所有数值的和
SUMIF	按给定条件对指定单元格求和
SUMPRODUCT	返回相对应的数组部分的乘积和

表 6－6　统计函数

函数	说明
AVERAGE	返回参数的平均值
AVERAGEA	返回参数的平均值，包括数字、文本和逻辑值
COUNT	计算参数列表中的数字多少
COUNTA	计算参数列表中的值多少
COUNTIF	计算符合给定条件的区域中的非空单元格数
MAX	返回参数列表中的最大值
MIN	返回参数列表中的最小值
MODE	返回数据集中的出现最多的值
PERCENTRANK	返回数据集中值的百分比排位
RANK	返回某数在数字列表中的排位

表 6－7 文本函数

函数	说明
ASC	将字符串中的全角（双字节）英文字母或片假名更改为半角（单字节）字符。
DOLLAR	使用当前格式将数字转换为文本
EXACT	检查两个文本值是否相同
FIND	在其他文本值中查找文本值（区分大小写）
LEFT	返回文本值中最左边的字符
LEN	返回文本串中字符的个数
LOWER	将文本转换为小写
MID	从文本串中的指定位置开始返回特定数目的字符
REPLACE	替换文本中的字符
REPT	按给定次数重复文本
RIGHT	返回文本值中最右边的字符
SEARCH	在其他文本值中查找文本值（不区分大小写）
SUBSTITUTE	在文本串中使用新文本替换旧文本
TEXT	设置数字的格式并将其转换为文本
TRIM	删除文本中的空格
UPPER	将文本转换为大写
VALUE	将文本参数转换为数值

6.5 格式化工作表

格式化工作表就是把工作表“打扮”得更漂亮、更美观，从而使工作表更具吸引力和说服力。格式化工作包括调整行高和列宽，改变单元格内容的字体、颜色、对齐方式以及单元格边框的线型、颜色和单元格的底纹图案等。

6.5.1 调整行高与列宽

有时列宽不能完全显示所有的输入项，或行高不合适，就需要调整行高和列宽，以使屏幕显示最佳状态。

1. 调整行高

1）使用鼠标进行操作

（1）将鼠标指针指向欲调整的行的灰色行号的下方边框线，鼠标指针的形状会改变；

（2）单击并拖动行号的边框线上下移动，以改变行高。

2）使用功能区命令进行操作

（1）选定想要调整行高的行（一行或数行）或单元格范围；

（2）单击“开始”选项卡下“单元格”功能组中的“格式”命令按钮，并在下拉列表（见图 6－16）中选择“行高”命令，弹出“行高”对话框，如图 6－17 所示；

(3)在“行高”对话框中的“行高”编辑框中输入行高,然后单击“确定”按钮即可。如果欲调整到最适行高,那么在第二步中,选择“自动调整行高”命令。

2. 调整列宽

1)使用鼠标进行操作

(1)将鼠标指针指向欲调整的列的灰色列标的右方边框线,鼠标指针的形状会改变;

(2)单击并拖动列标题的边框线左右移动,以改变列宽。

2)使用功能区命令进行操作

(1)选定想要调整列宽的列(一列或数列)或单元格范围;

(2)单击“开始”选项卡下“单元格”功能组中的“格式”命令按钮,并在下拉列表中选择“列宽”命令,弹出“列宽”对话框,如图 6-18 所示;

(3)在“列宽”对话框中的“列宽”编辑框中输入列宽,该数值表示所定义的列宽能够以常规字体显示的字符个数,然后单击“确定”按钮即可。如果欲调整到最适列宽,那么在第二步中,选择“自动调整列宽”命令。

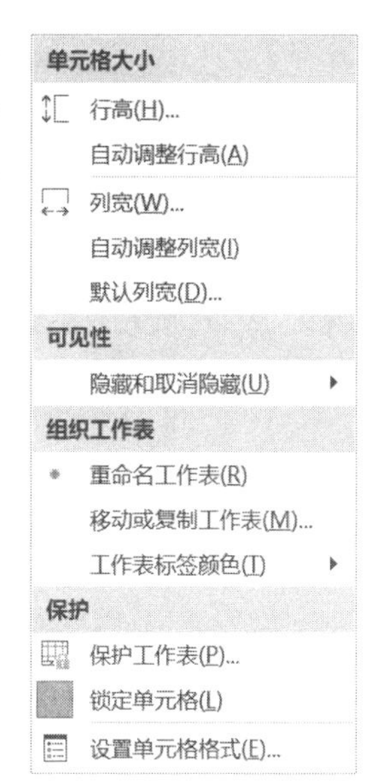

图 6-16 格式选项

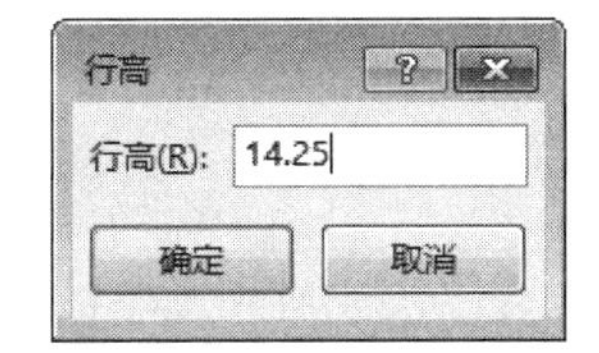

图 6-17 “行高”对话框

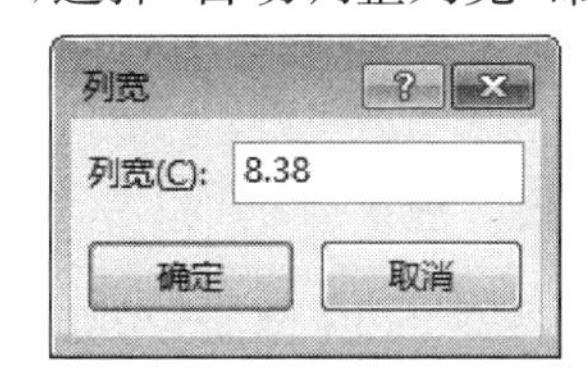

图 6-18 “列宽”对话框

3. 隐藏行或列

单击并拖动行号下边框与上边框重合,即可隐藏该行;单击并拖动列标右边框与左边框重合,即可隐藏该列。取消隐藏则操作相反。若使用菜单操作来隐藏行或列,则步骤如下:

(1)选定想要隐藏的行或列;

(2)单击“开始”选项卡下“单元格”功能组中的“格式”命令按钮,并在下拉菜单中选择“隐藏和取消隐藏”命令。

6.5.2 设置字体

通过“开始”选项卡下“字体”功能组中的命令按钮可以很方便地为选定的单元格设置字体,包括字体、字号和字形。也可以为单元格中的个别字符设置格式。首先选中欲改变字体的单元格或字符,然后单击“字体”功能组中的相应命令按钮即可。其中,“粗体”“斜体”和“下划线”命令按钮可同时选取,选定的数据将同时具有这些属性(有关字体设置的命令按钮参考前面 Word 所述)。

如果要使用上、下标等特殊效果,那么可以选择“字体”功能组右下角的“字体设置”按钮,弹出“设置单元格格式”对话框,如图 6-19 所示。选择“字体”选项卡,在“字体”“字形”“字号”等下拉列表框中选择所需要的选项,同时可以在预览框中看到相应的效果。

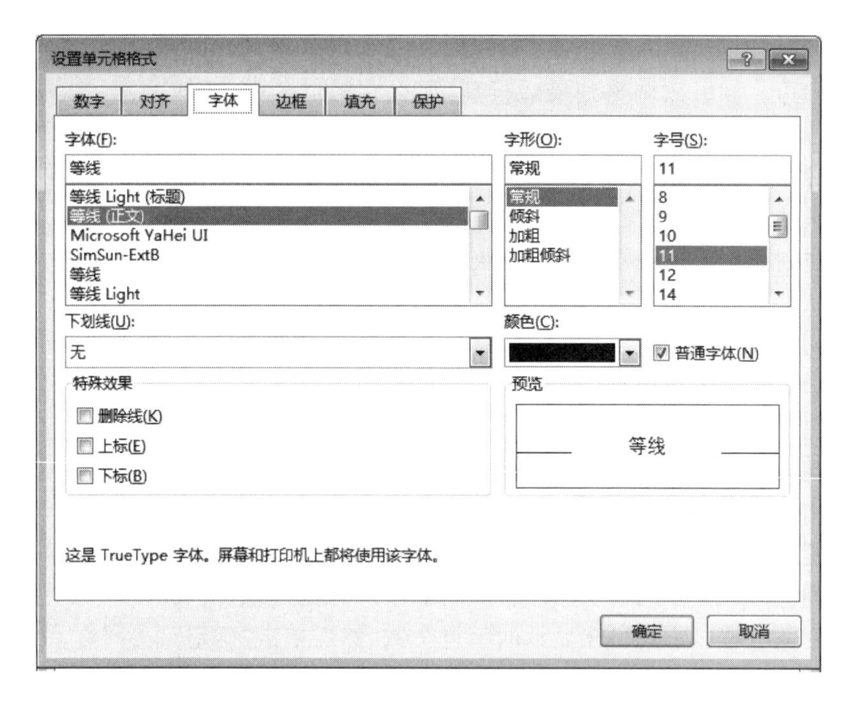

图 6-19 “设置单元格格式”中的“字体”选项

6.5.3 设置数字格式

使用“开始”选项卡下“数字”功能组中的命令按钮，可以快速应用基本的数字格式，它们依次为“会计数字格式”“百分比样式”“千位分隔样式”“增加小数位数”“减少小数位数”。也可以选择“数字”功能组右下角的“数字格式”按钮，弹出“设置单元格格式”对话框，如图 6-20 所示。在弹出的对话框中选择“数字”选项卡，选用其他内部的数字格式。分类列表框中选取所需的格式类别，在右侧的选项框中选取具体的格式。

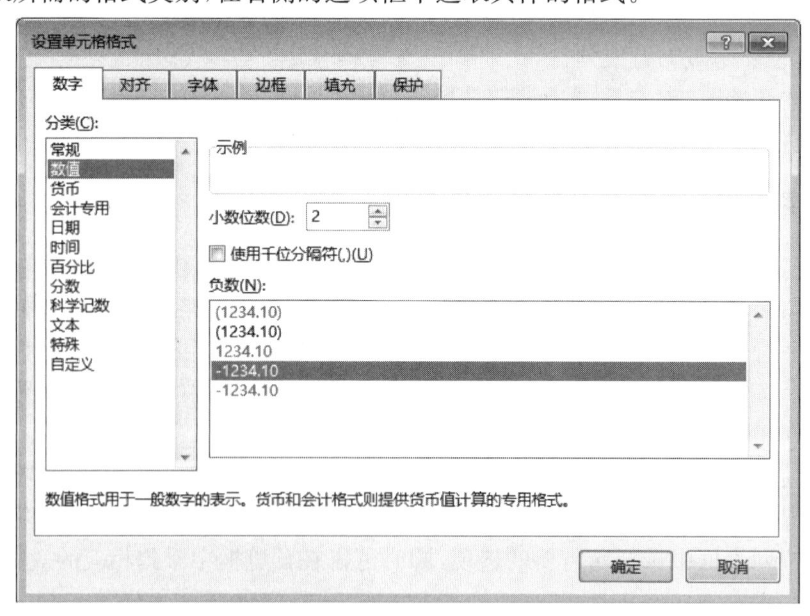

图 6-20 “设置单元格格式”中的“数字”选项

1. 选择数字格式类型

如图 6－20 所示，可用的内部数字格式类型显示在“数字”选项卡的“分类”框中。先选择分类项，然后从显示的选项中选择格式。可参考如表 6－8 所示的要求选择适当的格式类型。

表 6－8　数字格式类型

分类	要求
常规	无特殊的数字格式
数值	要千位分隔符，小数点位置和负数格式
货币	要小数点位置，货币符号和负数格式
会计专用	要货币符号和小数点位数对齐
日期	日期或日期与时间混合
时间	一天中的时间
百分比	百分数形式
分数	分数形式
科学记数	科学(记数)格式，E+
文本	文本或把数字作为文本
特殊	邮政编码，电话号码及社会保险号

如果没有所需选项，那么可以创建自定义的数字格式。

2. 创建自定义数字格式

使用 Excel 内置的数字格式已经可以满足对数字格式设置的绝大多数需要，但是在某些情况下可能需要使用特殊的数字格式，这时就要用到自定义数字格式功能。例如，将如图 6－21 所示的学生档案表中出生日期需要显示星期几，身高需保留小数后两位并显示“CM”单位。

实现这个功能的具体操作如下：

(1)选定要格式化的单元格；

(2)选择“数字”功能组中的“数字”按钮，弹出“设置单元格格式”对话框，单击“数字”选项卡；

(3)在“分类”列表框中，单击“自定义”命令，在“类型”框中，选取与所需格式最相近的格式，编辑数字格式代码以创建所需的格式。出生日期设置成“yyyy/m/d AAAA”，身高设置成“0.00 "CM"”，设置后表格显示如图 6－22 所示。

姓名	性别	出生日期	政治面貌	身高
丁钰涵	女	2003/6/22	党员	168
户晨西	男	2003/5/20	团员	178
张书源	男	2002/8/8	团员	175
叶雨来	女	2003/10/10	群众	165
刘雨轩	男	2002/1/20	党员	172
章可柔	女	2003/4/5	党员	167

图 6－21　自定义数字格式设置前

姓名	性别	出生日期	政治面貌	身高
丁钰涵	女	2003/6/22 星期日	党员	168.00 CM
户晨西	男	2003/5/20 星期二	团员	178.00 CM
张书源	男	2002/8/8 星期四	团员	175.00 CM
叶雨来	女	2003/10/10 星期五	群众	165.00 CM
刘雨轩	男	2002/1/20 星期日	党员	172.00 CM
章可柔	女	2003/4/5 星期六	党员	167.00 CM

图 6－22　自定义数字格式设置后

基本数字格式代码：使用数字格式代码，可以创建所需的自定义数字格式。数字格式代码由四部分组成，每部分用分号分隔。每部分依次定义正数、负数、零值和文本格式。如果只用两部分，那么第一部分将用于正数和零，第二部分用于负数；如果只用一部分，那么所有的数字将使用该格式。如果跳过一个部分，那么应包括分号。表 6-9 列出了可用于创建自定义数字格式的代码类型，这些内容在创建自定义数字格式时非常有用。

表 6-9　用于创建自定义数字格式的代码

代码	说明
G/通用格式	Excel 默认的“常规”数字格式
0	数字占位符，对于无效数字位以 0 显示
#	数字占位符，只显示有效数字而不显示无意义的 0
?	数字占位符，为小数点两侧无意义的 0 添加空格，还可以将此符号用于具有可变位数的分数
@	文本占位符
.	小数点
,	千位分隔符
%	百分号
*	重复指定字符以填充列宽
\或!	显示字符“\”或“!”的下一个字符
_	保留一个或下一个字符等宽的空格
E-,E+,e-和 e+	科学记数符号
“文本内容”	显示双引号之间的内容
-,+,/,(,),$,空格	在单元格中直接显示这些字符
[颜色]	设置格式中某一部分的颜色，可以用文字代替：红色、黄色等
[颜色 n]	显示调色板的颜色，n 表示 0～56 的数字
条件值	使用条件语句指定在符合条件的情况下使用指定的格式

若格式中包括“AM”或“PM”，则按 12 小时计时，“AM”“am”“A”或“a”表示从午夜十二点到中午十二点之间的时间，“PM”“pm”“P”或“p”表示从中午十二点到午夜十二点之间的时间；否则，按 24 小时计时。如果在“h”格式代码后马上使用“m”，那么 Excel 将不显示月份而显示分钟。若要显示的小时大于 24，分或秒大于 60，则需在时间格式的最左端加方括号，如时间格式[h]:mm:ss 可以显示大于 24 的小时数。

6.5.4　设置对齐方式

要对齐单元格中的内容，可使用“开始”选项卡下“对齐方式”功能组中的命令按钮，如图 6-23 所示，这些按钮分别为：“顶端对齐”“垂直居中”“底端对齐”“左对齐”“居中”和“右对齐”。首先选取欲格式化的单元格，然后单击所需的对齐命令按钮即可。

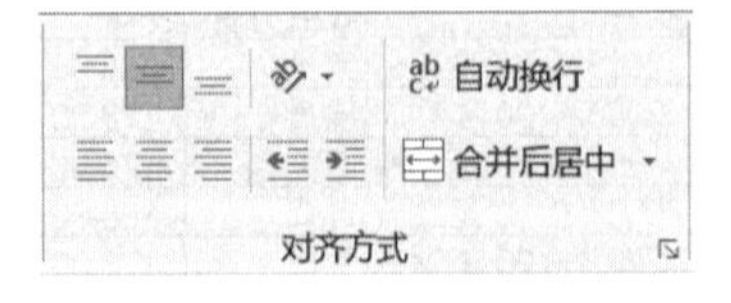

图 6-23　“对齐方式”功能组

也可以使用菜单命令来进行设置，步骤如下：

(1)选定欲格式化的单元格或单元格区域；

(2)单击“对齐方式”功能组右下角的“对齐设置”按钮，弹出“设置单元格格式”对话框，如图 6-24 所示；

(3)选择“对齐”选项卡；

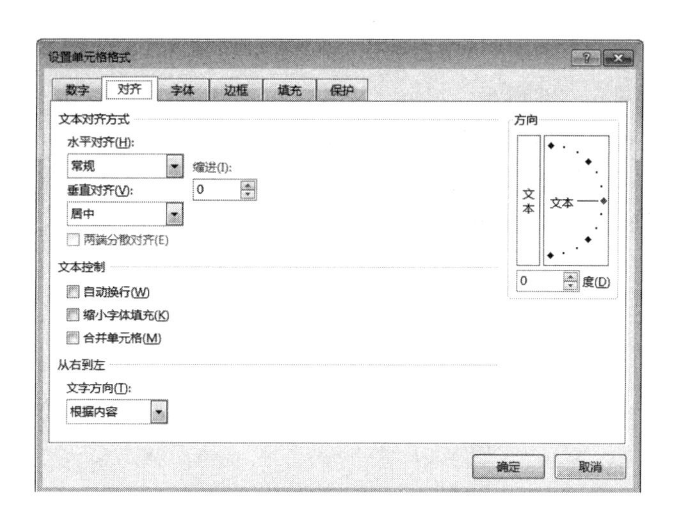

图 6 - 24 “设置单元格格式”中的“对齐”选项

(4)确认所需选项,然后单击“确定”按钮。

现对对话框中“文本对齐方式”栏的各选项进行说明。

1)水平对齐

常规:使文字左对齐,数字右对齐,逻辑值和误差值居中。

靠左(缩进):使选定文本左对齐。

居中:使选定文本在本单元格居中对齐。

靠右(缩进):使选定文本右对齐。

填充:重复选定的单元格中的内容,直到单元格填满为止。

两端对齐:使选定文本左右都对齐,但至少要有一行折行的文本才能看到调整的效果。

跨列居中:使活动单元格中的输入项,在选定的多个单元格中跨列居中。

分散对齐(缩进):使选定的文本在单元格中水平均匀分布。

2)垂直对齐

若要使选定的文本在单元格内垂直对齐,可分别选取“靠上”“居中”或“靠下”。要使选定的文本按行高在单元格中垂直均布,可选取“分散对齐”。

3)方向

文本方向:更改文本在选定区域中的显示方向。

“方向”选项框中已形象地表示出各选项的意义。

4)文本控制

自动换行:当单元格中的内容宽度大于当前设定的列宽时,则自动换行,行高也随之改变。

各种对齐效果可以参考如图 6 - 25 所示的示例。

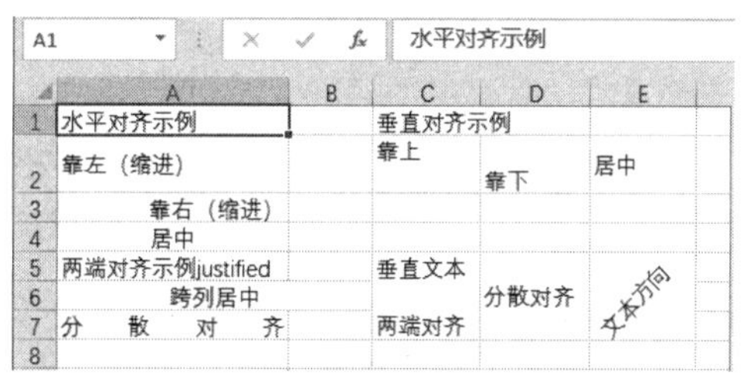

图 6 - 25 文本对齐方式示例

6.5.5 设置表格边框线样式

默认情况下,工作表中显示的表格线是灰色的,这些灰色的表格线在打印时是不会被打印出来的,若要打印这些表格线,则需要为表格添加边框线。要为选定的单元格添加边框和颜色，可单击“开始”选项卡下“字体”功能组中的“下框线”命令下拉按钮，在下拉菜单中选取需要的边框样式，如图 6－26 所示。

也可以使用“设置单元格格式”对话框进行操作，步骤如下：

(1)选取需要进行设置边框线的单元格或单元格区域；

(2)单击“开始”选项卡下“字体”功能组右下角的“字体设置”按钮，弹出“设置单元格格式”对话框；

(3)选择“边框”选项卡，如图 6－27 所示；

图 6－26　边框选项

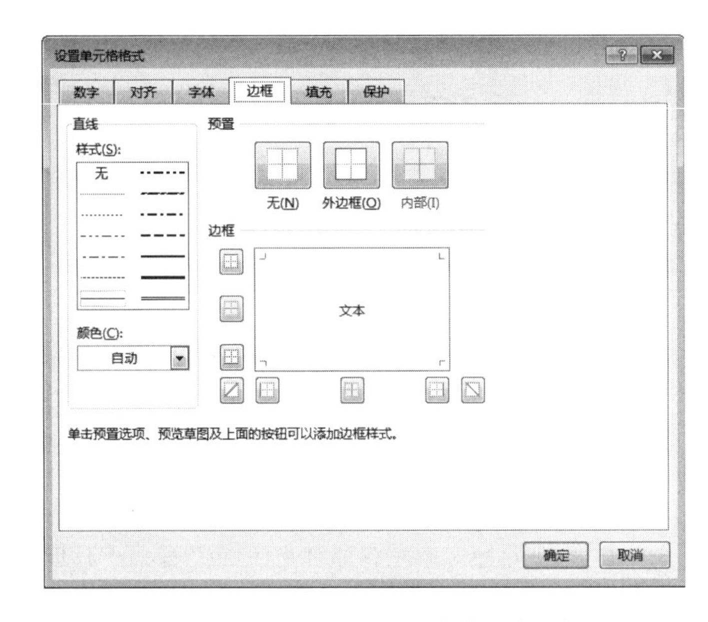

图 6－27　“设置单元格格式”中的“边框”选项

(4)在“边框”栏中选择边框位置，在“直线”栏的“样式”列表框中选择边框线型；

(5)单击“颜色”下拉按钮展开调色盘，给边框加上适当的颜色，然后单击“确定”按钮。

6.5.6　设置单元格底纹图案

除边框外，Excel 还可以对单元格的底纹颜色和样式进行设置，这样可以使某些选定数据突出。单击“开始”选项卡下“字体”功能组中的“填充颜色”命令下拉按钮，在下拉列表中选取需要的选项，如图 6－28 所示。

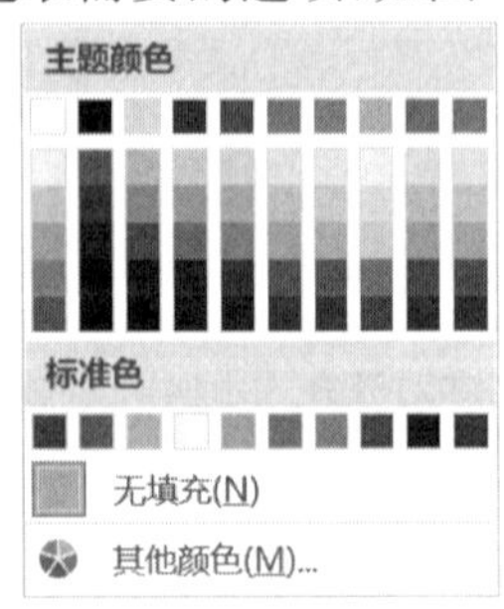

图 6－28　填充颜色选项

也可以使用“设置单元格格式”对话框进行操作，步骤如下：

(1)选取需要进行设置底纹颜色和样式的单元格或单元格区域；

(2)单击“开始”选项卡下“字体”功能组右下角的“字体设置”按钮，弹出“设置单元格格式”对话框，选择“填充”选项卡，如图 6－29 所示；

(3)选择所需填充颜色和图案样式；

(4)单击“填充效果”按钮，在弹出的“填充效果”对话框中选取所需效果，如图 6－30 所示，然后单击“确定”按钮。

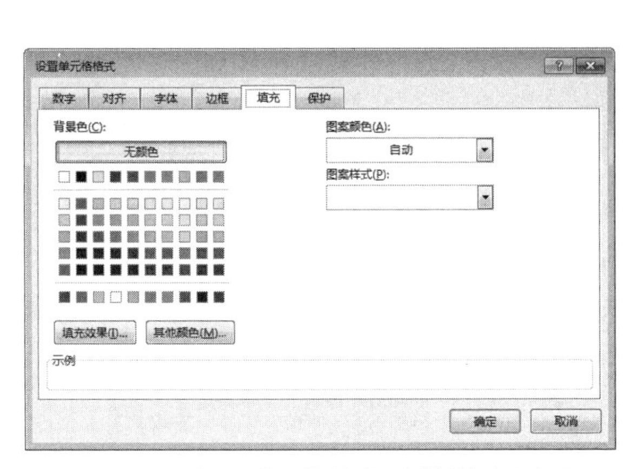

图 6-29 “设置单元格格式”中的“填充”选项

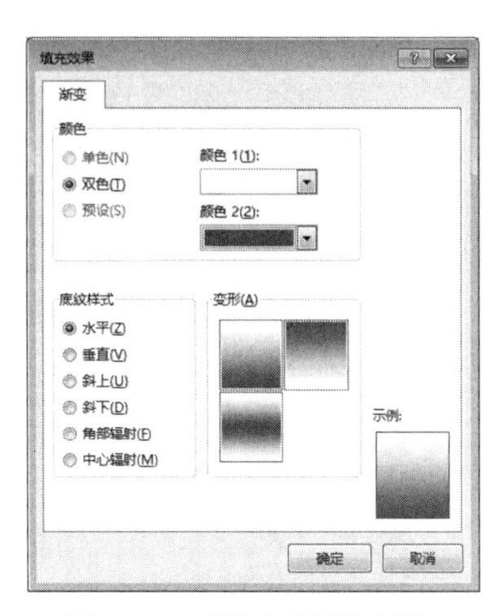

图 6-30 “填充效果”对话框

6.5.7 样式的定义和应用

样式就是成组保存的格式集合，如字体、字号、图案和对齐方式等。可将各种格式的组合定义为样式，并赋予一个样式名称，然后将其运用到其他单元格中。应用样式可以快速、方便地为不同的单元格或范围应用同一组格式，而不必对格式要求相同的单元格或范围一一设置。

1. 自动套用表格样式

Excel 2016 自带了大量常见的表格样式，这些表格样式可以直接应用到表格中，而不需要进行复杂的设置。

在工作表中选择单元格，在“开始”选项卡下“样式”功能组中单击“单元格样式”命令按钮，在下拉列表中选择应用到单元格的样式，如图 6-31 所示。

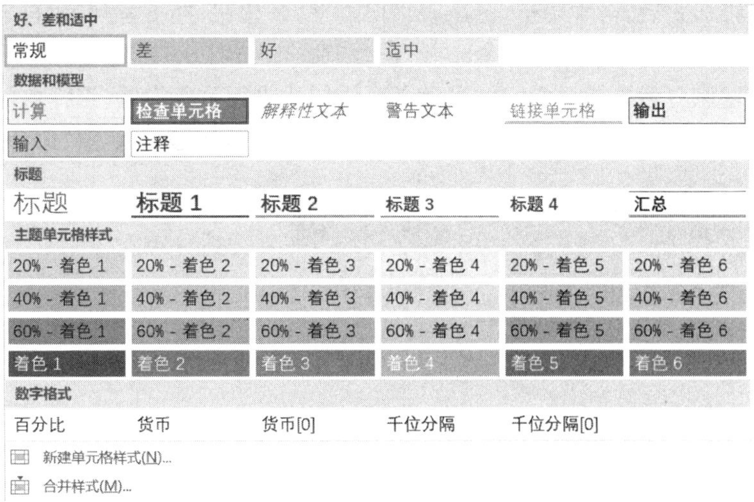

好、差和适中
常规 差 好 适中
数据和模型
计算 检查单元格 解释性文本 警告文本 链接单元格 输出
输入 注释
标题
标题 标题 1 标题 2 标题 3 标题 4 汇总
主题单元格样式
20% - 着色 1 20% - 着色 2 20% - 着色 3 20% - 着色 4 20% - 着色 5 20% - 着色 6
40% - 着色 1 40% - 着色 2 40% - 着色 3 40% - 着色 4 40% - 着色 5 40% - 着色 6
60% - 着色 1 60% - 着色 2 60% - 着色 3 60% - 着色 4 60% - 着色 5 60% - 着色 6
着色 1 着色 2 着色 3 着色 4 着色 5 着色 6
数字格式
百分比 货币 货币[0] 千位分隔 千位分隔[0]
新建单元格样式(N)...
合并样式(M)...

图 6-31 单元格样式选项

在“开始”选项卡下“样式”功能组中单击“套用表格格式”命令按钮，在下拉列表中选择需要应用到表格的样式，如图 6-32 所示。此时，Excel 会弹出“套用表格式”对话框，在“表数据的来源”文本框中输入需要应用样式的单元格区域的地址，如图 6-33 所示。

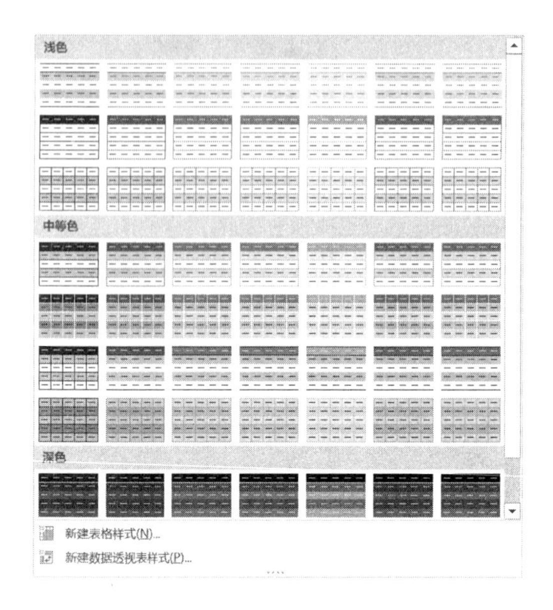

图 6－32　套用表格格式选项

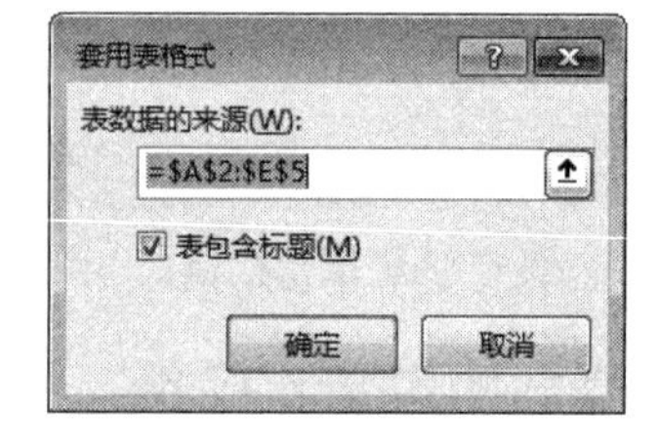

图 6－33　设置样式应用范围

2. 自定义套用表格样式

用户如果需要经常使用格式固定的样式，那么可以根据需要对表格样式进行定义，然后保存这种样式，以后可作为套用的表格样式来使用。

在“开始”选项卡下“样式”功能组中单击“套用表格格式”命令按钮，在下拉列表中选择“新建表格样式”命令，此时将打开“新建表样式”对话框，如图 6－34 所示。在“名称”文本框中输入样式名称，在“表元素”列表框中选择“整个表”选项，然后单击“格式”按钮，弹出“设置单元格格式”对话框，对表格的格式进行设置，包括表格的字体、边框及填充。完成设置后，单击“确定”按钮即可。

自定义表格样式后，再次单击“套用表格格式”命令按钮，在下拉列表“自定义”栏中右击自定义表格格式选项，在快捷菜单中选择“修改”命令，如图 6－35 所示，将弹出“修改表样式”对话框，通过该对话框能对创建的自定义套用样式进行重新设置；选择快捷菜单中的“删除”命令可以删除该自定义的表格样式；选择快捷菜单中的“设为默认值”命令能将该样式设置为默认的样式。

图 6　34　“新建表样式”对话框

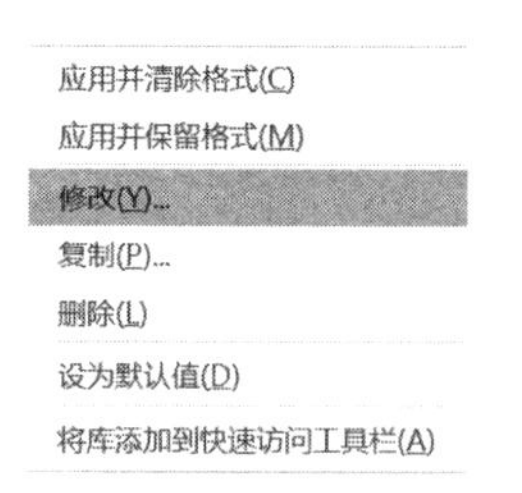

图 6－35　自定义表格格式选项

3. 自定义单元格样式

Excel 2016 提供了大量预设单元格样式供用户使用，如果用户对自己设置的某个单元格样式比较满意，可以将其保存下来以便能够在表格中重复使用。

在工作表中选择需要保存样式的单元格，单击“样式”功能组中的“单元格样式”命令按钮，在下拉列表中选择“新建单元格样式”命令。此时，将弹出“样式”对话框，在“样式名”文本框中输入样式的名称，在“样式包括(举例)”栏中选择包括的样式，如图 6－36 所示。单击“确定”按钮关闭对话框并保存单元格样式。

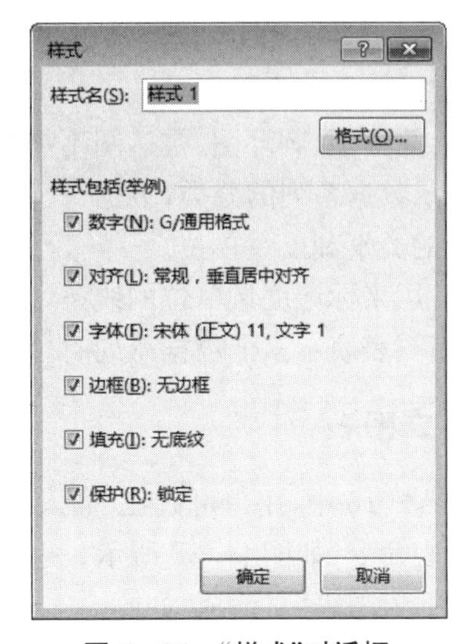

图 6－36　“样式”对话框

如果没有选择某个单元格区域，那么也可以通过“设置单元格格式”对话框，对数字、对齐方式和填充效果等进行设置，进而创建自定义单元格样式。

6.6　图　　表

文字及表格数据固然能够反映问题，但是一张设计良好的图表则更具有吸引力和说服力，图表简化了数据间的复杂关系，描绘了数据的变化趋势，能够使用户更清楚地了解数据所代表的意义。Excel 可绘制多种类型的图表，每一种图形中又包括多种模式，几乎能够满足用户的所有需要。

6.6.1　认识图表元素

在学习绘制图表前，有必要了解图表中各元素的名称，后面的课程中我们会经常提到它们，如图 6－37 所示。图表中的某些元素可由用户根据需要决定是否加上。

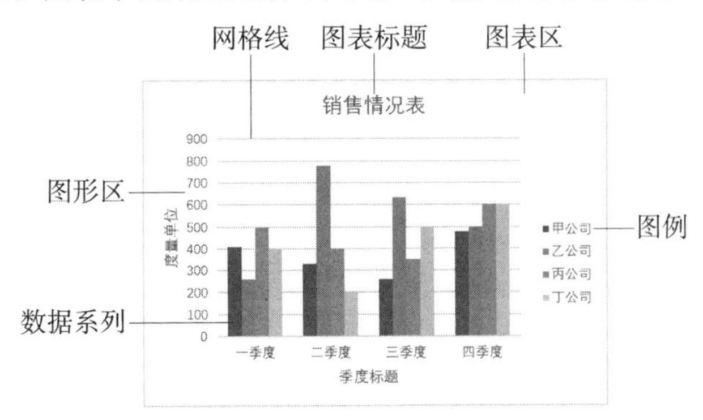

图 6－37　图表的各个元素

图表区：整个图表区域。

图形区：图表区中绘制图形的区域。

图表标题：每一张图表都应有一个标题，标题简要地说明了图表的意义。标题应简短、明确地表示数据的含义。

数据系列：每一张图表都由一个或多个数据系列组成，系列就是图形元素（如线、条形、扇区）所代表的数据集合。

坐标轴：除饼图、圆环图、雷达图不需要坐标轴外，其他类型的图表都应有坐标轴。分类X坐标轴表示数据系列的分类，数据Y坐标轴表示度量单位，每个坐标轴通常有一个标题来表示数据的类别和度量单位。

网格线：用来标记度量单位的线条，以便于分清各数据点的数值。

图例：当图表表示多个数据系列时，可以用图例来区分各个系列。

6.6.2 建立图表

在Excel 2016中，用户可以在“插入”选项卡下的“图表”功能组或“迷你图”功能组中选择需要的图表命令，如图6-38所示。也可以单击“图表”功能组右下角的“查看所有图表”按钮，弹出“插入图表”对话框，如图6-39所示。在对话框中的“推荐的图表”选项卡中选择需要的图表类型，如果推荐图表中没有所想要的图表类型，那么可以使用“所有图表”选项卡，根据图表分类来选择所需图表，选择完成后单击“确定”按钮即可。

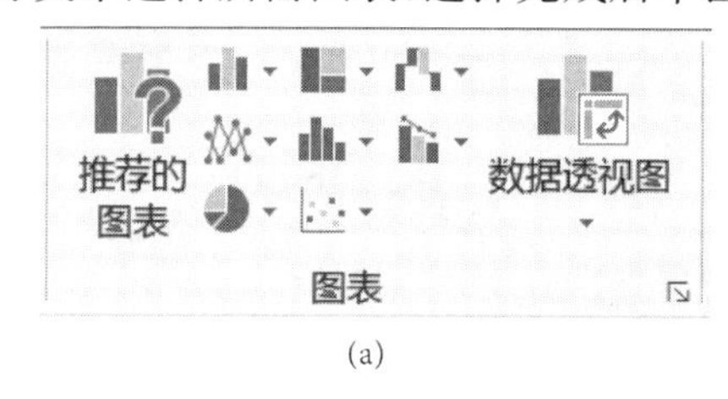

(a)

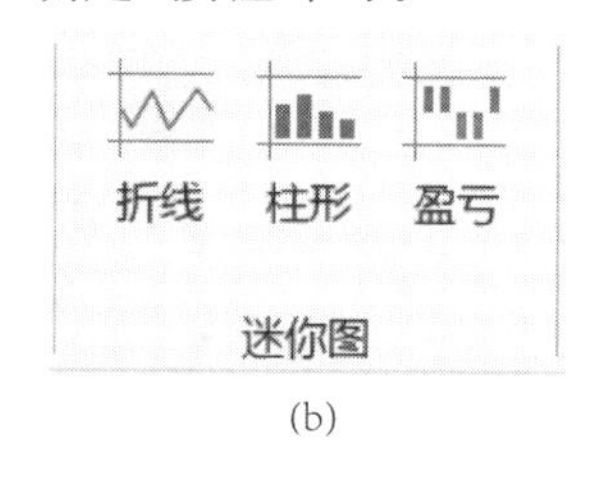

(b)

图6-38 “图表”和“迷你图”功能组

在创建图表前，必须先在工作表中为图表输入数据，再选择数据并使用“图表向导”逐步完成选择图表类型和其他选项的设置。

下面举一个简单的例子来说明怎样使用“图表向导”创建图表。

(1)建立如图6-40所示的工作表，并选定图表中要包含的数据单元格；

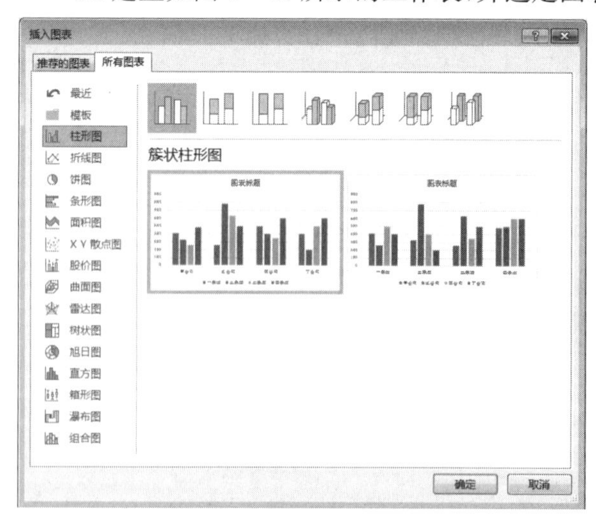

图6-39 “插入图表”对话框

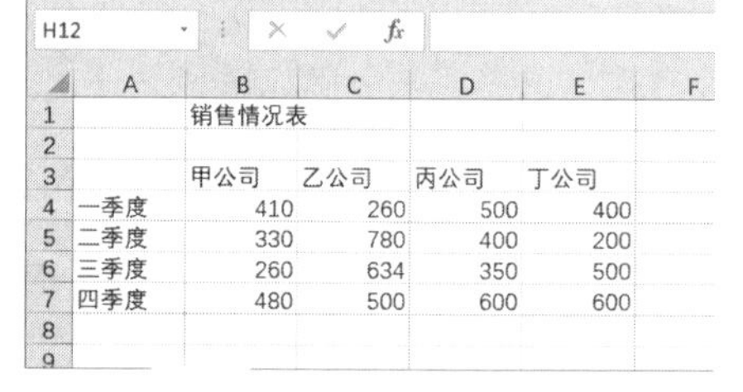

	A	B	C	D	E	F
1		销售情况表				
2						
3		甲公司	乙公司	丙公司	丁公司	
4	一季度	410	260	500	400	
5	二季度	330	780	400	200	
6	三季度	260	634	350	500	
7	四季度	480	500	600	600	
8						

图6-40 创建一张工作表

(2)单击“插入”选项卡下“图表”功能组右下角的“查看所有图表”按钮，弹出“插入图表”对话框；

(3)选择图表类型,选择其中的一种,单击“确定”按钮,创建如图 6－37 所示的图表。

Excel 2016 中可以建立两类图表,一类为嵌入式图表,另一类为图表工作表。其中,嵌入式图表是置于工作表中而非独立的图表,图表工作表是将图表放置于新工作簿的一个独立的工作表中。

6.6.3　选择图表类型

我们知道了怎么建立图表,还应该清楚什么时候选择用什么类型的图表。每种图表类型提供了不同的方法来分析数据和表示数值信息,选择合适的图表类型,有助于分析数据、说明问题。

下面简要地说明几种常用图表的功用,并提供一些建议,有助于用户在工作中选用合适的图表类型。

1)条形图和柱形图

比较项目之间的关系而不是在时间上的变化时,选用柱形图。堆积柱形图可清晰地显示整体中的各个组成部分。堆积柱形图的特殊情况是“100%”柱形图,它可以表示整体中各个组成部分所占的百分比。条形图与柱形图类似,只是方向为水平方向,适用于显示较长的数值坐标。

2)折线图

折线图用于描述和比较数值数据的变化趋势,有效地表示一个或多个数据集合在时间上的变化,尤其是随时间发生的动态变化。在单个图表中,不宜使用过多的系列,以使图表清晰明了。

3)圆环图和饼图

圆环图和饼图通常用部分在整体中所占的百分比或数值来表示部分与整体的关系。每一个切片可以标记出数值或所占的百分比。当强调一个或多个切片时,可以把它们分离出来,以吸引观众的注意力。

4)XY 散点图

散点图中的点一般不连,每一点代表了两个变量的数值,用来分析两个变量之间是否相关。

5)面积图

面积图可以看作折线图的一种特殊形式,它表示系列数据的总值,而不强调数据的变化情况。

需要增强图表的视觉效果时,可以使用相应的三维图表,如三维饼图、三维折线图、三维条形图及三维柱形图。

6.6.4　图表的编辑与设置

若已经创建好的图表不符合用户要求,则可以对其进行编辑。单击所建图表可以看到“图表工具”选项卡,Excel 2016 将其分为两部分:设计和格式。

1. 设置图表元素格式

要为选择的任意图表元素设置格式,可在“图表工具|格式”选项卡下“当前所选内容”功能组中单击“设置所选内容格式”命令按钮,在工作表区右侧打开的“设置图表区格式”窗格中选择需要的格式选项。

要为所选图表元素的形状设置格式，可在“形状样式”功能组中单击需要的样式，或者单击“形状填充”“形状轮廓”或“形状效果”，然后选择需要的格式选项。

若要通过使用“艺术字”为所选图表元素中的文本设置格式，可在“艺术字样式”功能组中单击需要的样式，或者单击“文本填充”“文本轮廓”或“文字效果”，然后选择需要的格式选项。

2. 调整图表的位置和大小

对于嵌入式图表，可以在所在工作表上移动其位置，也可以将其移动到单独的图表工作表中。

在工作表上移动图表的位置，可用鼠标指针指向要移动的图表，当鼠标指针变成四向箭头时，可单击并拖动图表到新的位置，然后释放鼠标。对于嵌入式图表，还可以调整其大小。

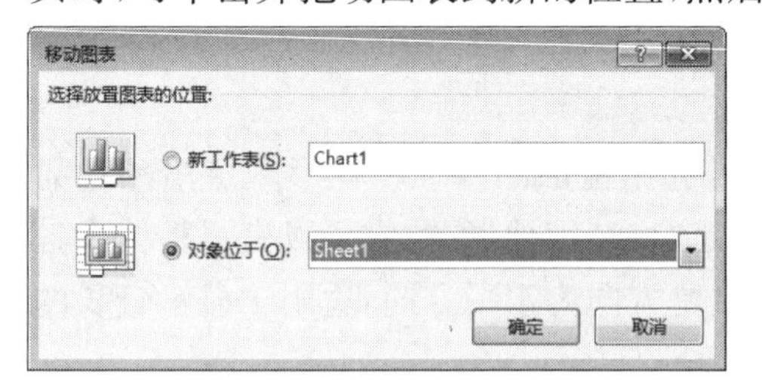

图 6－41 “移动图表”对话框

将嵌入式图表放到单独的图表工作表中的方法是单击嵌入式图表以选中该图表，在“图表工具|设计”选项卡下“位置”功能组中单击“移动图表”命令按钮，弹出“移动图表”对话框，如图 6－41 所示。

在“选择放置图表的位置”下，选中“新工作表”单选按钮，将图表显示在新工作簿的图表工作表中；选中“对象位于”单选按钮，将图表显示为其他工作表中的嵌入式图表。

3. 更改图表类型

若图表的类型无法确切地展现工作表数据所包含的信息，就需要更改图表类型。通过“图表工具|设计”选项卡下“类型”功能组中“更改图表类型”命令按钮，会弹出“更改图表类型”对话框，可更改图表类型。

4. 更改数据系列

当图表建立好以后，用户也许需要修改表格中的数据，Excel 的工作表和图表之间存在着联结关系，即当修改任何一边的数据时，另一边将随之改变。因此，在修改了工作表中数据后，不必重新绘制图表，图表会随着工作表中数据自动调整。

更改单元格中的数据值，操作步骤如下：

(1)打开包含绘制图表所需数据的工作表；

(2)在需要更改数据的单元格中，键入新数据；

(3)按[Enter]键即可。

选中已经建立好的图表，在“图表工具|设计”选项卡下“数据”功能组中单击“选择数据”命令按钮可更改数据系列，弹出“选择数据源”对话框，如图 6－42 所示。在对话框中，通过“图例项(系列)”中的“添加”“编辑”及“删除”按钮可更改数据系列。

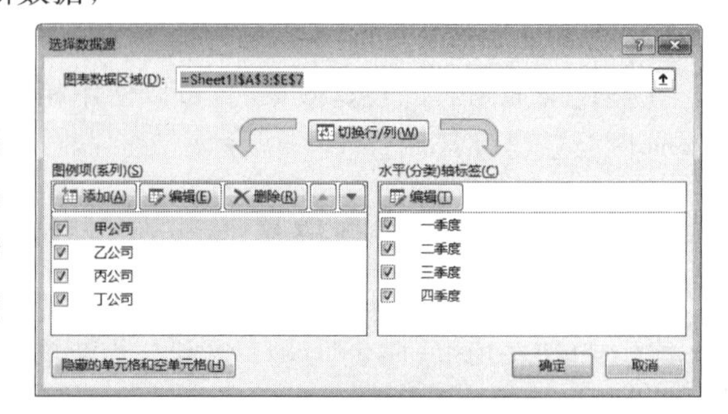

图 6－42 “选择数据源”对话框

5. 交换行、列数据

单击其中包含要以不同方式绘制的数据的图表，在“图表工具|设计”选项卡下“数据”功能组中选择“切换行/列”命令按钮，可交换行、列数据。

6. 对图表快速布局

Excel 2016 为图表提供了几种内置布局方式，从而能快速对图表布局。要选择预定义图表布局，可单击要设置格式的图表，然后在“图表工具|设计”选项卡下“图表布局”功能组中单击要使用的图表布局。

7. 快速设置图表样式

Excel 2016 为图表提供了几种内置样式，从而快速对图表样式进行设置。要选择预定义图表样式，可单击要设置样式的图表，然后在“图表工具|设计”选项卡下“图表样式”功能组中单击要使用的图表样式。

8. 显示或隐藏网格线

要显示或隐藏网格线，可单击要设置格式的图表，然后在“图表工具|设计”选项卡下“图表布局”功能组中单击“添加图表元素”命令按钮，在下拉列表中选择“网格线”命令，选择需要的网格格式：

(1)要向图表中添加水平网格线，可单击“主轴主要水平网格线”选项。如果图表有次要水平网格线，那么还可以单击“主轴次要水平网格线”。

(2)要向图表中添加垂直网格线，可单击“主轴主要垂直网格线”选项。如果图表有次要垂直网格线，那么还可以单击“主轴次要垂直网格线”。

(3)当所选图表是三维图表时可设置竖网格线。单击“更多网格线选项”命令，在工作表区右侧打开“设置主要网格线格式”窗格，在窗格中通过“主要网格线选项”下拉列表中“竖(系列)坐标轴 主要网格线”选项来设置竖网格线。

(4)要隐藏图表网格线，可分别在“网格线”级联列表中取消水平方向的“主轴主要水平网格线”“主轴次要水平网格线”或垂直方向的“主轴主要垂直网格线”“主轴次要垂直网格线”选项。

9. 添加趋势线

趋势线就是用图形的方式显示数据的预测趋势并可用于预测分析，也称为回归分析。利用趋势线可以在图表中扩展均势线，根据实际数据预测未来数据。在“图表工具|设计”选项卡下“图表布局”功能组中单击“添加图表元素”命令按钮，在下拉列表中选择“趋势线”命令，为图表添加趋势线。

10. 使用迷你图显示数据趋势

迷你图是绘制在单元格中的一个微型图表，用迷你图可以直观地反映数据系列的变化趋势。与图表不同的是，当打印工作表时，单元格中的迷你图会与数据一起进行打印。

1)创建迷你图

在 Excel 2016 中目前提供了三种形式的迷你图，即“折线图”“柱形图”和“盈亏图”。在图 6－37 中很难直接看出数据的变化趋势，而使用迷你图就可以非常直观地反映出每季度各公司的销售情况趋势情况。

下面举一个简单的例子来说明怎样创建迷你图。

(1)选中 B4:E4 单元格区域，在“插入”选项卡下“迷你图”功能组中单击“折线”命令按钮；

(2)弹出“创建迷你图”对话框，在“数据范围”右侧的文本框中已显示数据所在的区域 B4:E4，也可以单击右侧的拾取按钮对数据区域进行选择；

(3)在“位置范围”右侧文本框中选择迷你图存放的位置，拾取 F4 单元格，单击“确定”

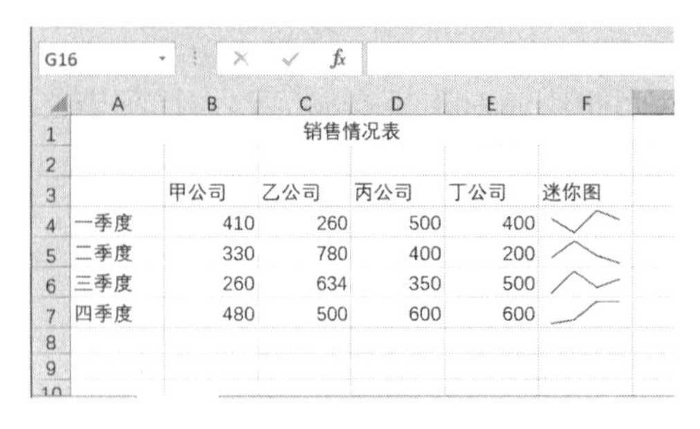

	A	B	C	D	E	F
1	销售情况表					
2						
3		甲公司	乙公司	丙公司	丁公司	迷你图
4	一季度	410	260	500	400	
5	二季度	330	780	400	200	
6	三季度	260	634	350	500	
7	四季度	480	500	600	600	
8						
9						

图 6-43　迷你图

按钮，此时在 F4 单元格中创建一张折线迷你图。用手动填充柄的方法将迷你图填充到其他单元格，就像填充公式一样，如图 6-43 所示。

2）编辑迷你图

选中有迷你图的单元格，会出现“迷你图工具|设计”选项卡，其主要功能如下：

编辑数据：修改迷你图图组的源数据区域或单个迷你图的源数据区域。

类型：更改迷你图的类型为折线图、柱形图、盈亏图。

显示：在迷你图中标识特殊数据。

样式：使迷你图直接应用预定义格式的图表样式。

迷你图颜色：修改迷你图折线或柱形的颜色。

标记颜色：修改迷你图图组中的负点、标记和其他任何点的颜色。

坐标轴：迷你图坐标范围控制。

组合及取消组合：可通过使用此功能进行组的拆分或将多个不同组的迷你图组合为一组。

6.7　打印工作表

建立好一份工作表之后，一般需要打印出来，Excel 提供了丰富的选项，以满足不同的需要。另外还提供了打印预览功能，能够在实际打印出来之前，预先观察到打印的效果。Excel 会按照原来的缺省设置或在“页面设置”对话框中指定的设置打印，但通常用户需要选取打印范围，并设置某些选项。

6.7.1　设置打印区域

选定欲打印的单元格范围。单击“页面布局”选项卡下“页面设置”功能组中的“打印区域”命令按钮，在下拉列表中选择“设置打印区域”命令。被选定的单元格范围四周会出现线条边框，并且 Excel 会将选定的打印区域命名为“Print_Area”。如果欲取消已设置好的打印区域，那么需选取“取消打印区域”命令。

6.7.2　页面设置

设置好打印区域后，为了使打印出的页面美观，符合要求，用户可以对纸张的大小和方向进行设置。同时也可以对打印文字与纸张边框之间的距离，即页边距进行设置。

打开需要打印的工作表，单击“页面布局”选项卡下“页面设置”功能组右下角的“页面设置”按钮，弹出“页面设置”对话框，在对话框的“页面”选项卡中对纸张大小和方向进行设置。

1. 设置页面

选择“页面设置”对话框中的“页面”选项卡，如图 6-44 所示。

图 6 - 44　“页面设置”中的“页面”选项

(1)方向:可以选择“纵向”或“横向”。如果要打印的列数多于行数,那么最好选择“横向”。

(2)缩放:要对打印的工作表进行缩放,选中“缩放比例”,并在增量框输入缩放的百分比。要在打印时缩小工作表或选定区域,以便适合选定的页码数,可选择“调整为”,然后在“页宽”和“页高”增量框输入相应的数值。

(3)纸张大小:选择打印所用的纸张。

(4)打印质量:选定打印的质量指标——每英寸输出的点数(dpi),点数愈大,质量愈好。

(5)起始页码:要使起始页码为 1 或紧接前一个数开始,可输入“自动”;要指定起始页码,可输入相应的数值。

2. 设置页边距

选择“页面设置”对话框中的“页边距”选项卡,如图 6 - 45 所示。

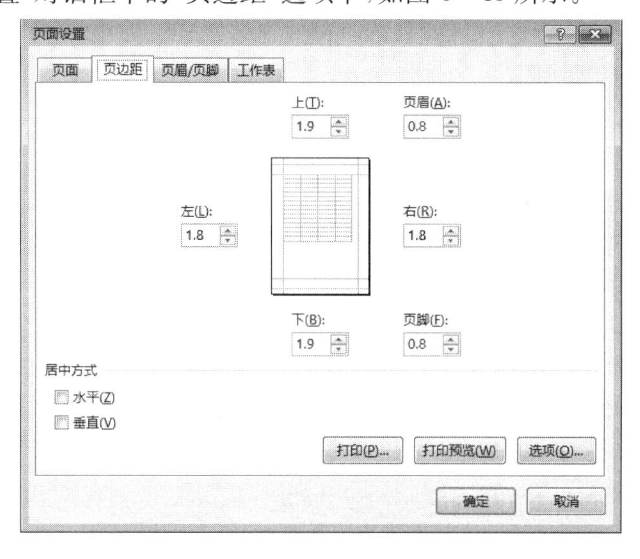

图 6 - 45　“页面设置”中的“页边距”选项

（1）在“上”“下”“左”“右”增量框分别输入数值指定数据与打印线各边的距离。

（2）在“页眉”“页脚”增量框中输入相应的数值，指定页眉与页顶或页脚与页底的距离，该距离应小于页边距设置，以免页眉或页脚与数据重叠。

（3）要使数据在页面是居中显示，可勾选“居中方式”栏中的“水平”或“垂直”复选框，也可两者都选。

3. 设置页眉和页脚

选择“页面设置”对话框中的“页眉/页脚”选项卡，如图 6－46 所示。

图 6－46 “页面设置”中的“页眉/页脚”选项

这里可以给打印的页面增加页眉和页脚。页眉缺省为工作表的名称，页脚缺省为“第 X 页”，也可以从预定义的页眉、页脚中选取一个，或建立自己定义的页眉和页脚。单击“自定义页眉”/“自定义页脚”按钮，弹出“页眉”/“页脚”对话框，中部编辑框中的“&[标签名]”或“&[页码]”是工作表名称或页码的代码。也可以单击其他按钮分别在“左部”“中部”“右部”三个编辑框中加入其他代码，最后单击“确定”按钮。这些按钮从左到右分别为：

格式文本：单击弹出“字体”对话框，可以设置字体、字形、大小等。

插入页码：输入页码代码。

插入页数：输入总页码代码。

插入日期：输入当天日期。

插入时间：输入当时时间。

插入文件路径：输入文件的路径。

插入文件名：输入文件名。

插入数据表名称：输入当前的工作表名。

插入图片：插入所需图片。

设置好各选项后，可以单击“确定”按钮，退出“页面设置”对话框。也可以单击“打印”或“打印预览”按钮切换为“打印”界面。

4. 设置工作表

选择“页面设置”对话框中的“工作表”选项卡，如图 6－47 所示。

图 6－47　“页面设置”中的“工作表”选项

(1)打印区域。

如果已经设置好了打印区域,那么“打印区域”右边编辑框中会显示已选定好的单元格区域;否则,可以单击拾取按钮,在工作表中拾取需要打印的区域。也可以在编辑框中直接键入。

(2)打印标题。

要在选定工作表的各页中打印相同的行、列标题,可在“打印标题”栏下选择相应的选项。然后在该工作表上,选择作为标题的行或列。也可以直接输入单元格引用或名称。

(3)打印。

①网格线:是否在工作表上打印水平和垂直的单元格网格线。

②注释:要打印活动工作表的单元格注释,选择此项。

③草稿质量:以“草稿”方式打印时,Excel 不打印网格线和大部分图形。这样可减少打印时间。

④单色打印:要在黑白打印彩色数据时,可选择本选项。若使用的是彩色打印机,则勾选此项可减少打印时间。

⑤行和列标题:要以 A1 引用样式或 R1C1 引用样式打印行号和列标,可勾选此项。

(4)打印顺序。

①先列后行:当数据范围超出一页时,下一页对上一页下面的数据进行编号打印,然后移到右边向下打印。

②先行后列:当数据范围超出一页时,下一页对上一页右面的数据进行编号打印,然后移到下边向右打印。

6.7.3　打印预览

在实际打印出页面之前,可以预先看一看打印出来的效果,对不合适的地方及时进行修改。通过单击“文件”选项卡中的“打印”选项,此时在文档窗口中将显示所有与打印有关的命令选项,在最右侧的窗格中将能够预览打印效果,使用[Ctrl＋P]快捷键也可打开打印选项。拖动“缩放”滑块或单击“缩放到页面”按钮能调整文档的显示大小；单击“下一页”按钮和“上一页”按钮，将能进行预览的翻页操作，如图 6－48 所示。

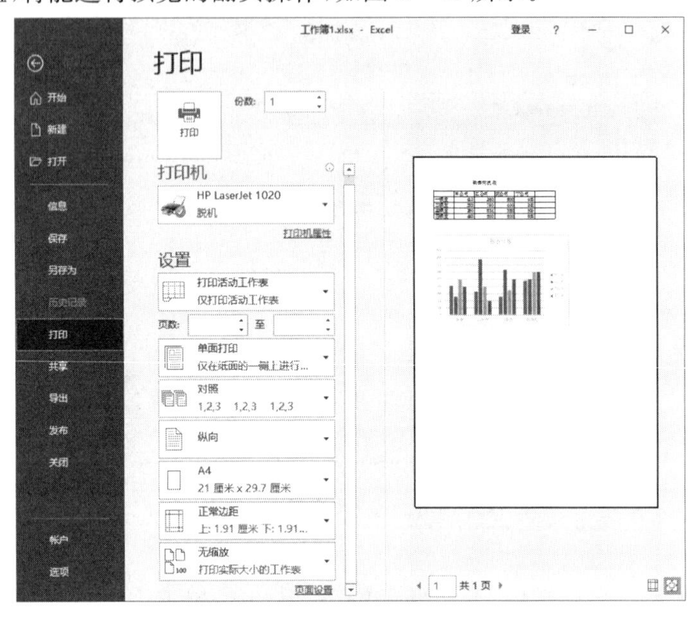

图 6－48　打印预览

6.8　数据管理与分析

Excel 2016 是专业的数据处理软件，其除能方便地创建各种类型的表格和进行各种类型的计算外，还具有对数据进行分析处理的能力。用户通过对数据进行分析，可以对工作进行安排和规划。

6.8.1　数据排序

在刚开始建立的数据库中，一般是没有按照某字段排序的，即使建立清单时是按某顺序输入的，但随着记录的增加与修改，原来有序的可能也会变成无序。而且通常必须打印出数据清单，在打印出的页面上，无法使用搜索和筛选功能。因此，建立一份有序的数据清单，将会给查询工作带来很大方便。

Excel 可以根据一列或几列中的数值对数据清单排序。同样，如果数据清单是按列建立的，也可以按照某行中的数值对列排序。排序时，Excel 将利用列或指定的排序次序重新设定行、列以及各单元格。

1. 单列排序

选择单元格区域中的列字母、数值、日期或时间数据，或者确保活动单元格在包含这些数据的表格列中。在“数据”选项卡下“排序和筛选”功能组中，单击“升序”命令按钮将进行升序排序，单击“降序”命令按钮将进行降序排序，如图 6－49 所示。

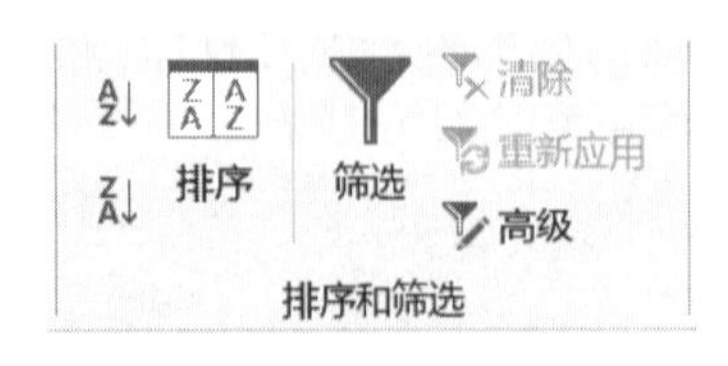

图 6－49　“排序和筛选”功能组

2. 多列排序

在进行单列排序时，是使用工作表中的某列作为排序条件，如果该列中具有相同的数据，此时就需要使用多列排序进行操作。在“排序和筛选”功能组中单击“排序”命令按钮将弹出“排序”对话框，如图 6－50 所示。根据排序要求选择相应的“主要关键字”，单击“添加条件”按钮，可添加“次要关键字”。若还有排序条件，则可以继续添加。

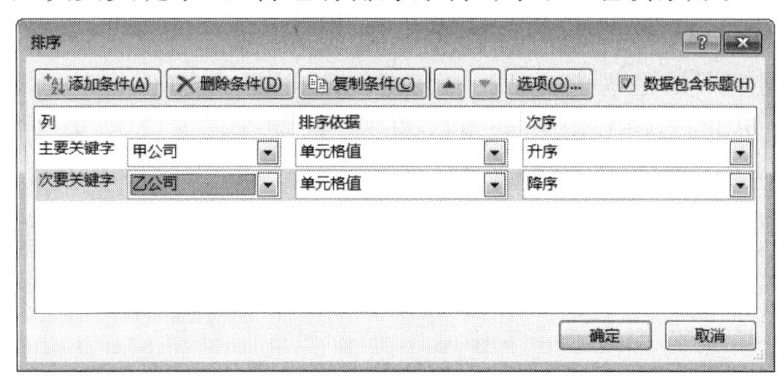

图 6－50　“排序”对话框

默认情况下，如果按照升序排列，那么 Excel 2016 将按下面规则进行排序：数字将按照从最小的负数到最大的正数的顺序排列；日期按照从早到晚的顺序排列；对于逻辑值，False 排在 True 的前面，空单元格排在所有非空单元格的后面，错误值的排序优先级相同。

3. 自定义序列排序

选中单元格区域中的一列数据，在“排序”对话框的“次序”下拉列表中选择“自定义序列”，弹出“自定义序列”对话框，选择所需的序列。在“输入序列”编辑框中用户可根据需要按顺序输入相关数据，单击“添加”按钮创建自定义序列，如图 6－51 所示。

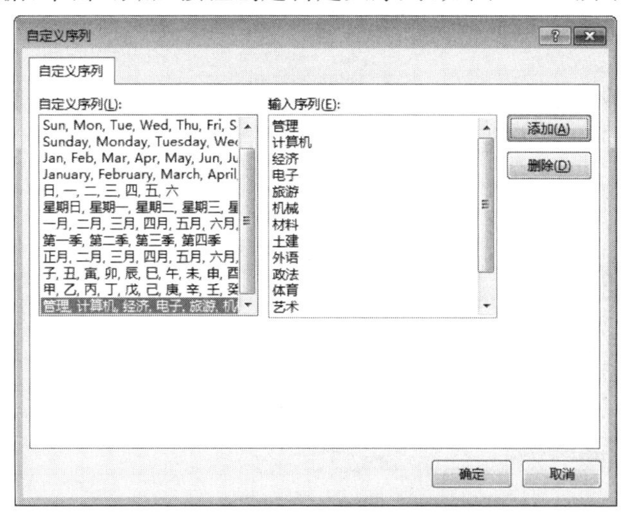

图 6－51　“自定义序列”对话框

6.8.2　数据筛选

使用记录单查询记录，一次只能显示一个记录，而且在每列中只能设置一个条件。而数据筛选功能可以在清单中集中显示所有符合条件的记录(数据行)，不符合条件的记录被隐藏起来。同时还可以在每列中指定两个以上的条件。

筛选有三种方法,分别为自动筛选、自定义筛选和高级筛选。高级筛选适用于条件比较复杂的筛选。筛选时,根据数据清单中不同字段的数据类型,显示不同的筛选选项。

1. 自动筛选

自动筛选为用户提供了在具有大量记录的数据清单中快速查找符合某种条件记录的功能。在要进行筛选的数据清单中选定单元格,在“数据”选项卡下“排序和筛选”功能组中单击“筛选”命令按钮,字段名称将变成一个下拉列表框,此时可以根据需要进行筛选,如图 6-52 所示。如果要筛选出性别为男的学生成绩,那么只需单击“性别”字段,在其中勾选“男”,即可自动筛选出性别为男的全部成绩。

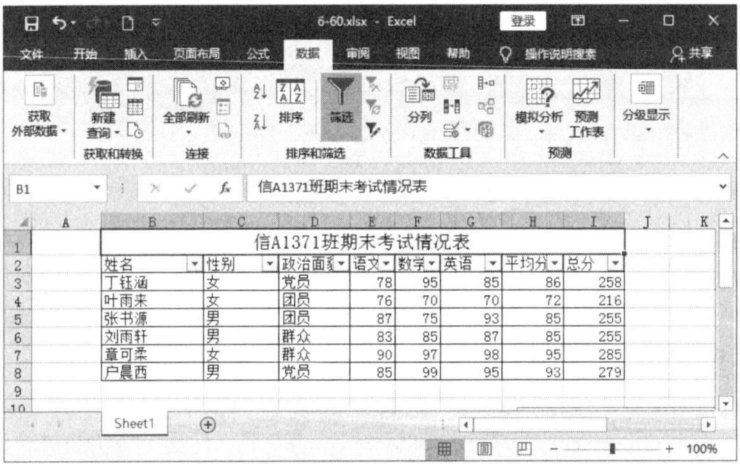

信A1371班期末考试情况表

姓名	性别	政治面貌	语文	数学	英语	平均分	总分
丁钰涵	女	党员	78	95	85	86	258
叶雨来	女	团员	76	70	70	72	216
张书源	男	团员	87	75	93	85	255
刘雨轩	男	群众	83	85	87	85	255
章可柔	女	群众	90	97	98	95	285
户晨西	男	党员	85	99	95	93	279

图 6-52 自动筛选

2. 自定义筛选

当自带的筛选条件无法满足需要时,也可以根据需要自定义筛选条件。在创建自动筛选基础上,单击包含要进行筛选的数据列中的箭头,在弹出的下拉列表框中选择“数字筛选”(或“文本筛选”),在级联菜单中选择“自定义筛选”,弹出“自定义自动筛选方式”对话框,如图 6-53 所示。

图 6-53 “自定义自动筛选方式”对话框

在“自定义自动筛选方式”对话框中,使用同一数据列的一个或两个比较条件来筛选数据清单。要匹配某一个条件,可单击第一个运算项框旁边的箭头,然后选择所要使用的比较运算符。要匹配两个条件,可选中“与”或“或”单选按钮,然后在第二个比较运算项和列标题框中,选择所需的运算项和数值。

若要取消列中的筛选操作,可再次在“数据”选项卡下“排序和筛选”功能组中单击“筛选”命令按钮。

3. 高级筛选

在进行工作表筛选时，如果需要筛选的字段比较多，且筛选的条件比较复杂，那么使用自动筛选操作将比较麻烦，此时可以使用高级筛选功能来完成符合条件的筛选操作。进行高级筛选时，首先要指定一个单元格区域放置筛选条件，然后以该区域中的条件来进行筛选。

举例说明，如图 6－54 所示，筛选出“语文＞85”且“英语＞90”的记录行。

	A	B	C	D	E	F	G	H	I	J	K	L
1		信A1371班期末考试情况表										
2		姓名	性别	政治面貌	语文	数学	英语	平均分	总分		语文	英语
3		丁钰涵	女	党员	78	95	85	86	258		>85	>90
4		叶雨来	女	团员	76	70	70	72	216			
5		张书源	男	团员	87	75	93	85	255			
6		刘雨轩	男	群众	83	85	87	85	255			
7		章可柔	女	群众	90	97	98	95	285			
8		户晨西	男	党员	85	99	95	93	279			
9												
10												
11		姓名	性别	政治面貌	语文	数学	英语	平均分	总分			
12		张书源	男	团员	87	75	93	85	255			
13		章可柔	女	群众	90	97	98	95	285			
14												

图 6－54　建立匹配条件

（1）在任一空白单元格中，键入或复制要用来筛选数据清单的条件标题（字段名称），这些应该与要筛选的列的标题一致。

（2）在条件标题下面的行中，键入要匹配的条件（在条件值与数据清单之间至少要留一个空白行或列），如图 6－54 所示。

（3）单击数据清单中的单元格。

（4）单击“排序和筛选”功能组中的“高级”命令按钮。

（5）在弹出的“高级筛选”对话框中，设置“列表区域”及“条件区域”，如图 6－55 所示，在“条件区域”框中，拾取条件区域（包括条件标题），然后单击“确定”按钮。

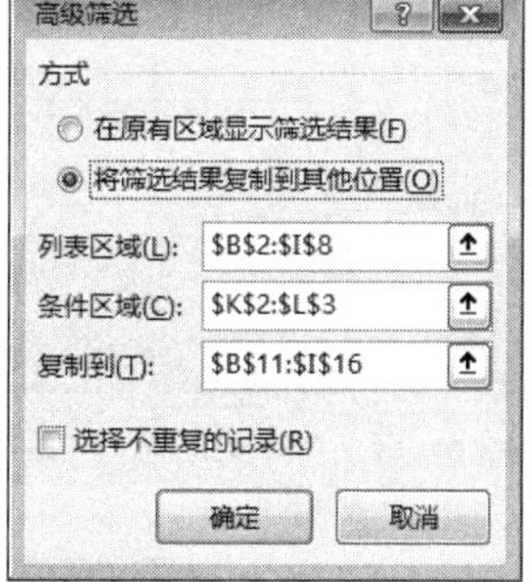

图 6－55　“高级筛选”对话框

“高级筛选”的条件示例：

①要对不同的列指定多重条件，可在条件区域的同一行中键入所有条件，如

语文	英语
＞85	＞90

将显示所有满足“语文大于 85 且英语大于 90”条件的记录行。

②要对不同的列指定一系列不同的条件，可在条件区域的不同行中键入条件，如

语文	英语
＞85	
	＞90

将显示所有满足“语文大于 85 或者英语大于 90”条件的记录行。

（6）返回工作表后可见只是显示了按照条件筛选后的结果。

6.8.3 数据汇总

在用户对工作表中的数据进行处理时，经常要对某些数据进行求和、求平均值等运算。Excel 提供了对数据清单进行分类汇总的方法，能够很方便地按用户指定的要求进行汇总，并且可以对分类汇总后不同类别的明细数据进行分级显示。分类汇总的前提是先要将数据按分类字段进行排序，再进行分类汇总，否则汇总后的信息无意义。

1. 创建分类汇总

如果要建立数据清单的分类汇总，那么可以按照下列步骤进行：

(1)对需要进行分类汇总的字段进行排序，如本例中按“性别”进行排序。

(2)在数据清单中选择任意单元格。

(3)在“数据”选项卡下“分级显示”功能组中单击“分类汇总”命令按钮，弹出如图 6-56 所示的“分类汇总”对话框。

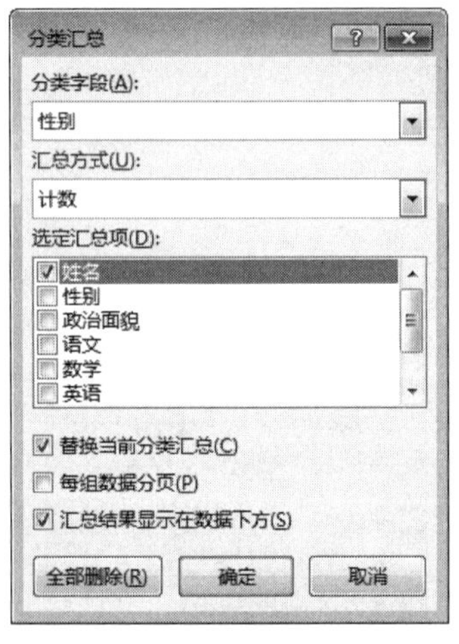

图 6-56 “分类汇总”对话框

(4)在“分类字段”列表框中，选择要进行分类汇总的数据组的数据列，选择的数据列要与步骤(1)中排序的列相同。

(5)在“汇总方式”列表框中选择进行分类汇总的函数。

(6)在“选定汇总项”列表框中，选定要分类汇总的列。数据列中的分类汇总是以“分类字段”框中所选择列的不同项为基础的。

(7)若要用新的分类汇总替换数据清单中已存在的所有分类汇总，则需勾选“替换当前分类汇总”复选框。若要在每组分类汇总数据之后自动插入分页符，则需勾选“每组数据分页”复选框。若要在明细数据下方插入分类汇总行和总汇总行，则需勾选“汇总结果显示在数据下方”复选框。

(8)设置完毕后，单击“确定”按钮，如图 6-57 所示就是分类汇总的结果。

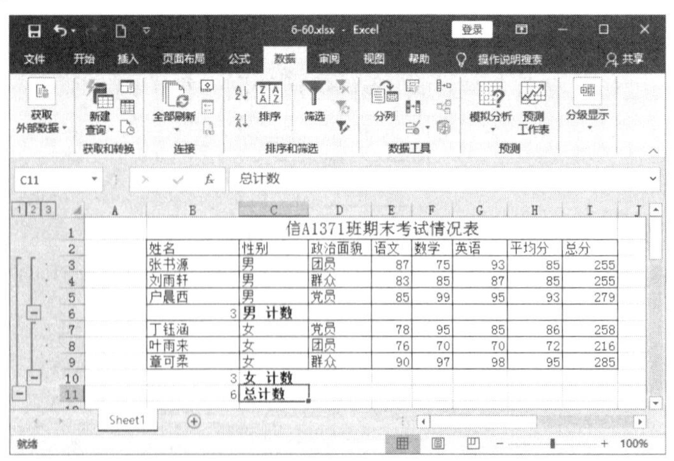

图 6-57 分类汇总结果

2. 分级显示

要想在前面的分类汇总的基础之上再次进行分类汇总，选中数据区域中的任意单元格，单击“数据”选项卡下“分级显示”功能组中的“分类汇总”命令按钮，在“分类汇总”对话框中勾选需要汇总的项。

在图 6－57 中可以看到，对数据清单进行分类汇总后，在行号的左侧出现了分级显示符号，主要用于显示或隐藏某些明细数据。

为了显示总和与列标，请单击行级符号 1；为了显示分类汇总与总和，请单击行级符号 2。在本例中，单击行符号 3，会显示所有的明细数据。

单击“隐藏明细数据”按钮[-]，表示将当前级的下一级明细数据隐藏起来；单击“显示明细数据”按钮[+]，表示将当前级的下一级明细数据显示出来。

3．删除分类汇总

如果用户在进行“分类汇总”操作后，觉得不需要进行分类汇总，那么可以选中数据区域中的任意单元格，单击“数据”选项卡下“分级显示”功能组中的“分类汇总”命令按钮，在“分类汇总”对话框中左下角单击“全部删除”按钮，再单击“确定”按钮即可。

6.8.4　数据分析

Excel 具有十分强大的数据分析功能，它提供很多工具帮助用户分析工作表中的数据。例如，用户可以使用模拟运算表来分析公式中某些数值的变化对计算结果的影响，还可以使用单变量求解或规划求解对数据进行分析处理计算，从而得出合理的结果。

1．使用模拟运算表分析数据

模拟运算表作为工作表中的一个单元格区域，可以显示公式中某些数值的变化对计算结果的影响。模拟运算表为同时求解某一运算过程中所有可能变化值的组合提供了捷径，并且它还可以将不同的计算结果同时显示在工作表中，便于查找和比较。

1）创建单变量模拟运算表

如果在工作表中有几个输入单元格，这些单元格中数值的变化将影响到一个或多个公式的计算结果，那么这时可以创建单变量模拟运算表来观察计算结果所受到的影响。

下面举例说明创建单变量模拟运算表的步骤。

（1）在工作表中输入如图 6－58 所示的内容，其中 D3 和 D6 单元格中均为公式“=$D$1*$D$2”。

（2）选定作为模拟运算表的区域，如图 6－59 所示。要创建的模拟运算表是以 D2 单元格作为输入单元格，用 C7:C12 单元格区域中的数据来替换输入单元格中的数据，D7:D12 单元格区域中显示输入单元格数据的变化对 D6 单元格中的公式产生的影响。

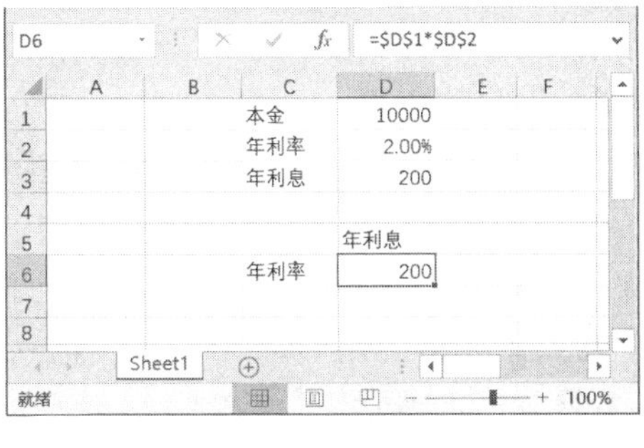

图 6－58　用于创建单变量模拟运算表的数据

图 6－59　选定模拟运算表的单元格区域

（3）在“数据”选项卡下“预测”功能组中单击“模拟分析”命令按钮，在下拉列表中选择“模拟运算表”命令。

（4）因为这里是用一列数据替换输入单元格中的数据，所以单击“输入引用列的单元格”输入框，然后在工作表上单击拾取单元格D2，如图6-60所示。

（5）单击“确定”按钮，建立的模拟运算表如图6-61所示。

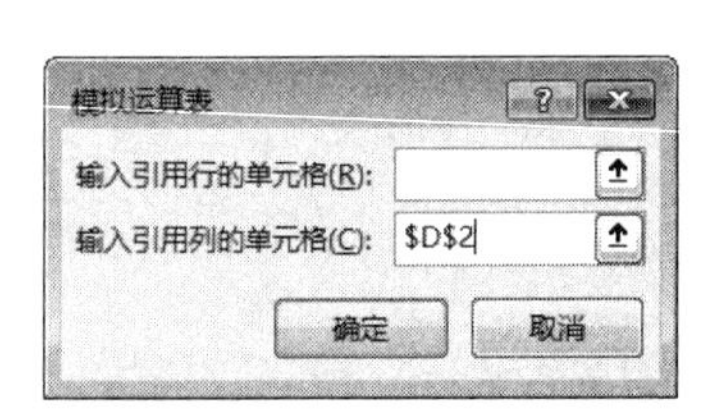

图6-60 “模拟运算表”对话框

图6-61 建立的单变量模拟运算表

2）创建双变量模拟运算表

上面创建的单变量模拟运算表中本金是10000元。通过模拟运算表，可以看出单个变量（年利率）对计算结果（年利息）的影响。如果希望观察本金和年利率同时变化对计算结果的影响，那么可以创建双变量模拟运算表。

下面举例说明创建双变量模拟运算表的步骤。

（1）在工作表中输入如图6-62所示的内容，其中D6单元格中显示计算结果（年利息），它的公式是“=$D$1*$D$2”。

图6-62 用于创建双变量模拟运算表的数据

（2）选定作为模拟运算表的区域。在“数据”选项卡下“预测”功能组中单击“模拟分析”命令按钮，在下拉列表中选择“模拟运算表”命令。

（3）因为这里用一行数据代替输入单元格D1（本金），用一列数据代替输入单元格D2（年利率），所以在“输入引用行的单元格”输入框中输入单元格引用“$D$1”，在“输入引用列的单元格”输入框中输入单元格引用“$D$2”，如图6-63所示。

（4）单击“确定”按钮，创建的双变量模拟运算表如图6-64所示。

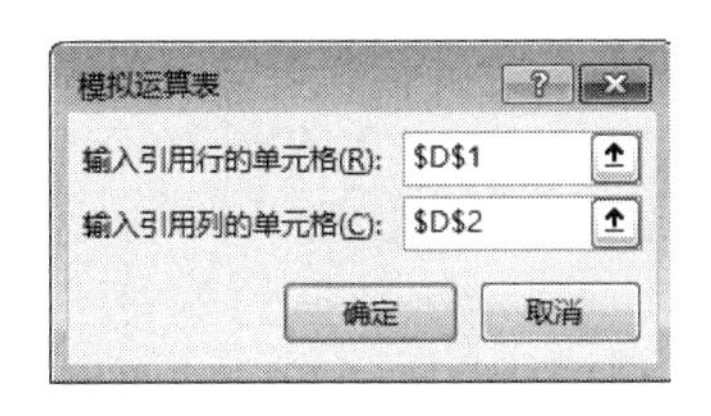

图 6－63　“模拟运算表”对话框

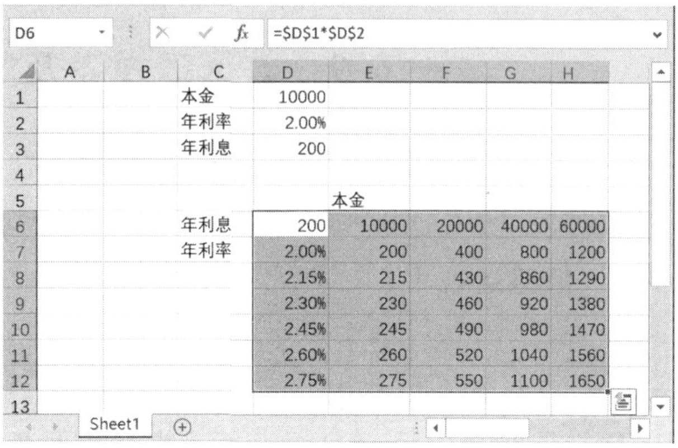

D6　=$D$1*$D$2

	A	B	C	D	E	F	G	H
1			本金	10000				
2			年利率	2.00%				
3			年利息	200				
4								
5					本金			
6			年利息	200	10000	20000	40000	60000
7			年利率	2.00%	200	400	800	1200
8				2.15%	215	430	860	1290
9				2.30%	230	460	920	1380
10				2.45%	245	490	980	1470
11				2.60%	260	520	1040	1560
12				2.75%	275	550	1100	1650
13								

Sheet1

图 6－64　建立的双变量模拟运算表

3)清除模拟运算表的计算结果和清除整个模拟运算表

若要清除模拟运算表的计算结果，则必须选定模拟运算表的所有计算结果，然后执行清除操作。若只清除个别计算结果，则 Excel 会给出错误提示。若只想清除计算结果而不想清除整个模拟运算表，则应确认选定的清除区域中不包括输入了公式的单元格。若要清除整个模拟运算表，则需选定包括所有公式、输入数值、计算结果、格式以及批注等在内的单元格，然后按[Delete]键就可以清除整个模拟运算表。

2. 目标(单变量)求解

单变量求解就是数学上的求解一元方程，它通过调整可变单元格中的数值按照给定的公式来满足目标单元格中的目标值。利用单变量求解有助于解决一些实际工作中遇到的问题。例如，一本书的单价是 30 元，现在买书花了 4 500 元，一共买了多少本？利用单变量求解可以得出这个问题的答案，步骤如下：

(1)在工作表中输入如图 6－65 所示的内容，其中 B3 单元格中的公式是“＝$B$1*$B$2”；

(2)在“数据”选项卡下“预测”功能组中单击“模拟分析”命令按钮，在下拉列表中选择“单变量求解”命令，弹出“单变量求解”对话框；

(3)在“目标单元格”文本框中输入“B3”，在“目标值”文本框中输入 4 500，在“可变单元格”文本框中输入“$B$2”，如图 6－66 所示；

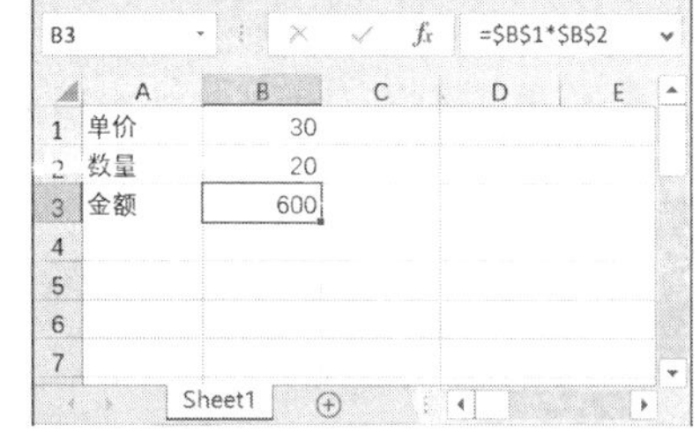

图 6－65　需要进行单变量求解的工作表

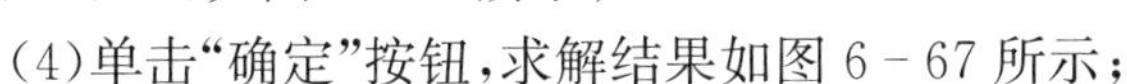

(4)单击“确定”按钮，求解结果如图 6－67 所示；

图 6－66　“单变量求解”对话框

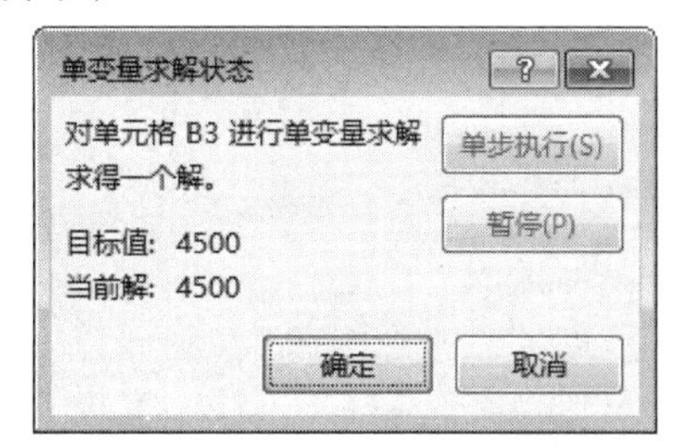

图 6－67　“单变量求解状态”对话框

(5)单击“单变量求解状态”对话框中的“确定”按钮，在工作表中即可看到求解的结果。

6.9 数据透视表及数据透视图

数据透视表和数据透视图是 Excel 2016 提供的一种简单、形象、实用的数据分析工具，使用它可以生动、全面地对数据清单重新组织和统计数据。

6.9.1 数据透视表

数据透视表实际上是一种交互式表格，能够方便地对大量数据进行快速汇总，并建立交叉列表。使用数据透视表，不仅能够通过转换行和列显示源数据的不同汇总结果，也能显示不同页面以筛选数据，同时还能根据用户的需要显示区域中的细节数据。

1. 创建数据透视表

在 Excel 2016 工作表中创建数据透视表的步骤大致分为两步，第一步是选择数据源，第二步是设置数据透视表的布局。

打开要创建数据透视表的工作表，在工作表中单击选择需要放置数据透视表的单元格，如图 6－52 所示的数据。

在“插入”选项卡下“表格”功能组中单击“数据透视表”命令按钮，在弹出的“创建数据透视表”对话框中，选中“选择一个表或区域”单选按钮，在“表/区域”文本框中输入数据所在单元格区域地址；选中“现有工作表”单选按钮，在“位置”文本框中输入数据存放数据透视表的位置，如图 6－68 所示，完成设置后单击“确定”按钮关闭对话框。

此时，Excel 2016 将自动打开“数据透视表字段”窗格，在“选择要添加到报表的字段”列表中勾选相应的项，如图 6－69 所示。在“数据透视表字段”窗格中，勾选字段复选框的顺序与数据透视表的显示效果有关，默认情况下，当向数据透视表中添加多个文本字段时，会以首先选中的字段作为汇总字段。在“在以下区域间拖动字段”中单击字段，将弹出如图 6－70 所示菜单，在该菜单中可对该字段进行设置。

图 6－68 “创建数据透视表”对话框

图 6－69 数据透视表字段列表

2. 设置数据透视表选项

默认情况下，数据透视表中的值字段是以求和作为汇总方式的，而修改值字段的汇总方式，一般有三种方法：(1)在数据透视表中直接进行修改；(2)在“数据透视表字段”窗格中进行设置；(3)在“数据透视表工具|分析”选项卡中进行设置。

单击“数据透视表工具|分析”选项卡下“活动字段”功能组中的“字段设置”命令按钮，此时将弹出“值字段设置”对话框，此时可修改“值汇总方式”及“值显示方式”，如图6－71所示。在“数据透视表字段”窗格的“值”区域中单击需修改的字段，也可打开“值字段设置”对话框。

图6－70　字段设置

图6－71　“值字段设置”对话框

设置数据透视表选项后，创建如图6－72所示的数据透视表。

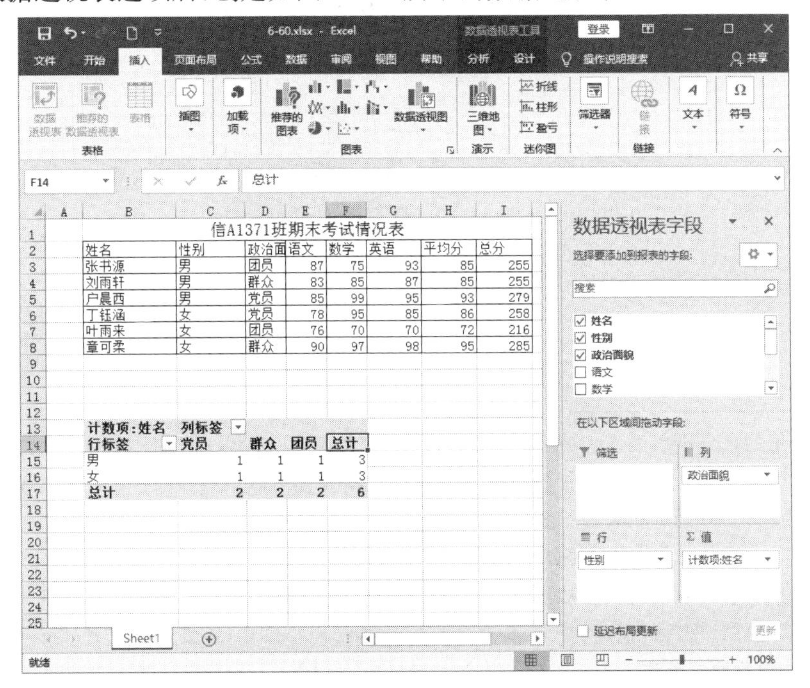

图6－72　数据透视表

6.9.2 数据透视图

数据透视图以图形的形式表示数据透视表中的数据，如同在数据透视表中那样，可以更改数据透视图的布局和数据。数据透视图通常有一个使用相应布局的相关联的数据，数据透视图和数据透视表中的字段相互对应，如果更改了某一报表的某个字段位置，则另一报表中的相应字段位置也会改变。

创建数据透视图：首先选择单元格区域中的一个单元格并确保单元格区域具有列标题，或者将插入点放在一个 Excel 表格中，再单击"插入"选项卡下"图表"功能组中"数据透视图"命令下拉按钮，在下拉列表中选择"数据透视图"命令。

与标准图表一样，数据透视图也具有系列、分类、数据标签和坐标轴等元素。除此之外，数据透视图还有一些与数据透视表对应的特殊元素。由于数据透视图与数据透视表的操作基本一致，因此这里不做详细介绍。如图 6－73 所示为根据"信 A1371 班期末考试情况表"创建的统计不同政治面貌的男、女生人数数据透视图。

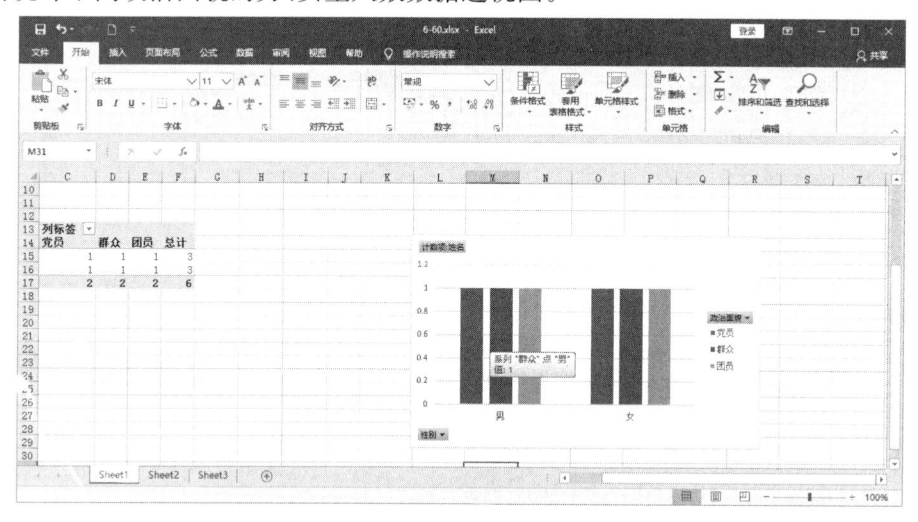

图 6－73 数据透视图

本章小结

Excel 是常用的电子表格系统，其基本操作包括 Excel 的启动、退出，电子表格的创建、打开和保存。

Excel 表格的编辑包括在工作表中输入文字、数字、日期和时间；对工作表进行字体、字形、字号、颜色、边框等格式方面的设置；对工作表进行各种插入、删除、复制等编辑操作。

Excel 中还可以利用工作表的数据建立简洁明了的图表以及对图表各方面的修饰；通过页面设置将工作表进行打印输出；利用系统提供的功能进行单变量求解、进行模拟运算表等数据管理工作；利用系统内部提供的数据库进行数据库的创建、查询、筛选、排序、分类汇总等操作；能创建数据透视表及数据透视图，能运用各种方法进行数据处理。

第7章　演示文稿PowerPoint 2016

PowerPoint是制作和演示幻灯片的软件，能够制作出集文字、图形、图像、声音以及视频剪辑等多媒体元素于一体的演示文稿，用于设计制作专家报告、教师授课、产品演示、广告宣传的电子版幻灯片。制作的演示文稿可以通过计算机屏幕或投影机播放。

Microsoft PowerPoint 2016(以下简称PowerPoint 2016)是微软公司推出的Office 2016软件包中的一个重要组成部分。本章将介绍PowerPoint 2016的基本操作。

7.1　PowerPoint 2016概述

在现在这个竞争非常激烈的时代，要想让别人接受一项计划或建议，自然应清楚地将其描述出来，设计精致而又引人入胜的幻灯片来完成这样的任务是最好的选择。许多人可能认为自己制作幻灯片十分麻烦，而PowerPoint可以解决一切困难。

用PowerPoint制作的文稿是一种电子文稿，其核心是一套可以在计算机屏幕上演示的幻灯片，这种幻灯片中可以含有文字、图表、图像和声音、电影，甚至可以插入超链接。这些幻灯片可以按一定顺序播放。

在计算机上利用PowerPoint软件设计制作完演示文稿后，可以将这种文稿制成实际的35 mm的幻灯片，也可以制成投影片，在通用的幻灯机上使用；还可以用与计算机相连的大屏幕投影仪直接演示，甚至可通过网络以会议的形式进行交流。这种电子文稿和交流方式在当今极为流行，采用PowerPoint进行信息交流，可以将所要讲述的信息最大限度地可视化。

7.1.1　PowerPoint的启动与退出

1. 启动方法

PowerPoint的启动方法可以有多种，主要方法如下：

(1)单击任务栏上的“开始”按钮，将鼠标指针指向菜单中的“所有程序”项，再单击“程序”菜单中的“PowerPoint”。

(2)双击任意扩展名为PPTX的文件(PowerPoint幻灯片)，就能够启动PowerPoint并同时打开该文件。

2. 退出方法

当用户完成操作后，需要退出PowerPoint时，可单击“文件”选项卡中的“关闭”命令，或单击位于PowerPoint窗口右上角的“关闭”按钮，也可使用[Alt+F4]快捷键。

注意：若对幻灯片进行过编辑修改而没有保存，PowerPoint将显示一个信息警告框，询问用户是否保存更改后的内容。单击“保存”按钮，PowerPoint将保存修改后的文档，然后退出；单击“不保存”按钮，不保存所做的修改，直接退出；单击“取消”按钮，则继续在

PowerPoint 中,既不保存也不退出。

7.1.2 PowerPoint 2016 的窗口

1. PowerPoint 的窗口组成

启动 PowerPoint 后,屏幕上出现如图 7-1 所示的 PowerPoint 窗口。从图中可以看到,PowerPoint 的窗口与 Word,Excel 具有相同的风格,甚至有相当一部分工具按钮都是相同的。

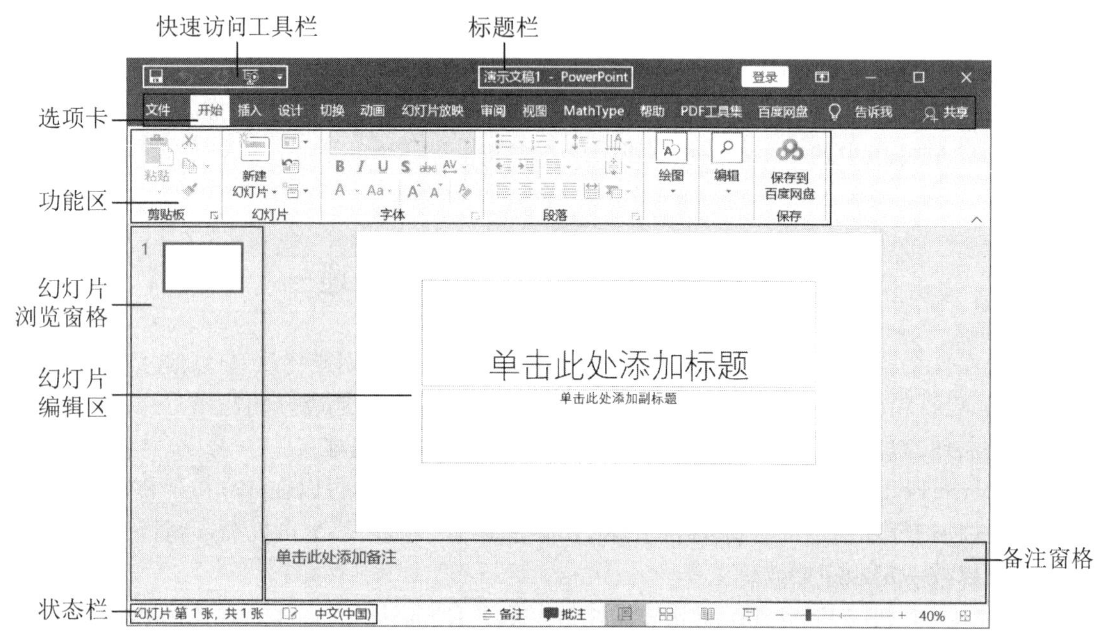

图 7-1 PowerPoint 2016 的窗口

下面对主要组成部分进行介绍。

(1)标题栏:位于窗口顶部,显示演示文稿的名称以及当前所使用的软件名称"PowerPoint"。

(2)快速访问工具栏:设置了"保存""撤消""恢复"等常用按钮。

(3)选项卡和功能区:包含了"文件""开始""插入""设计""切换""动画""幻灯片放映""审阅""视图"等选项卡。每个选项卡下都有包含多个功能组的功能区,若要使用功能组中某个命令,直接单击相应的命令按钮即可。

①"文件"选项卡:包括了当前文档的详细信息以及"保存""打开""另存为"等对文件进行操作的相关命令。

②"开始"选项卡:包括"剪贴板""幻灯片""字体""段落""绘图"和"编辑"等相关功能。

③"插入"选项卡:包含了用户想放置在幻灯片上的所有内容,如"表格""图像""插图""链接""文本""符号"以及"媒体"等相关操作。

④"设计"选项卡:可以为幻灯片进行主题设计和背景设计等相关操作。

⑤"切换"选项卡:用于设置幻灯片的切换方式。

⑥"动画"选项卡:用于为幻灯片设置动画效果。

⑦"幻灯片放映"选项卡:用于幻灯片放映时进行设置放映方式、选择放映位置等相关

操作。

⑧“审阅”选项卡：用于进行拼写检查和信息检索等操作，还可以使用批注来审阅演示文稿、审阅批注等。

⑨“视图”选项卡：可以快速在各种视图之间切换。

(4)幻灯片浏览窗格：显示幻灯片文本的大纲或幻灯片缩略图。“大纲视图”时，可以方便地输入演示文稿要介绍的一系列主题，系统将根据这些主题自动生成相应的幻灯片；“普通视图”时，演示文稿中的每张幻灯片按照缩小方式，整齐地排列在下面的窗口中，从而呈现演示文稿的总体效果。

(5)幻灯片编辑区：也叫作幻灯片窗格，它是编辑幻灯片的工作区域，用户可以在该窗格中对幻灯片内容进行编辑。

(6)备注窗格：用于输入备注，这些备注可以打印为备注页。

(7)状态栏：位于窗口的底部，用于显示当前演示文稿的编辑状态，包括演示文稿的幻灯片总页数、当前所在页和使用主题等。

2. PowerPoint 的视图

PowerPoint 2016 提供了五种主要的演示文稿视图模式，即“普通视图”“大纲视图”“幻灯片浏览视图”“备注页视图”和“阅读视图”。用户可以根据工作的需要，通过切换视图分别选择不同的工作方式，以便从不同的角度对演示文稿进行编辑。用户可以选择“视图”选项卡下“演示文稿视图”功能区中相应的视图模式命令按钮进行切换。

1)普通视图

普通视图包括幻灯片窗格、幻灯片浏览窗格和备注窗格三个窗格，拖动窗格边框可调整大小，如图 7-2 所示。幻灯片窗格显示出当前幻灯片，可以进行幻灯片的编辑、对象的插入和格式化处理、输入文本和改变文本级别等；在备注窗格可查看和编辑当前幻灯片的演讲者备注文字。普通视图是系统默认的视图。

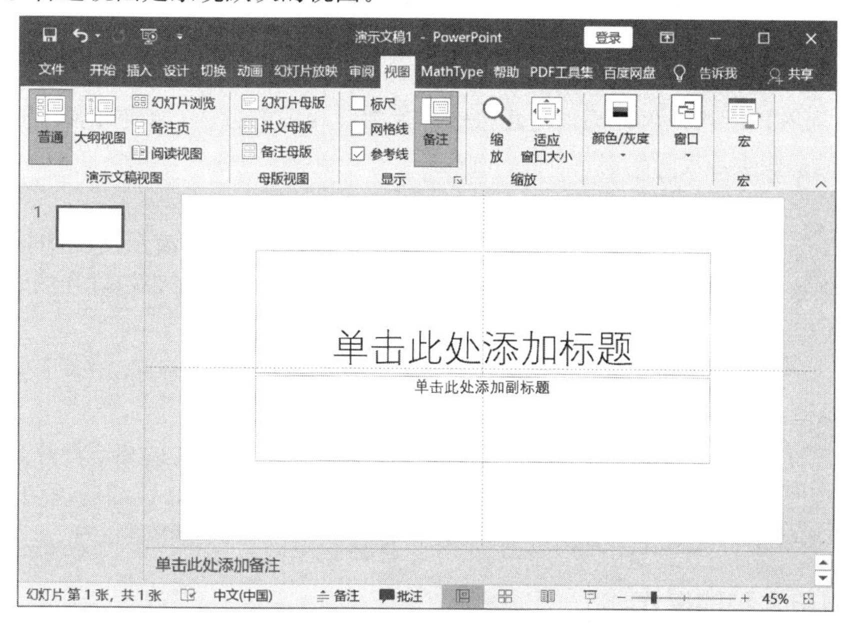

图 7-2　普通视图

2)大纲视图

大纲视图含有大纲浏览窗格、幻灯片窗格和备注窗格,如图 7－3 所示。在大纲浏览窗格中显示演示文稿的文本内容和组织结构,不显示图形、图像、图表等对象。在大纲视图下编辑演示文稿,可以调整各幻灯片的前后顺序,在一张幻灯片内可以调整标题的层次级别和前后次序,可以将某幻灯片的文本复制或移动到其他幻灯片中。

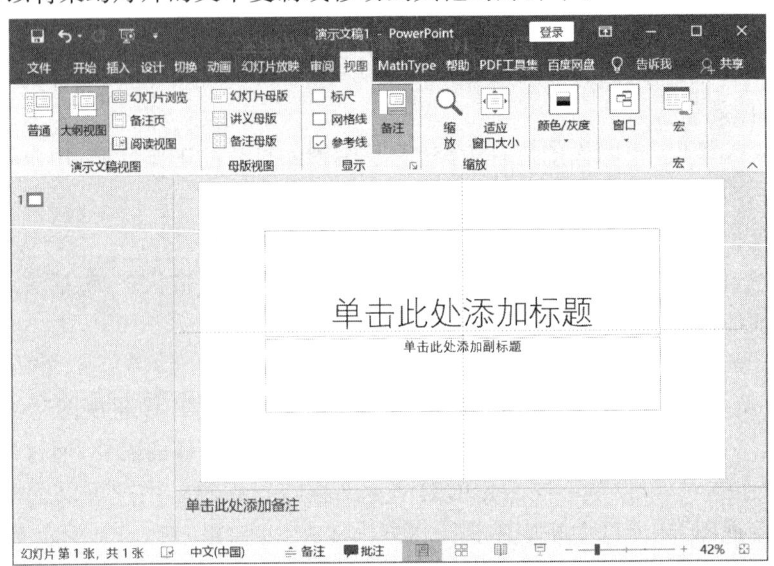

图 7－3 大纲视图

3)幻灯片浏览视图

这种视图用于按几种不同的效果来浏览演示文稿。例如,可以在窗口中按缩略图的方式顺序排列幻灯片,以便于对多张幻灯片同时进行删除、复制和移动;也可以通过双击某张幻灯片来快速地定位到它;另外,还可以设置幻灯片的动画效果,调节各张幻灯片的放映时间。

4)备注页视图

在备注页视图中用户可以添加与每张幻灯片内容相关的备注,如演讲者在演讲时所需的一些重点提示信息。

5)阅读视图

在阅读视图中可以查看演示文稿的放映效果,预览演示文稿中设置的动画和声音,并观察每张幻灯片的切换效果,它将以全屏动态方式显示每张幻灯片的效果。

7.2 演示文稿的基本操作

演示文稿是 PowerPoint 中的文件,由若干幻灯片组成。演示文稿和幻灯片是相辅相成的两个部分,是包含与被包含的关系。幻灯片可以包括醒目的标题、详细的说明文字、生动的图片以及多媒体等元素。每张幻灯片可以有自己独立表达的主题。

7.2.1 演示文稿的操作

1. 创建演示文稿

在对演示文稿进行编辑之前,首先应该创建一个演示文稿。

1)创建空白演示文稿

启动 PowerPoint 2016 后，在打开的如图 7－4 所示的界面中选择“空白演示文稿”命令，即可新建一个名为“演示文稿 1”的空白演示文稿。

图 7－4　创建空白演示文稿

2)使用联机模板创建演示文稿

模板是用来统一演示文稿外观的最快捷的方法，Office 中携带了很多不同风格的演示文稿模板，如 Office 主题、丝状、切片等。用户通过使用这些模板可以很轻松地创建出具有专业水平的演示文稿，具体操作如下：单击“文件”选项卡中的“新建”命令，在右侧窗格中，单击要使用的模板，在弹出的界面中，单击“创建”命令按钮，如图 7－5 所示，即可根据当前选定的模板创建演示文稿。

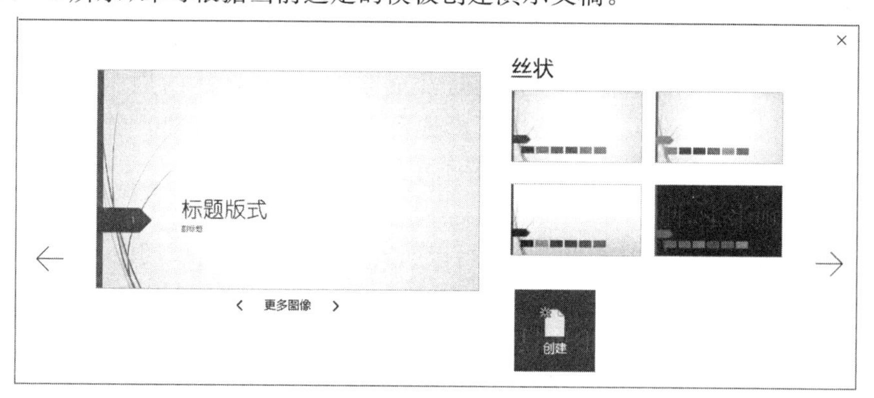

图 7－5　选择模板

如果已经安装的模板不能达到制作要求，那么还可以选择“搜索联机模板和主题”，将满意的模板下载并安装到用户的系统中，当下次再使用时就可以直接拿来用了。

2. 打开演示文稿

打开演示文稿的一般方法是：启动 PowerPoint 2016 后，选择“文件”选项卡中的“打开”命令或按[Ctrl+O]快捷键，在“打开”界面选择文件位置后，再选择需要打开的演示文稿即可。

打开最近使用的演示文稿：PowerPoint 2016 提供了记录最近打开的演示文稿的功能，如果想打开最近打开过的演示文稿，那么选择“文件”选项卡中的“打开”命令，在“打开”界面的“最近”列表中浏览最近打开过的演示文稿名称,选择需要打开的演示文稿即可。

注意:以只读方式打开的演示文稿只能进行浏览,不能进行编辑;以副本方式打开演示文稿是指将演示文稿作为副本打开,在副本中进行编辑后,不会影响源文件的内容。

3. 保存演示文稿

在幻灯片集制作过程中,一定要时常注意保存自己的工作成果。完成一张幻灯片的制作后应该将该文稿存盘。

新建文稿后,如果尚未存过盘,那么在 PowerPoint 的工作窗口标题条中显示的是“演示文稿 1”这样的文稿名。此时,可按下列步骤进行存盘操作:

(1)单击“文件”选项卡中的“保存”或“另存为”命令,或直接单击快速访问工具栏中的“保存”图标,弹出“另存为”对话框;

(2)选择该演示文稿存放的位置,在“文件名”文本框中输入演示文稿的名称,在“保存类型”下拉列表框中选择保存的类型;

(3)单击“保存”按钮,完成演示文稿的保存。

4. 关闭演示文稿

在“文件”选项卡中选择“关闭”命令。

7.2.2 编辑演示文稿

1. 处理幻灯片

1)选定幻灯片

处理幻灯片之前,需要先选定幻灯片,可以选定一张或多张幻灯片。

在普通视图的幻灯片浏览窗格中单击或在幻灯片浏览视图中双击幻灯片缩略图,可选定单张幻灯片。

在幻灯片浏览视图中,单击第一张幻灯片缩略图,使幻灯片的周围出现边框,按下[Shift]键并单击最后一张幻灯片缩略图可以选定多张连续的幻灯片。要选定多张不连续的幻灯片,可以按下[Ctrl]键,再分别单击要选定的幻灯片缩略图。

2)插入幻灯片

在普通视图或者幻灯片浏览视图中均可以插入空白幻灯片,可以用以下几种方法实现:

(1)单击“开始”选项卡下“幻灯片”功能组中的“新建幻灯片”命令按钮。

(2)在幻灯片浏览窗格中选中一张幻灯片作为要插入的位置,按[Enter]键。

(3)在幻灯片浏览窗格中右击,在弹出的菜单选择“新建幻灯片”命令。

(4)按[Ctrl+M]快捷键。

3)复制幻灯片

在幻灯片浏览视图中,选定要复制的幻灯片,按住[Ctrl]键,然后单击并拖动选定的幻灯片到要复制的新位置后释放鼠标,再松开[Ctrl]键,即可将选定的幻灯片复制到目的位置。此外,还可以使用“复制”和“粘贴”按钮实现。

4)移动幻灯片

要在幻灯片浏览视图中调整幻灯片的顺序,可以进行如下操作:选定要移动的幻灯片,单击并拖动到新位置释放鼠标,选定的幻灯片将出现在插入点所在的位置。此外,还可以使用“剪切”和“粘贴”按钮来调整幻灯片的顺序。

5)删除幻灯片

右击要删除的幻灯片,在弹出的快捷菜单中选择“删除幻灯片”命令即可,或者选定要删除的幻灯片,按[Delete]键。

2. 输入文本

在幻灯片中添加文字的方法有很多,最简单的方式就是直接将文本输入到幻灯片的占位符和文本框中。

1)在占位符中输入文本

占位符就是带有虚线或阴影线的边框,在其中可以放置标题、正文、图表、表格、图片等对象。

当创建一个空白演示文稿时,系统会自动插入一张“标题幻灯片”,如图7-6所示,在该幻灯片中有两个虚线框,即占位符。在占位符中会显示“单击此处添加标题”和“单击此处添加副标题”的字样,将插入点移至占位符中,单击输入文字即可。

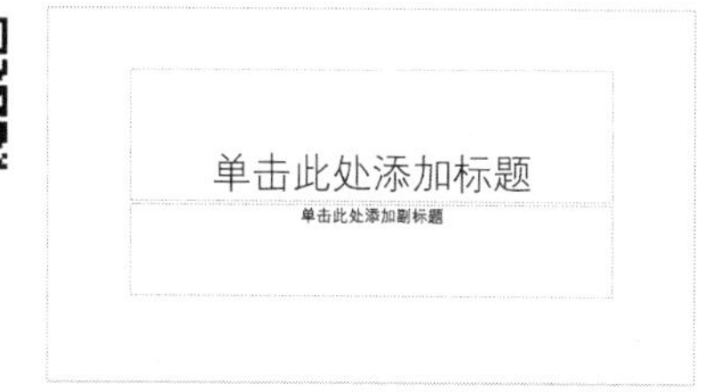

图7-6 在占位符中输入文本

2)在文本框中输入文本

如果要在占位符之外的其他位置输入文本,那么可以在幻灯片中插入文本框。具体操作如下:单击“插入”选项卡下“文本”功能组中的“文本框”命令,在幻灯片的适当位置拖出文本框的位置,此时就可以在文本框的插入点输入文本了。文本框默认的是“横排文本框”,如果需要竖排文字,那么可以单击“文本框”命令下拉按钮,在下拉列表中选择“竖排文本框”命令。

3. 编辑图片、图形

在PowerPoint 2016中,用户除可以在演示文稿中输入文字信息外,还可以插入图片,并且可以利用系统提供的绘图工具绘制自己需要的图形对象。

1)插入图片

PowerPoint 2016允许插入各种来源的图片文件。

在“插入”选项卡下“图像”功能组中单击“图片”命令按钮,在下拉列表中选择“此设备”,弹出“插入图片”对话框,选择所需要的图片后,单击“打开”按钮即可;在下拉列表中选择“联机图片”,可以在“必应”中搜索并下载所需图片。

插入图片后,用户也可以根据需要对图片进行各种编辑处理。

2)插入自选图形

在“插入”选项卡下“插图”功能组中单击“形状”命令按钮,弹出的下拉列表中包括线条、矩形、基本形状、箭头总汇、公式形状、流程图、星与旗帜、标注、动作按钮等。单击选择所需的形状,然后在幻灯片中拖出所选的形状。

3)插入SmartArt图形

在“插入”选项卡下“插图”功能组中单击“SmartArt”命令按钮,将弹出“选择SmartArt图形”对话框,如图7-7所示。用户可以在列表、流程、循环、层次结构、关系、矩阵等各种图形中选择自己所需要的,然后根据提示输入图形中所需的文字即可。

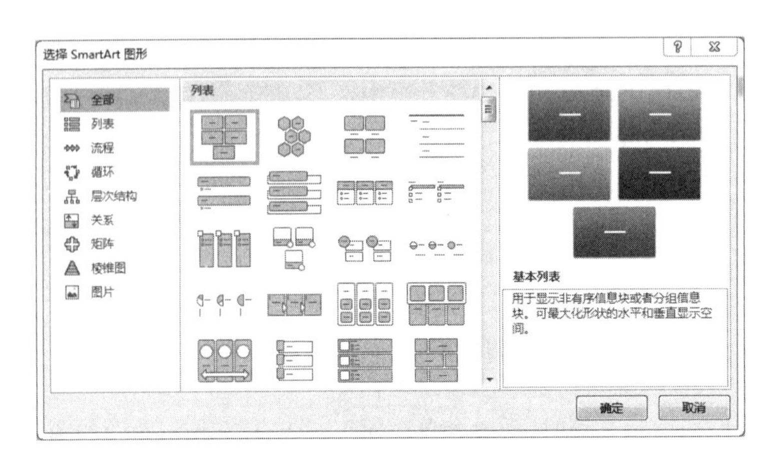

图 7-7 “选择 SmartArt 图形”对话框

若要对插入的 SmartArt 图形进行编辑，可以在“SmartArt 工具|设计”和“SmartArt 工具|格式”选项卡中选择相关命令。

4）插入图表

在“插入”选项卡下“插图”功能组中单击“图表”命令按钮，将弹出“插入图表”对话框，如图 7-8 所示，其中显示了一些常用的图表形式。

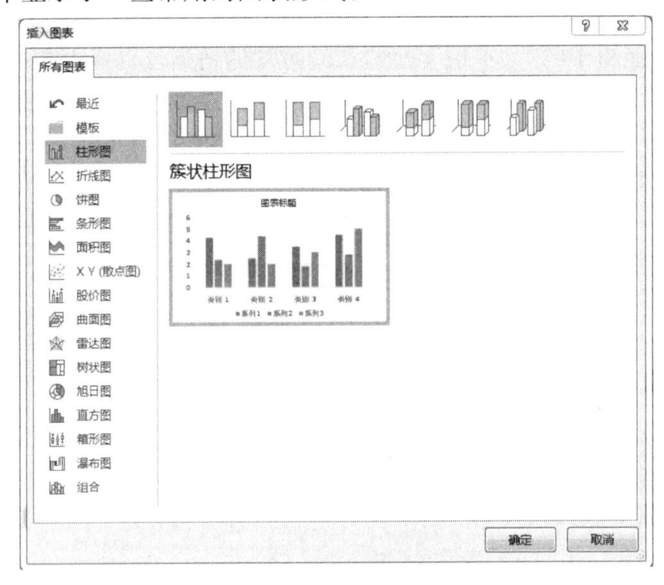

图 7-8 插入图表

选中其中一种类型的图表，单击“确定”按钮。此时，自动启动 Excel，用户可以在工作表的单元格中直接输入数据，图表会根据数据自动更新。输入数据后，关闭 Excel 窗口即可。

图表设置完成后，可以利用“图表工具|设计”和“图表工具|格式”选项卡快速设置图表的格式，包括调整图表大小和位置、修改图表数据、更改图表类型等。

4. 使用表格

如果需要在演示文稿中添加有规律的数据，那么可以使用表格来完成。

1)插入表格

在“插入”选项卡下“表格”功能组中单击“表格”命令按钮，在下拉列表中拖动鼠标选择表格行列数；或者在下拉列表中选择“插入表格”命令，弹出“插入表格”对话框，如图 7－9 所示，在其中输入表格所需的行数和列数，单击“确定”按钮即可完成插入。

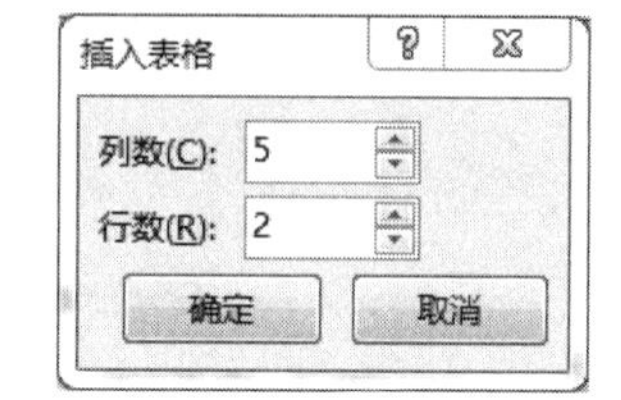

图 7－9 “插入表格”对话框

插入表格后即可在其中输入文本和数据，还可以根据需要对表格和单元格进行编辑操作，如插入新行新列、合并和拆分单元格等。

若要插入新行，则将插入点置于表格中要插入新行的位置，在“表格工具|布局”选项卡下“行和列”功能组中单击“在上方插入”或“在下方插入”命令按钮即可。用同样的方法可以实现插入新列的操作。

若要合并单元格，则选定要合并的多个单元格，在“表格工具|布局”选项卡下“合并”功能组中单击“合并单元格”命令按钮即可。用同样的方法可以实现拆分单元格的操作。

2)设置表格格式

利用 PowerPoint 2016 提供的表格样式可以快速设置表格的格式。具体操作如下：选定要设置样式的表格，在“表格工具|设计”选项卡下“表格样式”功能组中选择一种样式，如图 7－10 所示。

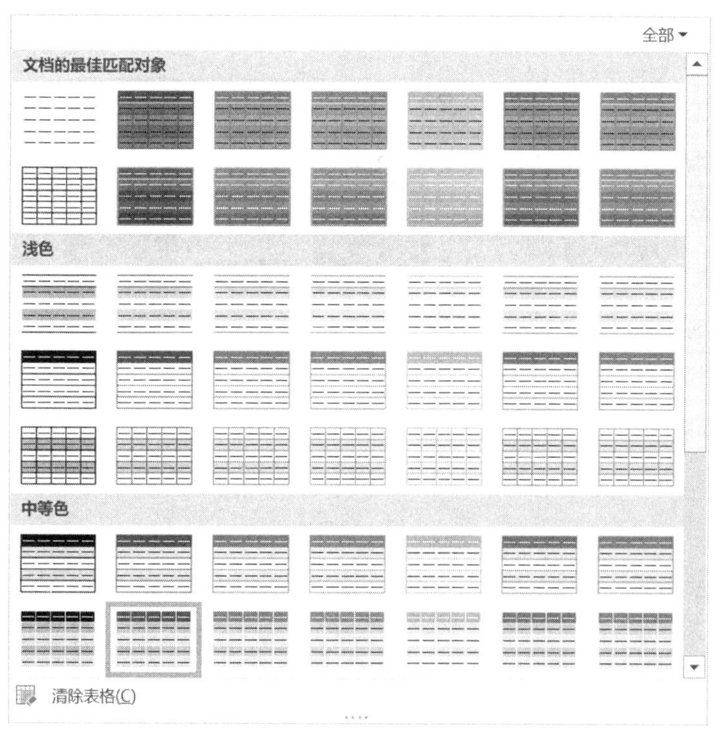

图 7－10 快速设置表格样式

设置好格式后，可以为表格添加边框，并可以为表格填充颜色。

若要为表格添加边框，则选定要添加边框的表格，利用“表格工具|设计”选项卡下“绘制边框”功能组中的“笔样式”“笔划粗细”与“笔颜色”，分别设置线条的样式、粗细与颜色。单击“表格工具|设计”选项卡下“表格样式”功能组中的“边框”命令下拉按钮，从下拉列表中选

择为表格的哪条边添加边框。

若要为表格填充颜色，则选定需要填充颜色的单元格，单击“表格工具|设计”选项卡下“表格样式”功能组中的“底纹”命令下拉按钮，在下拉列表中选择所需的颜色即可。

此外，还可以在幻灯片中插入各种音频和视频文件，具体操作方法这里就不详细介绍了。

7.3 演示文稿的格式编辑

7.3.1 幻灯片主题

要改变演示文稿的外观，最容易、最快捷的方法就是应用另一种主题。PowerPoint 2016 提供了几十种专业模板，利用模板可以快速地生成美观、风格统一的演示文稿。

在“设计”选项卡下“主题”功能组中可以看到系统提供的主题，如图 7-11 所示。当鼠标指针指向一种模板时，幻灯片窗格中的幻灯片就会以这种模板的样式改变。当选中一种模板后，该模板才会被应用到整个演示文稿中。

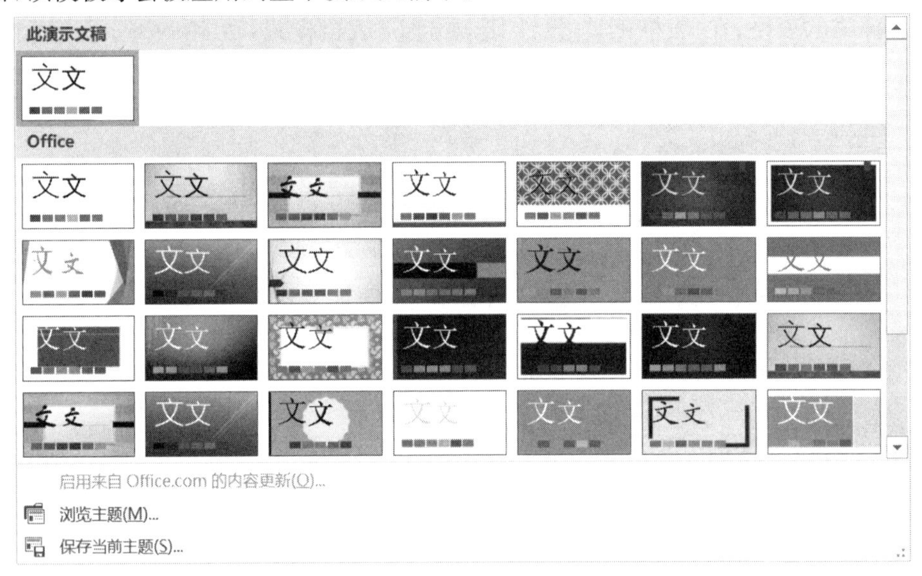

图 7-11　应用的主题

7.3.2 幻灯片版式

当创建演示文稿后，可能需要对某一张幻灯片的版式进行更改，最简单的改变幻灯片版式的方法就是用其他版式去替代它。

若要改变已有幻灯片的版式，则可以打开要更改版式的幻灯片，在“开始”选项卡下“幻灯片”功能组中单击“版式”命令按钮，在下拉列表中选择需要的版式即可，如图 7-12 所示。

图 7－12　“版式”列表

7.3.3　分节管理

PowerPoint 2016 可以利用“节”功能帮助用户对演示文稿中的幻灯片进行分组管理。将插入点定位到需要添加节的位置，在“幻灯片”功能组中单击“节”命令按钮中的“新增节”命令。在“重命名节”对话框中输入节的名称，即可新建一个节。

在“开始”选项卡下“幻灯片”功能组中单击“节”命令按钮，在下拉列表中选择“全部折叠”命令，可以看到当前的演示文稿已经被分节，每个节都有相应的不同数量的幻灯片。分节之后用户可以非常方便地对节进行移动，右击选择“删除节和幻灯片”，即可直接将幻灯片和节进行删除。另外还能够对节进行合并，右击选择“删除节”即可合并。单击“文件”选项卡中的“打印”命令，选择设置需要打印的节，可以有选择地打印分好的节。

7.3.4　母版

“母版”可以看作幻灯片的样式，它决定了幻灯片的各个对象的布局、背景、配色方案、特殊效果、标题样式、文本样式及位置等属性。要修改多张幻灯片的外观，不必一张张幻灯片进行修改，而只需在幻灯片母版上做一次修改即可。当在演示文稿中插入一张新幻灯片时，它完全继承其母版的所有属性。PowerPoint 2016 提供了三种母版：幻灯片母版、讲义母版和备注母版。

1. 幻灯片母版

幻灯片母版是一张包含格式占位符的幻灯片，这些占位符是为标题、主要文本和所有幻灯片中出现的背景项目而设置的。要进入幻灯片母版视图，可以在“视图”选项卡下“母版视图”功能组中单击“幻灯片母版”命令按钮，即可进入如图 7－13 所示的幻灯片母版视图。

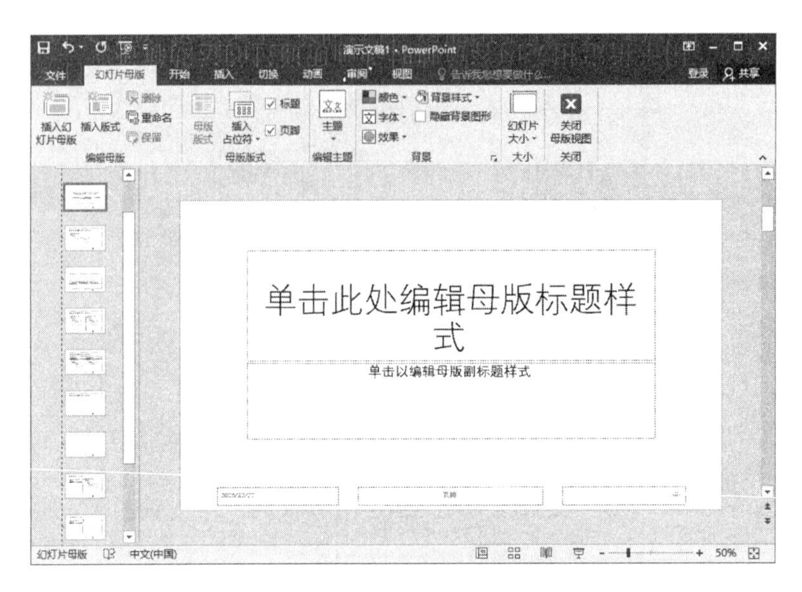

图 7-13　幻灯片母版视图

在幻灯片母版视图中，包括几个虚线标注的区域，分别是标题区、对象区、日期区、页脚区和数字区，即前面所说的占位符。用户可以编辑这些占位符，如改变标题的版式，设置标题的字体、字号、字形、对齐方式等，用同样的方法可以设置其他文本的样式。用户也可以通过“插入”选项卡将对象（如图片、图表、艺术字等）添加到幻灯片母版中。

在 PowerPoint 2016 中，每个幻灯片母版都包含一个或多个标准或自定义的版式集。当用户创建空白演示文稿时，将显示名为“标题幻灯片”的默认版式，还有其他的标准版式可供使用。如果找不到符合用户需求的母版和版式，那么可以添加与自定义新的母版和版式。具体操作如下：在幻灯片母版视图中，单击“幻灯片母版”选项卡下“编辑母版”功能组中的“插入幻灯片母版”命令按钮，此时将在当前母版最后一个版式的下方插入新的母版；而单击“插入版式”按钮将在选中幻灯片版式的下方添加新的版式。接着，用户可以进行删除不需要的占位符以及添加新的占位符等各项操作。

此外，用户还可以对幻灯片母版和版式进行复制和重命名等各种操作。

2. 讲义母版

讲义是演示文稿的打印版本，讲义母版的操作与幻灯片母版的操作相似，只是进行格式化的是讲义而不是幻灯片。讲义母版用于编排讲义的格式，还包括设置页眉页脚、占位符格式等。

在“视图”选项卡下“母版视图”功能组中单击“讲义母版”命令按钮，即可进入讲义母版视图。该视图包括页眉区、页脚区、日期区以及页码区四个占位符。

讲义母版视图页面中包括许多虚线边框，表示的是每页所包含的幻灯片缩略图的数目。用户可以使用“讲义母版”选项卡下“页面设置”功能组中的“每页幻灯片数量”命令按钮改变每页幻灯片的数目。

3. 备注母版

备注母版用于控制备注页的版式及备注文字的格式。备注页用于用户输入对幻灯片的注释内容。利用备注母版可以控制备注页中输入的备注内容与外观。

在“视图”选项卡下“母版”功能组中单击“备注母版”命令按钮即可进入备注母版视图。备注母版上方是幻灯片缩略图，可以改变缩略图的大小和位置，也可以改变其边框的线型和颜色。缩略图的下方是注释部分，用于输入对相应幻灯片的附加说明，其余空白处可以添加背景对象。

7.3.5 幻灯片背景

一般情况下，在制作演示文稿时，其中所有的幻灯片都有相同的背景。但在实际工作中，也有可能出现同一文档中的几张幻灯片背景不同的情况，也完全有可能每张幻灯片的背景都不同。或者，设置一种背景后可能又觉得不满意，这也需要改变幻灯片的背景。因此，有必要学习改变幻灯片背景的方法。

改变幻灯片背景的具体操作方法如下：选中要改变背景的幻灯片，在“设计”选项卡下“自定义”功能组中单击“设置背景格式”命令按钮，出现“设置背景格式”窗格，如图 7－14 所示。可以为幻灯片设置“纯色填充”“渐变填充”“图片或纹理填充”“图案填充”等，即可将背景格式应用于选定的格式。

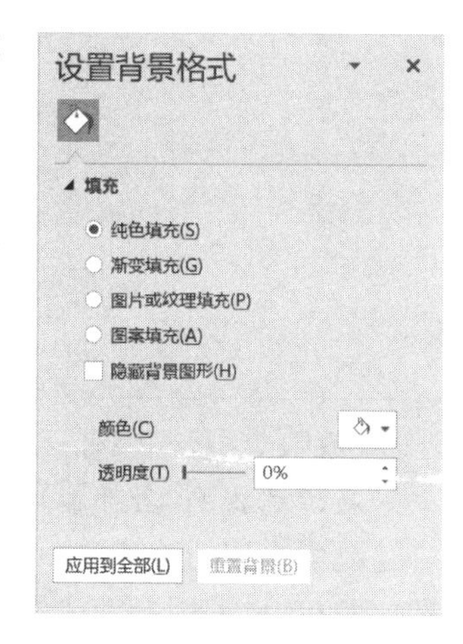

图 7－14 “设置背景格式”窗格

7.4 演示文稿的放映和打印

当演示文稿和幻灯片讲义都设计好后，就要对幻灯片进行放映方面的设置了。放映时可以使用幻灯片的切换效果，设置超链接等。在 PowerPoint 中提供了许多种动画效果，不但可以为幻灯片设置动画，也可以为幻灯片中的对象设置动画效果。此外，还可以根据需要将演示文稿打印出来。

7.4.1 放映设置

1. 设置放映方式

根据演示文稿的播放环境，用户可以选择不同的放映方式。默认情况下，演示者需要手动放映演示文稿，按任意键完成从一张幻灯片到另一张幻灯片的切换。此外，还可以创建自动播放演示文稿，这种情况多用于商务展示。

单击“幻灯片放映”选项卡下“设置”功能组中的“设置幻灯片放映”命令按钮，弹出如图 7－15 所示的“设置放映方式”对话框。

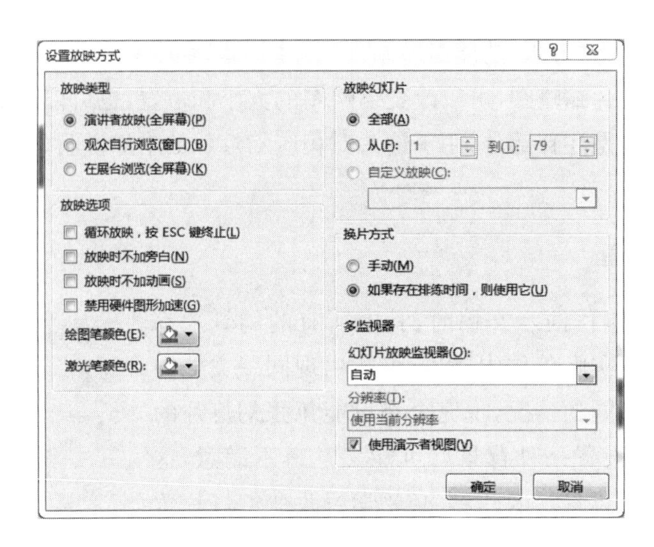

图 7-15 “设置放映方式”对话框

在“放映类型”栏中有三种放映类型可供选择。

1)演讲者放映(全屏幕)

这是最常用的放映类型。选择此选项可运行全屏显示的演示文稿。这时演讲者具有完整的控制权,可采用自动或人工方式运行放映。演讲者可以决定放映速度和换片时间,将演示文稿暂停,添加会议细节或即席反应,还可以在放映过程中录下旁白。若希望演示文稿自动放映,则可以利用“排练计时”功能来设置放映时间,让其自动播放。当需要将幻灯片放映投射到大屏幕上或使用演示文稿会议时可以使用此方式。

2)观众自行浏览(窗口)

若演示可以由观众自己动手操作,如会议、展览中心等地方,则可以选择此项。此时可运行小规模的演示。这种演示文稿会出现在小型窗口内,并提供相应命令,允许在放映时移动、编辑、复制和打印幻灯片。制作者可以在窗口中自行定义菜单和命令,去除那些容易引起观众误操作的命令设置。在此方式中,可以使用滚动条从一张幻灯片移到另一张幻灯片,同时打开其他程序。也可以显示 Web 工具栏,以便浏览其他的演示文稿和 Office 文档。

3)在展台浏览(全屏幕)

选择此选项可自动运行演示文稿。在展览会场或会议中心经常使用这种方式,它可以实现在无人管理的情况下自动播放。在这种方式下,除使用鼠标按动超链接和动作按钮外,大多数控制都失效,这样观众就不能改动演示文稿。当自动运行的演示文稿结束,或者当某张人工操作的幻灯片闲置 5 分钟以上,它都自动重新开始。

2. 放映幻灯片

在 PowerPoint 中打开演示文稿后,就可以启动幻灯片放映功能了。在放映过程中,可以隐藏不需要显示的幻灯片、控制幻灯片放映过程、设置放映时间、进行幻灯片标注和录制等各项操作。

1)启动幻灯片放映

常用的启动幻灯片放映的方式有以下几种:

(1)选择“幻灯片放映”选项卡下“开始放映幻灯片”功能组中的“从头开始”“从当前幻灯片开始”或者“自定义幻灯片放映”命令。

(2)按[F5]键,此时从第一张幻灯片开始放映。

(3)单击窗口右下角的“幻灯片放映”按钮,此时从演示文稿的当前幻灯片开始放映。

2)隐藏或显示幻灯片

如果放映幻灯片的时间有限,那么用户可以根据需要将某些幻灯片隐藏起来而不必将其删除。要重新显示这些幻灯片,只要取消隐藏即可。

单击“幻灯片放映”选项卡下“设置”功能组中的“隐藏幻灯片”命令按钮,系统就会将选中的幻灯片设置为隐藏状态。若需要重新显示被隐藏的幻灯片,则在选中该幻灯片后,再次单击“隐藏幻灯片”命令按钮,或者在幻灯片浏览窗格中幻灯片缩略图上右击,在弹出的快捷菜单中选择“隐藏幻灯片”命令即可。

3)控制幻灯片的放映过程

在幻灯片放映时,可以用鼠标和键盘来控制翻页、定位等操作。例如,可以用[Space]键、[Enter]键、[PageDown]键、[→]键、[↓]键将幻灯片切换到下一页;也可以用[Backspace]键、[←]键、[↑]键将幻灯片切换到上一页;还可以右击,在弹出的快捷菜单中选择相关命令执行。

4)在放映中标注幻灯片

在幻灯片放映过程中,可以用鼠标在幻灯片上画图或写字,从而对幻灯片中的一些内容进行标注。标注时可以选择墨迹的颜色,还可以将这些墨迹保存在幻灯片上。

进入幻灯片放映状态,右击,在快捷菜单中选择“指针选项”,显示幻灯片放映工具栏,如图7-16所示。单击幻灯片放映工具栏上的“笔”或“荧光笔”选项,即可用鼠标在幻灯片上书写;单击“墨迹颜色”选项可以选择墨迹的颜色。

图7-16 幻灯片放映工具栏

5)设置放映时间

在放映幻灯片时,可以通过单击的方法人工切换每张幻灯片,也可以为每张幻灯片设置自动切换的特性。例如在展会上,展台前的大型投影仪会自动切换每张幻灯片,这时需要人工设置切换幻灯片的间隔时间(如每隔8 s自动切换到下一张幻灯片)。具体操作如下:进入到幻灯片浏览视图中,选定要设置放映时间的幻灯片,单击“切换”选项卡,在“计时”功能组中选择“设置自动换片时间”复选框,然后在右侧的文本框中输入希望幻灯片在屏幕上显示的秒数。若单击“应用到全部”命令按钮,则所有幻灯片的切换间隔相同;否则,设置的是选定幻灯片切换到下一张幻灯片的时间间隔。设置完毕后,在幻灯片浏览视图中,会在幻灯片缩略图的右下方显示每张幻灯片的放映时间。

除可以使用这种人工设置方法外,还可以使用系统提供的排练计时功能,在排练时自动记录幻灯片的切换时间间隔,这种方法就不详细介绍了。

6)录制幻灯片

PowerPoint 2016具有“录制幻灯片演示”的功能,该功能可以选择开始录制或清除录制的计时和旁白的位置。它相当于以往版本中的“录制旁白”功能,将演讲者在演示讲解演示文稿的整个过程中的声音录制下来,方便听众日后能更准确地理解演示文稿的内容。

在“幻灯片放映”选项卡下“设置”功能组中单击“录制幻灯片演示”下拉按钮,在弹出的下拉列表中单击“从头开始录制”或“从当前幻灯片开始录制”命令,即可从选定的位置开始录制幻灯片。

3. 设置幻灯片切换效果

所谓幻灯片的切换，是指从上一张幻灯片到下一张幻灯片之间的过渡，设计切换效果也就是设置过渡的形式，即当前页以何种形式消失，下一页以何种形式出现。使用切换效果，用户可以指定幻灯片以多种不同的形式出现在屏幕上，并且可以在切换的同时添加声音从而增加演示文稿的趣味性。

设置幻灯片切换效果的操作步骤如下：

（1）在普通视图下单击“切换”选项卡，在“切换到此幻灯片”功能组中选择某种切换方式，如图 7 - 17 所示；

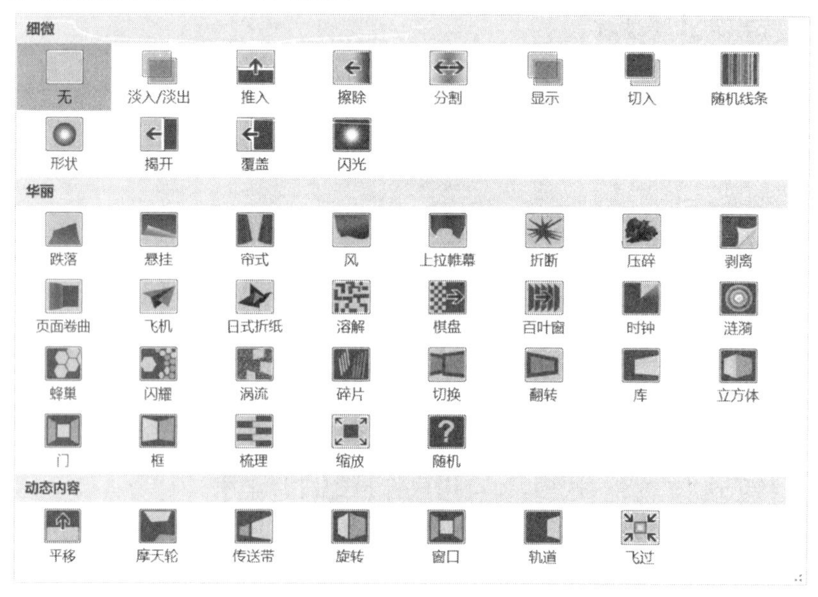

图 7 - 17　选择幻灯片切换效果

（2）如果要设置幻灯片切换效果的速度，那么可以在“计时”功能组中“持续时间”增量框内输入幻灯片切换的速度值；

（3）在“声音”下拉列表中可以选择幻灯片切换时的声音；

（4）在“换片方式”栏中可以设置幻灯片切换的方式；

（5）若单击“应用到全部”命令按钮，则会将切换效果应用于整个演示文稿。

4. 使用幻灯片动画效果

用户可以为幻灯片上的文本、形状、声音和其他对象设置动画效果从而起到突出重点、控制信息流程的作用，并提高演示文稿的趣味性。

1）利用系统提供的标准方案快速创建动画

PowerPoint 2016 提供了“标准动画”功能，可以快速创建基本的动画。

在普通视图下，单击“动画”选项卡下“动画”功能组的样式下拉按钮，在打开的下拉列表框中选择某一类型动画下的动画选项即可。为幻灯片对象添加动画效果后，系统将自动在幻灯片编辑窗口中对设置了动画效果的对象进行预览放映，且该对象左上角会出现数字矩形标识，数字顺序代表播放动画的顺序。

2）自定义动画

如果想为同一个对象同时添加进入、强调、退出和动作路径四种类型中的任意动画组合，那么还可以为幻灯片的文本或对象自定义动画。

在普通视图中，显示要设置动画的幻灯片，单击“动画”选项卡下“高级动画”功能组中的“添加动画”命令按钮，弹出下拉菜单，如图 7－18 所示。

（1）“进入”：用于设置文本或对象进入放映界面时的动画效果。

（2）“强调”：用于对需要强调的部分设置动画效果。

（3）“退出”：用于设置幻灯片放映时相关内容退出时的动画效果。

（4）“动作路径”：用于指定相关内容放映时动画所通过的运动轨迹。

用户可以根据需要选择相应的选项进行动画设置。

此外，用户还可以设置动画的运动方向。在“动画”选项卡下“动画”功能组中，单击“效果选项”按钮，在下拉列表框中选择动画的运动方向，如图 7－19 所示。

图 7－18 添加动画

图 7－19 选择动画的运动方向

为幻灯片项目或对象添加动画后，单击“动画窗格”按钮会显示该动画的效果选项，用户可以对刚刚设置的动画进行修改，如设置动画播放参数、调整动画的播放顺序和删除动画等，使这些动画效果在播放时更具条理性。

动画的开始方式一般分为三种：单击时、与上一动画同时、上一动画之后。选择“单击时”选项，当前动画在上一动画播放后，通过单击开始播放；选择“与上一动画同时”选项，当前动画与上一个动画同时开始播放；选择“上一动画之后”选项，当前动画在上一个动画播放后自动开始播放。

5. 使用超链接

在 PowerPoint 2016 中，超链接是指从一张幻灯片到另一张幻灯片、一个 Web 页或一个文件的链接。创建超链接时，源点可以是任意对象，包括文本、形状、表格、图形或图片，超链接能跳转到演示文稿中任何其他位置，也可跳转到另一个演示文稿、另一个程序或跳转到 Internet 中的某个地址。只有在幻灯片放映时，超链接才能激活。可以附加不同的动作或声音到相同的对象上，并根据单击对象或者鼠标移动来选择要运行的动作。文本超链接带有下划线，并且显示成配色方案所指定的颜色。可以在不破坏超链接的情况下，编辑或更改超链接的目标，也可以改变代表超链接的对象。如果删除所有文本或整个对象，那么超链接将被破坏。

1)添加超链接

操作步骤如下：

(1)在普通视图中，选定要作为超链接的文本或图形对象；

(2)单击“插入”选项卡下“链接”功能组中的“链接”命令按钮，弹出“插入超链接”对话框，如图 7-20 所示；

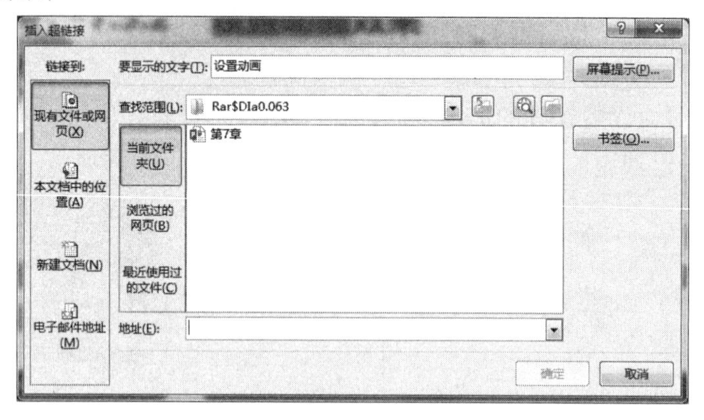

图 7-20 “插入超链接”对话框

(3)在“链接到”栏中选择超链接的类型，如“现有文件或网页”“本文档中的位置”“新建文档”“电子邮件地址”四种类型；

(4)单击“屏幕提示”按钮，会弹出“设置超链接屏幕提示”对话框，设置当鼠标指针置于超链接上时出现的提示信息；

(5)单击“确定”按钮，完成超链接的设置。

对于超链接的类型：

①若选择“现有文件或网页”图标，在右侧选择此超链接要链接到的文件或 Web 页地址。

②若选择“本文档中的位置”图标，可以跳转到某张幻灯片上，如“第一张幻灯片”“最后一张幻灯片”等，如图 7-21 所示。

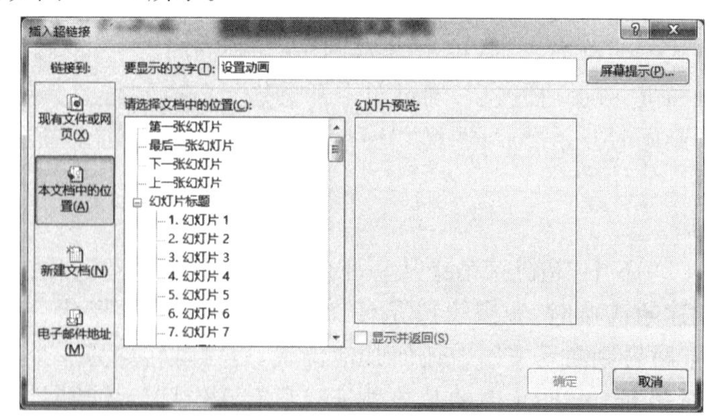

图 7-21 超链接到本文档中的位置

③若选择“新建文档”图标，在如图 7-22 所示的对话框中“新建文档名称”文本框内输入新建文档的名称。单击“更改”按钮，设置新文档所在的完整路径；在“何时编辑”栏中设置

是否立即开始编辑新文档。

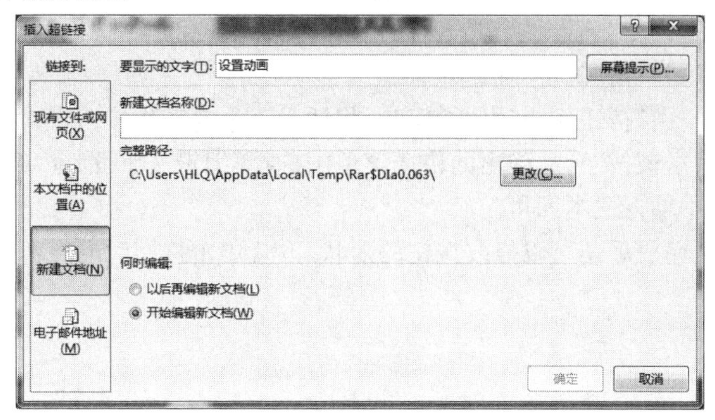

图 7-22　超链接到新建文档

④若选择“电子邮件地址”图标，在弹出的对话框中选择电子邮件的地址和主题即可。

放映演示文稿时，如果将鼠标指针移到超链接上，鼠标指针会变成手形，单击鼠标就可以跳转到相应的链接位置。

超链接设置完成后，可以根据需要更改链接位置。若要删除超链接，则可单击“插入”选项卡下“链接”功能组中的“链接”命令按钮，在弹出的“插入超链接”对话框中选中添加了超链接的对象后单击“删除链接”按钮即可。还可以右击要删除的超链接，在弹出的快捷菜单中选择“删除链接”命令。

2)添加动作按钮

除在幻灯片上添加超链接外，PowerPoint 2016 还允许在幻灯片上添加动作按钮。有时需要在幻灯片中通过单击一个按钮来执行相应的动作，可以通过设置动作按钮来执行。动作按钮在幻灯片中起到指示、引导或控制播放的作用。

PowerPoint 2016 提供了一些标准的动作按钮，包括“转到主页”“帮助”“后退或前一项”“前进或下一项”“转到开头”“转到结尾”等。创建动作按钮的操作如下：

(1)在普通视图中，选择要插入动作按钮的幻灯片；

(2)单击“插入”选项卡下“插图”功能组中的“形状”命令按钮；

(3)从“形状”下拉列表中选择“动作按钮”组内的一个按钮；(若要插入一个预定义大小的动作按钮，单击幻灯片即可；若要插入一个自定义大小的动作按钮，则按住鼠标左键在幻灯片中拖动。)

(4)将动作按钮插入到幻灯片后，会出现如图 7-23 所示的“操作设置”对话框，可在此框中选择该按钮要执行的动作；(此时，如果希望采用单击执行动作的方式，那么可单击“单击鼠标”选项卡；如果希望采用鼠标移过执行动作的方式，那么可单击“鼠标悬停”选项卡。)

(5)选中“超链接到”单选按钮，在其下拉列表中可以选择单击该动作按钮时要进入的位置，如“下一张幻灯片”或“上一张幻灯片”等；(若选中“运

图 7-23　“操作设置“对话框

行程序”单选按钮，则可以在单击按钮时运行指定的应用程序。指定应用程序的方法是单击右侧的“浏览”按钮，弹出“选择一个要运行的程序”对话框，在其中选择要运行的程序即可。）

（6）设置完成后，单击“确定”按钮即可。

当用户选择“空白”按钮作为动作按钮时，将插入一个空动作按钮，这时需要向按钮中添加文本。方法是右击该按钮，从弹出的快捷菜单中选择“编辑文字”命令，此时插入点位于按钮所在框中，在其中输入文本即可。

动作按钮设置完成后还可以修改按钮的形状、设置单击按钮时的声音效果等，这里就不详细介绍了。

7.4.2 打印

用户可以打印彩色或黑白的演示文稿、幻灯片、大纲、演讲者备注及观众讲义。打印的一般过程是：先打开要打印的演示文稿，并选择打印幻灯片、讲义、普通或大纲；然后指定要打印的幻灯片及打印份数。另外，用户可以将幻灯片打印成投影片，也可在讲义的每一页上打印最多 9 张幻灯片缩略图。

单击“文件”选项卡，选择“打印”选项，系统会显示如图 7－24 所示的界面。

在此界面中，可以设定或修改默认打印机、打印份数等信息。还可以选择打印幻灯片的范围。单击“整页幻灯片”下拉按钮，可以对每张纸上的打印内容进行选择，如图 7－25 所示。

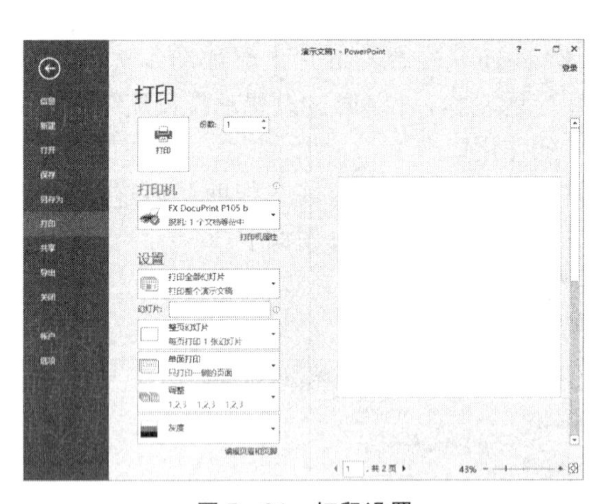

图 7－24　打印设置

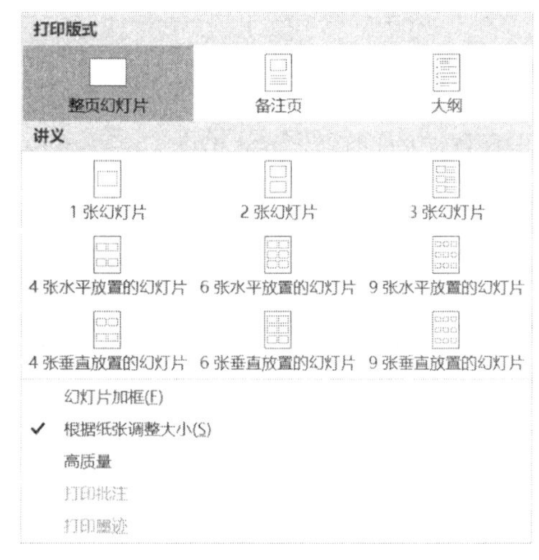

图 7－25　“打印内容”选项

7.4.3 打包

一份演示文稿制作完成后，可以将演示文稿文件复制到另一台计算机上。如果那台计算机没有安装 PowerPoint 程序或 PowerPoint 播放器，或者那台计算机虽然安装了 PowerPoint 程序或 PowerPoint 播放器，但演示文稿中所链接的文件以及所使用的 TrueType 字体在那台计算机上不存在，那么不能保证该演示文稿能在那台计算机上正常播放。解决这个问题的办法是先将演示文稿与该演示文稿所涉及的有关文件一起打包，存放在指定的文件夹或 CD 中，只要将这个文件夹复制到其他计算机中，然后启动其中的播放程序，就可以正常播放演示文稿了。

将演示文稿打包到文件夹或CD中的操作如下：

(1)打开需要打包的演示文稿；

(2)单击“文件”选项卡中的“导出”选项，选择“将演示文稿打包成CD”命令，再单击“打包成CD”按钮，此时弹出如图7-26所示的“打包成CD”对话框，在对话框中输入打包后演示文稿的名称；

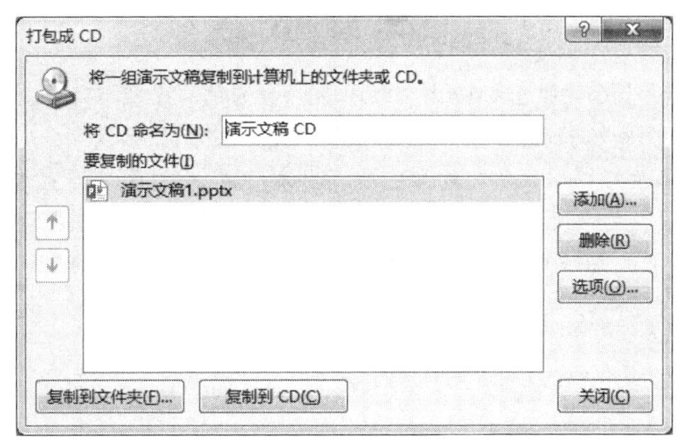

图7-26 “打包成CD”对话框

(3)单击“添加”按钮，可以添加多个演示文稿；

(4)单击“选项”按钮，弹出如图7-27所示的“选项”对话框，可以在其中设置是否包含链接的文件，是否包含嵌入的TrueType字体，还可以设置打开文件的密码等；

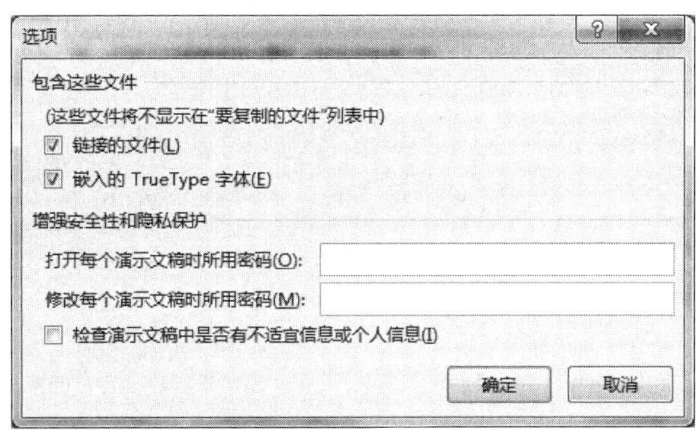

图7-27 “选项”对话框

(5)单击“确定”按钮，保存设置并关闭“选项”对话框，返回到“打包成CD”对话框；

(6)单击“复制到文件夹”按钮，弹出“复制到文件夹”对话框，可以将当前文件复制到指定的位置；

(7)单击“复制到CD”按钮，弹出“Microsoft PowerPoint”对话框，提示程序会将链接的媒体文件复制到计算机，单击“是”按钮，此时会弹出“正在将文件复制到CD”对话框并复制文件；

(8)复制完成后，关闭“打包成CD”对话框，完成打包操作。

此外，在PowerPoint 2016中还有将演示文稿转变成视频文件的功能。该功能可以将当前演示文稿创建为一个全保真的视频，此视频可以通过光盘、Web或电子邮件分发。

广播幻灯片也是PowerPoint 2016的功能。它用于向可以在Web浏览器中观看的远程查看者广播幻灯片。远程查看者不需要安装程序(如PowerPoint或网上会议软件)，并且在播放时，用户可以完全控制幻灯片的进度，观众只需在浏览器中跟随浏览即可。

本章小结

PowerPoint 2016是微软公司推出的Office 2016软件包中的一个重要组成部分，是专门用来制作演示文稿的应用软件。利用PowerPoint 2016不但可以制作出集文字、图形以及多媒体对象于一体的演示文稿，还可以将演示文稿、彩色幻灯片以动态的形式展现出来，可广泛用于广告宣传、产品展示以及教育教学。在办公自动化日益普及的今天，PowerPoint 2016为人们提供了一个更专业、更高效的平台。

本章介绍了PowerPoint 2016的基本操作，包括演示文稿的创建和编辑、演示文稿的放映和打印、演示文稿的打包操作等。通过本章的学习，读者可以掌握建立演示文稿的方法并进一步应用于实践。

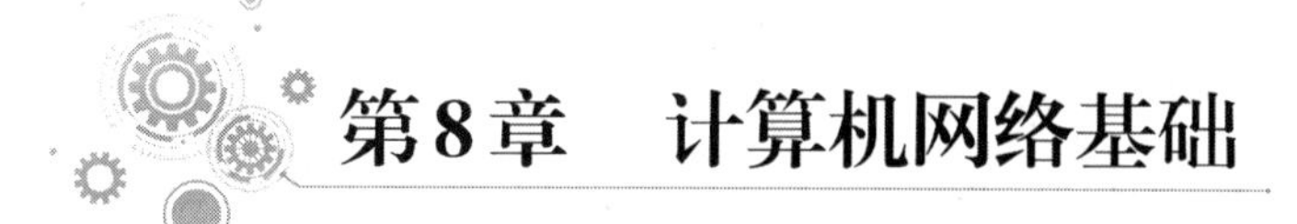

第8章　计算机网络基础

计算机网络是计算机和通信技术密切结合的产物，它代表了目前计算机体系结构发展的一个极其重要的方向。计算机网络技术包括了硬件、软件、网络体系结构和通信技术，几乎所有的计算机都面临着网络化的问题。从某种意义上讲，计算机网络的发展水平不仅反映了一个国家的科学技术水平，而且已经成为衡量其综合国力及现代文明程度的重要标志之一。

本章主要介绍计算机网络基础知识，包括计算机网络的定义、组成、分类和应用等内容。在计算机网络的体系结构中阐述了网络的分层和各层的协议，最后介绍了传输介质。

8.1　计算机网络基础知识

8.1.1　计算机网络的形成与发展

20 世纪 50 年代初，美国的半自动地面防空系统（semi-automatic ground environment，SAGE）是计算机技术和通信技术相结合的最初尝试，当时 SAGE 系统可以将远距离的雷达和测控设备的信息经过通信线路汇集到一台 IBM 计算机上进行处理和控制。而世界上公认的第一个最成功的远程计算机网络是在 1969 年，由美国原高等研究计划局（Advanced Research Project Agency，ARPA）组织和成功研制的 ARPAnet 网络。ARPAnet 网络在 1969 年建成了具有 4 个节点的试验网络，1971 年 2 月建成了具有 15 个节点、23 台主机的网络并投入使用，这就是世界上最早出现的计算机网络之一，现代计算机网络的许多概念和方法都来源于它。目前，人们通常认为它就是网络的起源，同时也是 Internet 的起源。我们一般将计算机网络的形成与发展进程分为四代。

第一代：计算机技术与通信技术结合，形成了计算机网络的雏形。此时的计算机网络是指以单台计算机为中心的远程联机系统，也称之为"面向终端的计算机通信网络"。美国在 1963 年投入使用的飞机订票系统 SABRE-1，就是这类系统的典型代表之一。此系统以一台中心计算机为网络的主体，将全美范围内的 2000 多个终端通过电话线连接到中心计算机上实现并完成了订票业务。

第二代：在计算机通信网络的基础上，完成了计算机网络体系结构与协议的研究，形成了计算机网络，当时的计算机网络应当称为"初级计算机网络"。20 世纪 60 年代后期和 20 世纪 70 年代初期发展起来的 ARPAnet 网络就是这类系统的典型代表，此时的计算机网络是由若干个计算机互联而成。同时，ARPAnet 网络将一个计算机网络划分为"通信子网"和"资源子网"两大部分，当今的计算机网络仍沿用这种组合方式，如图 8－1 所示。在计算机网络中，计算机通信子网完成全网的数据传输和转发等通信处理工作；计算机资源子网承担全网的数据处理业务，并向网络用户提供各种网络资源和网络服务。

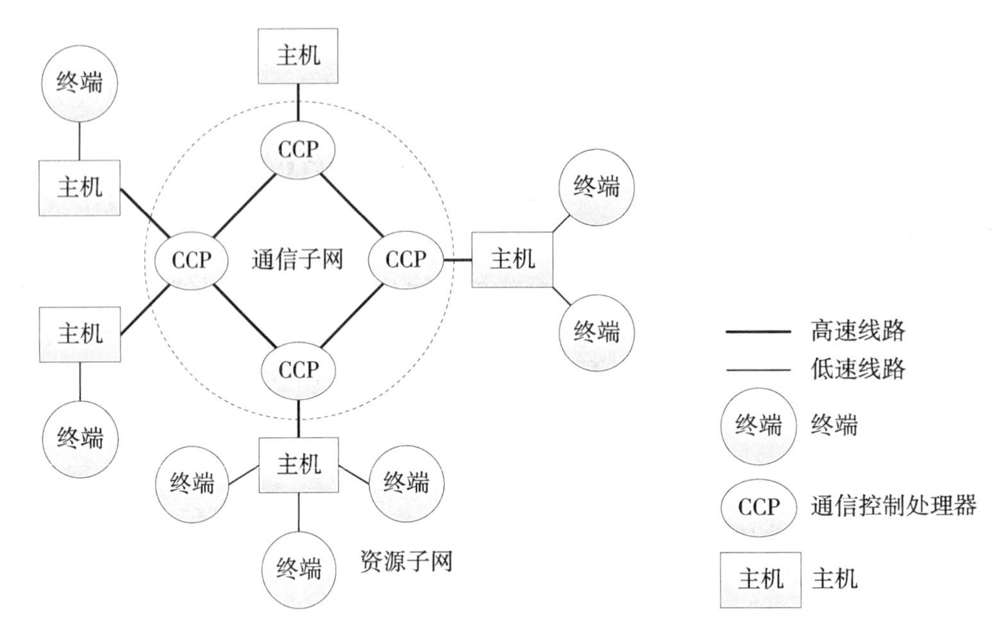

图 8-1　计算机网络的组合

第三代：在解决了计算机联网和网络互联标准问题的基础上，提出了开放系统的互联参考模型与协议，促进了符合国际标准化的计算机网络技术的发展。因此，第三代计算机网络指的是 20 世纪 70 年代末直至 20 世纪 90 年代形成的“开放式的标准化计算机网络”（“开放式”是相对于那些只能符合独家网络厂商要求的各自封闭的系统而言的）。在开放式网络中，所有的计算机和通信设备都遵循着共同认可的国际标准，从而可以保证不同厂商的网络产品可以在同一网络中顺利地进行通信。事实上，目前存在着两种占主导地位的网络体系结构，一种是国际标准化组织（International Standards Organization，ISO）的开放系统互联（open systems interconnection，OSI）体系结构；另一种是传输控制协议/网际协议（transmission control protocol/internet protocol，TCP/IP）体系结构。

第四代：计算机网络向全面互联、高速和智能化发展，并将得到广泛应用。这是目前正在研究与发展着的“新一代的计算机网络”。由于 Internet 的进一步发展面临着带宽（网络传输速率和流量）的限制、网上安全管理、多媒体信息（尤其是视频信息）传输的实用化和因特网上地址紧缺等各种困难，因此新一代计算机网络应满足高速、大容量、综合性的、数字信息传递等多方位需求。有一种观点认为第四代计算机网络是以宽带综合业务数字化网络和异步传输方式（asynchronous transfer mode，ATM）技术为核心来建立的。

8.1.2　计算机网络的定义

通常，人们对计算机网络的定义是：为了实现计算机之间的通信交往、资源共享和协同工作，采用通信手段将地理位置分散的、各自具备自主功能的一组计算机“有机”地联系起来，并且由网络操作系统进行管理的计算机复合系统。

从这个简单的定义可以看出，计算机网络涉及以下三个要点：

（1）一个计算机网络可以包含多台具有“自主”功能的计算机。所谓“自主”，是指这些计算机离开计算机网络之后，也能独立地工作和运行。因此，通常将这些计算机称为主机，在网络中又叫作节点或站点。在网络中的共享资源（硬件资源、软件资源和数据资源）均分布在这些计算机中。

(2)人们构建计算机网络时需要使用通信手段,把有关的计算机(节点)“有机”地连接起来。所谓“有机”连接,是指连接时彼此必须遵循所规定的约定和规则,这些约定和规则就是通信协议。每一个厂商生产的计算机网络产品都有自己的许多协议,这些协议的总体就构成了协议集。

(3)建立计算机网络的主要目的是为了实现通信的交往、信息资源的交流、计算机分布资源的共享,或者是协同工作。一般将计算机资源共享作为网络的最基本特征。例如,联网之后,为了提高工作效率用户可以联合开发大型程序。

8.1.3 计算机网络的基本组成

计算机网络由网络软件和网络硬件两大部分组成。

1. 网络软件

在网络系统中,网络上的每个用户都可共享系统中的各种资源,所以系统必须对每个用户进行控制,否则就会造成系统混乱、数据破坏和丢失等。为了协调系统资源,系统需要通过软件工具对网络资源进行全面的管理,进行合理的调度和分配,并采取一系列的安全保密措施,防止用户对数据和信息的非法访问,防止数据和信息的破坏与丢失。

网络软件是实现网络功能所不可缺少的软环境。网络软件通常包括以下内容:

(1)网络协议和协议软件:通过协议程序实现网络协议功能。

(2)网络通信软件:通过网络通信软件实现网络工作站之间的通信。

(3)网络操作系统:用以实现系统资源共享,管理用户的应用程序对不同资源的访问,是最主要的网络软件。

(4)网络管理及网络应用软件:网络管理软件是用来对网络资源进行管理和对网络进行维护的软件;网络应用软件是为网络用户提供服务,以便网络用户能在网络上解决实际问题。

网络软件最重要的特征是:网络软件所研究的重点不是网络中所互联的每台独立的计算机本身的功能,而是研究如何实现网络特有的功能。

2. 网络硬件

网络硬件是计算机网络系统的物质基础。要构成一个计算机网络系统,首先要将计算机及其附属硬件设备与网络中其他计算机系统连接起来,实现物理连接。不同的计算机网络系统在硬件方面是有差别的。随着计算机技术和网络技术的发展,网络硬件日趋多样化,且功能更强、更复杂。

8.1.4 计算机网络的功能及应用

1. 计算机网络的功能

计算机网络的功能主要表现在以下几个方面:

(1)资源共享:充分利用计算机的软硬件资源是计算机网络开发的主要目的之一,计算机网络的出现使用户可以方便地共享和访问分散在不同地域的各种信息资源、计算机和外围设备等。

(2)数据通信:分布在各地的多个计算机系统之间可以通过网络进行数据通信是网络的基本功能,资源之间的访问就是通过数据之间的传输实现的。

(3)信息的集中和综合处理：通过计算机网络可以将分散在各地的计算机系统中的数据信息进行集中或分级管理，并经过综合处理形成各种图表、情报，提供给网络用户。例如，随着计算机网络的不断普及，通过公用计算机网络向社会提供的各种信息服务、咨询越来越多，这都是信息集中综合处理的结果。

(4)资源调剂：对于超大负荷的高性能计算和信息处理任务，可以采用适当的算法，通过计算机网络将任务分散，由不同的计算机协作完成，以对计算机资源进行调剂，均衡负荷，提高效率。

(5)提高系统可靠性和性价比：通过计算机网络，可以将网络中重要的数据在多台计算机中备份，这样在一台计算机出现故障时，可实现快速恢复，从而不会影响到整个网络的使用，提高了系统的可靠性。

性价比是衡量一个系统实用性的重要指标，即性能与价格的比值。性价比越大则实用性越强，越经济实惠。计算机网络可以通过调剂资源、优选算法等手段提高整体的性能，以降低造价成本，提高性价比。

随着计算机网络的不断发展，它的功能越来越多，应用也越来越广泛，已经深入到社会的各个领域，在网络通信、电子商务、办公自动化、企业管理、文教卫生、金融等领域的应用也都在飞速发展。

2. 计算机网络的应用

由于计算机网络具有资源共享、数据通信和协同工作等基本功能，因而它成为信息产业的基础，并得到了日益广泛的应用。下面将列举一些常用的计算机网络应用系统。

1)管理信息系统

管理信息系统(management information system, MIS)是基于数据库的应用系统。人们建立计算机网络，并在网络的基础上建立管理信息系统，这是现代化企业管理的基本前提和特征。因此，现在 MIS 被广泛地应用于企事业单位的人事、财会和物资等科学管理上。例如，使用 MIS 系统，企业可以实现市场经营管理、生产制造管理、物资仓库管理、财务与审计管理和人事档案管理等，并能实现各部门动态信息的管理、查询和部门间的报表传递。因此，可以大幅度改进、提高企业的生产管理水平和工作效率，同时为企业的决策与规划部门及时提供决策依据。

2)办公自动化系统

办公自动化系统(office automation system, OAS)可以将一个机构办公用的计算机、其他办公设备(如传真机和打印机等)连接成网络，这样可以为办公室工作人员和企事业负责干部提供各种现代化手段，从而改进办公条件，提高办公业务的效率与质量，及时向有关部门和领导提供相应的信息。

办公自动化系统通常包含文字处理、电子报表、文档管理、小型数据库、会议演示材料的制作、会议与日程安排、电子函件和电子传真、文件的传阅与审批等。

3)信息检索系统

随着全球性网络的不断发展，人们可以方便地将自己的计算机联入网络中，并使用信息检索系统(information retrieval system, IRS)检索向公众开放的信息资源。因此，IRS 是一类具有广泛应用的系统。例如，各类图书目录的检索、专业情报资料的检索与查询、生活与工作服务的信息查询(如气象、交通、金融、保险、股票、商贸、产品等)以及公安部门的罪犯信息和人口信息查询等。IRS 不仅可以进行网络上的查询，还可以实现网络购物、股票交易等网上贸易活动。

4)电子付款机系统

电子付款机系统(point of sale，POS)被广泛地应用于商业系统，它以电子自动收款机为基础，并与财务、计划、仓储等业务部门相连接。POS是现代化大型商场和超级市场的标志。

5)分布式控制系统

分布式控制系统(distributed control system，DCS)广泛地应用于工业生产过程和自动控制系统。使用DCS可以提高生产效率和质量、节省人力和物力、实现安全监控等目标。常见的DCS有电厂和电网的监控调度系统，冶金、钢铁和化工生产过程的自动控制系统，交通调度与监控系统等。这些系统联网之后，一般可以形成具有反馈的闭环控制系统，从而实现全方位的控制。

6)计算机集成与制造系统

计算机集成与制造系统(computer integrated manufacturing system，CIMS)实际上是企业中的多个分系统在网络上的综合与集成。它根据本单位的业务需求，将企业中各个环节通过网络有机地联系在一起。例如，CIMS可以实现市场分析、产品营销、产品设计、制造加工、物料管理、财务分析、售后服务以及决策支持等一个整体系统。

7)电子数据交换和电子商务系统

电子数据交换(electronic data interchange，EDI)主要目标是实现无纸贸易，目前已开始在国内的贸易活动中流行。在电子数据交换系统中，涉及海关、运输、商业代理等相关的许多部门。所有的贸易单据都以电子数据的形式在网络上传输。因此，要求系统具有很高的可靠性与安全性。电子商务(electronic commerce，EC)系统是EDI的进一步发展，例如，EDI可以实现网络购物和电子拍卖等商务活动。

8)信息服务系统

随着Internet的发展和使用，信息服务业也随之诞生并迅速发展，而信息服务业是以信息服务系统为基础和前提的。广大网络用户希望从网上获得各类信息服务，例如，信息服务系统可以实现在浏览器上采集各种信息、收发电子邮件、从网络上查找与下载各类软件资源、欣赏音乐与电影、进行联网娱乐游戏等。

8.1.5　计算机网络的分类

对计算机网络进行分类的标准很多，如按拓扑结构分类、按网络协议分类、按信道访问方式分类、按数据传输方式分类等。但是，这些标准都只能给出网络某一方面的特征。本书将按照一种能反映网络技术本质特征的分类标准，即按计算机网络的分布距离来分类。

按照分布距离的长短，可以将计算机网络分为局域网(local area network，LAN)、城域网(metropolitan area network，MAN)、广域网(wide area network，WAN)和因特网(Internet)，它们所具有的特征参数如表8-1所示。

表 8－1　各类计算机网络的特征参数

网络分类	英文名	分布距离大约	处理机位于同一	传输速率范围
局域网	LAN	10 m	房间	10 Mbps～10 Gbps
		100 m	建筑物	
		几千米	校园	
城域网	MAN	10 km	城市	50 kbps～100 Mbps
广域网	WAN	100 km	国家	9.6 kbps～45 Mbps
因特网	Internet	1 000 km	洲或洲际	

在表 8－1 中，大致给出了各类网络的传输速率范围，总的规律是距离越长，传输速率越低。局域网距离最短，传输速率最高。一般来说，传输速率是关键因素，它极大地影响着计算机网络硬件技术的各个方面。例如，广域网一般采用点对点的通信技术，而局域网一般采用广播式通信技术。在距离、速率和技术细节的相互关系中，距离影响速率，速率影响技术细节。这便是我们按分布距离划分计算机网络的原因之一。

1. 局域网

LAN 的分布范围一般在几千米以内，最大距离不超过 10 km，是一个部门或单位组建的网络。LAN 是在小型计算机和微型计算机大量推广使用之后才逐渐发展起来的计算机网络。一方面，LAN 容易管理与配置；另一方面，LAN 容易构成简洁整齐的拓扑结构。LAN 传输速率高，延迟时间短。因此，网络站点往往可以对等地参与对整个网络的使用与监控。再加上 LAN 具有成本低、应用广、组网方便和使用灵活等特点，从而深受广大用户的欢迎。LAN 是目前计算机网络技术中发展最快也是最活跃的一个分支。

1）LAN 的典型应用场合

（1）同一房间内的所有主机，覆盖距离为 10 m 的数量级。

（2）同一楼宇内的所有主机，覆盖距离为 100 m 的数量级。

（3）同一校园、厂区、院落内的所有主机，覆盖距离为 1 000 m 的数量级（这种情况又称为校园网）。

2）LAN 的基本特征

（1）在 LAN 网络中所有的物理设备分布在半径几千米的有限地理范围内，因此通常不涉及远程通信的问题。

（2）整个 LAN 通常为同一组织单位和机构部门所拥有。

（3）在 LAN 中可以实现高速率的数据传输，数据传输速率范围一般在 1 Mbps～1 000 Mbps，常用的传输速率为 10 Mbps～100 Mbps。

（4）网络的连接结构很规整，遵循着严格的标准。

2. 广域网

WAN（也称为远程网）一般跨越城市、地区、国家甚至洲，往往以连接不同地域的大型主机系统或 LAN 为目的。在 WAN 中，网络之间的连接大多采用租用的专线，或者是自行铺设的专线（这里的专线是指某条线路专门用于某一用户，其他的用户不准使用）。

1）WAN 的典型应用场合

WAN 中的所有主机与工作站点的物理设备分布的地理范围一般在几千米以上，包括 10 km，100 km 和 1 000 km 以上的数量级，如分布在同一大城市、同一国家、同一洲，甚至几个洲等。一些大的跨国公司，如IBM，SUN，DEC等计算机公司都建立了自己的企业网，它们通过通信部门的通信网络来连接分布在世界各地的子公司。国内这样的网络也很多，如海关总署的骨干网也是这种典型的企业广域网。

2）WAN的基本特征

（1）在WAN中信息的传输距离相对很长，一般都在几千米以上，甚至高于1000 km。

（2）WAN通常分属于多个单位和部门所有，其资源子网与通信子网一般分别由不同的部门自行管辖，如一般通信子网由电信部门管辖。

（3）由于WAN中的数据传输距离较长，所以通信线路上的传输速率较低，一般在1 kbps～2 Mbps左右的数量级。21世纪初，随着我国通信技术产业的迅猛发展，国内使用的WAN的传输速率可望达到1 Gbps的数量级。

（4）网络的互联结构很不规整，有较大的随意性和盲目性，有待于必要地调整。

3. 城域网

MAN原本指的是介于LAN与WAN之间的一种大范围的高速网络。因为随着LAN的广泛使用，人们逐渐要求扩大LAN的使用范围，或者要求将已经使用的LAN互相连接起来，使其成为一个规模较大的城市范围内的网络。因此，MAN设计的原本目标是要满足几十千米范围内的大量企业、机关、公司与社会服务部门计算机的联网需求，并实现大量用户、多种信息的传输。

由于各种原因，MAN的特有技术没能在世界各国迅速地推广。反之，在实践中，人们通常使用WAN的技术去构建与MAN目标范围、大小相当的网络，这样反而显得更加方便与实用。

4. 因特网

Internet（也称为国际互联网）其实并不是一种具体的物理网络技术，而是将不同的物理网络技术按某种协议统一起来的一种高层技术。Internet是WAN与WAN，WAN与LAN，LAN与LAN进行互联而形成的网络，它采用的是局部处理与远程处理、有限地域范围的资源共享与广大地域范围的资源共享相结合的网络技术。目前，世界上发展最快，也最热门的网络就是Internet，它是世界上最大的、应用最广泛的计算机网络。

8.2 计算机网络的拓扑结构

8.2.1 计算机网络拓扑结构的定义

为了进行复杂的计算机网络结构设计，人们引用了拓扑学中的拓扑结构的概念。在网络设计中，网络拓扑的设计选型是计算机网络设计的第一步。因为拓扑结构是影响网络性能的主要因素之一，也是实现各种协议的基础，所以网络拓扑结构直接关系到网络的性能、系统可靠性、通信和投资费用等因素。

通常，我们将通信子网中的通信处理器和其他通信设备称为节点，通信线路称为链路，而将节点和链路连接而成的几何图形称为该网络的拓扑结构。因此，计算机网络拓扑结构是指它的通信子网的拓扑构型，它反映出通信网络中各实体之间的结构关系。

8.2.2　计算机网络拓扑结构的分类

计算机网络拓扑结构根据其通信子网的通信信道类型，通常分为两类：广播信道通信子网和点-点线路通信子网。

常见的基本拓扑结构有总线型、环型、星型、树型、网状型等，如图 8－2 所示。

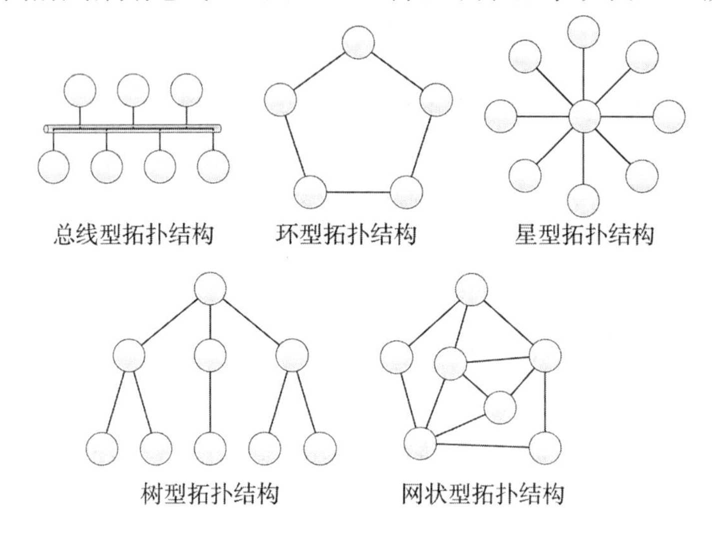

图 8－2　常见的计算机网络拓扑结构

1. 广播信道通信子网

在采用广播信道的通信子网中，一个公共通信信道被多个节点使用。在任一时间内只允许一个节点使用公共通信信道，当一个节点利用公共通信信道“发送”数据时，其他节点只能“收听”正在发送的数据。其中最典型的代表就是总线型拓扑结构。

利用广播通信信道完成网络通信任务时，必须解决两个基本问题：

(1)确定谁是通信对象；

(2)解决多节点争用公用通信信道的问题。

采用广播信道通信子网的基本拓扑构型有四种：总线型、树型、无线通信型与卫星通信型。

2. 点-点线路通信子网

在点-点线路通信子网中，每条物理线路连接一对节点。若两个节点之间没有直接连接的物理线路，则它们之间的通信只能通过其他节点转接。采用点-点线路通信子网的基本拓扑构型有四种：星型、环型、树型和网状型。

1)星型拓扑结构的主要特点

在星型拓扑结构中，每个节点都由一个单独的通信线路连接到中心节点上。中心节点控制全网的通信，任何两个节点的相互通信都必须经过中心节点。

星型拓扑结构的优点是：结构简单、容易实现、管理方便；缺点是：中心节点控制着全网的通信，它的负荷较重，是网络的瓶颈，一旦中心节点发生故障，将导致全网瘫痪。

2)环型拓扑结构的主要特点

在环型拓扑结构中，各个节点通过通信线路，首尾相接，形成闭合的环型。环中的数据沿一个方向传递。

环型拓扑结构的优点是:结构简单、容易实现、传输延迟时间固定;缺点是:各个节点都可能成为网络的瓶颈,环中的任何一个节点发生故障,都会导致全网瘫痪。

3)树型拓扑结构的主要特点

树型拓扑结构可以看成星型拓扑结构的扩展。它的各个节点按层次进行连接,信息的交换主要在上下节点间进行,相邻的节点之间一般不进行数据交换或者数据交换量很小。这种拓扑结构适用于分级管理的场合,或者是控制型网络。

树型拓扑结构的优点是:易于扩展、易于隔离故障;缺点是:若根节点出现故障,则会引起全网不能正常工作。

4)网状型拓扑结构的主要特点

在网状型拓扑结构中节点之间的连接是任意的、无规律的。每两个节点之间的通信链路可能有多条,因此必须使用"路由选择"算法进行路径选择。

网状型拓扑结构的优点是:系统可靠性高、易于故障诊断;缺点是:结构和配置复杂、投资费用高、必须采用"路由选择"算法与"流量控制"算法。目前,远程计算机网络大都采用网状型拓扑结构将若干个局域网连接在一起。

8.3 网络的体系结构及相应的协议

为了研究方便,人们把网络通信的复杂过程抽象成一种层次结构模式,如图 8-3 所示。假定用户从实体 1 的终端上操作,需要用实体 2 的应用程序进行算题或控制,为了达到这个目的,除通过公用载波线路将这两个实体连接起来外,还要考虑在工作过程中两个实体内部相互通信的过程,这个过程比较复杂。图 8-3 将这个复杂的过程划分为四个层次,下面将说明这四个层次的大致工作过程。

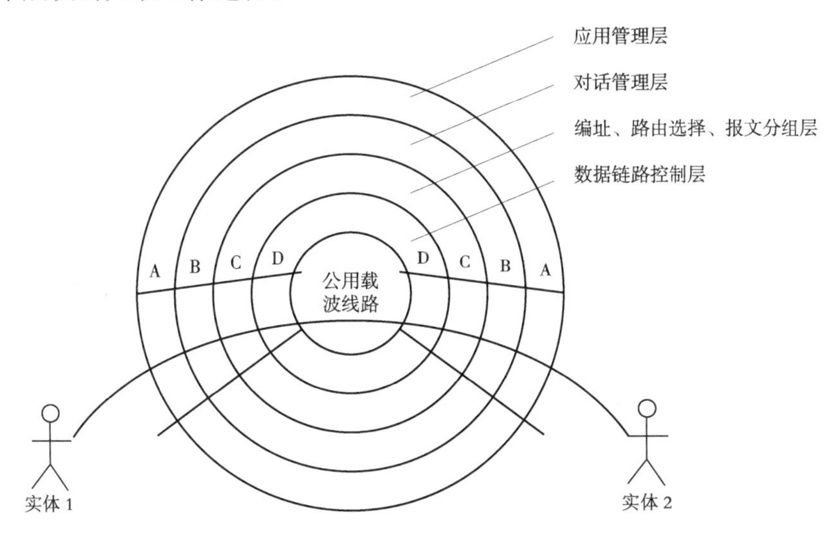

图 8-3 层次结构模式表示

用户从实体 1 的终端上输入各种命令,这些命令在应用管理层中得到解释和处理,然后把结果提交给对话管理层,要求建立与实体 2 的相互联系;对话建立以后转入下一层,要求对要传送的内容进行编址,并进行路由选择和报文分组等工作;分组传送的报文经数据链路控制层,变成二进制的脉冲信号,沿公用传媒介质(信道)发送出去。这就是说,用户从实体

1 输入的命令，要经过 A，B，C，D 四个层次的处理才发送到物理信道中去。

实体 2 从信道中接收信号时，首先要经过数据链路控制层将二进制脉冲信号接收下来，然后根据编址情况，将分组的报文重新组合在一起，再送到对话管理层去建立相互联系，最后送到应用管理层去执行应用程序。也就是说，接收方的实体 2 也要经过 D，C，B，A 四个层次才能完成接收任务。

网络的分层体系结构层次模型，包含两个方面的内容：第一，将网络功能分解为许多层次，在每一个功能层次中，通信双方共同遵守许多约定和规程，这些约定和规程称为同层协议（简称协议）；第二，层次之间逐层过渡，上一层向下一层提出服务要求，下一层完成上一层提出的要求。上一层次必须做好进入下一层次的准备工作，这种两个相邻层次之间要完成的过渡条件，叫作接口协议（简称接口）。接口可以是硬件，当然也可以采用软件实现，如数据格式的变换、地址的映射等。

网络分层体系结构模型的概念为计算机网络协议的设计和实现提供了很大方便。各个厂商都有自己产品的体系结构，不同的体系结构有不同的分层与协议，这就给网络的互联造成了困难。为此，国际上出现了一些团体和组织为计算机网络制定了各种参考标准，而这些团体和组织有的可能是一些专业团体，有的则可能是某个国家政府部门或国际性的大公司。下面将介绍三个为网络制定标准的组织及其相应的标准。

8.3.1 网络的三个著名标准化组织

1. 国际标准化组织

（1）组成：国际标准化组织由美国国家标准学会（American National Standards Institute，ANSI）及其他各国的国家标准组织的代表组成。

（2）主要贡献：开放系统互联参考模型，也就是七层网络通信模型的格式，通常称为“七层模型”。

2. 电气电子工程师学会

（1）组成：电气电子工程师学会（Institute of Electrical and Electronics Engineers，IEEE）由美国电气工程师学会（American Institute of Electrical Engineers，AIEE）和无线电工程师学会（Institute of Radio Engineers，IRE）合并而成，是世界上最大的专业组织之一。

（2）主要贡献：对于网络而言，IEEE 对 IEEE 802 协议进行了定义。802 协议主要用于 LAN，其中比较著名的有 802.3：CSMA/CD 和 802.5：Token Ring。

3. 美国国防部高级研究计划局

美国国防部高级研究计划局（Defense Advanced Research Projects Agency，DARPA）最主要贡献是 TCP/IP 通信标准。DARPA 从 20 世纪 60 年代开始致力于研究不同类型计算机网络之间的互相连接问题，成功地开发出著名的 TCP/IP 协议。它是 ARPAnet 网络结构的一部分，提供了连接不同厂家计算机主机的通信协议。事实上，TCP/IP 通信标准是由一组通信协议所组成的协议集。其中，两个主要协议是网际协议（IP）和传输控制协议（TCP）。

8.3.2 ISO 的七层参考模型——OSI

ISO 对网络最主要的贡献是建立并颁布了开放系统互联参考模型（OSI/RM），也就是

七层网络通信模型的格式，通常称为“七层模型”。它的颁布促使所有的计算机网络走向标准化，从而具备了互联的条件。OSI/RM 最终被开发成全球性的网络结构。

1. OSI/RM 层次划分的原则

OSI/RM 将协议组织成分层结构，每层都包含一个或几个协议功能，并且分别对上一层负责。具体来讲，ISO 的 OSI/RM 符合分而治之的原则，将整个通信功能划分为七个层次，划分的原则如下：

(1)网络中所有节点都划分为相同的层次结构，每个相同的层次都有相同的功能。

(2)同一节点内各相邻层次之间通过接口进行通信。

(3)每一层使用下层提供的服务，并向上层提供服务。

(4)不同节点之间的同等层按照协议实现对等层之间的通信。

ISO 正是通过上述原则制定了著名的 OSI/RM，如图 8-4 所示。

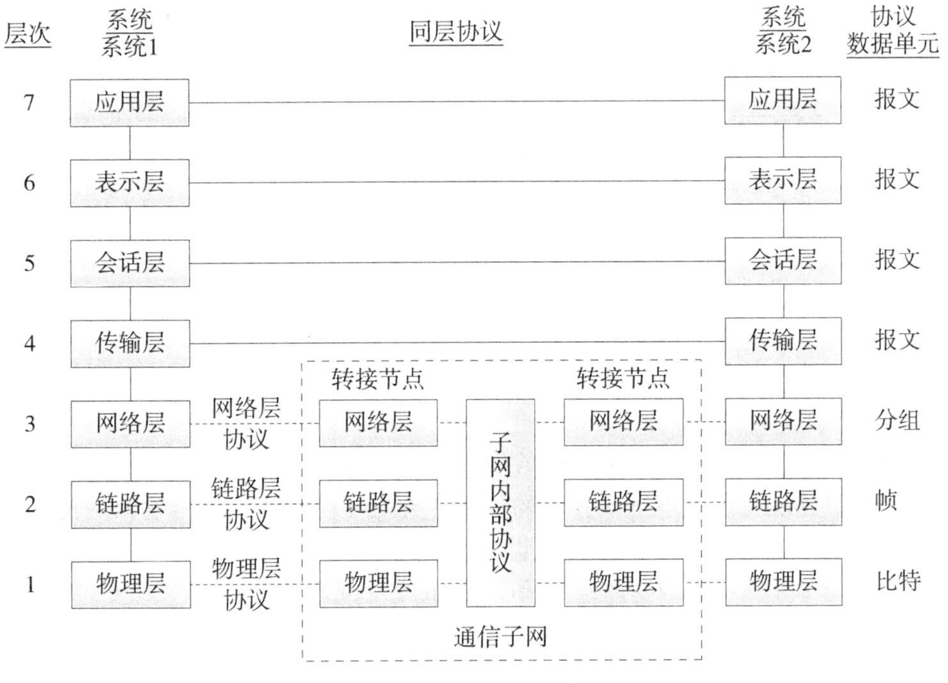

图 8-4　OSI/RM 及协议

2. OSI/RM 的结构和特点

(1)每一层都对整个网络提供服务，因此是整个网络的一个有机组成部分，不同的层次定义了不同的功能。

(2)每一层在逻辑上都是独立的，是根据该层的功能定义的。

(3)每一层实现的时候可以各不相同，某一层实现时并不影响其他各层。

3. OSI/RM 中的数据流

计算机利用协议进行相互通信，根据设计原则，OSI/RM 工作时，若两个网络设备通信，则每一个设备的同一层同另一个设备的类似层次进行通信。不同节点通信时，同等层次通过附加该层的信息头来进行相互的通信。

在发送方的每个节点内，在它的上层和下层之间传输数据。每经过一层都对数据附加一个信息头部，即封装。而该层的功能正是通过这个“控制头”(附加的各种控制信息)来实现的。由于每一层都对发送的数据发生作用，因此真正发送的数据越来越大，直到构成数据的二进制位流，在物理介质上传输。

在接收方，这七层的功能又依次发挥作用，并将各自的“控制头”去掉，即拆装。同时完成相应的功能，如检错、传输等。OSI/RM 中发送/接收数据的数据流如图 8-5 所示。

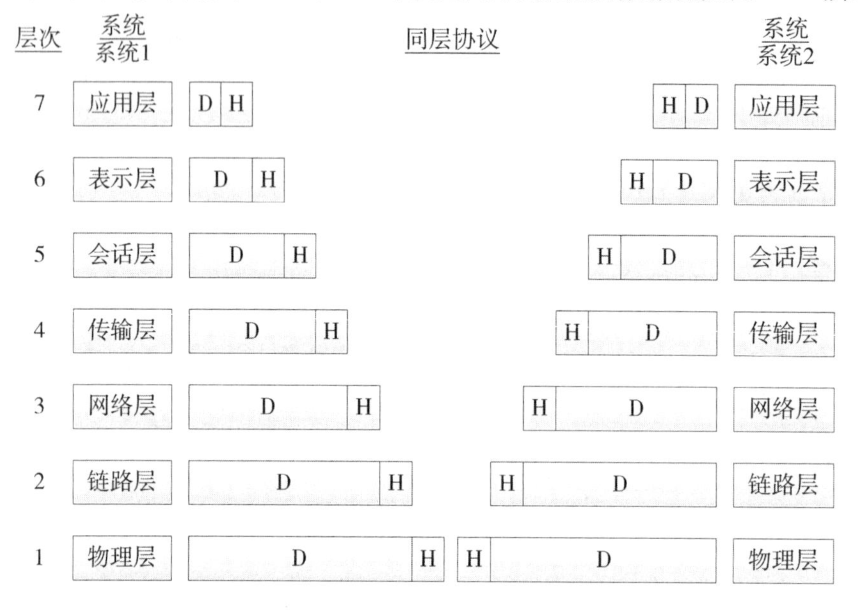

图 8-5　OSI/RM 中的数据流

4. OSI/RM 的七层及其功能

下面将介绍协议的各种功能是如何分配到每一层，以及每一层所完成的具体功能。

1)物理层

物理层(physical layer)是 OSI/RM 的最底层，也是 OSI/RM 的第一层，它利用物理传输介质为数据链路层提供物理连接。它的主要任务是在通信线路上传输数据比特的电信号。物理层保证数据在目标设备上，以源设备发送时同样的方式进行读取。

此层还规定了建立和保持物理连接的电子、电气及机械特性，以及实现的手段。例如，物理层规定的网络规范包含了电缆电压的量值，信号在发送时如何转换为“0”和“1”，以及信号的发送顺序。

物理层完成的主要功能为：

(1)传输二进制“位”信号；

(2)指定传输方式的要求；

(3)当建立、维护与其他设备的物理连接时，提供需要的机械、电气等特性，并实现数据传输。

2)数据链路层

数据链路层(data link layer)是 OSI/RM 的第二层，这一层的主要任务是提供可靠的通过物理介质传输数据的方法。这一层将数据分解成帧，然后按顺序传输帧，并负责处理接收端发回的确认帧的信息，即提供可靠的数据传输。

数据链路层用来启动、断开链路，并提供信息流控制、错误控制和同步等功能。它在物理层传送的比特流的基础上，负责建立相邻节点之间的数据链路，提供节点与节点之间的可靠的数据传输。除将接收到的数据封装成数据帧或包(这些数据帧或包中包含各种信息，如目的地址、源地址、数据以及其他控制信息等)再传送外,它还通过循环冗余校验(cyclic redundancy check, CRC)等方法,捕获和改正检测到的帧中的数据位错误。

通常该层又被分为介质访问控制(medium access control, MAC)和逻辑链路控制(logical link control, LLC)两个子层。MAC 主要用于共享型网络中多用户对信道竞争的问题,解决网络介质的访问;LLC 主要任务是建立和维护网络连接,执行差错校验、流量控制和链路控制。

数据链路层完成的主要功能为:

(1)数据链路的建立、维护与释放链路的管理工作;

(2)将数据转换为数据帧;

(3)数据帧传输顺序的控制;

(4)差错检测与控制;

(5)数据流量控制。

3)网络层

网络层(network layer)是 OSI/RM 的第三层,它负责通过网络传输数据。通常数据在这一层被转换为数据报,然后通过路径选择、分段组合、顺序、进/出路由等控制,将信息从一台网络设备传送到另一台网络设备。

数据通过网络时的设备称为中间设备,源设备和目标设备称为终端系统。

网络层从源主机那里接收报文,同时将报文转换为数据包,并确保这些数据包直接发往目标设备。网络层还负责决定数据包通过网络的最佳路径。另外,当网络中同时存在太多的数据包时,它们就会争抢通路,形成瓶颈,网络层可以控制这样的阻塞。

网络层实际上是通过执行路由算法,为报文分组通过通信子网选择最适当的路径。它是 OSI/RM 中最复杂的一层。

网络层完成的主要功能为:

(1)通过路径选择将信息从最合适的路径由发送端传送到接收端;

(2)将数据转换成数据包;

(3)网络连接的建立和管理。

4)传输层

传输层(transport layer)是 OSI/RM 的第四层,它提供会话层和网络层之间的传输服务。这种服务从会话层获得数据,并在必要时对数据进行分割。传输层将数据传递到网络层,并确保数据能正确无误地传送到网络层。因此,传输层负责提供两节点之间数据的可靠传送。当两节点已确定建立联系之后,传输层即负责监督。传输层的目的是向用户透明地传送报文,它向高层屏蔽了下层数据通信的细节。

传输层完成的主要功能为:

(1)分割和重组数据;

(2)提供可靠的端到端服务;

(3)流量控制;

(4)使用面向连接的数据传输(与网络层不同,传输层的连接被视为是“面向连接的”。通过这一层传送的数据将由目标设备确认,如果在指定的时间内未收到确认信息,那么数据将被重发)。

为了实现上述功能传输层提供了以下几种连接服务:

(1)数据段排序：当网络发送大量数据时，有时必须将数据分割成小段。由于网络层路由时采用数据包方式，因此这些数据段到达目的地时很可能处于无序状态。于是，传输层在将数据发送到会话层之前，需要将它们重新排序。

(2)传送中的差错控制：传输层使用“校验和”之类的方法来校验数据中的错误。差错控制如果没有收到某一段信息，它将请求重新发送这一数据。差错控制正是通过跟踪数据包的序列号来完成这一任务的。注意：传输层常常被认为是差错控制层，其实它只保证数据被传送，而不保证数据被正确传送。确认某个信息是否必须改正或重发是表示层和会话层负责的。

(3)流量控制：传输层通过确认信息的方法来实现流量控制。发送设备在收到目标设备的上一段数据包的确认信息之前，是不会发送下一段信息的。

5)会话层

会话层(session layer)是 OSI/RM 的第五层，它是用户应用程序和网络之间的接口。这一层允许用户在设备之间建立一种连接，这就是会话。一旦会话关系已经建立，它还要对会话进行有效的管理。

用户可以按照半双工、单工和全双工的方式建立会话。当建立会话时，用户必须提供他们想要连接的远程地址。而这些地址与 MAC 地址或网络地址不同，它们是为用户专门设计的，更便于用户记忆。例如，域名(domain name, DN)就是一种网络上使用的远程地址。

会话层完成的主要功能为：

(1)允许用户在设备之间建立、维持和终止会话，如提供单方向会话或双向同时会话；

(2)管理对话；

(3)使用远程地址建立连接。

因此，从逻辑上讲会话层主要负责数据交换的建立、保持和终止。其实际的工作是接收来自传输层的数据，并负责纠正错误。出错控制、会话控制、远程过程调用均是这一层的功能。注意：此层检查的错误不是通信介质的错误，而是磁盘空间、打印机缺纸等类型的高级错误。

6)表示层

表示层(presentation layer)是 OSI/RM 的第六层，它的主要任务是协商和建立数据交换的格式，解决各应用程序之间在数据格式表示上的差异。这一层还负责设备之间所需要的字符集或数字转换，它还负责数据压缩，以减少数据传输量，同时也负责数据加密。

表示层完成的主要功能为：

(1)建立数据交换的格式；

(2)处理字符集和数字的转换；

(3)执行数据压缩与恢复；

(4)数据的加密和解密。

7)应用层

应用层(application layer)是 OSI/RM 的最高层，它是用户应用程序和网络之间的接口。这一层允许用户使用网络中的应用程序传输文件、发送电子邮件，以及完成用户希望在网络上完成的其他工作。

因此，这一层的主要任务是负责网络中应用程序与网络操作系统之间的联系，包括建立与结束使用者之间的联系，监督管理相互连接起来的应用系统和所使用的应用资源。这一

层还为用户提供各种服务,包括目录服务、文件传送、远程登录、电子邮件、虚拟终端、作业传送和操作,以及网络管理等。然而,这一层并不包含应用程序本身。例如,它包含目录服务,如 Windows 界面的 Program Manager 和资源管理器等,但不包含字处理程序、数据库等。

应用层完成的主要功能为:

(1)作为用户应用程序与网络间的接口;

(2)使用户的应用程序能够与网络进行交互式联系。

在七层模型中,每一层都提供一个特殊的网络功能。

若从功能的角度观察,下面四层(物理层、数据链路层、网络层和传输层)主要提供通信传输功能,以节点到节点之间的通信为主;上面三层(会话层、表示层和应用层)则以提供使用者与应用程序之间的处理功能为主。也就是说,下面四层属于通信功能,上面三层属于处理功能。

若从网络产品的角度观察,对于局域网来说,最下面三层(物理层、数据链路层、网络层)直接做在网卡上,其余的四层则由网络操作系统来控制。

为了便于记忆,可用表 8-2 中提供的方式记住这七层的代表字母。

表 8-2 OSI/RM 助记表

应用层	A-all
表示层	P-people
会话层	S-seem
传输层	T-to
网络层	N-need
数据链路层	D-data
物理层	P-processing

“All People Seem To Need Data Processing”,这样可以帮助我们记住这七层。

5. 建立 OSI/RM 的目的和作用

建立 OSI/RM 的目的,除创建通信设备之间的物理通道外,还规划了各层之间的功能,并为标准化组织和生产厂家制定了协议的原则。这些规定使得每一层都具有一定的功能。理论上说,在任何一层上符合 OSI 标准的产品都可以被其他符合标准的产品所取代。

这种分层的逻辑体系结构使得我们可以深刻地了解什么样的协议解决什么样的问题,以及各个协议在网络体系结构中所占据的位置。由于每一层在功能上与其他层有着明显的区别,使得通信系统可以进行划分,并使通信产品不必面面俱到,而只需完成某一方面的功能,仅遵循相应的标准即可。此外,它还有助于分析和了解每一种比较复杂的协议。

以后用户可能还会遇到其他有关的协议,如 TCP/IP,X. 25 协议等,应进一步理解这些协议的工作原理。

8.3.3 TCP/IP 通信标准

1. 网际协议

IP 对应于 OSI/RM 中的网络层,制定了所有在网络上流通的包标准,提供了跨越多个网络的单一包传送服务。IP 规定了计算机在 Internet 上通信时所必须遵守的一些基本规则,以确保路由的正确选择和报文的正确传输。

2. 传输控制协议

TCP 对应于 OSI/RM 中的传输层，它在 IP 的上面，提供面向链接的可靠数据传输服务，以便确保所有传送到某个系统的数据正确无误地到达该系统。

作为高层协议来说，TCP/IP 协议是世界上应用最广的异种网互联的标准协议，已成为事实上的国际标准。利用它，异种机型和异种操作系统的网络系统就可以方便地构成单一协议的 TCP/IP 互联网络。

8.4 常见的网络设备

本节主要以局域网为例来介绍常见的网络设备，它一般由网络服务器、工作站、网络适配器（网卡）及传输介质等部分组成。

8.4.1 网络服务器

前几年流行的各种微机局域网，它们的访问控制方式大多属于集中控制型的专用服务器结构。网络服务器是网络的控制核心部件，一般由高档微机或由具有大容量硬盘的专用服务器担任。局域网的操作系统就运行在服务器上，所有的工作站都以此服务器为中心，网络工作站之间的数据传输均需要服务器作为媒介，如 Netware V3. X 和 V2. X 等网络。早期的局域网仅有文件服务器的概念，一个网络至少要有一个文件服务器，在它上面一般均安装有网络操作系统及其实用程序以及可提供共享的硬件资源等。它为网络提供硬盘、文件、数据和打印机共享等功能，工作站需要共享数据时，从文件服务器上获取。文件服务器只负责信息的管理、接收与发送，对工作站需要处理的数据不提供任何帮助。

目前，微机局域网操作系统主要流行的是主从式结构的（服务器一客户机）计算机局域网络。它们的访问控制方式属于集中管理和分散处理型，也是 20 世纪 90 年代以来局域网发展的趋势，如 Windows NT 4.X 和 5.X 及 Netware V4.X 和 V5.X 等。本书采用的示例，均为主从式结构的计算机局域网络。

通常，无论采用哪种结构的局域网，在一个局域网内至少需要一个服务器，它的性能直接影响着整个局域网的效率，选择和配置好网络服务器是组建局域网的关键环节。

目前，人们从不同的角度对网络服务器进行了分类。也就是说，网络服务器在充当文件服务器的同时，又可以充当多个角色的服务器。如某校园网的文件服务器在作为文件服务器的同时，充当了打印服务器、邮件服务器、Web 服务器、域名服务器（domain name system，DNS）和动态主机配置协议服务器等多种类型的服务器。当这个文件服务器作为打印服务器时，应当有一台或多台打印机与它相连，通过内部打印和排队服务，使所有网络用户都可以共享这些打印机，并且管理各个工作站的打印工作。在这种模式中，网络服务器就作为一个打印服务器进行工作。

因此，从网络服务器的应用角度可以分为文件服务器、应用程序服务器、通信服务器、Web 服务器、打印服务器等；从网络服务器的设计思想角度可以分为专用服务器和通用服务器；从服务器本身的硬件结构角度可以分为单处理机网络服务器和多处理机网络服务器。

8.4.2 工作站

在网络环境中，工作站是网络的前端窗口，用户通过它访问网络的共享资源。工作站实际上就是一台 PC，它至少应当包括键盘、显示器、CPU（包括 RAM）。大多数工作站带有硬磁盘。在某些高度保密的应用系统中，往往要求所有的数据都驻留在远程文件服务器上，所以，此类工作站便属于不带硬磁盘驱动器的“无盘工作站”。

用作工作站的微机通过插在其中的网卡，经传输介质与网络服务器连接，用户便可以通过工作站向局域网请求服务并访问共享的资源。工作站从服务器中取出程序和数据以后，用自己的 CPU 和 RAM 进行运算处理，然后将结果再存到服务器中去。

工作站可以有自己单独的操作系统，独立工作。但与网络相连时，需要将网络操作系统中的一部分，即工作站的连接软件安装在工作站上，形成一个专门的引导、连接程序，通过硬盘引导、连接上网，访问服务器。在无盘工作站中，必须在网卡上加插一块专用的启动芯片（远程复位 EPROM）或制作专用的引导盘，用于从服务器上引导本地系统或连接到服务器。

内存是影响网络工作站性能的关键因素之一。工作站所需要的内存大小取决于操作系统和在工作站上所要运行的应用程序的大小和复杂程度。如上所述，网络操作系统中的工作站连接软件部分需要占用工作站的一部分内存，其余的内存容量将用于存放正在运行的应用程序以及相应的数据。

8.4.3 网卡

网卡从功能来说相当于广域网的通信控制处理机，通过它将工作站或服务器连接到网络上，实现网络资源共享和相互通信。网卡有以下基本功能：

（1）网卡实现工作站与局域网传输介质之间的物理连接和电信号匹配，接收和执行工作站与服务器送来的各种控制命令，完成物理层的功能。

（2）网卡实现局域网数据链路层的一部分功能，包括网络存取控制、信息帧的发送与接收、差错校验、串并代码转换等。

（3）网卡实现无盘工作站的复位及引导。

（4）网卡提供数据缓存能力。

（5）网卡还能实现某些接口功能。

正确选用、连接和设置网卡，往往是能否正确连通网络的前提和必要条件。

8.4.4 传输介质

传输介质是网络中连接各个通信处理设备的物理媒体，是网络通信的物质基础之一。传输介质可以是有线的，也可以是无线的。前者被称为约束介质，而后者被称为自由介质。

传输介质的性能特点对传输速率、成本、抗干扰能力、通信的距离、可连接的网络节点数目和数据传输的可靠性等均有很大的影响。因此，必须根据不同的通信要求，合理地选择传输介质。

选择传输介质时应考虑以下主要因素：

（1）成本：是决定传输介质的一个最重要的因素。

（2）安装的难易程度：也是决定使用某种传输介质的一个主要因素。例如，光纤的高额安装费用和需要的高技能安装人员使得许多用户望而生畏。

（3）容量：指传输介质的信息传输能力，一般与传输介质的带宽和传输速率有关。因此，通常也用带宽和传输速率来表示传输介质的容量。它是描述传输介质的一个重要特性。

①带宽：传输介质的带宽即传输介质允许使用的频带宽度。

②传输速率：指在传输介质的有效带宽上，单位时间内可靠传输的二进制的位数，一般

使用 b/s 为单位。通常,b 表示比特;B 表示字节,即 8 个比特;M 表示兆。

(4)衰减及最大距离:衰减是指信号在传递过程中被衰减或失真的程度;最大网线距离是指在允许的衰减或失真程度上,可用的最大距离。因此,实际网络设计中这也是需要考虑的重要因素。在实际中,"高衰减"是指允许的传输距离短;反之,"低衰减"是指允许的传输距离长。

(5)抗干扰能力:是传输介质的另一个主要特性,这里的干扰主要指电磁干扰。

1. 有线(约束)传输介质

目前,在网络中常用的有线传输介质主要有双绞线、同轴电缆和光导纤维电缆三类。

1)双绞线

双绞线(twisted pair),又称为双扭线,是当前最普通的传输介质,它由两根绝缘的金属导线扭在一起而成,如图 8-6 所示。通常还把若干对双绞线对(2 对或 4 对),捆成一条电缆并以坚韧的护套包裹着,每对双绞线合并作一根通信线使用,以减小各对导线之间的电磁干扰。双绞线分为非屏蔽双绞线(unshielded twisted pair, UTP)和屏蔽双绞线(shielded twisted pair, STP)两种。

图 8-6 双绞线

(1)UTP 没有金属保护膜,对电磁干扰的敏感性较大,电气特性较差。

它的最大优点是:价格便宜,易于安装,所以被广泛地应用在传输模拟信号的电话系统和局域网的数据传输中;最大缺点是:绝缘性能不好,分布电容参数较大,信号衰减比较厉害,所以一般主要应用在传输速率不高,传输距离有限的场合。

UTP 通常具有如下特点:

①低成本(略高于同轴电缆);

②易于安装;

③高容量(高速传输能力);

④100 m 以内的低传输距离(高衰减);

⑤抗干扰能力差。

(2)STP 和 UTP 的不同之处是,在双绞线和外层保护套中间增加了一层金属屏蔽保护膜,用以减少信号传送时所产生的电磁干扰。STP 电缆较为粗硬,因此安装时需要使用专门的连接器;STP 相对来讲价格较贵。目前,STP 应用不如 UTP 广泛。

STP 通常具有如下特点:

①中等成本;

②安装难易程度中等;

③比 UTP 具有更高的容量;

④100 m 以内的低传输距离(高衰减与 UTP 相同);

⑤抗干扰能力中等。

2)同轴电缆

同轴电缆(coaxial cable)是网络中最常用的传输介质,因其内部包含两条相互平行的导线而得名。一般的同轴电缆共有四层,最内层是中心导体(通常是铜质的,该铜线可以是实心的,也可以是绞合线),在中心导体的外面依次为绝缘体、外部导体和保护套,如图 8-7 所示。绝缘体一般为类似塑料的白色绝缘材料,用于将中心导体和外部导体分隔开;而外部导体为铜质精细的网状物,用来将电磁干扰屏蔽在电缆之外。

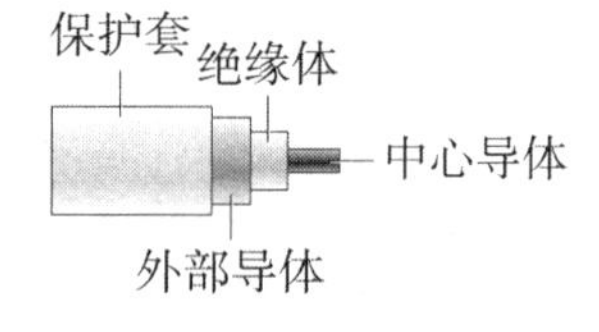

图 8-7 同轴电缆

实际使用中，网络的数据通过中心导体进行传输；电磁干扰被外部导体屏蔽。因此，为了消除电磁干扰，同轴电缆的外部导体应当接地。

同轴电缆通常具有如下特点：

(1)低成本；

(2)易于安装，扩展方便；

(3)最高 10 Mb/s 的容量；

(4)中等传输距离(中等衰减)；

(5)抗干扰能力中等；

(6)单段电缆的损坏将导致整个网络瘫痪，故障查找不易。

3)光导纤维电缆

光导纤维电缆(optical fiber)，简称光纤或光缆，使用光而不是电信号来传输数据。随着对数据传输速度要求的不断提高，光纤的使用日益普遍。对于计算机网络来说，光纤具有无可比拟的优势，是目前和未来发展的方向。

光纤由纤芯、包层和保护套组成，其中纤芯由玻璃或塑料制成，包层由玻璃制成，保护套由塑料制成，其结构如图 8-8 所示。

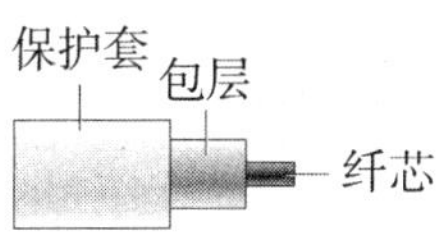

图 8-8　光纤

光纤的中心是玻璃束，或纤芯，由激光器产生的光通过玻璃束传送到另一台设备。在纤芯的周围是一层反光材料，称为包层。由于包层的存在，没有光可以从玻璃束中逃逸。在光纤中，光只能沿一个方向移动，两个设备若要实现双向通信，必须建立两束光纤。每路光纤上的激光器发送光脉冲，并通过该路光纤到达另一台设备上，这些光脉冲在另一端的设备上被转换成“0”和“1”。

光纤有两种：单模式和多模式。单模式光纤仅允许一束光通过，而多模式光纤则允许多路光束通过。单模式光纤比多模式光纤具有更快的传输速率和更长的传输距离，自然费用也就更高。

由于安装光纤的工作需要具有高技能的技术人员进行操作，因此铺设光纤网络的绝大部分费用是安装费。

光纤通信具有如下特点：

(1)昂贵；

(2)安装十分困难；

(3)极高的容量(传输速率快)，实际可达到的传输速率为几十至几千 Mbps；

(4)极低的衰减(可以长距离传输)，如使用光纤传输时，可以达到在 8 km 距离内不使用中继器的高速率的数据传输；

(5)没有电磁干扰。

2. 无线(自由)传输介质

前面讲的三种传输介质都属于“有线传输”。有线传输在实现上往往受到地理特征的限制，存在着地域局限性。当通信距离很远时，铺设电缆既昂贵又费时费力，从而可以考虑使用无线传输介质。使用无线传输介质，是指在两个通信设备之间不使用任何物理的连接器，通常这种传输介质通过空气进行信号传输。常用的三种传输无线介质是无线电波、微波和红外线。

例如，当我们设计一个大型企业网络时，其中的两个办公室之间存在着一条高速公路，而它们之间又必须进行通信，由于不便铺设普通的传输介质，因此应当选择使用无线传输介质。

8.5 Internet的基本概念

Internet，国内一般译为因特网，是一个由散布在世界各地的计算机相互连接而成的全球性的计算机网络，是世界上规模最大、用户最多、影响最大的计算机互联网络。Internet以TCP/IP协议为基础，通过各种物理线路将世界范围内的计算机连接起来，共同协作，使世界各地的计算机能够利用它来相互传递信息，从而为人类生活提供了一种全新的交流方式。Internet是一个容量巨大的信息宝库，包含有政治、经济、军事、商业、体育、娱乐、休闲、科学和文化等各种信息。随着计算机技术与网络技术的发展，Internet在人们的生活、学习和工作中的位置越来越重要。

8.5.1 Internet的起源与发展

Internet的发展历史可追溯到20世纪60年代，当时的ARPA为了实现异构网络之间的互联，大力资助网络互联技术的研究，于1969年建立了著名的ARPAnet。ARPAnet的出现标志着网络的发展进入到一个全新的时代。

ARPAnet的成功极大地促进了网络互联技术的发展，在1979年基本上完成了TCP/IP体系结构和协议规范。1980年开始在ARPAnet上全面推广TCP/IP协议，1983年完成并以ARPAnet为主干网建立了早期的Internet。

1985年，美国国家科学基金会（National Science Foundation，NSF）开始涉足TCP/IP的研究和开发，利用它分布于全球的六个超级计算中心建立了主干网络NSFNET，连接全美区域性网络，这些区域性网络向下连接到各大学校园、研究机构、企业网等。NSFNET逐步取代ARPAnet成为Internet的主干网。从此，Internet开始从军事、科研机构走向了全社会。

进入20世纪90年代，Internet的发展势头更加迅猛。Internet的主干网NSFNET也由最初的中速线路（57.6 kbps），发展到1987年的T1线路（1.54 Mbps）以及1991年的T3线路（43.7 Mbps）。

1991年，NSF和美国其他政府机构开始认识到，Internet必将扩大其使用范围，不应仅限于大学和科研机构。世界上许多公司纷纷接入Internet，使网上的通信量急剧增大，Internet的容量又不够用了。于是，美国政府决定将Internet的主干网交给私人来经营，并开始对接入Internet的单位收费。1995年，NSF把NSFNET的经营权交给美国三家最大的电信公司，即Sprint，MCI和ANS，NSFNET也分成SprintNET，MCInet和ANSnet，由三家公司分别管理和经营，为客户提供网络服务。

今天，世界上多数国家都相继建设了自己国家级的计算机网络，并且都与Internet互联在一起。由于Internet具有极为丰富的信息资源，它突破了地理位置的限制，将全球化贸易、全球化学术机构变得非常简单。

我国与Internet发生联系大约在1986年。1994年3月以前，一些用户或单位不同程度地访问和使用着Internet，其方法各不相同。有的使用国际电话线方式，有的把自己的计算机或局域网通过X.25网等方式附属在外国的一台计算机或局域网上，间接地使用Internet，使用的服务主要是电子邮件。在此期间，Internet的网络信息中心在统计报告中从未把中国作为一个正式加入Internet的国家看待，而是算作一个只能使用电子邮件的国家，这种情况直到1994年才结束。从1994年至今，国内已有若干个直接连接Internet国际通信专线的网络。下面按照它们连入Internet的时间顺序进行简要介绍。

1. 中国科学院高能物理研究所计算中心网

1993年3月，中科院高能物理研究所因国际合作的需要，建成了与美国斯坦福直线加速中心64 kbps的通信专线，这是我国建成的与Internet相连的第一条专线。当时，高能所计算中心用一台VAX-785计算机，经过原邮电部的中国公用分组交换数据网(China Public Packet Switched Data Network，ChinaPAC)首先连到北京电信局，再经微波传送到卫星地面通信站，租用AT&T公司的国际卫星信道与Internet相连。1993年5月，在国家自然科学基金会的资助下，开始向国内著名的科学家、科学院院士、国家自然科学基金重大项目负责人提供包括电子邮件在内的多项Internet服务，首次为国际科学技术交流提供了现代化的手段。1994年5月，高能所的计算机作为美国能源科学网络(Energy Science Network，ESnet)的节点正式接入Internet。

目前，高能所计算中心除继续使用VAX计算机向用户提供服务外，还配备了一台SUN计算机进行用户服务。高能所计算中心可以提供的Internet服务有电子邮件(E-mail)、文件传送协议(file transfer protocol，FTP)、远程登录(telnet)、信息查询Gopher及WWW。另外，高能所还建立了中国首家WWW服务器，通过与美国硅谷的China-Window合作，建立了在美国的镜像服务器节点。北京的中国科学院高能物理研究所计算中心网(GLOBALNET)向入网用户提供全球性的相关商业信息，使国内用户可以很方便地读取和借鉴国外的商业信息，而在美国的China-Window则成为全球了解中国的窗口。

2. 中国科学院计算机网络信息中心网

1994年4月，由世界银行贷款组织和我国政府配套建设的一个高技术基础设施项目——中国国家计算机和网络设施(National Computing & Networking Facility of China，NCFC)，正式代表我国加入Internet。“正式加入”意味着NCFC网络中心的计算机作为代表中国网络域名的域名服务器，在Internet的网络信息中心进行了注册。中国从此有了正式的Internet行政代表和技术代表。这意味着中国与Internet的网络信息中心建立了直接规范的业务联系，而不必作为别国的附属网而存在，中国的用户从此可以全方位地使用Internet上的信息资源。

NCFC在国内又被称为北京中关村地区教育与科研示范网，俗称“中关村网”。NCFC是一个具有相当规模、主干网用光纤互联的计算机网，最初的实施范围为北京中关村地区的北京大学、清华大学及中科院中关村地区的30多个研究所。NCFC采用两级网络结构：三个独立的院校网(中科院网CASnet、北大校园网PUnet、清华校园网TUnet)；连接三个院校网的NCFC主干网。主干网与Internet相连，并扩充连接到国内其他网络(ChinaPAC等)。三个院校网内部也各有其主干网下连到各个部门的局域网。

目前，NCFC通过高速光纤网络直接连接着CASnet，TUnet和PUnet。除此之外，NCFC还以较低的速率通过ChinaPAC、中国公用数字数据网(China Digital Data Network，ChinaDDN)、中国公用电话交换网(China Public Switched Telephone Network，ChinaPSTN)等连接着北京和全国各地的中科院及其他部委的科研院所、大专院校。NCFC是一个面向科技界的计算机网络。

NCFC连入Internet的方法是经过租用专线到达北京卫星通信地面站，再经太平洋卫星传送到美国旧金山Sprint公司的数据交换中心从而进入Internet主干网。

NCFC 提供的通用服务功能有电子邮件、文件传送协议、远程登录、网络新闻、信息查询 Gopher 及 WWW、网络管理与公用服务、信息讨论 NNTP(network news transfer protocol)等。

3. 中国 Internet 主干网

原邮电部的 ChinaPAC 在 1994 年 8 月与美国 Sprint 公司签约，于 1995 年 5 月开始向社会提供中国公用 Internet 服务，又称 ChinaNET 服务。通过 ChinaNET 的灵活访问方式和遍布全国各城市的访问点，用户可以很方便地访问 Internet，享用 Internet 上的丰富资源，也可以利用 ChinaNET 平台和网上的用户群，经营多媒体服务或组建本系统的应用网络。

骨干网是主要的信息通道，主要负责对全网信息进行转接，为接入网提供接入端口，为全网提供所需的 Internet 资源。国内 Internet 服务提供商(Internet service provider, ISP)也应该在此处申请高速端口。接入网由各省接入层网络构成，接入网负责提供用户入网端口，并提供用户访问管理。全国网络管理中心负责 ChinaNET 骨干网的管理，对网络设备运行情况、业务情况进行实时监控，以保证网络安全、可靠地运行。

ChinaNET 提供的 Internet 服务有电子邮件、文件传输、远程登录、网络新闻、信息查询 Gopher，WAIS，Archie 和 WWW 等。

4. 中国教育和科研计算机网

中国教育和科研计算机网(CERNET)是原国家教委全力建设的面向教育界的全国性计算机网络。建成后的 CERNET 将连通全国所有的大专院校，并进一步延伸到中小学。CERNET 在北京、上海、广州、沈阳、南京、西安、武汉和成都八个城市的大学设立 CERNET 的区域性网络中心，各网络中心通过 ChinaDDN 连接起来形成 CERNET 的主干网。CERNET 经由美国与 Internet 连接的专线在 1995 年 6 月正式开通，其通信速率为 128 kbps。到 1996 年底，CERNET 已建立起 10 个区域性网络中心，并实现 100 多所大学联网。CERNET 的国际出口是 TUnet。

CERNET 主要面向全国的大专院校，主要吸收科研院所和大专院校的用户，原则上不吸收公众及商业用户。CERNET 和 NCFC 的 Internet 费用低于 ChinaNET。

CERNET 开通的主要 Internet 服务有电子邮件、文件传送、远程登录、网络新闻、信息查询 Gopher 和 WWW 等。

8.5.2 主机

Internet 是由计算机组成的网络，其中的每一台计算机就被称为一台主机(host)。一台计算机如果连接到了 Internet 上，我们称之为拥有 Internet 连接，而这台计算机就被称为一台 Internet 上的主机。

一台主机必须是一台拥有自己独立的 IP 地址的计算机。有些计算机虽然也可以查看一些 Internet 中的内容，但这些计算机往往只是一台终端，只起着显示和接收输入的功能。在这种情况下，真正的主机是这台计算机所连接的那台有 IP 地址的计算机，而这台计算机即使功能再强大，也只能被称为一台 Internet 上主机的终端，却不是一台真正的主机。

8.5.3 IP 地址与域名系统

1. IP 地址

Internet 上有数百万台主机，当希望与其中的一台主机进行联系时，必须有一种方法来识别这台主机，这样 Internet 才能够明确信息究竟应该从什么地方传到什么地方，才能进行计算机间信息的传递。这时候，为 Internet 上的每一台主机编号就显得尤为重要了。IP 地址就是这样一种为计算机编号的方法。Internet 上的每台计算机都至少拥有一个 IP 地址，绝不可能有两台计算机的 IP 地址重复。

IP 地址使用 32 位二进制数表示的一串数字。为了方便记忆，我们将 IP 地址分成四个部分，每 8 位二进制数为一部分，中间用点号分隔，例如，202. 97. 0. 132 就是 Internet 上某台主机的 IP 地址。

IP 地址由网络号和主机号两部分构成，给出一台主机的地址，马上就可以确定它在哪个网络上。将组成 IP 地址的 32 位二进制数的信息合理地分配给网络和主机作为编号具有非常重要的意义，是因为各部分位数一旦确定，就等于确定了整个 Internet 中所能包含的网络数量以及各个网络所能容纳的主机数量。

在 Internet 中，网络数量是一个难以确定的因素，但是每个网络的规模却是比较容易确定的。从局域网到广域网，不同种类的网络规模差别很大，必须加以区分。因此，按照网络规模的大小，可以将 Internet 中的 IP 地址分为五种类型，其中 A，B，C 是三种主要类型的地址，还有两种次要类型的地址，一种是专供多目传送用的多目地址 D，另一种是扩展备用地址 E。

2. 域名系统

由于 IP 地址是数字标识，使用时难以记忆和书写，因此在 IP 地址的基础上又发展出一种符号化的地址方案，来代替数字型的 IP 地址。每一个符号化的地址都与特定的 IP 地址对应，这样网络上的资源访问起来就容易得多了。这个与网络上的数字型 IP 地址相对应的字符型地址，就被称为域名，如 jju. edu. cn 就是一个域名。

Internet 域名采用层次型结构，反映一定的区域层次隶属关系。域名由若干个英文字母和数字组成，由“.”分隔成几个层次，从右到左依次为顶级域、二级域、三级域等。例如，在域名 jju. edu. cn 中，顶级域为 cn，二级域为 edu，最后一级域为 jju。

顶级域名又分为两类：一是国家和地区顶级域名，目前 200 多个国家和地区都按照 ISO 3166 国家代码分配了顶级域名，例如中国是 cn，美国是 us，日本是 jp 等；二是通用顶级域名，例如表示工商企业的 . com，表示网络提供商的. net，表示非营利组织的. org 等。

二级域名是指顶级域名之下的域名，在通用顶级域名下，它是指域名注册人的网上名称，如 ibm，yahoo，microsoft 等；在国家和地区顶级域名下，它是表示注册企业类别的符号，如 com，edu，gov，net 等。表 8－3 给出了各种域名的含义。

表 8－3 域名的含义

域名	域机构	域名	国家
com	商业机构	au	澳大利亚
edu	教育机构	ca	加拿大
gov	政府机构	cn	中国
mil	军事机构	de	德国
net	主要网络支持中心	jp	日本
org	其他组织	uk	英国
int	国际组织	us	美国

由于 Internet 主要是在美国发展起来的,所以美国机构的顶级域名不是国家和地区代码,而直接使用机构组织类型。如果某主机的顶级域名由 com,edu 等构成,那么一般可以判断这台主机在美国(也有美国主机顶级域名为 us 的情况)。其他国家、地区的顶级域名一般都是其国家、地区的代码。

8.6 Internet 接入

Internet 已经成为世界上发展最快、规模最大的网络。那么,一台计算机如何才能成为 Internet 的用户呢?可以通过非对称数字用户线路(asymmetric digital subscriber line, ADSL)、线缆调制解调器(cable modem)、专线接入及无线连接等几种方式之一实现与 Internet 的互联。

8.6.1 ADSL

ADSL 技术的关键就是采用高速率、适于传输、抗干扰能力强的调制解调器技术。

用户需要安装的 ADSL 设备包括 ADSL Modem、滤波器,主机需要安装网卡。常规的 56k Modem 是通过串行口连接计算机主机的,ADSL Modem 则通过网卡和网线连接主机,再把 ADSL Modem 连接到现有的电话网中就可以实现宽带上网了。滤波器的作用是使正常的电话通话不受任何影响。

ADSL 的优点如下:

(1)传输速率高。ADSL 为用户提供上、下行非对称的传输速率,上行为低速传输,速率可以达到 1 Mbps;下行为高速传输则可达 10 Mbps。

(2)由于利用现有的电话线,并不需要对现有的网络进行改造,因此实施所需投入的金额不大。

(3)ADSL 采用了频分多路技术,将电话线分成了三个独立的信道。用户可以边观看点播的网上电视,边发送电子邮件,还可以同时打电话。

(4)每个用户都独享宽带资源,不会出现因为网络用户增加而使得传输速率下降的现象。

8.6.2 线缆调制解调器

线缆调制解调器是利用现有的有线电视网,提供高速数据传输的设备。

它的优点是:

(1)传输速率快。其上行速率可达 10 Mbps,下行最高速率可达 40 Mbps 以上。

(2)上网无须拨号,也就是时刻连接在互联网上。

(3)支持宽带多媒体应用,包括视频会议、远程教学、音乐点播等。

它存在的不足是:

(1)由于其网络结构是总线共享结构,因此上网的速度会随着上网人数的增加而下降。

(2)由于许多有线电视网是一种单向数据传输网,要实现双向数据传输则必须对现有的线路和设备进行改造,资金的投入远远高于 ADSL。

8.6.3 专线接入

专线接入是指通过租用专用通信线路与 Internet 进行直接的、24 小时不间断的连接。

这种方式的费用较大，适合多人使用、数据通信量大的情况。企事业网和校园网一般是以局域网的方式通过专线接入 Internet 的。例如，目前许多大、中专院校是使用光纤线路高速接入教育网的。专线接入方式主要指 X. 25 分组交换网、帧中继网、ADSL 专线、DDN 等为局域网用户提供专线接入 Internet 的方式。

8.6.4 无线连接

无线连接是新兴的网络技术，其主导思想是把无线设备的方便性和移动性与存取 Internet 大量信息的功能结合起来。例如，笔记本计算机可以通过连接移动电话拨号上网，也可以通过中国移动从 2002 年 5 月开始商用的 GPRS 服务无线上网。GPRS 采用先进的无线分组技术，将无线通信与 Internet 紧密结合起来，可以轻松地实现移动数据无线互联。

建立在无线接入协议（wireless access protocol，WAP）之上，用户还可以通过移动电话小小的屏幕接收来自 Internet 的信息。利用移动电话上网有许多好处：上网不受时间、地点的限制，无论何时何地都可以进入 Internet，接收电子邮件，浏览 Web 页面，查询工作中所需的电子数据，及时进行电子商务交易等。

Intel 公司于 2003 年 3 月发布了新款的便携计算机处理芯片“迅驰（Centrino）”，其集成的无线芯片可以让笔记本计算机具备无线网络功能。目前，无线上网仍存在技术不够成熟、资费高、速度慢等不足之处，但随着移动电话和 Internet 人口的急速增长，无线网络必将成为未来信息产业的主流。

8.7 Internet 服务

Internet 是世界上最大的分布式计算机网络的集合。它通过通信线路将来自世界的大大小小的计算机网络连接在一起，按照 TCP/IP 协议互联互通、共享资源，每个计算机网络又相对独立、分散管理。为了使全世界所有用户都能够高效、便捷地使用 Internet 资源，必须利用 Internet 上的各种网络工具，或者说充分地利用 Internet 上提供的各种网络服务。

Internet 的网络服务基本上可以归为两类：一类是提供通信服务的工具，如电子邮件、远程登录等；另一类是提供网络检索服务的工具，如 FTP，Gopher，WAIS，WWW 等。

8.7.1 WWW

WWW 是 World Wide Web 的简称，常见的称呼有“环球网”“万维网”等，还有人直接称之为 3W。

WWW 是 Internet 上提供的一种信息查询服务，其地位类似于 Gopher 和 WAIS 等。但 WWW 与其他信息查询技术相比，有其独特之处。以前的信息查询采用的都是树型查询，操作菜单时，总是从树根（主菜单）开始搜索，一步一步地沿着树枝（子菜单）延伸到叶子（结果）。通常，这种信息搜寻方法能够很好地工作。不过，如果在最终到达的树叶找不到所期望的信息，那么必须一步步返回树根，再从头开始搜索，这样就会造成搜索效率的降低。

而 WWW 采用网状型搜索，正如它名字 Web 所表达的那样，WWW 的信息结构像蜘蛛网一样纵横交错。其信息搜索能从一个地方到达网络的任何地方，而不必返回根处。网状型结构能提供比树型结构更紧密、更复杂的连接，因此建立和保持其连接会更困难，但其搜索信息的效率会更高，这就是 Web 的思路。

WWW由设在瑞士的欧洲核研究中心开发，是目前Internet上增长最快的服务，以每年2000%（约每两个月翻一番）的速度飞速递增。WWW的短暂历程开始于1990年底，到1994年底，WWW成为访问Internet资源的最流行手段。

1. 超文本和超媒体

一个真正的超文本（hyper text）系统应该保证用户自由地搜索和浏览信息，类似人的联想思维方式。超文本的基本思想是按联想跳跃式结构组织、搜索和浏览信息，以提高人们获取知识的效率。在WWW中，超文本是通过将可选菜单项嵌入文本中来实现的，即每份文档都包括文本信息和用以指向其他文档的嵌入式菜单项。这样用户既可以阅读一份完整的文档，也可以随时停下来选择一个可导向其他文档的关键词，进入别的文档。

超媒体（hyper media）由超文本演变而来，即在超文本中嵌入除文本外的视频和音频等信息。可以说，超媒体是多媒体的超文本。

2. 超文本标识语言和统一资源定位器

超文本标识语言（hyper text markup language，HTML）是一门专门用于WWW的编程语言，用于描述超文本各部分的构造，告诉浏览器如何显示文本，怎么生成与别的文本或图像链接的超链接等。HTML文档由文本、格式化代码和导向其他文档的超链接组成。

统一资源定位器（uniform resource locator，URL）是WWW上的一种编址机制，用于对WWW的众多资源进行标识，以便于检索和浏览。每一个文件，不论它以何种方式存储在哪一个服务器上，都有一个URL地址，从这个意义上讲，可以把URL看作一个文件在Internet网上的标准通用地址。只要用户正确地给出了某个文件的URL，WWW服务器就能正确无误地找到它，并传给用户。Internet上的其他服务器都可以通过URL地址从WWW中进入。

URL的一般格式如下：

〈通信协议〉://〈主机〉/〈路径〉/〈文件名〉

其中：

①通信协议是指提供该文件的服务器所使用的通信协议；

②主机指上述服务器所在主机的域名；

③路径指该文件在上述主机上的路径；

④文件名指文件的名称。

下面是关于URL的例子：

HTTP://WWW.JJU.EDU.CN/ITC/TRAIN_DEP/homepage.html

其中，HTTP是WWW服务器与WWW客户间的通信协议；WWW.JJU.EDU.CN用来标识该文件存在于九江学院的WWW服务器上；/ITC/TRAIN_DEP是文件在服务器上的路径；最后一部分homepage.html是该文件的名称。

3. 客户机和服务器

WWW的客户机（client）是指在Internet上请求WWW文档的用户计算机。WWW的服务器（server）则是指Internet上保存并管理运行WWW信息的较大型计算机，它接收用户在客户机上发出的请求，访问超文本和超媒体，然后将相关信息传回给用户。客户机和服务器之间遵循超文本传输协议HTTP。

4. 浏览器

客户机上的用户通过客户浏览程序查询 WWW 信息和浏览超文本，因此客户浏览程序又称为浏览器(browser)。浏览器是目前 Internet 世界发展最快的工具，又是计算机厂家竞争的焦点。

WWW 客户浏览器的分类方法有两种：第一种是按照它提供的使用界面分类，目前浏览器的使用界面可分为基于字符的和基于图形的两种；第二种是按照运行它的软件平台来分类，目前最流行的三种软件平台，即 UNIX，Microsoft Windows 和 Apple Macintosh 上都有各种 WWW 浏览器可供用户选择。软件平台又称为"系统平台"，通常指计算机的操作系统，它提供给用户一个使用 WWW 的方便而友好的环境。每一种浏览器都有其优点和缺点，可以满足众多用户不同层次的需要。

5. 主页

用户使用 WWW 首先看到的页面文本称为主页(home page)。使用 WWW 的每一个用户都可以用 HTML 建立自己的主页，并可以在文本中加入表征用户特点的图形图像，列出一些常见的链接。

主页是 WWW 服务器上的重要服务界面部分，目前主页主要有以下几个功能：

(1)针对网上资源的剧增而提供分门别类的各种信息指南和网络地址，协助用户高效、快速地查找 WWW 信息。

(2)利用主页传递题材广泛的各种专题论坛、学术讨论、知识讲座等。

(3)利用主页介绍各个公司、机构和个人的一般情况和最新资料。

(4)利用主页提供电影、电视、商业和娱乐等服务的简要指南。

通常一个主页可以反映出以上所述的一种或几种功能。主页的开发和利用目前已成为 WWW 网上使用者和开发者的共同课题。

8.7.2　E-mail

1. E-mail 的概述

电子邮件(electronic mail，E-mail)是用户或用户组之间通过计算机网络收发信息的服务。目前电子邮件已成为网络用户之间快速、简便、可靠且成本低廉的现代通信手段，也是 Internet 上使用最广泛、最受欢迎的服务之一。

电子邮件使网络用户能够发送或接收文字、图像和语音等多种形式的信息。使用 Internet 提供的电子邮件服务，实际上并不一定需要直接与 Internet 联网，只要通过已与 Internet 联网并提供 Internet 邮件服务的机构收发电子邮件即可。

使用电子邮件服务的前提是用户拥有自己的电子信箱，一般又称为电子邮件地址(E-mail address)。电子信箱是提供电子邮件服务的机构为用户建立的账号，实际上是该机构在与 Internet 联网的计算机上为用户分配的一个专门用于存放往来邮件的磁盘存储区域，这个区域是由电子邮件系统管理的。

电子邮件系统采用"存储转发"方式为用户传递电子邮件。通过在一些 Internet 的通信节点计算机上运行相应的软件，可以使这些计算机充当"邮局"的角色。用户使用的"电子邮箱"就是建立在这类计算机上的。当用户希望通过 Internet 给某人发送信件时，他先要与为自己提供电子邮件服务的计算机联机，然后将要发送的信件与收信人的电子邮件地址送给电子邮件系统。电子邮件系统会自动将用户的信件通过网络一站一站地送到目的地，整个过程对用户来讲是透明的。

若在传递过程中某个通信站点发现用户给出的收信人电子邮件地址有误而无法继续传递，则系统会将原信逐站退回并通知不能送达的原因。当信件送到目的地的计算机后，该计算机的电子邮件系统就将它放入收信人的电子邮箱中等候用户自行读取。用户只要随时以计算机联机方式打开自己的电子邮箱，便可以查阅自己的邮件了。

电子邮件的最大特点是快捷、经济。无论用户身在何处，只要连接到 Internet，就可以进行邮件的发送与接收服务。

通过电子邮件还可访问的信息服务有 FTP，Archie，Gopher，WWW，News，WAIS 等。Internet 网上的许多信息服务中心就提供了这种机制。当用户想向这些信息中心查询资料时，只需要向其指定的电子信箱发送一封含有一系列查询命令的电子邮件，用户就可以获得相应服务。

2. Outlook 2016

下面以 Outlook 2016 为例，具体介绍电子邮件的使用。

微软公司的 Outlook 2016 是 Office 2016 系列应用软件中用于创建、组织和处理各种信息的软件，其可以处理与工作密切相关的信息，如创建和收发电子邮件、保存通信记录并安排计划任务等。使用 Outlook 2016 能够提高工作效率，方便地实现对各种商务信息的管理。

Outlook 2016 的功能包括：

(1)能够管理多个邮件和新闻账号，用户可以使用不同 ISP 提供的多个账号。

(2)轻松快捷地浏览邮件。

(3)预览窗口可以使用户在查看邮件列表的同时阅读邮件，可以添加文件夹，设置自动分拣功能，使邮件管理更加方便。

(4)使用通信簿存储电子邮件地址。

(5)电子邮件地址可以从其他程序导入，直接键入，或从所收到的邮件中添加等方式将名称和邮件地址保存到地址簿中。

(6)可以将个人重要的信息加到发送邮件中作为签名文件，也可以为所写的信件挑选不同的信纸图案使邮件更加美观。

(7)发送和接收安全邮件。

(8)可使用数字标识对邮件进行数字签名和加密，数字签名可以使收信人相信邮件确实是其发送的，而加密的邮件则保证唯有收件人能阅读。

(9)可以利用日历安排计划和任务。

下面具体介绍其几个常用的功能。

1)添加电子邮件账户

要使用 Outlook 2016 收发电子邮件，首先要创建电子邮件账户。在 Outlook 2016 中，可以使用向导轻松创建电子邮件账户，并对电子邮件账户进行配置。下面介绍在 Outlook 2016 中创建电子邮件账户的具体步骤。

(1)启动 Outlook 2016，如果是首次使用 Outlook，那么会打开 Microsoft Outlook 2016 启动向导，单击“下一步”按钮，如图 8-9 所示。

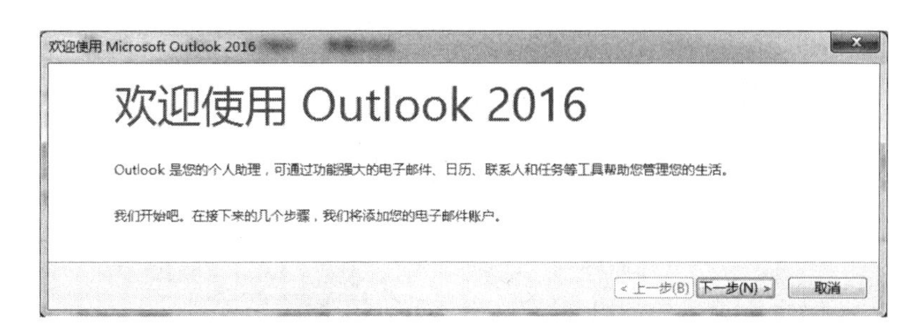

图 8－9　启动 Outlook 2016

(2)进入“Microsoft Outlook 账户设置”对话框，向导提示是否添加电子邮件账户，选中“是”单选按钮，然后单击“下一步”按钮，如图 8－10 所示。

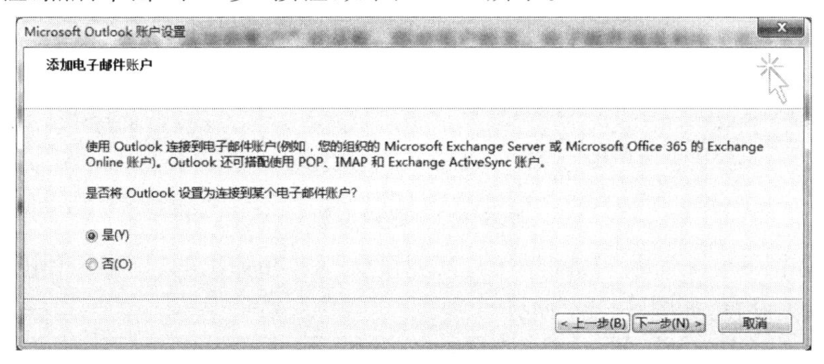

图 8－10　“Microsoft Outlook 账户设置”对话框

(3)此时，弹出“添加账户”对话框，将对用户姓名、电子邮件地址和电子邮件密码进行设置，完成后单击“下一步”按钮，如图 8－11 所示。

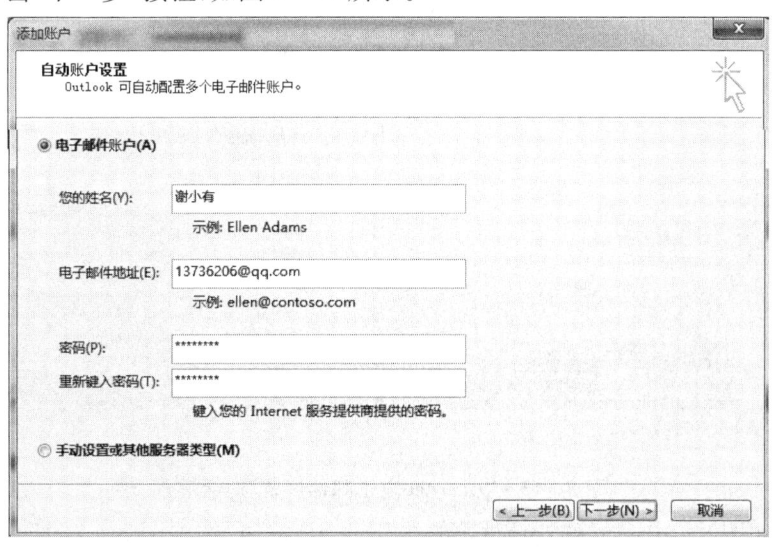

图 8－11　“添加账户”对话框

(4)此时，Outlook 会联机搜索邮件服务器，并对账户进行设置。也可以选中“手动设置或其他服务器类型”，单击“下一步”按钮，在如图 8－12 所示的对话框中进行用户信息、服务器信息及登录信息的设置。

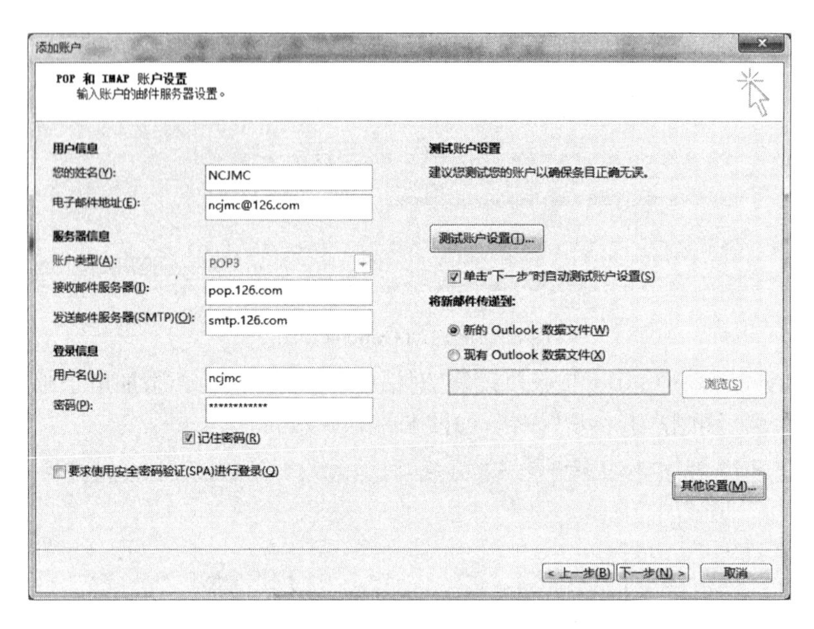

图 8－12　账户设置

(5)单击如图 8－12 所示对话框中的"其他设置"后，在弹出的"Internet 电子邮件设置"对话框进行相关设置，如图 8－13 所示。

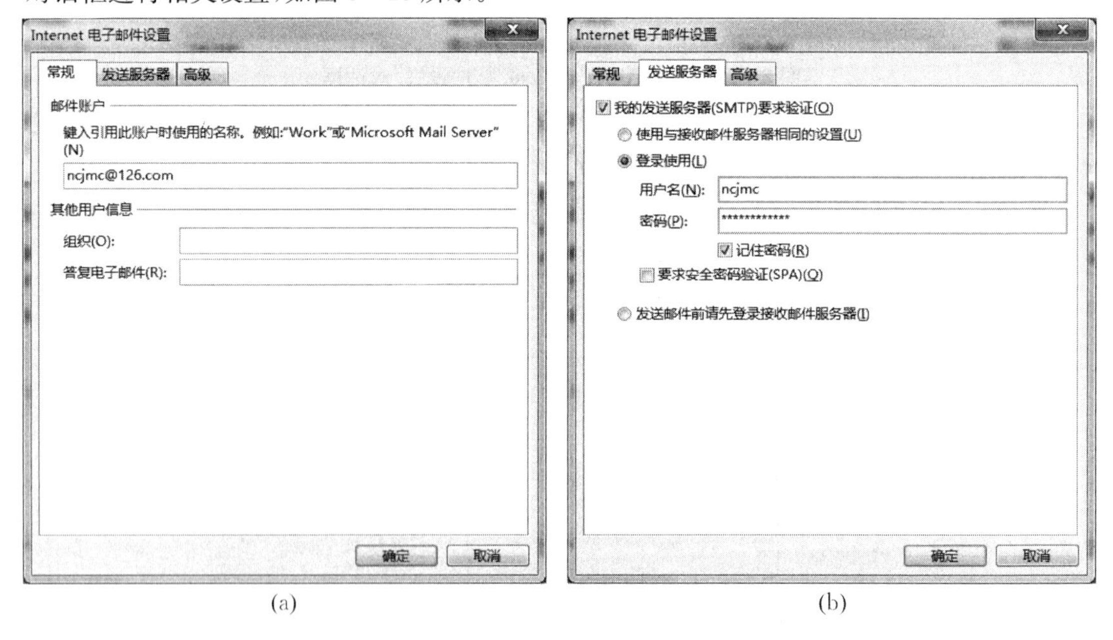

图 8－13　"Internet 电子邮件设置"对话框

(6)返回如图 8－12 所示的对话框，单击"下一步"按钮，在如图 8－14 所示的对话框进行测试账户设置，测试成功后账户就添加完成了。

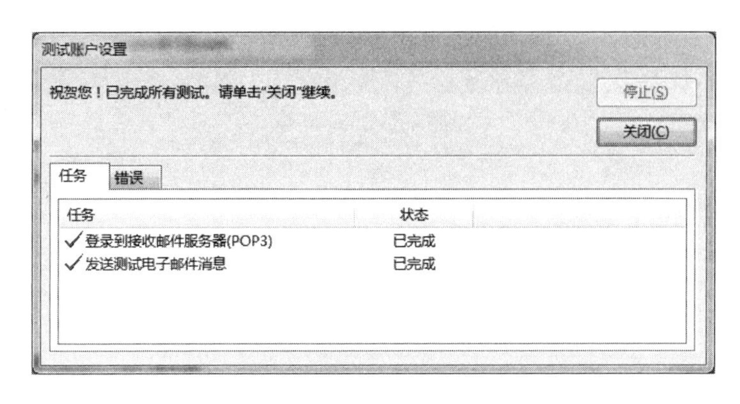

图 8－14　“测试账户设置”对话框

如果不是首次使用 Outlook 2016，要添加电子邮件账户，可以在 Outlook 2016 中单击“文件”选项卡，再单击“信息”命令，然后单击“添加账户”按钮，按照对话框中的提示进行操作即可。

2)创建和发送邮件

编写一封完整的电子邮件包括指定收件人、编写正文和添加附件等。下面介绍 Outlook 2016 编写邮件的过程。

(1)在 Outlook 2016 窗口中，单击“开始”选项卡下“新建”功能组中的“新建电子邮件”命令按钮，如图 8－15 所示。

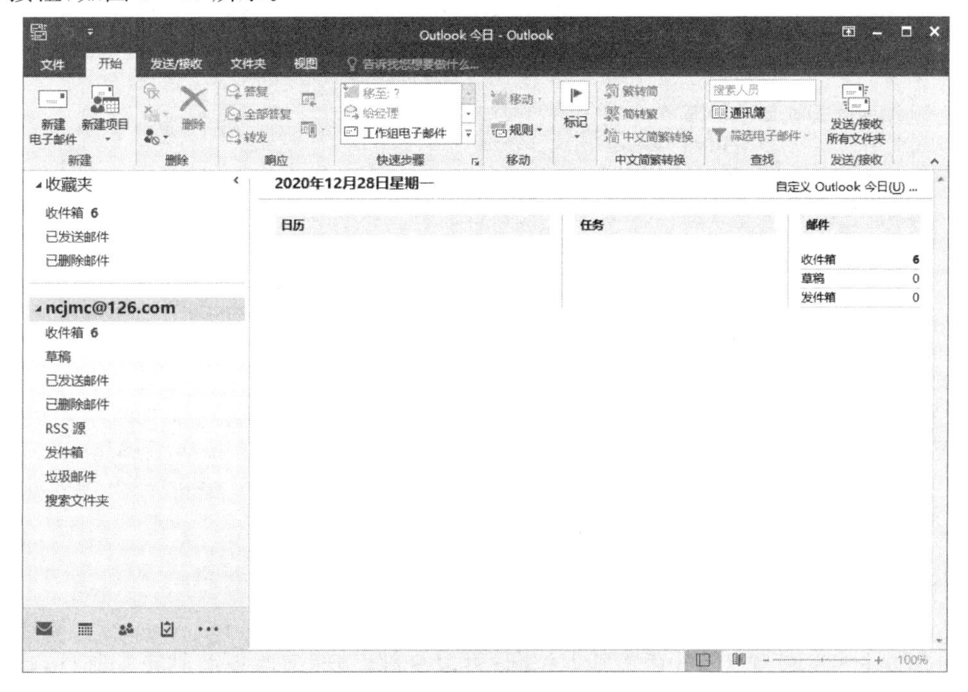

图 8－15　新建电子邮件

(2)打开邮件窗口，在“收件人”和“主题”文本框中输入收件人地址和邮件的主题，然后在编辑区输入邮件正文，如图 8－16 所示。

图 8－16　书写邮件正文

(3)如果要插入附件，那么可以在“邮件”选项卡下“添加”功能组中单击“附加文件”命令按钮，直接在下拉列表中选择要添加的文件，或选择“浏览此电脑”命令，在弹出的如图 8－17 所示的“插入文件”对话框中选择要插入的文件，然后单击“打开”按钮返回邮件编辑窗口。

图 8－17　“插入文件”对话框

(4)单击“发送”按钮，如果与 Internet 相连，那么即可完成邮件发送。

3)接收和阅读邮件

电子邮件的收取与以前的版本基本相同，可以全部发送/接收所有邮箱的邮件，也可以接收指定邮箱的邮件。

若要发送和接收全部邮件，则只要单击“发送/接收”选项卡下“发送和接收”功能组中的“发送/接收所有文件夹”命令按钮，即可发送/接收全部邮箱的邮件。

若要接收指定邮箱的邮件，则可以按下述步骤进行：

(1)单击“发送/接收”选项卡下“发送和接收”功能组中的“发送/接收组”命令按钮右侧下拉箭头，在弹出的下拉菜单中选择需要接收邮件的账户，再从其子菜单中选择“收件箱”选项，如图 8－18 所示。

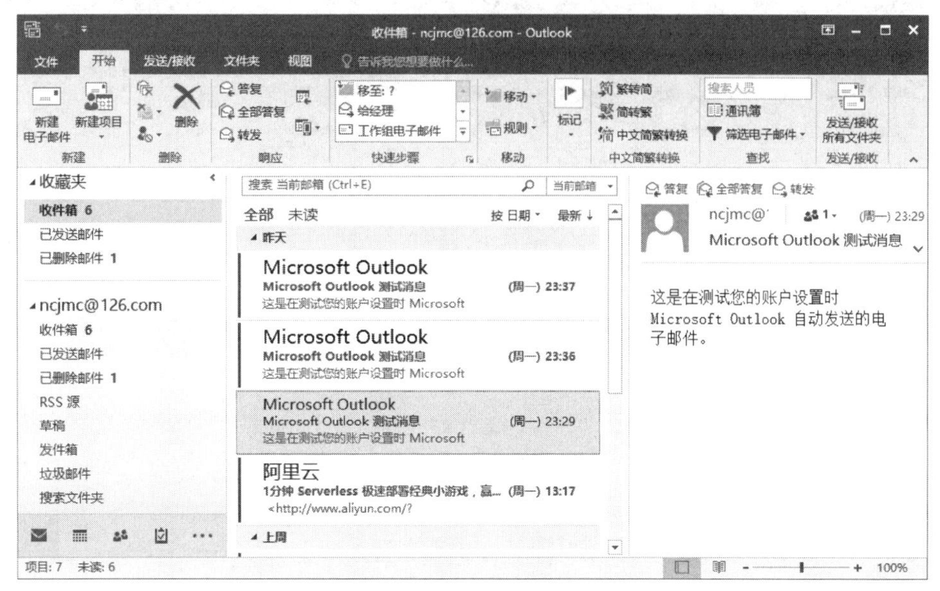

图 8－18 选择“收件箱”选项

（2）此时，将发送与接收该邮箱中的邮件，同时将给出“Outlook 发送/接收进度”对话框显示任务完成的进度。

（3）在左侧窗格“收藏夹”栏中单击“收件箱”命令，在中间窗格将显示收件箱中的邮件列表，单击列表中的某个邮件，即可在右侧窗格阅读该邮件的内容。也可以双击收件箱中的邮件，打开独立的邮件窗口，在窗口中查看邮件内容，如图 8－19 所示。

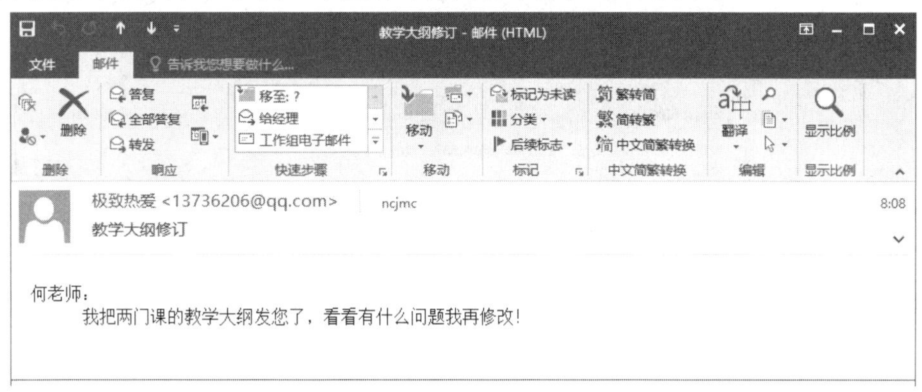

图 8－19 阅读邮件内容

4）回复邮件

收到邮件后，用户往往需要根据邮件的内容对邮件进行回复，下面介绍在 Outlook 2016 中回复邮件的步骤。

（1）双击需要回复的邮件，然后在“邮件”选项卡下“响应”功能组中单击“答复”命令按钮。

（2）此时将打开答复邮件窗口，Outlook 自动在“收件人”和“主题”框中添加了相关的内容，只需在原邮件内容的上方输入回复的正文，然后单击“发送”按钮即可，如图 8－20 所示。

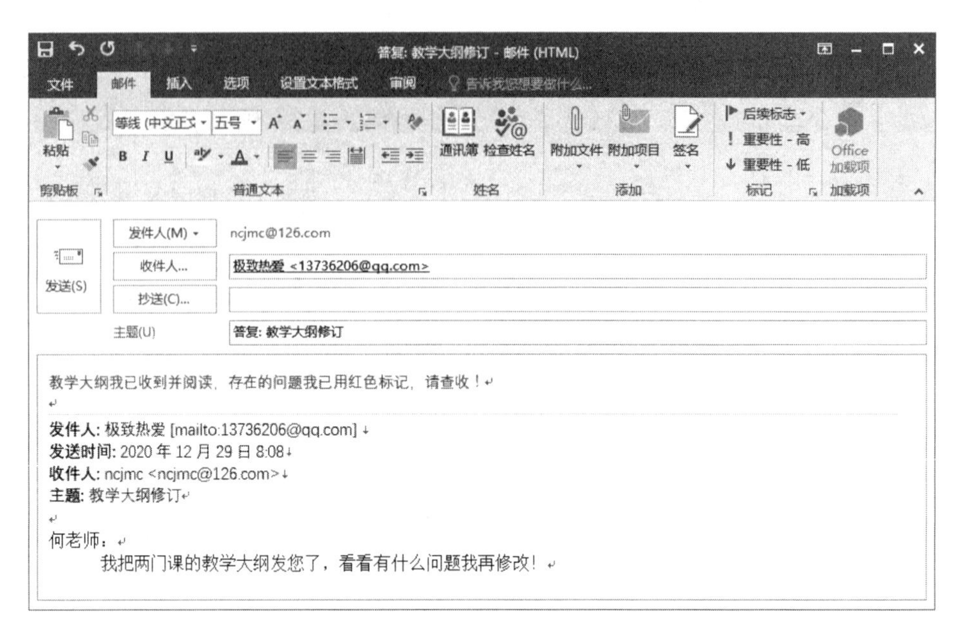

图 8-20 回复邮件

5)邮件加密

默认情况下,Outlook 不对待发的邮件进行加密,如果有加密安全的要求,那么可以对所有待发的邮件进行加密。

(1)单击"文件"选项卡中的"选项"命令,弹出"Outlook 选项"对话框,单击左侧窗格中的"信任中心"选项,如图 8-21 所示。

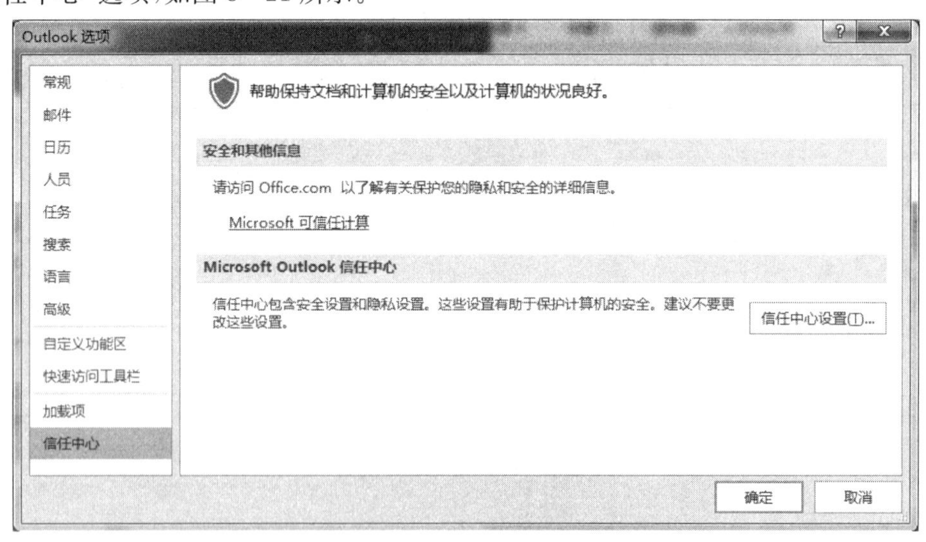

图 8-21 "Outlook 选项"对话框

(2)单击"信任中心设置"按钮,弹出"信任中心"对话框,单击左侧窗格的"电子邮件安全性"选项,然后在右侧窗格"加密电子邮件"栏中勾选"加密待发邮件的内容和附件"复选框,加密使得只有拥有密钥的用户才能看到邮件或者附件的内容,如图 8-22 所示。

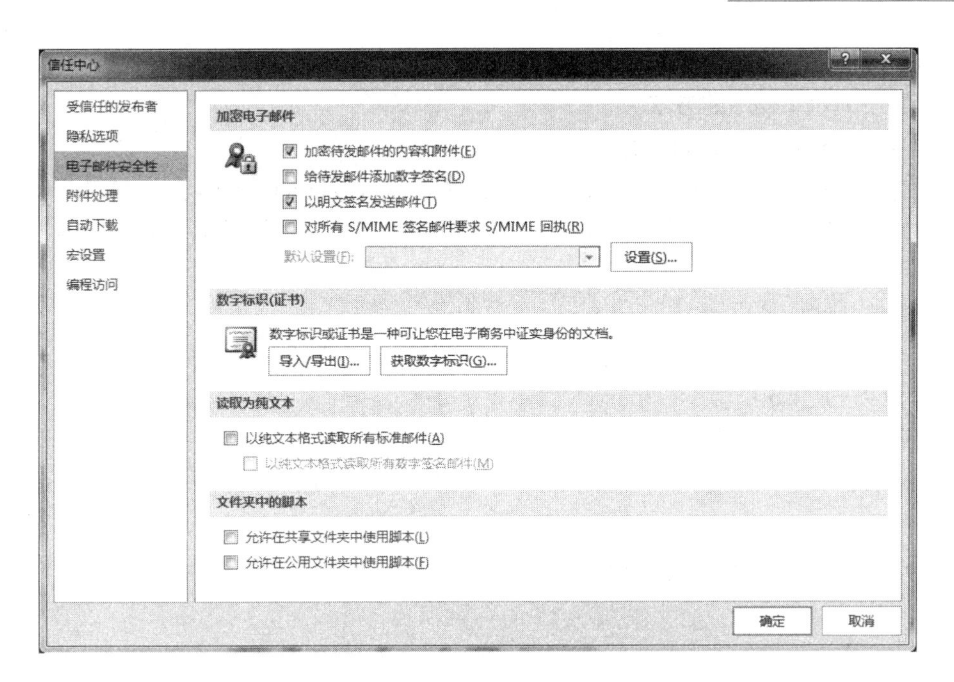

图 8 - 22　“信任中心”对话框

此外,还可以利用 Outlook 对联系人进行管理,还可以利用日历功能安排计划和任务等,这里就不详细介绍了。

8.7.3　Telnet

远程登录是 Internet 提供的最基本的信息服务之一,是在网络通信协议 Telnet 的支持下使本地计算机暂时成为远程计算机仿真终端的过程。在远程计算机上登录,必须事先成为该计算机系统的合法用户并拥有相应的账号和口令。登录时要给出远程计算机的域名或 IP 地址,并按照系统提示,输入用户名及口令。登录成功后,用户便可以实时使用该系统对外开放的功能和资源,例如共享它的软硬件资源和数据库,使用其提供的 Internet 的信息服务,如 E-mail,FTP,Archie,Gopher,WWW,WAIS 等。

Telnet 是一个强有力的资源共享工具。许多大学图书馆都通过 Telnet 对外提供联机检索服务,一些政府部门、研究机构也将它们的数据库对外开放,使用户通过 Telnet 进行查询。

1. Telnet 概要

通过提供大量基于标准协议上的服务,使用户与远程 Internet 主机连接的服务就叫作 Telnet。

使用 Telnet 服务,用户必须在自己的计算机上运行一个特殊的 Telnet 程序。该程序通过 Internet 连接用户指定的计算机。一旦连接成功,Telnet 就作为用户与另一台计算机之间的中介而工作。用户录入的所有内容都将传给另一台计算机,而另一台计算机显示的一切内容也将送到用户的计算机并在屏幕上显示出来。其结果是用户的键盘及屏幕似乎与远程计算机直接连在一起。

在 Telnet 术语中,用户的计算机叫作本地计算机(本地机),而 Telnet 程序所连接的另一台计算机叫作远程计算机(远程机)。无论另一台计算机的实际距离有多远,我们都使用这些术语。因为我们常把 Internet 计算机称为主机,所以利用 Telnet 术语,我们可以说

Telnet 程序的功能就是将用户的本地机与一台远程 Internet 主机连接。

2. 运行 Telnet 程序的方法

1)录入命令后加上远程机的地址

当用户进行远程连接时,应使用 Telnet 程序。运行 Telnet 程序,首先要录入命令名及想连接的远程机的地址。例如,假设我们要连接一台叫作“JJTUSVR”的计算机,它的全地址为 JJTUSVR. EDU. CN,则录入:

telnet JJTUSVR. EDU. CN[Enter]

若与本地网络的一台计算机连接,则通常可以只录入该机的名字而不用录入全地址,如 telnet JJTUSVR[Enter]。

所有 Internet 主机都有一个正式的 IP 地址,一些系统在处理某些标准地址时会有困难。若遇到此类问题,可换用 IP 地址试一试。例如,以下两个命令都可达到同一目的,即能连上同一台主机。

运行 Telnet 程序后,它将开始连接用户指定的远程机。当 Telnet 等待响应时,屏幕将显示:

Trying …

或类似的信息。

一旦连接确定,将读到此信息:

Connected to JJTUSVR. EDU. CN

2)只录入命令名

例如,telnet[Enter]后在“[telnet]”提示符后录入一条 open 命令:

open JJTUSVR. EDU. CN[Enter]

有两种退出 Telnet 程序的方法。若用户已与远程机连接,用常规方法退出,Telnet 程序自动退出。或者在“[telnet]”提示符后,录入中止命令:quit [Enter]。

8.7.4 FTP

FTP 是在 Internet 上传送文件的规定的基础。我们提到 FTP 时不只是认为它是一套规定,FTP 是一种服务,它可以在 Internet 上使得文件从一台 Internet 主机传送到另一台 Internet 主机上,FTP 把 Internet 中的主机相互联系在一起。

像大多数的 Internet 服务一样,FTP 使用客户机/服务器系统,当使用一个名为 ftp 的客户机程序时,就和远程主机上的服务程序相连了。理论上讲,这种想法是很简单的。当用户使用客户机程序时,命令就发送出去了,服务器响应用户发送的命令。例如,录入一个命令,让服务器传送一个指定的文件,服务器就会响应命令,并传送这个文件。用户的客户机程序接收这个文件,并把它存入用户的目录中。

当用户从远程计算机上拷贝文件到自己的计算机上时,称为下载文件;当用户从自己的计算机上拷贝文件到远程计算机上时,称为上传文件。

1. 关于 FTP 的一些基本概念

1)FTP 连接

进行 FTP 连接首先要给出目的计算机的名称或地址。当连接到目的计算机后,一般要进行登录,检验用户 ID 和口令后,连接才得以建立。某些系统也允许用户进行匿名登录。对于同一目录或文件,不同的用户持有不同的权限,所以在使用 FTP 过程中,如果发现不能下载或上传某些文件，那么一般是因为用户权限不够。

2）匿名 FTP

匿名 FTP 是这样一种工具：作为用户，本来不注册是不能和远程主机联系并下载文件的，但是这个管理系统提供了一个指定的用户标识，即 anonymous（匿名）。在 Internet 上，任何人在任何地方都可以使用它。用户不能在没有提供这种匿名 FTP 服务的 Internet 主机上使用匿名 FTP。匿名 FTP 是 Internet 上应用最为广泛的服务之一。通过这种方式，用户可以得到很多有用的程序和软件。

2. 网络上的 FTP 软件资源

一种资源是完全免费使用的工具。免费软件的质量往往不如商用版本，但由于用户分文不花就可以得到，因此它们依旧很受欢迎。

再有就是一些软件的试用版本。多数这样的软件带有一些错误，并且有一个时间限制，厂商发送测试版软件的目的在于发现程序中的错误和推销该软件的正式版本。

还有一些是并非完全免费的软件。其中一部分软件可以下载并试用，但若要保留它们则需要支付相应的费用。还有的软件在下载前就要求先付款，通常在下载这类软件前会要求用户填写一些表格。

3. FTP 文件传输模式

要解决异种机和异种操作系统之间的文件交流问题，需要建立一个统一的文件与协议。这就是所谓的 FTP。基于不同的操作系统，有不同的 FTP 应用程序。而所有这些应用程序都遵守同一种协议，这样用户就可以把自己的文件传送给别人，或者从其他的用户环境中获得文件。

大多数系统只有两种模式：文本模式和二进制模式。文本传输器使用 ASCII 字符，而二进制不用转换或格式化就可传字符。二进制模式比文本模式更快，并且可以传输所有 ASCII 值，所以系统管理员一般将 FTP 设置成二进制模式。

注意：在使用 FTP 传输文件前，必须确保使用正确的传输模式，按文本模式传输二进制文件必将导致错误。

4. FTP 的可靠性

FTP 建立在传输层 TCP 之上。TCP 是面向连接的协议，负责保证数据从源计算机到目的计算机的传输。TCP 采用校验、确认接收和超时重传等一系列措施提供可靠的传输，所以在传输过程中 FTP 程序如果没有提示错误，那么无须担心传输有问题。

FTP 与 Telnet 一样，是一种实时联机服务，在传送文件之前必须登录到远程主机上。与 Telnet 不同的是，FTP 登录后只能进行与文件搜索和文件传送有关的操作，而 Telnet 登录后可使用远程主机所允许的所有操作。

8.7.5　BBS

公告板系统（bulletin board system，BBS）是 Internet 上的一种电子信息服务系统。它提供一块公共电子白板，每个用户都可以在上面发布信息或提出看法。大部分 BBS 由教育机构、研究机构或商业机构管理。像日常生活中的黑板报一样，电子公告牌按不同的主题分成很多个布告栏，布告栏设立的依据是大多数 BBS 使用者的要求和喜好，使用者可以阅读他人关于某个主题的最新看法，也可以将自己的想法毫无保留地贴到布告栏中。

1. BBS的历史

1978年在芝加哥地区的计算机交流会上，克瑞森（Krison）和苏斯（Russ）一见如故，从此两人经常在各方面进行合作。但两人距离很远，而电话只能进行语言的交流，有些问题语言是很难表达清楚的。因此，他们就借助于当时刚上市的Hayes调制解调器将各自的两台iPhone 2通过电话线连接在一起，实现了世界上的第一个BBS，这样他们就可以通过计算机聊天、传送信息了。他们把自己编写的程序命名为计算机公告板系统（computer bulletin board system，CBBS）。这就是第一个BBS系统的开始。当时，有一位软件销售商考尔金斯（Caulkins）看到这一成果，立即意识到它的商业价值，在他的推动下，CBBS加上调制解调器组成的第一个商用BBS软件包于1981年上市。

早期的BBS都是一些计算机爱好者在自己的家里通过一台计算机、一个调制解调器、一部或两部电话连接起来的，同时只能接收一两个人访问，内容也没有什么严格的规定，以讨论计算机或游戏问题为多，一座单线BBS每天最多能够接收200人的访问。后来BBS逐渐进入Internet，出现了以Internet为基础的BBS，政府机构、商业公司、计算机公司也逐渐建立自己的BBS，使BBS迅速成为全世界计算机用户交流信息的园地。

2. BBS的种类

最初的BBS只是利用调制解调器通过电话线拨到某个电话号码上，然后通过一个软件阅读其他人放在布告栏上的信息，发表自己的意见。这种BBS只需要一个RS-232C串口的PC计算机、一条电话线和一个Modem，使用的软件包括一个汉字系统、一个通信软件（如Terminate，QModem，Telix，ProComm Plus 2.1 for Windows）和一个离线读信器（如BlueWave，中文名称为蓝波快信），而不用首先连接到一个ISP或通过局域网连接到Internet上。

另外一种是以Internet为基础的。用户必须首先连接到Internet上，然后利用一种Telnet软件（如Telnet，Hyperterminal）登录到一个BBS站点上，这种方式使可以同时上站的用户数大大增加，使多人之间的直接讨论成为可能。国内许多大学的BBS都是采用这种方式，最著名的可能就是清华大学的“水木清华”、北京邮电大学的“鸿雁传情”、北京大学的“北京大学未名站”、复旦大学的“日月光华”等。这些站点都是通过专线连接到Internet上，用户只要连接到Internet上，通过Telnet就可以进入这些BBS。每一个站点同时可以有200人上线，这是业余BBS无法实现的。

现在许多用户更习惯的BBS可能是基于Web的BBS。用户只要连接到Internet上，直接利用浏览器就可以使用BBS，阅读其他用户的留言，发表自己的意见。这种BBS大多为商业BBS，以技术服务或专业讨论为主，例如，四通利方网上中文论坛、和讯股市论坛等，这种方式操作简单、速度快，几乎没有用户限制，是今后BBS主要的发展方向，国内许多大学的BBS也正在向这个方向发展。

3. BBS的作用

BBS之所以受到广大网友的欢迎，与它独特的形式、强大的功能是分不开的，利用BBS可以实现许多独特的功能。

BBS原先为“电子布告栏”的意思，但由于用户的需求不断增加，BBS已不仅仅是电子布告栏而已，它大致包括信件讨论区、文件交流区、信息布告区和交互讨论区这几部分。

1）信件讨论区

这是BBS最主要的功能之一，包括各类的学术专题讨论区、疑难问题解答区和闲聊区

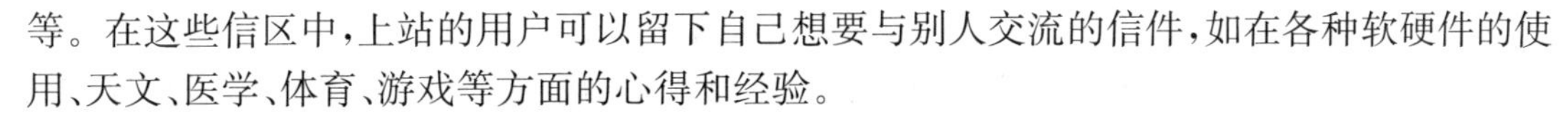

等。在这些信区中，上站的用户可以留下自己想要与别人交流的信件，如在各种软硬件的使用、天文、医学、体育、游戏等方面的心得和经验。

2)文件交流区

这是BBS一个令用户们心动的功能。一般的BBS站台中，大多设有交流用的文件区，里面依照不同的主题分区存放了为数不少的软件，有的BBS站还设有CD-ROM光碟区，使得计算机玩家们对这个眼前的宝库都趋之若鹜。众多的共享软件和免费软件都可以通过BBS获取得到，不仅使用户得到合适的软件，也使软件的开发者的心血由于公众的使用而得到肯定。

BBS对国内共享软件(shareware)的发展将起到不可替代的推动作用。国内BBS提供的文件交流区主要有BBS建站、通信程序、网络工具、Internet程序、加解密工具、多媒体程序、计算机游戏、病毒防治、图像、创作发表和用户上传等。

3)信息布告区

这是BBS最基本的功能。一些有心的站长会在自己的站台上摆出为数众多的信息，如怎样使用BBS、国内BBS台站的介绍、某些热门软件的介绍、BBS用户统计资料等；用户在生日时甚至会收到站长一封热情洋溢的“贺电”，令用户感受到BBS大家庭的温暖。

4)交互讨论区

多线的BBS可以与其他同时上站的用户做到即时的联机交谈。这种功能也有许多变化，如QQ，Chat，Netmeeting等。有的只能进行文字交谈，有的甚至可以直接进行视频对话。

8.7.6 其他服务

1. 搜索引擎

搜索引擎(search engine)是指根据一定的策略、运用特定的计算机程序从互联网上搜集信息，在对信息进行组织和处理后，为用户提供检索服务，将用户检索相关的信息展示给用户的系统。

从使用者的角度看，搜索引擎提供一个包含搜索框的页面，在搜索框输入词语，通过浏览器提交给搜索引擎后，搜索引擎就会返回与用户输入的内容相关的信息列表。互联网发展早期，以雅虎为代表的网站分类目录查询非常流行。网站分类目录由人工整理维护，精选互联网上的优秀网站，并简要描述，分类放置到不同目录下。用户查询时，通过一层层的点击来查找自己想要的网站。也有人把这种基于目录的检索服务网站称为搜索引擎，但从严格意义上讲，它并不是搜索引擎。

著名的搜索引擎网址有以下一些：

(1)百度 http://www.baidu.com/

(2)新浪 http://www.sina.com.cn/

(3)雅虎 http://www.yahoo.com/

(4)中国知网 http://www.cnki.net/

2. 博客

博客(blog)是一种简易的个人信息发布方式。任何人都可以注册，完成个人网页的创建、发布和更新。博客充分利用网络互动、更新及时的特点，让用户最快获取最有价值的信息与资源。用户可以发展无限的表达力，及时记录和发布个人的生活故事、闪现的灵感等，更可以会文友，结识和聚会朋友，进行深度交流沟通。

Blog 其实就是一个网页，它通常由简短且经常更新的帖子(post)所构成，这些张贴的文章都按照年份和日期倒序排列。Blog 的内容和目的有很大的不同，可以有对其他网站的超链接和评论，或有关公司、个人的新闻，再或者是日记、照片、诗歌、散文，甚至科幻小说的发表或张贴都有。许多 Blog 记录着个人所见、所闻、所想，还有一些 Blog 则是一群人基于某个特定主题或共同利益领域的集体创作。撰写这些 Weblog 或 Blog 的人就叫作 Blogger 或 Blog writer。

按照博客存在的方式可以分为三种类型：一是托管博客，无须自己注册域名、租用空间和编制网页，只要去免费注册申请即可拥有自己的 Blog 空间，是最“多快好省”的方式；二是

自建独立网站的博客，有自己的域名、空间和页面风格，需要一定的条件；三是附属博客，将自己的博客作为某一个网站的一部分(如一个栏目、一个频道或者一个地址)。这三类之间可以演变，甚至可以兼得，一人拥有多种博客网站。

8.8 计算机安全

在现代信息社会里，电子计算机和通信网络已经广泛应用于社会各个领域，各种信息系统四通八达，给人们生活、工作带来了巨大变革，加速了社会发展。同时，信息作为一种无形资产已经成为人们最宝贵的财富。然而信息系统越重要越发展，它就越容易受到攻击。因此，信息系统的安全可靠就成为迫切需要解决的问题，本节将讨论计算机信息系统的安全性问题。

8.8.1 计算机安全的定义

一般说来，安全的系统会利用一些专门的安全特性来控制对信息的访问，只有经过适当授权的人，或者以这些人的名义进行的进程可以读、写、创建和删除这些信息。我国公安部原计算机管理监察司对计算机安全的定义是“计算机安全是指计算机资产安全，即计算机信息系统资源和信息资源不受自然和人为有害因素的威胁和危害。”

随着计算机硬件的发展，计算机中存储的程序和数据的量越来越大，如何保障存储在计算机中的数据不丢失，是任何计算机应用部门要优先考虑的问题，计算机的硬、软件生产厂家也在努力研究和不断解决这个问题。

8.8.2 对计算机安全的防患

造成计算机中存储数据丢失的原因主要是病毒侵蚀、人为窃取、计算机电磁辐射、计算机存储器硬件损坏等。

到目前为止，已发现的计算机病毒近万种。恶性病毒可使整个计算机软件系统崩溃，数据全毁。这样的病毒也有上百种。计算机病毒是附在计算机软件中的隐蔽的小程序，它和计算机其他工作程序一样，但会破坏正常的程序和数据文件。防止病毒侵袭的主要方法是加强行政管理，杜绝外来的软件并定期对系统进行检测，也可以在计算机中插入防病毒卡或使用清病毒软件清除已发现的病毒。

人为窃取是指盗用者以合法身份，进入计算机系统，私自提取计算机中的数据或进行修改转移、复制等。防止人为窃取的办法：一是增设软件系统安全机制，使盗窃者不能以合法

身份进入系统，如增加合法用户的标志识别、增加口令、给用户规定不同的权限，使其不能自由访问不该访问的数据区等；二是对数据进行加密处理，即使盗窃者进入系统，没有密钥，也无法读懂数据（密钥可以是软代码，也可以是硬代码，需随时更换。加密的数据对数据传输和计算机辐射都有安全保障）；三是在计算机内设置操作日志，对重要数据的读、写、修改进行自动记录，这个日志是一个黑匣子，只能极少数有特权的人才能打开，可用来侦破盗窃者。

由于计算机硬件本身是向空间辐射的强大的脉冲源，因此盗窃者可以接收计算机辐射出来的电磁波，进行复原，获取计算机中的数据。为此，计算机制造厂家增加了防辐射的措施，从芯片、电磁器件到线路板、电源、转盘、硬盘、显示器及连接线，都全面屏蔽起来，以防电磁波辐射。更进一步，可将机房或整个办公大楼都屏蔽起来，如没有条件建屏蔽机房，可以使用干扰器，发出干扰信号，使接收者无法正常接收有用信号。

计算机存储器硬件损坏，使计算机存储数据读不出来也是常见的事。防止这类事故的发生有几种办法：一是将有用数据定期复制出来保存，一旦机器有故障，可在修复后把有用数据复制回去；二是在计算机中做热备份，使用双硬盘，同时将数据存在两个硬盘上（在安全性要求高的特殊场合还可以使用双主机，万一一台主机出问题，另外一台主机照样运行）。现在的技术对双机双硬盘都有带电插拔保障，即在计算机正常运行时，可以插拔任何有问题部件，进行更换和修理，保证计算机连续运行。

计算机安全的另外一项技术就是加固技术，经过加固技术生产的计算机防震、防水、防化学腐蚀，可以使计算机在野外全天候运行。

8.8.3 计算机病毒

1. 计算机病毒的定义

计算机病毒在《中华人民共和国计算机信息系统安全保护条例》中被明确定义，病毒指编制或者在计算机程序中插入的破坏计算机功能或者毁坏数据，影响计算机使用，并能自我复制的一组计算机指令或者程序代码。而在一般教科书及通用资料中被定义为：利用计算机软件与硬件的缺陷，由被感染机内部发出的破坏计算机数据并影响计算机正常工作的一组指令集或程序代码。

2. 计算机病毒的产生及特点

病毒不是来源于突发或偶然的原因。一次突发的停电和偶然的错误，会在计算机的磁盘和内存中产生一些乱码和随机指令，但这些代码是无序和混乱的。病毒则是一种比较完美的、精巧严谨的代码。其按照严格的秩序组织起来，与所在的系统网络环境相适应。病毒不会通过偶然形成，并且需要有一定的长度，这个基本的长度从概率上来讲是不可能通过随机代码产生的。现在流行的病毒是人为编写的，多数病毒可以找到作者和产地信息。从大量的统计分析来看，病毒主要是作者为了表现自己和证明自己的能力，为了宣泄个人情感等目的编写的，当然也有因政治、军事、宗教、民族、专利等方面的需求而专门编写的，其中也包括一些病毒研究机构和黑客的测试病毒。

病毒的特点主要表现在以下几个方面：

(1)寄生性。计算机病毒寄生在其他程序之中，当执行这个程序时，病毒就起破坏作用，而在未启动这个程序之前，它是不易被人发觉的。

(2)破坏性。计算机病毒的主要目的是破坏计算机系统，使系统的资源和数据文件遭到干扰甚至被摧毁。根据其破坏程度的不同，可以分为良性病毒和恶性病毒。前者侵占计算机系统资源，使机器运行速度减慢，带来无谓的消耗；后者可以破坏数据、删除文件、加密磁盘，有的甚至会导致系统崩溃。

（3）传染性。计算机病毒不但本身具有破坏性，更有害的是具有传染性，一旦病毒被复制或产生变种，其速度之快令人难以预防。计算机病毒是一段人为编制的计算机程序代码，这段程序代码一旦进入计算机并得以执行，它就会搜寻其他符合其传染条件的程序或存储介质，确定目标后再将自身代码插入其中，达到自我繁殖的目的。只要一台计算机染毒，如不及时处理，那么病毒会在这台机子上迅速扩散，其中的大量文件（一般是可执行文件）会被感染。而被感染的文件又成了新的传染源，再与其他机器进行数据交换或通过网络接触，病毒会继续进行传染。计算机病毒可通过各种可能的渠道，如U盘、计算机网络去传染其他的计算机。

（4）潜伏性。大部分病毒感染系统之后一般不会马上发作，它可长期隐藏在系统中，只有在满足其特定条件时才启动其破坏模块。例如，著名的"黑色星期五"病毒会在逢13日的星期五发作；国内的"上海一号"会在每年三、六、九月的13日发作；CIH病毒会在26日发作等。这些病毒平时会隐藏得很好，具有潜伏性。

（5）隐蔽性。计算机病毒具有很强的隐蔽性，有的可以通过杀毒软件检查出来，有的根本就查不出来，有的时隐时现、变化无常，这类病毒处理起来通常很困难。

（6）不可预见性。从对病毒的检测方面来看，病毒还有不可预见性。而病毒的制作技术也在不断提高，病毒对反病毒软件永远是超前的。

3. 计算机病毒的传播途径

传染性是计算机病毒的基本特性，是其赖以生存繁殖的条件。如果计算机病毒缺乏传播渠道，那么其破坏性就会大大降低。了解计算机病毒的传播途径可以帮助我们采取有效措施防止计算机病毒对计算机系统的侵袭。

计算机病毒主要通过文件复制、文件传送等方式进行传播，而文件复制与传送的主要传播媒介就是U盘、硬盘、光盘和网络，因此它们就成了病毒传播的主要途径。

U盘作为最常用的交换媒介，在计算机病毒的传播中起了很大的作用。当人们使用U盘在计算机之间进行文件交换的时候，计算机病毒就已经悄悄地传播开了。

光盘的存储容量比较大，其中可以用来存放很多可执行文件，这也就成了计算机病毒的藏身之地。对于只读光盘来说，由于不能对它进行写操作，因此光盘上的病毒就不能被删除。目前市面上盗版光盘泛滥成灾，给病毒的传播带来了极大的便利。

随着现代通信技术的发展，使得数据、文件、电子邮件等都可以很方便地通过通信线缆在各个计算机之间高速传输，这也为计算机病毒传播提供了"高速公路"，这已经成为计算机病毒的第一传播途径。随着Internet的不断发展，计算机病毒也出现了一种新的趋势。一些不法分子或好事之徒制作的个人网页，不仅提供了下载大批计算机病毒活样本的便利途径，而且还将制作计算机病毒的工具、向导、程序等内容写在自己的网页中，使没有编程基础和经验的人也可能制作新的病毒。

4. 常见的计算机病毒种类及其危害

目前，比较常见的计算机病毒主要有四类：网页病毒、局域网病毒、邮件病毒和闪存病毒。

1）网页病毒

网页病毒藏身于恶意网页当中，主要针对经常在网上搜索资料和不健康网站的网民。

最典型网页病毒的就是“熊猫烧香”。一旦感染此病毒，系统的可执行文件都被修改成熊猫烧香图案，大量应用文件无法正常使用，其强行关闭反病毒软件，致使系统蓝屏、重启。与其类似的病毒还有“落雪木马”和 ANI 等。

这些病毒主要通过执行嵌入在网页中的网页病毒脚本文件，使病毒下载到用户主机，通过自我复制、隐藏等方法进行感染文件、盗取用户账号、远程控制等破坏活动。

2)局域网病毒

这类病毒主要存在于校园网用户中。局域网用户安全意识差、防范水平薄弱是病毒流行的主要原因。

比较典型的局域网病毒是 ARP 病毒。该病毒发作时用户会发现网速奇慢无比、经常掉线、无法打开网页、局域网时断时续等现象。当今流行的局域网病毒还有“威金”“魔波”“机器狗”“灰鸽子”以及专门盗取 QQ 账号的“QQ 大盗”和盗取网络游戏账号的“网游大盗”等。

这些病毒对系统的攻击主要是利用了系统存在的高危漏洞和局域网普遍存在的系统默认共享和弱口令进行的。

3)邮件病毒

这类病毒通过邮件侵入主机，其主要针对经常使用 Outlook 和 Foxmail 收发邮件的网民发动进攻。

比较常见的邮件病毒是“恶魔”病毒。一旦感染该病毒，系统资源将被大量占用，同时不断发送垃圾邮件造成网络堵塞。该病毒通常隐藏在电子邮件的附件里，当用户打开邮件的附件后立即中毒，然后在被感染的计算机上搜索电子邮件地址，并向这些地址发送大量携带病毒的 E-mail。病毒发作时会造成系统文件加载不正常，使中毒计算机无法进入桌面等。中毒邮件的泛滥会造成局域网速度变慢甚至阻塞。

邮件病毒主要是利用了电子邮件中的带毒附件和邮件的预览功能进行的，因此用户们不要轻易打开陌生人来信中的附件，对于附件是可执行文件或 Word 文档的，可以把附件先存在硬盘上，然后利用反病毒软件杀毒后打开。

4)闪存病毒

此类病毒主要存在于以闪存为代表的可移动存储介质中。它利用了可移动存储工具和数码产品的普及性以及 Windows XP 为代表的操作系统默认开启“自动播放”功能的弱点，主要针对经常使用闪存、移动硬盘、MP3 和 MP4 的用户。

当前比较流行的闪存病毒是“AV 终结者”。该病毒通常隐藏在闪存、移动硬盘、MP3 等介质中。它可以屏蔽杀毒软件，让计算机处于无保护状态，破坏系统的安全模式，使用户无法正常进入，遇到“杀毒”等字样即关闭相应页面，破坏系统显示的所有文件选项。此外，“U 盘寄生虫”也属于这类病毒。

为了防治闪存病毒，用户在使用闪存类存储设备时应尽量用右键打开代替双击打开，并做好预防工作，如关闭系统的自动运行功能，及时升级病毒库并保证杀毒软件的监控功能全部打开等。

5. 计算机病毒的防治

防治计算机病毒的有效方法是安装反病毒软件并及时更新反病毒软件和系统补丁。反病毒软件同病毒的关系就像矛和盾一样，两种技术、两种势力永远在进行着较量。目前市场上有很多种反病毒软件，下面介绍几种最常用的反病毒软件。

1)金山毒霸

由金山公司设计开发的金山毒霸有多种版本。它可以查杀超过两万种的病毒和近百种的黑客程序，具备完善的实时监控功能。它能对多种压缩格式的文件进行病毒查杀，能在线查毒，具有功能强大的定时自动查杀功能。

2)瑞星

瑞星反病毒软件是专门针对目前流行的网络病毒研制开发的，它采用多项新技术，有效地提升了对未知病毒、变种病毒、黑客木马和恶意网页等新型病毒的查杀能力。

3)诺顿

诺顿反病毒软件是 Symantec 公司设计开发的软件，它可以侦测上万种已知和未知的病毒。每当开机时，诺顿的自动防护系统会常驻在 System Tray 中，当用户从外存，或者从网络、E-mail 附件中打开文件时，它会自动检测文件的安全性。若文档内容有病毒，则它会自动报警，并做适当处理。

4)江民

江民反病毒软件是由江民科技公司研究开发的，可以查杀目前流行的近 8 万种计算机病毒。它可以实时地对内存、注册表、文件和邮件进行监控，可以实时对硬盘、移动存储设备等进行监控，它还可以实时地对网络活动进行监控。遇到计算机病毒时，它会立刻报警并将其隔离。

现在的反病毒软件都具有在线监视功能，在操作系统启动后反病毒软件会自动装载并运行，并时刻监视系统的运行状况。

6. 网络黑客及其防范

1)网络黑客的起源与发展

“黑客”这个名词是由英文“hacker”音译过来的，而“hacker”又是源于英文动词“hack”，

其在字典里的意思为“劈”“砍”，引申为“干了一件不错的事情”。最早的黑客出现于麻省理工学院，贝尔实验室也有，一般都是一些高级的技术人员，他们热衷于挑战、崇尚自由并主张信息的共享。

二十世纪六七十年代，“黑客”一词极富褒义，指代那些独立思考、奉公守法的计算机迷，他们智力超群，对计算机全身心投入，从事黑客活动意味着对计算机的最大潜力进行智力上的自由探索，为计算机技术的发展做出了巨大贡献。正是这些黑客，倡导了一场个人计算机革命，发起了现行的计算机开放式体系结构，打破了以往计算机技术只掌握在少数人手里的局面，打开了个人计算机的先河，提出了“计算机为人民所用”的观点，他们是计算机发展史上的英雄。现在黑客使用的侵入计算机系统的基本技巧，如破解口令(password cracking)、开天窗(trapdoor)、走后门(backdoor)、安放特洛伊木马(trojan horse)等，都是在这一时期发明的。也就是说，真正的黑客是指了解系统，对计算机有创造有贡献的人们。黑客能使更多的网络趋于完善和安全，他们以保护网络为目的，而以不正当侵入为手段找出网络漏洞。

而另一种入侵者是那些利用网络漏洞破坏网络的人，例如进入银行系统盗取信用卡密码，利用系统漏洞进入服务器后进行破坏，利用黑客程序(特洛伊木马)控制别人的计算机等。他们往往做一些重复的工作(如用暴力法破解口令)，其也具备广泛的计算机知识，但与黑客不同的是他们以破坏为目的。这些群体称为“骇客”。

到了二十世纪八九十年代，计算机越来越重要，大型数据库也越来越多，同时信息越来越集中在少数人的手里，这样一场新时期的“圈地运动”引起了黑客们的极大反感。黑客认为，信息应共享而不应被少数人所垄断，于是将注意力转移到涉及各种机密的信息数据库上。而这时，电脑化空间已私有化，成为个人拥有的财产，社会不能再对黑客行为放任不管，而必须采取行动，利用法律等手段来进行控制。黑客活动受到了空前的打击。

2）网络黑客的攻击方式

（1）获取口令。获取口令一般有三种方法：一是通过网络监听非法得到用户口令，这类方法有一定的局限性，但危害性极大，监听者往往能够获得其所在网段的所有用户账号和口令，对局域网安全威胁巨大；二是在知道用户的账号后，利用一些专门软件强行破解用户口令，这种方法不受网段限制，但黑客要有足够的耐心和时间；三是在获得一个服务器上的用户口令文件后，用暴力破解程序破解用户口令。

（2）放置特洛伊木马程序。特洛伊木马程序可以直接侵入用户的计算机并进行破坏，它常被伪装成工具程序或者游戏等诱使用户打开带有特洛伊木马程序的邮件附件或从网上直接下载，一旦用户打开了这些邮件的附件或者执行了这些程序之后，它们就会留在用户的计算机中，并在其计算机系统中隐藏一个可以在 Windows 启动时悄悄执行的程序。当用户连接到 Internet 时，这个程序就会通知黑客用户的 IP 地址以及预先设定的端口。黑客在收到这些信息后，利用这个潜伏在其中的程序，就可以任意地修改用户计算机的参数设定、复制文件、窥视整个硬盘中的内容等，从而达到控制用户计算机的目的。

（3）WWW 的欺骗技术。当用户对各种 Web 站点进行访问的时候，如阅读新闻组、咨询产品价格、订阅报纸、电子商务等，可能会有这样的问题存在：用户正在访问的网页已经被黑客篡改过，网页上的信息是虚假的！例如，黑客将用户要浏览的网页的 URL 改写为指向黑客自己的服务器，当用户浏览目标网页的时候，实际上是向黑客服务器发出请求，那么黑客就可以达到欺骗的目的了。

（4）电子邮件攻击。电子邮件攻击主要表现为两种方式：一是电子邮件轰炸和电子邮件“滚雪球”，即通常所说的邮件炸弹，指的是用伪造的 IP 地址和电子邮件地址向同一信箱发送数以千计、万计甚至无穷多次的内容相同的垃圾邮件，致使用户邮箱被“炸”，严重者可能会给电子邮件服务器操作系统带来危险，甚至瘫痪；二是电子邮件欺骗，攻击者佯称自己为系统管理员，给用户发送邮件要求用户修改口令或在貌似正常的附件中加载病毒或其他木马程序，这类欺骗只要用户提高警惕，一般危害性不是太大。

此外黑客还可以采用网络监听、寻找系统漏洞、利用账号等方式进行入侵，这里就不一一介绍了。

3）网络黑客的防范

掌握了网络黑客的入侵原理，用户就可以有针对性地采取一些防范措施，可以采用的方法有：屏蔽可疑的 IP 地址、过滤信息包、修改系统协议、经常升级系统的版本、及时备份重要数据、安装必要的安全软件（如反病毒软件和防火墙等）。此外，平时注意不要回复陌生人的邮件，做好 IE 安全设置工作。只要用户做好必要的防范工作，是可以有效避免黑客入侵的。

本章小结

本章主要介绍了计算机网络的基础知识、Internet的基本知识以及计算机安全等方面的内容。

计算机网络是计算机技术和通信技术结合的产物，其基本功能是实现资源共享。按照分布距离的长短，可以将计算机网络分为局域网、城域网、广域网、因特网，常见的基本拓扑结构有总线型、环型、星型、树型、网状型等结构。ISO将网络体系结构化分为七层，DARPA成功地开发出著名的TCP/IP协议。常见的网络设备一般由网络服务器、工作站、网络适配器（网卡）及传输介质等部分组成。

Internet是全球性的计算机网络。我国目前已有多个网络直接连接到Internet的主干网，主要有GLOBALNET，NCFC，ChinaNET，CERNET等。一般用户可通过ADSL，Cable Modem，专线接入及无线连接等几种方式之一实现与Internet的互联。Internet上的资源丰富多彩，为了使大家能够快速高效地使用这些资源，Internet为用户提供了多种服务软件，这些服务软件基本上可以分为两类，一类提供通信服务，如FTP，Telnet，E-mail；另一类提供信息查询服务，如WAIS，Gopher，WWW等。其中，E-mail和WWW是目前Internet上使用频率最高的服务。

随着全球信息化程度的不断提高，信息安全已经成为一个非常重要的研究领域，尤其是计算机信息系统安全更是不容忽视。破坏计算机安全的方法和手段很多，计算机病毒就是其中之一。计算机病毒的破坏性很强，做好计算机病毒的防治工作就显得非常重要。

通过本章的学习，应掌握计算机网络的基本概念，学会Internet提供的常用服务软件的使用方法，并对计算机安全的概念有所了解，初步掌握计算机病毒的防治方法。

第9章 多媒体技术基础

从20世纪80年代中后期开始，多媒体计算机技术成为人们关注的热点之一，多媒体技术的应用极大地促进了社会信息化的发展。多媒体技术改善了人类信息的交流状况，缩短了人们传递信息的路径。特别是进入21世纪，随着网络技术、大容量存储技术、计算机软硬件技术等的不断发展，多媒体技术日趋成熟，应用领域不断扩大，广泛应用于工业生产管理、学校教育、公共信息咨询、商业广告、军事指挥与训练、家庭生活与娱乐等各领域。

9.1 多媒体技术概述

9.1.1 多媒体的概念

"多媒体(multimedia)"的英语单词是由"multiple"和"media"复合而成，核心词是媒体。通常所说的"媒体(media)"有两个含义：一是指媒质，即信息的物理载体，载体是指承载知识或信息的物质实体，如书本、图画、磁盘、光盘、磁带以及相关的设备等；二是指媒介，即信息的表现形式(或传播形式)，如文字、声音、图像、动画等。在计算机技术领域，媒体主要是指后者，即信息的表现形式。计算机不仅能处理字符之类的信息，而且还能处理其他各种信息，如声音、图形、图像等各种不同形式。我们所说的处理，是指计算机能够对它们进行获取、编辑、存储、检索、展示、传输等各种操作。

多媒体技术是一种把文本、图形、图像、动画和声音等形式的信息结合在一起，并通过计算机进行综合处理和控制，能支持完成一系列交互式操作的信息技术。

9.1.2 多媒体技术的发展过程与发展趋势

在计算机发展的初期，只能用0和1两种符号表示信息，即用纸带和卡片的有孔和无孔表示信息，纸带机和卡片机是主要的输入/输出设备。0和1很不直观，很不方便，输入或输出的内容很难理解，易出错，因此这一时代计算机应用只能限于极少数计算机专业人员。

20世纪50年代到70年代，出现了高级程序设计语言，人们可以用接近于自然语言文字编写源程序，计算机处理的结果也可以用文字输出。因此，人与计算机交流就直观、容易得多，计算机的应用扩大到具有一般文化程度的科技人员。这个时候的输入/输出设备主要是键盘和显示终端。

20世纪80年代开始，为了使计算机更容易使用，进一步扩大计算机的应用范围，人们致力于研究将声音、图形和图像等多媒体信息作为新的媒体输入输出计算机，1984年苹果公司的Macintosh个人计算机，首次引进了"位映射"的图形机理，用户接口开始使用Mouse驱动的窗口技术和图符(windows and icon)，这受到广大用户的欢迎，使得文化水平较低的人，甚至儿童都能使用计算机。在个人计算机上，真正开始发挥图形功能的是1990年由微软公司推出的Windows 3.0操作系统。另外，在声音、视频数据处理设备及外部设备(如鼠标、彩色打印机、高分辨率监视器等）的发展下，配合多媒体软件的进步，使得个人计算机的应用逐渐进入多媒体的时代。

在1986年，飞利浦（Philips）和索尼（Sony）联合提出了储存计算机数字信号的CD-ROM标准（yellowbook，黄皮书），在同一年，公布了交互式光盘CD-I（compact disc interactive）系统（greenbook，绿皮书），把各种多媒体数据以数字化的形式存放在容量为650 MB的只读光盘上，通过读光盘中的内容来进行播放。

1987年3月，RCA公司推出了交互式数字视频数据系统DVI（digital video interactive），它以计算机技术为基础，用标准光盘储存和检索静止影像、活动影像、声音和其他资料。RCA后来将DVI技术卖给了英特尔公司。1989年3月，英特尔宣布将DVI技术开发成一种可以普及的商品，包括把他们研制的DVI芯片装在IBM PS/2上。随着多媒体技术的发展，1990年11月，由飞利浦等14家厂商组成的多媒体市场协会应运而生，并建立相应的标准。此后，要用MPC（multimedia PC）这个标志，就要符合这个协会所定的技术规定。

在现在，多媒体的研究与发展仍方兴未艾。多媒体通信网络环境的研究和建立使多媒体从单机单点向分布、协同多媒体环境发展，在世界范围内建立了一个可全球自由交互的通信网，即互联网。对网络及其设备的研究和网上分布应用与信息服务研究是多媒体研究热点。利用图像理解、语音识别、全文检索等技术，研究多媒体基于内容的处理，开发基于内容的处理系统是多媒体信息管理的重要方向。

多媒体标准仍是研究的重点，各类标准的研究将有利于产品规范化，应用更方便。它是实现多媒体信息交换和大规模产业化的关键所在。多媒体技术与相邻技术相结合，提供了完善的人机交互环境。多媒体仿真智能多媒体等新技术层出不穷，扩大了原有技术领域的内涵，并创造新的概念。

多媒体技术与外围技术构造的虚拟现实研究仍在继续进展。多媒体虚拟现实与可视化技术相互补充，并与语音、图像识别，智能接口等技术相结合，可建立高层次虚拟现实系统。交互式多媒体技术也是如火如荼，所谓交互式多媒体是指不仅可以从网络上接收信息、选择信息，还可以发送信息，其信息是以多媒体的形式传输。利用这一技术，人们能够在家里购物、点播自己喜欢的电视节目。交互式多媒体技术的实现将以电视或者以个人计算机为基础。究竟谁将主宰未来的市场还很难说。

未来对多媒体的研究，主要有以下几个方面：数据压缩、多媒体信息特性与建模、多媒体信息的组织与管理、多媒体信息表现与交互、多媒体通信与分布处理、多媒体的软硬件平台、虚拟现实技术、多媒体应用开发等。总的来看，多媒体技术正向两个方面发展：一是网络化发展趋势，与宽带网络通信等技术相互结合，使多媒体技术进入科研设计、企业管理、办公自动化、远程教育、远程医疗、检索咨询、文化娱乐、自动测控等领域；二是多媒体终端的部件化、智能化和嵌入化，提高计算机系统本身的多媒体性能，开发智能化家电。

9.1.3 多媒体技术的应用

多媒体技术的应用很广泛，从PC的角度看，在应用上大致分为两个方面：交互式系统和动画制作。

交互式系统是采用人机交互对话方式，对计算机中储存的影像信息进行查找、编辑，以及执行每个语言通道同步播放等功能。这种功能对于产品宣传广告和计算机辅助教学是很

有吸引力的。在播放时，可以将多种其他媒体（如文字、声音等）混合在一起，形成一个多媒体的展示系统，特别是可以将声音与影像同步播放。将特定的声音连同某一段特定活动影像组合起来播放，可以为某一段活动影像配上各种不同的语言说明（如英语、日语、汉语等），把无声的影像和不同语言的说明存放在不同语音通道中，由用户决定选择哪一种语言。

动画制作一直是 CAD 的一个分支。PC 的多媒体系统可以实现动画和活动影像的结合，可以将由计算机产生的图形或动画插入到由外部设备输入的活动影像上，也可以倒过来，将活动影像重叠到图形或动画上。

以比较自然的方式传递各种信息和进行人机对话，是人们长期以来追求的目标，而多媒体技术的发展为实现这一目标提供了良好的环境。

以下是多媒体技术的一些具体应用。

1. 教育与培训

在传统的方式中，要得到好的教学效果，首先要选择好的教材，然后由教师讲解，最后辅以相应的测验。显然，多媒体的文字、声音、动画和影像的一体化效果很适合此项工作。多媒体技术使教材不仅有文字、静态图像，还具有动态图像和语音等。使教育的表现形式多样化，可以进行交互式远程教学。利用多媒体计算机的文本、图形、视频、音频和其交互式的特点，可以编制出 CAI 软件。

2. 展示系统

各种展览馆或博物馆要向大家介绍各种知识，如计算机如何工作、光纤通信的原理、飞机模拟驾驶等。过去只能用文字和图形表示，现在则可以把声音、图形、影像、动画等结合在一起，使观众如临其境，形象生动，效果更好。

3. 咨询服务

在一些行业里，如旅游、邮电、交通、商业咨询、饭店及百货公司服务指南等，多媒体技术可以提供高品质的无人咨询服务。用户只要通过计算机，就可查询到自己要得到的信息，如在很多旅游景点，提供了导游系统，其中会有相关景点的知识、历史典故、导游图等，游客可以通过触摸屏进行操作。

4. 多媒体电子出版物

CD-ROM 这样大容量的储存介质不但可以储存各种信息，而且使用方便，很适宜用来代替各种传统的出版物。特别对于各种手册、百科全书、年鉴、声音影像、词典等，更能显示出它的强大威力。

5. 演讲辅助

听演讲的好处之一是在很短的时间内从演讲者那里得到高浓度的信息。今后，更多的会议中心或演讲厅将配备相关的多媒体设备来辅助演讲。

6. 视频会议

基于 PC 的视频会议系统可能是多媒体技术最大的用途之一，其效果和使用方便程度比传统的电话会议优越得多。在技术上，视频会议主要涉及信息的压缩、还原和作为通信线路的频宽问题。

7. 多媒体通信

多媒体技术在通信方面的应用主要有可视电话、视频会议、信息点播、计算机支持协同工作（computer supported cooperative work，CSCW）。

信息点播有桌上多媒体通信系统和交互式电视（interactive television，ITV）。CSCW

是指在计算机支持的环境中，一个群体协同工作以完成一项共同的任务。计算机的交互性，通信的分布性和多媒体的现实性相结合，将构成继电报、电话、传真之后的第四代通信手段。

9.1.4 多媒体关键技术

多媒体技术是计算机技术、信息技术、通信技术等多种技术的综合使用，多媒体产品的迅速实用化、产业化和商品化，离不开以下多媒体关键技术。

1. 数据压缩技术

多媒体数据量很大，尤其音频、视频这类连续媒体，数字化后的视频和音频信号的数据量是十分惊人的，这对计算机的存储和网络的传输会造成极大的负担，是制约多媒体发展和应用的最大障碍。解决的办法之一就是进行数据压缩，压缩后再进行存储和传输，到需要时再解压、还原。因此，多媒体的数据压缩问题已成为关系到多媒体技术发展必须解决的瓶颈问题。虽然当前计算机存储容量、运算速度不断提高，但目前的硬件技术很难为多媒体信息提供足够的存储资源与网络带宽，这使多媒体信息压缩与解压缩技术成为处理多媒体的关键技术之一。

要减少多媒体数据的时空(传输与存储)数据量，有两种最简单的方法：其一是减小多媒体信息的播放窗口，如把分辨率 640×480 像素的窗口改为 100×100 像素，可使数据量减少为原来的三十分之一；其二是放慢多媒体信息的播放速度，如将现在 25 帧/s 或 30 帧/s 的视频播放信息减少到 10 帧/s 或 15 帧/s，也可使数据量减少到原来数据量的三分之一。显然这些方法都是以牺牲多媒体信息的播放质量和效果而换得数据所需的时空，实为下策。另外多媒体信息中确实存在着大量冗余信息，这使数据压缩与解压缩成为可能。

多媒体技术应用的关键问题是对图像的编码与解压，ISO 和国际电报电话咨询委员会(International Telephone and Telegraph Consultative Committee, CCITT)两家联合成立了联合图像专家组(Joint Photographic Experts Group, JPEG)，致力于建立适用于彩色、单色、多灰度连续色调、静态图像的数字图像压缩标准。1991 年，ISO/IEC 委员会提出 10916G 标准，即多灰度静止图像数字压缩编码标准。1992 年，动态图像专家组(Moving Picture Experts Group, MPEG)提出了 MPEG-1 标准，用于数字存储多媒体运动图像，伴音速率为 1.5 Mbps 的压缩码，作为 ISO/IEC 11172 标准，用于实现全屏幕压缩编码及解码，称为 MPEG 编码。后续的还有 MPEG-2，MPEG-4，MPEG-7 等编码。

2. 大容量 CD-ROM，DVD ROM 光盘技术

多媒体信息虽经压缩，仍包含大量数据，假设显示器分辨率为 1024×768，每一像素用 8 位表示颜色，则存储一帧信息的容量为 768 kB，如要实时播放，按 30 帧/s，则播放 1 分钟所需存储容量为 1 400 MB，假设压缩比为 100∶1，则压缩后数据量仍为 14 MB。CD 存储器的盘片容量一般为 650 MB 左右，DVD 数字多功能光盘容量可达 17 GB，且便于携带，价格便宜，便于信息交流，是存储图形、动画、音频和活动影像等多媒体信息的最佳媒体。大容量 CD-ROM，DVD ROM 光盘技术为多媒体推广应用铺平了道路。

3. 大规模集成电路制造技术

音频和视频信息的压缩处理和还原处理要求进行大量计算，而视频图像的压缩和还原还要求实时完成，需要具有高速 CPU 的计算机才能胜任。另外，为降低成本，减少 CPU 负担，还需专门研制开发用于语音合成、多媒体数据压缩与解压的多媒体专用大规模集成电路芯片——多媒体数字信号处理器 DSP，数字信号处理器是在模拟信号变换成数字信号以后进行高速实时处理的专用处理器，其处理速度比最快的 CPU 还快 10～50 倍。这些都需要大规模集成电路制造技术的支持。专用芯片是多媒体计算机硬件体系结构的关键。为了实现音频、视频信号的快速压缩、解压缩和播放处理，需要大量的快速计算，只有采用专用芯片，才能取得满意的效果。

4. 实时多任务操作系统

多媒体技术需要同时处理图像、声音和文字，其中图像和声音还要求同步实时处理，视频要以 30 帧/s 更新画面，因此需要能对多媒体信息进行实时处理的操作系统。

5. 多媒体软件平台技术

多媒体操作系统是多媒体软件的核心。它负责多媒体环境下多任务的调度、保证音频、视频同步控制以及信息处理的实时性，提供多媒体信息的各种基本操作和管理；具有对设备的相对独立性与可扩展性。

6. 多媒体素材采集与制作技术

素材的采集与制作主要包括采集并编辑多种媒体数据，如声音信号的录制编辑和播放、图像扫描及预处理、全动态视频采集及编辑、动画生成编辑、音/视频信号的混合和同步等。

7. 多媒体通信技术

多媒体通信技术包含语音压缩、图像压缩及多媒体的混合传输技术。宽带综合业务数字网(B-ISDN)是解决多媒体数据传输问题的一个比较完整的方法，其中异步传送模式(ATM)是近年来在研究和开发上的一个重要成果。

8. 多媒体数据库技术

多媒体信息是结构型的，致使传统的关系数据库已不适用于多媒体的信息管理，需要从四个方面研究数据库——多媒体数据模型、媒体数据压缩和解压缩的模式、多媒体数据管理及存取方法、用户界面。

9. 虚拟现实技术

虚拟现实的定义可归纳为：利用计算机技术生成的一个逼真的视觉、听觉、触觉及嗅觉等的感觉世界，用户可以用人的自然技能对这个生成的虚拟实体进行交互考察。虚拟现实技术是在众多相关技术上发展起来的一个高度集成的技术，是计算机软硬件技术、传感技术、机器人技术、人工智能及心理学等飞速发展的结晶。

9.2 多媒体信息的表示

在多媒体系统中，基本的信息元素包括以下内容：

(1)文本：文本是以文字和各种专用符号表达的信息形式，它是现实生活中使用得最多的一种信息存储和传递方式。用文本表达信息给人充分的想象空间，它主要用于对知识的描述性表示，如阐述概念、定义、原理和问题以及显示标题、菜单等内容。它是由语言文字和符号字符组成的数据文件，如 ASCII、存储汉字的文件等。

(2)图像：图像是多媒体软件中最重要的信息表现形式之一，是决定一个多媒体软件视觉效果的关键因素。

(3)图形：一般可将图形看作图像的抽象，即图像由若干图形构成。

(4)动画：将静态的图像、图形及连环图画等按一定时间顺序显示而形成连续的动态画面。动画是利用人的视觉暂留特性，快速播放一系列连续运动变化的图形图像，也包括画面的缩放、旋转、变换、淡入淡出等特殊效果。通过动画可以把抽象的内容形象化，使许多难以理解的教学内容变得生动有趣。合理使用动画可以达到事半功倍的效果。

（5）音频：声音信号，即相应于人类听觉可感知范围内的频率。多媒体中使用的是数字化音频。

（6）视频影像：可视信号，即计算机屏幕上显示出的动态信息，如动态图形、动态图像。视频影像具有时序性与丰富的信息内涵，常用于交代事物的发展过程。视频非常类似于我们熟知的电影和电视，有声有色，在多媒体中充当重要的角色。

9.2.1 音频

在计算机内，所有的信息均以数字（0/1）表示，声音信号也用一组数字表示，称之为数字音频。数字音频与模拟音频的区别在于：模拟音频在时间上是连续的；而数字音频是一个数据序列，在时间上是离散的。因此，声音信息的数字化过程是每隔一个时间间隔在模拟声音波形上取一个幅度值（称为采样，采样的时间间隔称为采样周期），并把采样得到的表示声音强弱的模拟电压用数字表示（称为量化）。

采样量化位数的大小反映出各个采样点进行数字化时选用的精度，在多媒体计算机音频处理系统中，一般有 8 位和 16 位两档，其中 8 位量化位数的精度有 256 个等级。也就是说，对每个采样点的音频信号的幅度精度为最大振幅的 1/256，16 位量化位数的精度有 65536 个等级，即为音频信号的最大振幅的 1/65536。

采样和量化过程所采用的主要硬件是模拟到数字（analog-to-digital, A/D）转换器；在数字音频回放时，再由数字到模拟（digital-to-analog, D/A）转换器将数字音频信号转换成原始的电信号。

常见的音频文件格式有 WAV，MID，MP3 等。

1. WAV 文件

WAV 文件称为波形文件，它是微软公司的音频文件格式，来源于对声音模拟波形的采样。运用不同的采样频率对声音的模拟波形进行采样，得到一系列离散的采样点，以不同的量化位数把这些采样点的值转换为二进制数，存入到磁盘，形成了声音 WAV 文件。

2. MID 文件

MID 文件称为 MIDI 音乐数据文件，由 MIDI 继承而来，是 MIDI 协会设计的音乐文件标准，用以规定计算机音乐程序、电子合成器和其他电子设备之间交换信息与控制信号的方法。

MID 文件的记录方法与 WAV 完全不同。人们在声卡中事先将各种频率、音色的信号固化下来，在需要发一个什么音时就到声卡里去调那个音。一首 MIDI 乐曲的播放过程就是按乐谱指令去调出那一个个音来，即 MID 文件是一种控制信息的集合体，包括对音符、定时和多达 16 个通道的乐器定义，同时还涉及键、通道号、持续时间、音量和力度等信息。MID 文件记录的是一些描述乐曲演奏过程中的指令，因此 MID 文件体积都很小，即使是长达十多分钟的音乐也不过十多 kB 至数十 kB。

3. MP3 文件

MP3 可以说是现在最流行的声音文件格式之一。它是根据 MPEG-1 视频压缩标准中，对立体声伴音进行三层压缩的方法所得到的声音文件。MP3 保持了 CD 激光唱盘的立体声高音质，压缩比高达 12：1，而音质基本不变。这项技术使得一张碟片上就能容纳十多

个小时的音乐节目，相当于原来的十多张 CD 唱片。MP3 音乐现在市场上和网上都非常普及，在网络可视电话通信方面应用广泛，但和 CD 唱片相比，音质不能令人非常满意。

4. AIF 文件

AIF/AIFF 文件是苹果公司开发的计算机音频文件格式，是音频交换文件格式(audio interchange file format)的英文缩写，被 Macintosh 平台及其应用程序所支持，Netscape Navigator 浏览器中的 LiveAudio 也支持 AIF 格式，SGI 及其他专业音频软件包也同样支持 AIF 格式。AIF 支持 ACE2，ACE8，MAC3 和 MAC6 压缩，支持 16 位 44.1 kHz 立体声。

5. MOD 文件

MOD 包含很多音轨，格式众多，如 ST3，XT，S3M，FAR，669 等，该格式的文件里存放乐谱和乐曲使用的各种音色样本，具有回放效果明确，音色种类无限等优点。但它也有一些致命弱点，以至于现在已经逐渐淘汰，目前 MOD 在一些游戏程序中尚在使用。

6. RMI 文件

RMI 文件是微软公司的 MID 文件格式，可以包括图片标记和文本。

7. VOC 文件

VOC 文件是 Creative 公司的波形音频文件格式，也是声霸卡使用的音频文件。每个 VOC 文件由文件头块(header block)和音频数据块(data block)组成。文件头包含一个标识版本号和一个指向数据块起始的指针；数据块分成各种类型的子块，如声音数据、静音标识、重复标志以及终止标志、扩展块等。

9.2.2 图像和图形

多媒体计算机最常用的图像有图形、静态图像和动态图像(视频)，通常可采用以下方法获得三种图像：一是利用相关的工具软件，由计算机直接产生图形、静态图像和动态图像；二是利用彩色扫描仪，扫描输入图形和静态图像；三是通过视频信号数字化仪，将彩色全电视信号数字化后，输入到多媒体计算机中，获得静态和动态图像。

1. 图形文件

图形文件一般来说可分为两大类：位图和矢量图。这两种图形文件各有特色，也各有其优缺点。

位图是由点的像素排成矩阵组成的，其中每一个像素都可以是任意颜色。在位图图形文件中所涉及的图形元素均由像素点来表示。位图是用像素表示图形，如显示直线，是用许多代表像素颜色的数据来替代该直线，当把这些数据所代表的像素点画出后，该直线也就相应显示出现。

矢量图是用向量代表图中所表现的元素。例如直线，在矢量图中，有一数据说明该元素为直线，另外有其他数据注明该直线的起始坐标及其方向、长度和终止坐标。

位图放大时，放大的是其中每个像素的点，所以看到的是模糊的图片；而矢量图无论如何放大，它依然清晰。

2. 图像文件

图像文件分为静态图像文件和动态图像文件。

1)静态图像文件

静态图像文件格式包括以下几种：

(1)BMP(bitmap)文件。BMP，即位图文件，是一种与设备无关、格式最原始和最通用的静态图像文件,但其存储量极大。Windows 的“墙纸”图像,用的就是这种格式文件,是Windows 环境中经常采用的一种文件。

(2)GIF(graphics interchange format) 文件。GIF 文件格式是由美国最大的增值网络公司 CompuServe 研制开发的,适合在网上传输交换。它采用“交错法”来编码,使用户在传送 GIF 文件的同时,可以提前粗略地看到图像内容,并决定是否要放弃传输。目前在网络通信中被广泛采用。

(3)JPG 文件。JPG 也可以表示为 JPEG,是一种图像压缩标准。它定义了两种压缩算法:基于差分脉冲码调制的无损压缩和基于离散余弦 DCT 的有损压缩算法。JPEG 在目前的静止图像格式中的压缩比是最高的,可将其压缩到 BMP 原图像大小的十分之一左右,而且对图像质量影响不大,因此目前网上图像文件格式许多都采用 JPEG 文件格式。

(4)TIF 文件。TIF 是一种多变的图像文件格式标准。与其他的图像格式文件不同,TIF 文件格式不依附于某个特定的软件,而是为形成一个便于交换的图像文件格式的超集。它支持多种图像压缩格式,应用也较普遍。

除上述文件格式外,较常用的文件格式还有 PCX,PCT,PSD 和 TGA 等。

2) 动态图像文件

动态图像文件格式包括以下几种文件格式:

(1)AVI(audio video interleaved)文件。AVI 是由音频和视频信号混合交错地存储在一起构成的文件。AVI 是由微软公司从 Windows 3.1 时代就开始使用的视频文件格式,这种格式的文件兼容性好,使用方便。

(2)MPG 文件。MPG 是压缩视频的基本格式。它的压缩方法是将视频信号分段取样(每隔若干幅画面取下一幅“关键帧”),然后对相邻各帧未变化的画面忽略不计,仅仅记录变化了的内容,因此压缩比很大。这就是为什么 VCD 碟片的播放时间与音乐 CD 片相同,音质也相当,却“额外”容纳了海量的视频数据的原因。MPG 还有两个变种:MPV 和 MPA。MPV 只有视频不含音频,MPA 是不包含视频的音频。MPA 是属于 MPEG-1 级别的压缩格式(较之 MP3 还差一等)。在有些多媒体软件中需要引入 MP2 文件,对此只需将 MPA 简单改名为 MP2 就行了。

MPG 是 MPEG 制定出来的压缩标准所确定的文件格式,用于动画和视频影像。MPEG 标准包括 MPEG 视频、MPEG 音频和 MPEG 系统(视频、音频同步)三个部分。这一系列家族中包括 MPEG-1,MPEG-2 和 MPEG-4 在内的多种视频格式。一般的 CD(VCD),Super VCD(SVCD)和 DVD 都是采用 MPEG 技术生产的。MPEG 的基本方法,是在单位时间内采集并保存第一帧信息,然后只储存其余帧相对于第一帧发生变化的部分,从而达到压缩的目的,它基本采用两种基本压缩技术:运动补偿技术(预测编码和插补码)实现时间上的压缩,变换域(离散余弦变换 DCT)压缩技术实现空间上的压缩。MPEG 的平均压缩比率为 50∶1,最高可达 200∶1,压缩效率相当高,图像和声音质量也非常好,在微机上有相同的标准,兼容性好。

MP4 是一种使用 MPEG-4 的多媒体计算机文件格式,主要储存数码音频及数码视频信息。另外,MP4 又可理解为 MP4 播放器,MP4 播放器是一种集音频、视频、图片浏览、电子书、收音机等于一体的多功能播放器。

(3)VCD 与 DAT 文件。DAT 文件是 VCD 专用的视频文件格式,是一种基于 MPEG 压缩、解压技术的视频文件格式。如果计算机配备视霸卡或解压软件,那么即可播放该格式文件。VCD是目前最流行、最普及的家用视听设备,它有1.1版及2.0版两大系列。不同于1.1版的顺序播放,2.0版最主要的特征是能够出现选单,还能播放高清晰度静止画面。DAT文件,实际上是在MPG文件头部加上了一些运行参数形成的变体。目前市面上VCD碟片浩如烟海,很多都可作为多媒体软件的素材。但多数多媒体编辑软件都不直接支持DAT格式,一般需要用DAT2MPG软件来转换。VCD碟片中有的格式较特殊,如无文件碟,它将节目做成了数据轨的形式,在VCD播放机中可正常运行,但拿到计算机上就无法直接播放。

(4)MOV文件。MOV文件是Quick Time for Windows视频处理软件所采用的视频文件格式。与AVI文件格式相同,MOV文件格式采用了英特尔公司的视频有损压缩技术,以及视频信息与音频信息混排技术,其图像画面的质量要比AVI文件好。

(5)ASF(advanced streaming format)文件。ASF文件是高级流格式,ASF是微软为了和Real Player竞争而发展出来的一种可以直接在网上观看视频节目的压缩格式文件。由于它使用了MPEG-4的压缩算法,因此压缩比率和图像的质量都不错。因为ASF是以一个可以在网上即时观赏的视频"流"格式存在的,所以它的图像质量比VCD差一点。

ASF是一个开放标准,它能依靠多种协议在多种网络环境下支持数据的传送。同JPG,MPG文件一样,ASF文件也是一种文件类型,但它是专为在IP网上传送有同步关系的多媒体数据而设计的,所以ASF格式的信息特别适合在IP网上传输。ASF文件的内容既可以是我们熟悉的普通文件,也可以是一个由编码设备实时生成的连续的数据流,所以ASF既可以传送人们事先录制好的节目,也可以传送实时产生的节目。

(6)RAM与RA文件。在网络上实时欣赏音乐、听新闻广播和看电视,是多数人的一个美好愿望。目前开发的RAM与RA文件就属于这种网络实时播放文件。它的压缩比较大(大于MP3),音质亦较好,不光可以播放声音而且还可将视频一起压缩进RAM文件里。不过根据目前国内的网络状况,要完全实时地播放这些文件(特别是信息量巨大的视频信号),还不是太现实。多数情况下仍只能等待文件下载后再播放出来,如果边播边放,那么一般都会播上几秒钟至几十秒钟就停顿一段时间。RAM,RA文件实际上有三种类型,一种只有几十字节,实际上只有一个网络地址,播放这种文件必须在网络已接通的情况下才能使用;另外两种就是音频文件(压缩后的WAV)及音视频混合文件(经压缩的AVI),这些文件和其他多媒体文件一样,可以存放在硬盘或光盘上,随时播放。

(7)DVCD文件。目前市面上出现了大量DVCD碟片,价钱相当便宜。它的声图质量、文件格式、目录结构都与VCD相同,但通过特殊的记录格式,加大了光盘上的记录密度,让每张盘的容量达1 G(可播放约100 min),使得单碟记录一部故事片成为可能。DVCD是多媒体领域中的一个值得注意的发展技术,它在不增加任何成本的情况下让单张光盘的容量增加了三分之一,这项技术如果运用到数据光盘上,那么将会使光盘的容量大大增加。

(8)SVCD与CVD文件。VCD由于受其制式标准限制,PAL制式的清晰度只有288线(NTSC的更少,只有240线),还不如一般电视台播放的节目清晰度高(这在大屏幕电视机上更为明显)。为了提高清晰度,我国又自行开发出两种介于VCD和DVD之间的机型,即SVCD(超级VCD)和CVD("中国特色VCD")。这两类机型大体相同,碟片一般也可相互兼容。它们的共同方式是增加VCD播放机内置光驱的转速,使同样时间内能够输出更多的信号,以提高单位时间内屏幕上的信息量(必然地,对每一张碟来说,播放时间就会大大减少)。用这种方法,可以使清晰度提高到300线以上。SVCD的文件格式仍然是DAT,不过这是一种特殊类型的DAT。

(9)DVD文件。DVD全面实现了MPEG-2的性能指标，它的水平清晰度高达540线，比LD还高出一大截；其声音也采用了真正5.1通道(左右主音箱、中量、后方左右环绕及一路超重低音输出)。不过要注意的是，这些优异的视听效果是源于MPEG-2的技术标准，而不是DVD技术本身。只不过采用MTG2的多媒体文件体积太过巨大，普通的CD碟已无法容纳，而DVD技术的超高容量恰好与之相得益彰。

(10)RM文件。RM文件格式是RealNetworks公司开发的一种流媒体视频文件格式，可以根据网络数据传输的不同速率制定不同的压缩比率，从而实现低速率的Internet上进行视频文件的实时传送和播放，它主要包含RealAudio，RealVideo和RealFlash三部分。

RealNetworks公司所制定的音频视频压缩规范称为RealMedia，用户可以使用RealPlayer或RealOnePlayer对符合RealMedia技术规范的网络音频/视频资源进行实况转播，并且RealMedia可以根据不同的网络传输速率制定出不同的压缩比率，从而实现在低速率的网络上进行影像数据实时传送和播放。这种格式的另一个特点是用户使用RealPlayer或RealOnePlayer播放器可以在不下载音频/视频内容的条件下实现在线播放。另外，RM作为目前主流网络视频格式，它还可以通过其RealServer服务器将其他格式的视频转换成RM视频并由RealServer服务器负责对外发布和播放。RM和ASF格式可以说各有千秋，通常RM视频更柔和一些，而ASF视频则相对清晰一些。

(11)RMVB文件。RMVB中的VB，指的是VBR，即variable bit rate的缩写，中文含义是可变比特率。RMVB打破了压缩的平均比特率，使在静态画面下的比特率降低，来达到优化整个影片中比特率、提高效率、节约资源的目的。一般来说，一个700 MB的DVDrip采用平均比特率为450 kbps的压缩率，生成的RMVB大小仅为400 MB，但是画质并没有太大变化。这种技术，早在MP3中就得以应用，现在随着RealNetworks公司的Real Server 9.0的推出，也应用到了视频领域。

9.2.3 超文本与超媒体

WWW是一个在Internet上运行的全球性分布式信息系统。由于它支持文本、图像、声音、影视等数据类型，而且使用超文本、超链接技术把全球范围里的信息链接在一起，所以也称为超媒体环球信息系统。WWW技术是Internet上环球信息系统设计技术上的一个重大突破，是目前最热门的多媒体技术。

超文本是一种信息管理技术，一种电子文献形式。普通文本最显著的特点是它在信息组织上是线性的和顺序的，超文本结构采用一种非线性的网状结构组织块状信息，没有固定的顺序，它以节点作为基本单位。这种节点要比字符高出一层次。抽象地说，节点可以是一个信息块；具体地说，它可以是某一字符文本集合，也可是屏幕中某一大小的显示区。节点的大小由实际条件决定，在信息组织方面，则是用链把节点造成网状结构，即非线性文本结构。这样的结构被称为超文本结构。

随着多媒体技术的发展，计算机中表达信息的媒体已不再限于文字与数字，超文本中也广泛采用图形、图像、音频、视频等媒体元素来表达思想。这时人们改称超文本为“超媒体”。超媒体是指有多媒体技术的超文本结构，即节点中的数据不仅仅可以是文字，而且可以是图形、图像、声音、动画、动态视频，甚至计算机程序或它们的组合，为强调系统是多媒体的而引入“超媒体”，超媒体成为支持多媒体信息管理的天然技术。节点、链和网是超文本和超媒体三要素。

（1）节点：节点是信息表达单元。节点中表达信息的媒体可以是文本、图形、图像、动画、音频、视频，甚至可以是一段计算机程序。

（2）链：链是不同节点信息单元之间的逻辑联系，它的主要用途是模拟人脑思维的自由联想。类似于当人在思考问题时，经常自然而然地由一个概念转移到另一相关概念的思维方式，链是用户由一个节点的信息转移到另一个相关节点的有效手段。一个链的起始端称为链源，链源的外部表现形式很多，如以斜体、粗体、彩色、加下划线或加边框等效果修饰处理的文本，也可以是一个图标或一幅图像，或是一个标准的按钮。

（3）网：网是由节点和链构成一个网络有向图。在这个网中节点可以看作对单一概念或思想的表达，而节点之间的链则表示概念之间的语境关联（上下文关系）。

超文本或超媒体可以看作一种知识工程。所不同的是，人工智能的知识工程致力于建立一个表示，以便于机器推理；而超文本或超媒体作品的作者的目的是将各种思想、概念组合到一起，以便于人们学习和查阅参考。在多数情况下认为超媒体/超文本为等价名词。

多媒体的基本媒体元素是文字、声音、图像、视频、动画，而基于 HTTP 的 WWW 也是这五部分的集合，在网络上展示多媒体，是未来网络的发展趋势。

虽然制作多媒体的工具很多具有综合功能，即在一套软件内可处理这些媒体元素，如 Media Studio，ToolBook，Authorware 等。但无论多媒体创作工具多么强大，当论及产生的文件是否可以在网络上呈现以及该软件工具是否具备深入处理多种媒体的能力这两个问题时，这些多媒体工具都不能达到令人满意的程度。因此，在制作网络多媒体时，应当采用相应专门的开发工具。

在网络上还有流媒体的概念。流媒体是一种可以使音频、视频和其他多媒体能在 Internet 及 Intranet 上以实时的、无须下载等待的方式进行播放的技术。流媒体文件格式是支持采用流式传输及播放的媒体格式。流式传输方式是将动画、音/视频等多媒体文件经过特殊的压缩方式分成一个个压缩包，由视频服务器向用户计算机连续、实时地传送。在采用流式传输方式的系统中，用户不必像非流式播放那样等到整个文件全部下载完毕后才能看到其中的内容，而只需经过几秒或几十秒的启动延时即可在计算机上利用相应的播放器或其他的硬件、软件对压缩的动画、音/视频等流媒体文件解压后进行播放和观看，多媒体文件的剩余部分将在后台的服务器内继续下载。

流媒体的应用有两个趋势，一个是视频点播系统，另外一个是在数据网络上的视频/音频广播。在近些年中，流媒体又有了新的应用，如电子学习。除我们能想到的教育行业外，在一些大型的企业和行业用户（如政府），电子学习正被越来越广泛地应用。采用电子学习系统可以让员工随时随地接受所需要的业务培训，节省大笔的差旅费用，并提高工作效率。除电子学习外，一些在 IT 应用方面处于领先地位的企业，也在其内部网中提供内部新闻的视频应用。

除此之外，网络多媒体还有很多应用，举例如下：

（1）视频会议：是一种高效实用的通信方式，它使用户能在两个或多个地点进行交互式谈话，可看到对方图像并可以展开讨论。在传统视频会议系统继续得以发展的同时，基于 IP 技术的视频会议系统也正在得到越来越多的关注。

（2）IP 电话：相比较而言，IP 电话技术的前景广为看好。IP 电话的协议中有 H.323 和基于 SIP 的 IP 电话系统，这两种协议的使用，将带动多媒体如视频电话等的应用。

(3)多媒体呼叫中心:基于 IP 电话技术的呼叫中心打开了一条向多媒体呼叫中心的转移之路。由此,用户可以通过语音、Web、短信息、及时消息、电子白版、电子邮件等多种方式和企业进行顺畅的沟通。

在构建多媒体呼叫中心时,VXML 技术、TTS(text to speech)和语音识别技术发挥着非常重要的作用。它们结合 Web 对于电信、金融、政府等很多行业来说是很好的信息发布和与用户交流的手段。这样的技术也可以减少呼叫中心座席的数量,从而大大地提高工作效率。

9.2.4 数据压缩

1. 概述

数字化后的视频和音频信号的数据量是十分惊人的,尤其音频、视频这类连续媒体,这对存储和网络的传输会造成极大的负担,这也是制约多媒体发展和应用的最大障碍。如果不进行处理,那么计算机系统几乎无法对它进行存取和交换。

例如,一幅具有中等分辨率(640×480)的真彩色图像(24 位/像素),它的数据量约为 7.37 MB/帧。若要达到 25 帧/s 的全动态显示要求,所需的数据量为 184 MB/s,而且要求系统的数据传输率必须达到 184 MB/s。对于声音也是如此,若采用 16 位样值的 PCM 编码,采样速率选为 44.1 kHz,则双声道立体声声音将有 176 kB/s 的数据量。

要想节省图像或视频的存储容量,增加访问速度,使数字视频能在 PC 机上实现,需要进行视频和图像的压缩,压缩后再进行存储和传输,到需要时再解压、还原。因此,多媒体的数据压缩问题已成为关系到多媒体技术发展必须解决的瓶颈问题。多媒体信息中确实存在着大量冗余信息,这也使数据压缩与解压缩成为可能,并具有可行性。例如,对于电视图像来说,一般存在如下三种冗余信息。

1)空间冗余

一帧画面相邻像素之间相关性强,因而有很大的信息冗余量,称为空间冗余。

2)时间冗余

视频图像相邻画面是一个动态连续过程,相邻画面存在很大相关性,即相邻帧往往包含相同的背景和移动物体,只不过移动物体所在的空间位置略有不同,所以后一帧的数据与前一帧的数据有许多共同的地方,这种共同性是由于相邻帧记录了相邻时刻的同一场景画面,所以称为时间冗余。同理,语音数据中也存在着时间冗余。

3)感觉冗余

多媒体应用中,信息的主要接收者是人,而人的视觉有“视觉掩盖效应”,对图像边缘急剧变化反应不灵敏。此外,人的眼睛对图像的亮度感觉灵敏,对色彩的分辨能力弱;人的听觉也还有其固有的生理特性。这些人类视觉、听觉的特性也为实现压缩创造了条件,使得信息压缩了之后,感觉不到信息已经被压缩。这就是感觉冗余。

压缩处理一般是由两个过程组成:一是编码过程,即将原始数据经过编码进行压缩,以便存储与传输;二是解码过程,此过程对编码数据进行解码,还原为可以使用的数据。

2. 数据压缩的类型

多媒体技术应用的关键问题是对图像的编码与解压。数据压缩一般可分为两种基本类型:一种叫作无损压缩,另一种叫作有损压缩。

1)无损压缩

无损压缩常用在原始数据的存档,如文本数据、程序以及珍贵的图片和图像等。其原理是,统计压缩数据中的冗余(重复的数据)部分。常用的有行程编码(run length encoding,RLE)、Huffman 编码、算术编码、LZW (Lempel-Ziv-Welch)编码。

(1)行程编码。RLE 是将数据流中连续出现的字符用单一记号表示,如字符串 AAABCDDDDDDDDBBBBB 可以压缩为 3ABC8D5B 。RLE 简单直观,编码/解码速度快,因此许多图形和视频文件,如 BMP, TIF 及 AVI 等格式文件的压缩均采用此方法。

(2)Huffman 编码。它是一种对统计独立信源能达到最小平均码长的编码方法。其原理是,先统计数据中各字符出现的概率后,再按字符出现频率高低的顺序分别赋以由短到长的代码,从而保证了文件的整体的大部分字符是由较短的编码构成的。

(3)算术编码。其方法是将被编码的信源消息表示成实数轴 0～1 之间的一个间隔,消息越长,编码表示它的间隔就越小,表示这一间隔所需的二进制位数就越多。该方法实现较为复杂,常与其他有损压缩结合使用,并在图像数据压缩标准(如 JPEG)中扮演重要角色。

(4)LZW 编码。LZW 压缩使用字典库查找方案。它读入待压缩的数据并与一个字典库(库开始是空的)中的字符串对比,若有匹配的字符串,则输出该字符串数据在字典库中的位置索引,否则将该字符串插入字典中。

许多商品压缩软件(如 ARJ,PKZIR,ZOO,LHA 等)都采用了此方法。另外,GIF 和 TIF 格式的图形文件也是按这一文件存储的。

2)有损压缩

图像或声音的频带宽,信息丰富,人类视觉和听觉器官对频带中某些频率成分不大敏感,有损压缩以牺牲这部分信息为代价,换取了较高的压缩比。

常用的有损压缩方法有 PCM、预测编码、变换编码、插值与外推等。

新一代的数据压缩方法有矢量量化和子带编码、基于模型的压缩、分形压缩及小波变换等。

3)混合压缩

混合压缩是利用了各种单一压缩的长处,以求在压缩比、压缩效率及保真度之间取得最佳折中。该方法在许多情况下被应用,如 JPEG 和 MPEG 标准就采用了混合编码的压缩方法。

9.3 多媒体系统以及常见多媒体工具简介

9.3.1 多媒体系统

多媒体系统(multimedia system)是一个复杂的软硬件结合的综合系统,是指多媒体终端设备、多媒体网络设备、多媒体服务系统、多媒体软件及有关的媒体数据组成的有机整体。多媒体系统把音频、视频等媒体与计算机系统集成在一起组成一个有机的整体,并由计算机对各种媒体进行数字化处理。一般的多媒体系统由四个部分的内容组成:多媒体硬件系统、多媒体操作系统、媒体处理系统工具和用户应用软件。

(1)多媒体硬件系统:包括计算机硬件、声音/视频处理器、多种媒体输入/输出设备及信号转换装置、通信传输设备及接口装置等。其中,最重要的是根据多媒体技术标准而研制生成的多媒体信息处理芯片和板卡、光盘驱动器等。

(2)多媒体操作系统：或称为多媒体核心系统(multimedia kernel system)，具有实时任务调度、多媒体数据转换和同步控制对多媒体设备的驱动和控制以及图形用户界面管理等。

(3)媒体处理系统工具：或称为多媒体系统开发工具软件，是多媒体系统重要组成部分。

(4)用户应用软件：根据多媒体系统终端用户要求而定制的应用软件或面向某一领域的用户应用软件系统，它是面向大规模用户的系统产品。

当多媒体系统只是单机系统时，可以只包含多媒体终端系统和相应的软件及数据，如多媒体个人机(multimedia personal computer, MPC)。而在大多数情况下，多媒体系统是以网络形式出现的，至少在概念上应是与网络互联的，通过网络获取服务，与外界进行联系。从广义上讲，就是信息系统一种新的形式——多媒体信息系统。

一个功能较齐全的多媒体硬件系统从处理的流程来看包括输入设备、计算机主机、输出设备、存储设备等几个部分。

(1)音频部分：负责采集、加工、处理波表、MIDI 等多种形式的音频素材，需要的硬件有录音设备、MIDI 合成器、高性能的声卡、音箱、话筒、耳机等。

(2)图像部分：负责采集、加工、处理各种格式的图像素材，需要的硬件有静态图像采集卡、数字化仪、数码相机、扫描仪等。

(3)视频部分：负责采集、编辑计算机动画、视频素材，对机器速度、存储要求较高，需要的硬件设备有动态图像采集卡、数字录像机，以及海量存储器等。

(4)输出部分：可以用打印机打印输出或在显示器上进行显示。显示器可以用来实时显示图像、文本等，但是不能长期保存数据，更不能播放声音，声音需要放大器、喇叭、音响或 MIDI 合成器等设备才能回放。像显示器一类的关机后信息就会丢失的输出设备一般称为软输出设备，投影电视、电视等都属于此类；而像打印机、胶片记录仪、图像定位仪等则是硬输出设备，它们可以长期保存数据。

(5)存储部分：可以用刻录机刻录成光盘保存。硬盘(如 IDE 硬盘、SCSI 硬盘等)的容量已极大提高，2 T 硬盘已经出现，另外硬盘的转速也提高很快，目前主流硬盘的转速大多为7 200 rpm，SCSI 硬盘的主轴转速一般可达 7 200～15 000 rpm。

9.3.2　多媒体创作工具的功能与特点

1. 基本功能

创作工具应在多媒体应用系统设计中，担任“编导”角色，一个完备的令设计者满意的多媒体创作工具应具备以下几方面的功能。

1)提供良好的编程环境及对各种媒体数据流的控制能力

创作工具不仅要替代普通编程工具所具有的数据流控制能力，如循环、条件分支，逻辑操作等，还应具有对多媒体数据流的控制能力，即控制媒体信息的空间分布、呈现时间顺序，以及通过人机交互实现动态输入输出等控制能力。特别是用直观可视的方法为用户提供编程环境，以降低对用户专业知识背景的要求。

2)处理各种媒体数据的能力

创作工具应具有处理静态的和基于时序的媒体数据的能力，如输入各种格式的图像文件、音频及视频文件，或从键盘、剪贴板输入文本文件。创作工具应能与各种媒体编辑工具相互切换或通过文件与一些单媒体编辑器之间进行数据连接，如接入 Windows 环境中媒体工具制作的文件，接入 3dx MAX 动画工具制作的动画等。

3)构造或生成应用系统以及超链接能力

创作工具应能对多媒体素材，根据脚本描述语言、符号或流程图自动组织链接、生成应用程序结构，提供超链接功能。超链接是实现超文本/超媒体结构的关键，是指从一个静态对象(如按钮、图标或屏幕上的一个区域等)激活一个动作或跳转到另一个相关数据对象的行为。而且创作工具应能为返回起点或跳转点设置识别标志，实现有效的超媒体链路导航，并能提供动态链接。

4)应用程序链接能力

创作工具应能提供将外部应用程序(可执行文件 EXE)接入用户自己创作的应用系统中的能力，即由多媒体应用程序激活另一个应用程序，为其加载数据文件，并能返回应用程序。更高的要求是能进行数据交换。

5)用户界面处理和人机交互能力

创作工具应能给多媒体节目的设计者提供在屏幕上连接、组合、调配媒体元素的能力，实现"所见即所得"的设计风格，即媒体元素的变化均在屏幕上立即呈现其效果。用户可任意改变屏幕画面的前景和背景色，或重构画面，从而大大提高开发效率。

创作工具为应用系统设计提供多层次交互功能，使用户能通过人机交互控制内容的呈现和信息的流向。

6)预演与独立播放能力

创作工具应能向多媒体应用系统设计者提供通过屏幕组织、调配、编辑多媒体信息的能力。同时，在制作过程中能对制作项目的一部分或一个段落进行播放、预演，其中包括各种特技，如图像、动画演播、文字显示特技、声音效果特技等。最后，应能为用户生成一个可脱离创作平台、有独立播放能力的应用系统。

2. 多媒体创作工具的基本特点

(1)具有对各种媒体的集成和控制能力，实现随机性交互式会话。

(2)支持各种音频、视频等数字信号输入设备，如录像机、摄像机、扫描仪、触摸屏等，并能自动实现各种不同文件格式的转换。

(3)易于实现标准化设计，从而实现应用系统的标准化、系列化，如人机对话框、菜单、图标乃至屏幕格式。

然而，由于多媒体/超媒体应用系统的用途、使用对象和应用环境各异，因此所需要的创作系统功能也不同。例如，若设计者目标是多媒体教育或培训系统，则创作工具除提供上述基本功能外，还要提供对学生进行测试、评价的功能。特别是为突出交互性，创作工具应提供很强的流程控制、逻辑判断、超链接等功能。若考虑实施远程教育，则创作工具还应提供网络交互通信以及同步编辑等功能。

目前已有许多商品化的多媒体创作工具推出，比较好的有运行在 Macintosh 上的 HyperCard；Macromedia 公司开发的 Authorware，Action 和 Director；Asymetrix 公司的 Multimedia ToolBook 等。我国一些公司、高校近年也推出了自己研制的创作工具。

9.3.3 多媒体创作工具的类型

多媒体创作工具若按它们的创作特点进行分类，可分为以下四类。

1. 基于描述语言或描述符号的创作工具

这类多媒体创作工具提供一种可以将对象链接于页面或卡片的工作环境。一页或一张卡片便是数据结构中的一个节点，在多媒体创作工具中，可以将这些页面或卡片链接成有序的序列。这类多媒体创作工具是以面向对象的方式来处理多媒体元素，这些元素用属性来定义，用剧本来规范，允许播放声音元素以及动画和数字化视频节目，在结构化的导航模型中，根据命令跳至所需的任何一页，形成多媒体作品。这类创作工具需提供一套脚本描述语言或描述符号，设计者用这些语句或符号像写程序那样组织、控制各种媒体元素的呈现、播放。典型代表是 HyperCard 及 Multimedia ToolBook，通常的设计方法是用创作工具中提供的脚本编辑器（如卡片编辑器）通过指令或符号建立脚本，再利用系统提供的预放系统进行播放，不满意再返回（切换）到脚本编辑器重新设计。为减轻设计者记忆描述语言的负担，一些系统把脚本编辑设计成填表或对话框模板方式进行，设计者只需按格式填写。这类开发环境可以使设计者很容易地一面撰写脚本，一面播放以观察制作效果。

使用脚本语言的优点是可在语句命令中提供变量功能，通过变量的算术运算和逻辑运算，使设计的系统有很大弹性。

2. 基于流程图的创作工具

在这类创作工具中，多媒体成分和交互队列（事件）按结构化框架或过程组织为对象，它使项目的组织方式简化，而且多数情况下是显示沿各分支路径上各种活动的流程图。创作多媒体作品时，创作工具提供一条流程线，供放置不同类型的图标使用，使用流程图隐语去“构造”程序。多媒体素材的呈现是以流程为依据的，在流程图上可以对任一图标进行编辑。

基于流程图的创作工具简化了项目的组织，并使整个设计框架通过流程图一目了然，因此这种编辑方式称为 Visual Authoring，即可视化创作，而且流程图可同时在复杂的系统中作为导航手段，十分有用。这类工具也具有类似脚本指令的优点，可以制作出灵活多变的多媒体节目。Macromedia 公司推出的 Authorware Professional（简称 Authorware）是这类工具的典型代表，是目前被公认为交互功能最强的创作工具。它比较成功的应用领域是计算机辅助教学和训练。Authorware 采用面向对象的创作，提供直观的图标界面，利用十多种功能图标逻辑结构的布局，体现程序运行的结构，并配以函数和变量完成数据操作，从而取代了复杂的编程语言。

流程图确保了加工过程的确定性，消除随意性，能确保按照流程图所规定的程序成功地解决问题。但流程图的缺点恰恰又在于其确定性，确定性制约了创造性的发挥。

3. 基于时间序列的创作工具

以时间为基础的多媒体创作工具是最常见的多媒体编辑软件，它所制作出来的节目可以是电影或卡通片，它们是以可视的时间轴来决定事件的顺序和对象显示上演的时段。这种时间轴包括许多行道或频道，以便安排多种对象同时呈现。它还可以用来编辑控制转向一个序列中的任何位置的节目，从而增加了导航和交互控制。通常，该类多媒体创作工具中都会有一个控制播放的面板，它与录音机、录像机的控制板相似，含有播放（play）、前进一步（forwardstep）、向前（forward）、倒带（rewind）、倒退一步（backstep）、停止（stop）等按钮。在这些创作系统中，各种成分和事件按时间路线组织。

这类创作工具适用于信息从头到尾顺序播放的影视应用系统创作。组织的图形帧按预定速度播放，其他媒体元素（如音频、动画等）在时间序列中给定时间和位置被激活。这类工具典型代表是 Macromedia 公司的 Action 和 Director。此类创作工具在控制媒体的同步上有其独到之处，可是对于交互式的操作及逻辑判断处理上都不如脚本描述和流程图方式那样直观，适合于制作交互性不强的商业广告及演示类的节目。

4. 基于程序设计语言的创作工具

相对于前面几种创作工具而言，以程序语言为基础的创作工具需要大量编程，对设计者要求较高，目前使用的较为广泛的是 Visual C++和 Visual Basic。

9.3.4　多媒体创作工具的选择

创作工具的选择，要考虑的因素主要有应用范围、制作方式、所能处理的媒体数据种类，所提供的基本功能是否能满足应用系统的设计要求。还需考虑可扩充性问题、数据管理问题以及是否支持中文平台等问题。

在确定用来生成该应用程序的创作工具和方法之前，要确定多媒体应用程序应具有的内容、特性和外观以及用户水平和使用目标。选择工具必须知道所选工具的局限性，例如大多数创作工具会限制设计的灵活性和设计者的创新，因为这些工具提供了生成应用程序所使用的基本数据块和框架，非程序员也很容易使用。反之，要在项目设计上有很高灵活性和创造性，就应采用编程语言创作工具，这需要对语言及开发环境有相当的了解和较丰富的编程经验。

本章小结

多媒体技术是利用计算机对文字、图像、图形、动画、音频、视频等多种信息进行综合处理的计算机应用技术，多媒体技术改善了人类信息的交流状况，缩短了人们传递信息的路径。多媒体技术的应用领域十分广泛，如教育与训练、演示系统、咨询服务、信息管理、宣传广告、电子出版物、游戏与娱乐、广播电视、通信、可视电话、视频会议系统等。

常见的音频文件有 WAV，MID，MP3。常用的图像有图形、静态图像和动态图像（视频），其中静态图像文件格式包括 BMP，GIF，JPG，TIF。动态图像文件格式包括 AVI，MPG，VCD，DAT，MOV，ASF 等。数据冗余的类型主要有空间冗余、时间冗余、感觉冗余。数据压缩处理一般由两个过程组成：一是编码过程；二是解码过程。数据压缩一般可分为两种基本类型：无损压缩和有损压缩。而混合压缩是利用了单一压缩的长处，以求在压缩比、压缩效率及保真度之间取得最佳折中的压缩方法。

一般的多媒体系统由四个部分的内容组成：多媒体硬件系统、多媒体操作系统、媒体处理系统工具和用户应用软件。一个功能较齐全的多媒体硬件系统从处理的流程来看包括输入设备、计算机主机、输出设备、存储设备等几个部分。

多媒体创作工具应具备如下功能：提供良好的编程环境及对各种媒体数据流的控制能力、处理各种媒体数据的能力、构造或生成应用系统以及超链接能力、应用程序链接能力、用户界面处理和人机交互能力、预演与独立播放能力。

多媒体创作工具若按它们的创作特点进行分类，可分为四类：基于描述语言或描述符号的创作工具、基于流程图的创作工具、基于时间序列的创作工具、基于程序设计语言的创作工具。

创作工具的选择，要考虑的因素主要有应用范围、制作方式、所能处理的媒体数据种类，所提供的基本功能是否能满足应用系统的设计要求。还需考虑可扩充性问题、数据管理问题以及是否支持中文平台等问题。

第10章　数据库技术基础

数据库是数据管理的核心对象，是计算机科学的重要分支。在信息资源变得日益重要和宝贵的今天，建立一个满足各级部门信息处理要求的行之有效的信息系统成为一个企业或组织生存和发展的重要条件。因此，作为信息系统核心和基础的数据库技术得到越来越广泛的应用。对于一个国家来说，数据库的建设规模、数据库信息量的大小和使用频度已成为衡量这个国家信息化程度的重要标志。

本章主要介绍数据库系统的基本概念，数据库系统的发展阶段及其特点。

10.1　数据库系统概述

10.1.1　数据库系统的基本概念

1. 数据、信息与数据处理

数据的概念不再仅指狭义的数值数据，而包括文字、声音、图形等一切能被计算机接收且能被处理的符号。数据是事物特性的反映和描述，是符号的集合。数据在空间上传递称为通信(以信号方式传输)。数据在时间上传递称为存储(以文件形式存取)。

信息是人们消化理解的数据，是人们进行各种活动所需要的知识。数据与信息既有联系又有区别。信息是一个抽象概念，是反映现实世界的知识，是被加工成特定形式的数据，用不同的数据形式可以表示同样的信息内容。

数据是重要的资源，把收集到的大量数据经过加工、整理、转换，从中获取有价值的信息。数据处理正是指将数据转换成信息的过程，可定义为对数据的收集、存储、加工、分类、检索、传播等一系列活动。

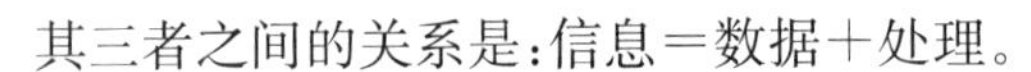

其三者之间的关系是:信息＝数据＋处理。

2. 数据库

数据库是长期存储在计算机内有组织、可共享的大量数据的集合。数据库中的数据按照一定的数据模型组织、描述和存放，具有较小的冗余、较高的数据独立性和易扩展性，并可为用户所共享。

概括地讲，数据库数据具有永久存储、有组织和可共享三个基本特点。

3. 数据库管理系统

为了科学地组织和存储数据，有效地获取和维护数据，必须使用一个系统软件——数据库管理系统(database management system，DBMS)。

DBMS是位于用户与操作系统之间的一层数据管理软件。它是为数据库存取、维护和管理而配置的软件，是数据库系统的核心组成部分，在操作系统支持下工作。DBMS主要包括数据库定义功能、数据操纵功能、数据库运行和控制功能、数据库建立和维护功能、数据通信功能等。

4. 数据库系统

数据库系统(database system，DBS)由硬件、软件、数据库和用户四部分构成，包括数据库、数据库管理系统(及其开发工具)、应用系统以及数据库管理员。

10.1.2　数据库管理技术的发展

计算机处理的对象是数据，因而如何管理好数据就是一个重要的问题。在20世纪50年代中期以前没有专门用于数据管理的软件。操作系统出现以后，可以通过操作系统管理数据。但是操作系统是以文件为单位进行管理的，文件之间没有联系，很难解决数据在多个文件中重复存储和数据不一致的问题。为此，20世纪60年代末提出了数据库的概念。

数据处理的中心是数据管理，它包括数据组织、分类、编码、存储、检索和维护。随着硬件、软件技术及计算机应用范围的发展，数据管理也经历了三个阶段。

1)人工管理阶段

20世纪50年代中期以前，计算机主要用于科学计算。存取设备方面只有卡片、纸带、磁带等，没有可以直接访问、直接存取的外部存取设备。软件方面也没有专门管理数据的软件，数据由程序自行携带。这个阶段的特点是数据与程序不能独立，数据不能长期保存和共享。

2)文件系统阶段

20世纪50年代中期到60年代中后期，大量应用于数据处理。硬件出现了可直接存取的磁盘、磁鼓，软件则出现了高级语言和操作系统以及专门管理外存的数据管理软件。实现了按文件访问的管理技术。

在这个阶段，程序与数据有了一定的独立性，程序与数据分开，有了程序文件与数据文件的区别。数据文件可以长期保存在外存上并可多次存取，进行诸如查询、修改、插入、删除等操作。但数据冗余度大，缺乏数据独立性，数据无法集中管理。

3)数据库系统阶段

从20世纪60年代后期开始，根据实际需要，发展了数据库技术。数据库是通用化的相关数据集合，它不仅包括数据本身，而且包括数据之间的联系。为了让多种应用程序并发地使用数据库中具有最小冗余的共享数据，必须使数据与程序具有较高的独立性。因此，需要一个软件系统对数据实行专门管理，提供安全性和完整性等统一控制，方便用户以交互命令或程序方式对数据库进行操作。为数据库的建立、使用和维护而配置的软件称为DBMS。

这个阶段的特点主要包括：

(1)数据结构化；

(2)数据的共享性高，冗余度低，易扩充；

(3)数据独立性高；

(4)数据由DBMS统一管理和控制。

10.1.3　数据模型

数据库管理中一个重要概念是数据模型，数据模型是数据库系统中用以提供信息表示和操作手段的形式框架，在数据库中数据模型是用户和数据库之间相互交流的工具。用户要把数据存入数据库，只要按照数据库所提供的数据模型，使用相关的数据描述和操作语言就可以把数据存入数据库，而无须过问计算机管理这些数据的细节。目前在数据库管理软件中常用的数据模型有三种：层次模型、网状模型和关系模型。

1. 层次模型

层次模型是数据库系统中最早出现的数据模型,层次数据库系统采用层次模型作为数据的组织方式。层次模型是把数据之间的关系纳入一种一对多的层次框架来加以描述,例如学校、企事业单位的组织结构就是一种典型的层次结构。层次模型对于表示具有一对多联系的数据是很方便的,但要表示多对多联系的数据就不很方便。

层次数据库系统的典型代表是 IBM 公司的信息管理系统(information management system, IMS),这是 1968 年 IBM 公司推出的第一个大型商用数据库管理系统,曾经得到广泛应用。

2. 网状模型

网状模型是可以方便灵活地描述数据之间多对多联系的模型。网状数据库系统采用网状模型作为数据的组织方式。

网状模型的典型代表是数据库任务组(database task group, DBTG)系统(亦称 CODASYL 系统),这是 20 世纪 70 年代数据库系统语言研究会下属的数据库任务组提出的一个系统方案。DBTG 系统虽然不是实际的数据库系统软件,但是它提出的基本概念、方法和技术具有普遍意义,对于网状数据库系统的研制和发展产生了重大影响。

3. 关系模型

关系模型是目前最重要的一种数据模型,关系数据库系统采用关系模型作为数据的组织方式。关系模型是把存放在数据库中的数据和它们之间的联系看作一张张二维表。这与我们日常习惯很接近。

1970 年 IBM 公司 San Jose 研究室的研究员 E. F. Codd 发表了题为《大型共享数据库数据的关系模型》论文,首次提出了数据库系统的关系模型,开创了数据库关系方法和关系数据理论的研究,为数据库技术奠定了理论基础。20 世纪 80 年代以来,计算机厂商新推出的数据库管理系统几乎都支持关系模型,非关系系统的产品也大都加上了关系接口。数据库领域当前的研究工作也都以关系方法为基础。

目前在微型机上最常用的数据库管理软件都是支持关系模型的关系数据库系统。例如,ORACLE,SYBASE,INFOMIX 和 SQL SERVER 是目前世界上最流行的数据库管理软件,它们将结构化查询语言作为数据描述、操作、查询的标准语言。

10.1.4 数据库系统结构

从数据库管理系统的角度看,数据库系统通常采用三级模式结构。

1. 模式的概念

模式是数据库中全体数据的逻辑结构和特征的描述,它仅仅涉及类型的描述,而不涉及具体的值。模式的一个具体值称为模式的一个实例,同一个模式可以有很多实例。模式是相对稳定的,实例是相对变动的,因为数据库中的数据总在不断地更新。模式反映的是数据的结构及其联系,而实例反映的是数据库某一时刻的状态。

2. 三级模式结构

数据库系统的三级模式结构是指数据库系统是由外模式、模式、内模式这三级构成的,如图 10 - 1 所示。

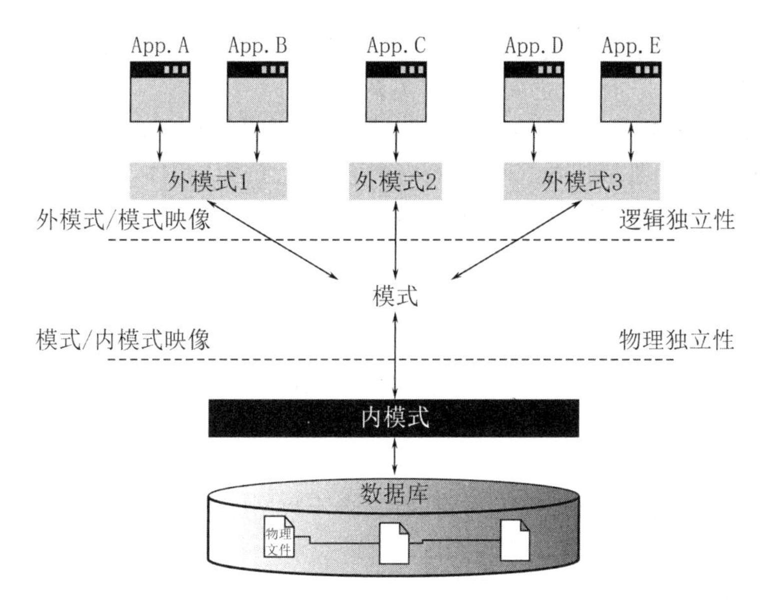

图 10-1 数据库系统的三级模式结构

1)模式

模式(schema)也称为逻辑模式,是数据库中全体数据的逻辑结构和特征的描述,是所有用户的公共数据视图。它是数据库系统模式结构的中间层,既不涉及数据的物理存储细节和硬件环境,也与具体的应用程序,与所使用的应用程序开发工具以及程序设计语言无关。

DBMS 提供模式描述语言(模式 DDL)来严格地定义模式。

2)外模式

外模式(external schema)也称为用户模式或子模式,是数据库用户(包括程序员和最终用户)能够看见和使用的局部数据的逻辑结构和特征的描述,是数据库用户的数据视图,是与某一特定应用有关的数据的逻辑表示。

外模式通常是模式的子集。一个数据库中可以有多个外模式。外模式是保证数据库安全性的一个有力措施,每个用户只能看见和访问到相应的外模式的数据,看不见数据库中的其余数据。

DBMS 提供外模式描述语言(外模式 DDL)来严格地定义外模式。

3)内模式

内模式(internal schema)也称为存储模式,一个数据库只能有一个内模式。它是数据物理结构和存储方式的描述,是数据在数据库内部的表示方式。

DBMS 提供内模式描述语言(内模式 DDL)来严格地定义内模式。

3. 两级映像与数据独立性

数据库系统的三级模式是对数据的三个抽象级别,它把数据的具体组织工作留给了 DBMS 管理,使用户能够从逻辑层面上处理数据,而不必关心数据在计算机中的具体表示方式和存储方式。为了能够在内部实现这三个抽象层次的联系和转换,DBMS 在这个三级模式之间提供了两级映像:外模式/模式映像和模式/内模式映像。正是这两级映像保证了数据库系统中的数据能够具有较高的逻辑独立性和物理独立性。

1)外模式/模式映像

模式描述的是数据的全局逻辑结构,外模式描述的是数据的局部逻辑结构。对应于同一个模式可以有任意多个外模式。对于每一个外模式，数据库系统都有一个外模式/模式的映像，它定义了该外模式与模式之间的对应关系。

当模式改变时，由数据库管理员对各个外模式/模式映像做相应的改变，就可以使外模式保持不变。应用程序是依据数据的外模式编写的，从而应用程序不必修改，保证了数据与程序的逻辑独立性，简称为数据的逻辑独立性。

2）模式/内模式映像

数据库中只有一个模式，也只有一个内模式，所以模式/内模式的映像是唯一的。它定义了数据库全局逻辑结构与物理存储结构之间的对应关系。

当数据库的物理存储结构改变时，由数据库管理员对模式/内模式映像做相应的改变，就可以使模式保持不变，从而应用程序也不必改变。这样就保证了程序与数据的物理独立性，简称为数据的物理独立性。

全局逻辑模式是数据库的中心与关键，它独立于数据库的其他层次。因此，设计数据库模式结构时，应首先确定数据库的逻辑模式。

10.1.5 数据库系统的组成

数据库系统的具体组成有以下几个部分。

1. 硬件平台及数据库

由于数据库系统数据量都很大，加之 DBMS 丰富的功能使得自身的规模也很大，因此整个数据库系统对硬件资源提出了较高的要求，这些要求是：

（1）足够大的内存，存放操作系统、DBMS 的核心模块、数据缓冲区和应用程序；

（2）有足够大的磁盘等直接存取设备存放数据库，有足够的外存储器作数据备份；

（3）要求系统有较高的通道能力，以提高数据传送率。

2. 软件

数据库系统的软件主要包括：

（1）DBMS（为数据库的建立、使用和维护配置的软件）；

（2）支持 DBMS 运行的操作系统；

（3）具有与数据库接口的高级语言及其编译系统，便于开发应用程序；

（4）以 DBMS 为核心的应用开发工具；

（5）为特定应用环境开发的数据库应用系统。

3. 人员

开发、管理和使用数据库系统的人员主要是数据库管理员（database administrator，DBA）、系统分析员和数据库设计人员、应用程序员和最终用户。

1）数据库管理员

在数据库系统环境下，有两类共享资源：一类是数据库；另一类是数据库管理系统软件。因此，需要有专门的管理机构来监督和管理数据库系统。DBA 则是这个机构的一个（组）人员，负责全面管理和控制数据库系统。具体职责包括：

（1）决定数据库中的信息内容和结构；

（2）决定数据库的存储结构和存取策略；

（3）定义数据的安全性要求和完整性约束条件；

（4）监控数据库的使用和运行；

(5)决定数据库的改进和重组重构。

2)系统分析员和数据库设计人员

系统分析员负责应用系统的需求分析和规范说明,要与用户及 DBA 相结合,确定系统的硬件软件配置,并参与数据库系统的概要设计。

数据库设计人员负责数据库中数据的确定、数据库各级模式的设计,必须参加用户需求调查和系统分析,然后进行数据库设计。在很多情况下,数据库设计人员就由数据库管理员担任。

3)应用程序员

应用程序员负责设计和编写应用系统的程序模块,并进行调试和安装。

4)用户

这里用户是指最终用户,最终用户通过应用系统的用户接口使用数据库。常用的接口方式有浏览器、菜单驱动、表格操作、图形显示、报表书写等,给用户提供简明直观的数据表示。

最终用户可以分为三类:

(1)偶然用户。这类用户不经常访问数据库,但每次访问数据库时往往需要不同的数据库信息,这类用户一般是企业或组织机构的高中级管理人员。

(2)简单用户。数据库的多数最终用户都是简单用户。其主要工作是查询和修改数据库,一般都是通过应用程序员精心设计具有友好界面的应用程序存取数据库。银行的职员、航空公司的机票预定工作人员、旅馆总台服务员等都属于这类用户。

(3)复杂用户。复杂用户包括工程师、科学家、经济学家、科学技术工作者等具有较高科学技术背景的人员。这类用户一般都比较熟悉数据库管理系统的各种功能,能够直接使用数据库语言访问数据库,甚至能够基于数据库管理系统的 API 编制自己的应用程序。

10.2　数据库技术新发展

10.2.1　数据库技术发展概述

数据库技术是计算机科学技术的一个重要分支。从 20 世纪 50 年代中期开始,计算机应用从科学研究部门扩展到企业管理及政府行政部门,人们对数据处理的要求也越来越高。1968 年,世界上诞生了第一个商品化的信息管理系统,从此数据库技术得到了迅猛发展。在互联网日益被人们接受的今天,Internet 又使数据库技术、知识、技能的重要性得到了充分的放大。现在数据库已经成为信息管理、办公自动化、计算机辅助设计等应用的主要软件工具之一,帮助人们处理各种各样的信息数据。

数据模型是数据库技术的核心和基础,因此对数据库系统发展阶段的划分应该以数据模型的发展演变作为主要依据和标志。按照数据模型的发展演变过程,数据库技术从开始到现在短短 40 多年中,主要经历了三个发展阶段:第一代是网状和层次数据库系统;第二代是关系数据库系统;第三代是以面向对象数据模型为主要特征的数据库系统。数据库技术与网络通信技术、人工智能技术、面向对象程序设计技术、并行计算技术等相互渗透、有机结合,成为当代数据库技术发展的重要特征。

10.2.2 数据库系统的三个发展阶段及特点

1. 第一代数据库系统

层次数据库系统和网状数据库系统均支持格式化数据模型，它们从体系结构、数据库语言到数据存储管理均具有共同特征，是第一代数据库系统。

层次数据库是数据库系统的先驱，而网状数据库则是数据库概念、方法、技术的奠基。它们是数据库技术中研究得最早的两种数据库。两者的区分是数据模型为基础，层次数据库的数据模型是分层结构的，而网状数据库的数据模型是网状的，它们的数据结构都可以用图来表示。层次数据模型对应于有根定向有序树，而网状数据模型对应的是有向图，所以这两种数据模型可以统称为格式化数据模型。其中，层次数据库系统实质上是网状数据库系统的特例。层次数据库的典型代表是IMS系统，而网状数据库的典型代表是DBTG系统。

层次数据库和网状数据库从体系结构、数据库语言到数据存储管理均具有共同特征。

1）支持三级模式的体系结构

层次数据库和网状数据库均支持三级模式结构，通过外模式与模式、模式与内模式之间的映像，保证了数据库系统具有数据与程序的物理独立性和一定的逻辑独立性。

2）用存取路径表示数据之间的联系

数据库不仅存储数据而且存储数据之间的联系。数据之间的联系在层次和网状数据库系统中是用存取路径来表示和实现的。例如，DBTG系统中一对多的联系用系（set）来表示，而系一般是用指引元的方法实现的，因此系值就是一种数据的存取路径。

3）独立的数据定义语言

层次数据库系统和网状数据库系统有独立的数据定义语言，用以描述数据库的外模式、模式、内模式以及相互映像。诸模式一经定义，就很难修改。修改模式必须首先把数据全部卸出，然后重新定义诸模式，重新生成诸模式，最后编写程序把卸出的数据按新模式的定义装入新数据库中。因此，在许多实际运行的层次、网状数据库系统中，模式是不轻易重构的。这就要求数据库设计人员在建立数据库应用系统时，不仅充分考虑用户的当前需求，还要充分了解需求可能的变化和发展。对数据库设计的要求比较高。

4）导航的数据操纵语言

层次和网状数据库的数据查询和数据操纵语言是一次一个记录的导航式的过程化语言。这类语言通常嵌入某一种高级语言如COBOL，FORTRAN，PL/1中。

所谓导航，是指用户不仅要了解“要干什么”，而且要指“怎么干”。用户必须使用某种高级语言编写程序，一步一步地“引导”程序按照某一条预先定义的存取路径来访问数据库，最终达到要访问的数据目标。在访问数据库时，每次只能存取一条记录值。若该记录值不满足要求，则沿着存取路径查找下一条记录值。

导航式数据操纵的优点是存取效率高，存取路径由应用程序员指定，应用程序员可以根据他对数据库逻辑模式和存储模式的了解选取一条较优的存取路径，从而优化了存取效率；缺点是编程烦琐，用户既要掌握高级语言又要掌握数据库的逻辑结构和物理结构，程序设计很大程度依赖于设计者自己的经验和实践，因而只有具有计算机专业水平的应用程序员才能掌握和使用这类数据库操纵语言，且应用程序的可移植性较差，数据的独立性也较差。

2. 第二代数据库系统

关系数据库系统支持关系模型。关系模型不仅简单、清晰，而且有关系代数作为语言模型，有关系数据库理论作为理论基础。因此，关系数据库系统具有形式基础好、数据独立性强、数据库语言非过程化等特色，标志了数据库技术发展到了第二代。

20 世纪 70 年代是关系数据库理论研究和原型开发的时代，其中以 IBM 公司 San Jose 研究室开发的 System R 和加州大学伯克利分校研制的 INGRES 为典型代表。它们研究了关系数据语言，攻克了系统实现中查询优化、并发控制、故障恢复等一系列关键技术，奠定了关系模型的理论基础，使关系数据库最终能够从实验室走向社会。

20 世纪 80 年代以来，几乎所有新开发的系统均是关系的。这些商用数据库技术的运行，特别是微机 RDBMS 的使用，使数据库技术日益广泛地应用到企业管理、情报检索、辅助决策等各方面，成为实现和优化信息系统的基本技术。

关系模型建立在严格数学概念的基础上，概念简单、清晰、易于用户理解和使用，大大简化了用户的工作。正因为如此，关系模型提出以后，便迅速发展，并在实际的商用数据库产品中得到了广泛应用，成为深受广大用户欢迎的数据模型。总的来看，关系模型主要具有以下特点：

(1)关系模型的概念单一，实体以及实体之间的联系都用关系来表示；

(2)以关系代数为基础，数据形式化基础好；

(3)数据独立性强；

(4)数据的物理存储和存取路径对用户隐蔽。

关系数据库语言是非过程化的。关系操作是集合操作，无论是操作的对象还是操作的结果都是集合。这种操作方式被称为一次一集合(set-at-a-time)的方式，与非关系型的一次一记录(record-at-a-time)的方式相对照。关系数据库语言的这种特点将用户从编程数据库记录的导航式检索中解脱出来，大大减少了用户编程的难度。

3. 第三代数据库系统

第二代数据库系统的数据模型虽然描述了现实世界数据的结构和一些重要的相互联系，但是仍不能捕捉和表达数据对象所具有的丰富而重要的语义，尚只能属于语法模型。

20 世纪 80 年代以来，数据库技术在商业上的巨大成功刺激了其他领域对数据库技术需求的迅速增长。这些新的领域为数据库应用开辟了新的天地，并在应用中提出了一些新的数据管理的需求，推动了数据库技术的研究与发展。

第三代数据库系统是支持面向对象数据模型的数据库系统，其以更加丰富的数据更强大的数据管理功能为特征，以满足传统数据库系统难以支持的新的应用要求。

1990 年高级 DBMS 功能委员会发表了《第三代数据库系统宣言》，提出了第三代数据库管理系统应具有的三个基本特征：

(1)应支持数据管理、对象管理和知识管理；

(2)必须保持或继承第二代数据库系统的技术；

(3)必须对其他系统开放。

面向对象数据模型是第三代数据库系统的主要特征之一，数据库技术与多学科技术的有机结合也是第三代数据库技术的一个重要特征。分布式数据库、并行数据库、工程数据库、演绎数据库、知识库、多媒体库、模糊数据库等都是这方面的实例。

10.2.3　数据库技术的发展趋势

数据库的研究始于 20 世纪 60 年代中期，从诞生到现在，在不到半个世纪的时间里，形成了坚实的理论基础、成熟的商业产品和广泛的应用领域，目前数据库成为一个研究者众多且被广泛关注的研究领域。随着信息管理内容的不断扩展和新技术的层出不穷，数据库技术面临着前所未有的挑战。面对新的数据形式，人们提出了丰富多样的数据模型（层次模型、网状模型、关系模型、面向对象模型、半结构化模型等），同时也提出了众多新的数据库技术（XML 数据管理、数据流管理、Web 数据集成、数据挖掘等）。在 Web 大背景下的各种数据管理问题成为人们关注的热点。

1. 数据库发展动力

目前 Internet 是主要的驱动力。大部分企业感兴趣的是如何与供应商和客户进行更密切的交流，以便提供更好的客户支持。在这方面的应用从根本上说是跨企业的，需要安全和信息集成的有力工具。

另一个重要的来源是自然科学，特别是物理科学、生物科学、保健科学和工程领域，这些领域产生了大量复杂的数据集，需要信息集成机制的支持。除此之外，它们也需要对数据分析器产生的数据管道进行管理，需要对有序数据进行存储和查询（如时间序列、图像分析、网格计算和地理信息），需要世界范围内数据网格的集成。

此外还有一个推动数据库研究发展的动力是相关技术的成熟。

2. 主流技术发展趋势

1）信息集成

随着 Internet 的飞速发展，网络迅速成为一种重要的信息传播和交换的手段，尤其是在 Web 上，有着极其丰富的数据来源。信息集成系统的方法可以分为数据仓库方法和 Wrapper/Mediator 方法。

在数据仓库方法中，各数据源的数据按照需要的全局模式从各数据源抽取并转换，存储在数据仓库中。用户的查询就是对数据仓库中的数据进行查询。对于数据源数目不是很多的单个企业来说，该方法十分有效。

Wrapper/Mediator 方法并不将各数据源的数据集中存放，而是通过 Wrapper/Mediator 结构满足上层集成应用的需求。这种方法的核心是中介模式（mediated schema）。信息集成系统通过中介模式将各数据源的数据集成起来，而数据仍存储在局部数据源中，通过各数据源的包装器（wrapper）对数据进行转换使之符合中介模式。用户的查询基于中介模式，不必知道每个数据源的特点，中介器（mediator）将基于中介模式的查询转换为基于各局部数据源的模式查询，它的查询执行引擎再通过各数据源的包装器将结果抽取出来，最后由中介器将结果集成并返回给用户。Wrapper/Mediator 方法解决了数据的更新问题，从而弥补了数据仓库方法的不足。不过，这种框架结构正受到来自三个方面的挑战：一是如何支持异构数据源之间的互操作性（interoperability）；二是如何模型化源数据内容和用户查询；三是当数据源的查询能力受限时，如何处理查询和进行优化。

2）传感器数据库技术

随着微电子技术的发展，传感器的应用越来越广泛。根据传感器在一定范围内发回的数据，在一定的范围内收集有用的信息，并且将其发回到指挥中心。当有多个传感器在一定的范围内工作时，就组成了传感器网络。传感器网络由携带者所捆绑的传感器及接收和处理传感器发回数据的服务器所组成。传感器网络中的通信方式可以是无线通信，也可以是有线通信。

在传感器网络中，传感器数据就是由传感器中的信号处理函数产生的数据。信号处理函数要对传感器探测到的数据进行度量和分类，并且将分类后的数据标记时间戳，然后发送到服务器，再由服务器对其进行处理。传感器数据可以通过无线或者光纤网存取。无线通信网络采用的是多级拓扑结构，最前端的传感器节点收集数据，然后通过多级传感器节点到达与服务器相连接的网关节点，最后通过网关节点，将数据发送到服务器。

传感器节点上数据的存储和处理方法有两种：第一种方法是将传感器数据存储在一个节点的传感器堆栈中，这样的节点必须具有很强的处理能力和较大的缓冲空间；第二种方法适用于一个芯片上的传感器网络，传感器节点的处理能力和缓冲空间是受限制的，在产生数据项的同时就对其进行处理以节省空间，在传感器节点上没有复杂的处理过程，传感器节点上不存储历史数据。对于处理能力介于第一种和第二种传感器网络的网络来说，采用折中的方案，将传感器数据分层地放在各层的传感器堆栈中进行处理。

传感器网络越来越多地应用于对很多新应用的监测和监控，新的传感器数据库系统需要考虑大量的传感器设备的存在，以及它们的移动和分散性。因此，新的传感器数据库系统需要解决一些新的问题，主要包括传感器数据的表示和传感器查询的表示、在传感器节点上处理查询分片、分布查询分片、适应网络条件的改变、传感器数据库系统等。

3）网格数据管理

网格是把整个网络整合成一个虚拟的巨大的超级计算环境，实现计算资源、存储资源、数据资源、信息资源、知识资源和专家资源的全面共享，目的是解决多机构虚拟组织中的资源共享和协同工作问题。按照应用层次的不同可以把网格分为三种：计算网格，提供高性能计算机系统的共享存取；数据网格，提供数据库和文件系统的共享存取；信息服务网格，支持应用软件和信息资源的共享存取。

高性能计算的应用需求使计算能力不可能在单一计算机上获得，因此必须通过构建“网络虚拟超级计算机”或“元计算机”获得超强的计算能力，这种计算方式称为网格计算。它通过网络连接地理上分布的各类计算机（包括机群）、数据库、各类设备和存储设备等，形成对用户相对透明的虚拟的高性能计算环境，应用包括了分布式计算、高吞吐量计算、协同工程和数据查询等诸多功能。

数据网格保证用户在存取数据时无须知道数据的存储类型（数据库、文档、XML）和位置。涉及的问题包括：如何联合不同的物理数据源；如何抽取源数据构成逻辑数据源集合；如何制定统一的异构数据访问接口标准；如何虚拟化分布的数据源等。

信息网格是利用现有的网络基础设施、协议规范、Web 和数据库技术，为用户提供一体化的智能信息平台，其目标是创建一种架构在 OS 和 Web 之上的基于 Internet 的新一代信息平台和软件基础设施。

4）移动数据管理

越来越多的人拥有掌上或笔记本计算机，或者个人数字助理（personal digital assistant，PDA）甚至智能手机，这些移动计算机都将装配无线联网设备，用户不再需要固定地连接在某一个网络中不变，而是可以携带移动计算机自由地移动，这样的计算环境，我们称之为移动计算。研究移动计算环境中的数据管理技术，已成为目前分布式数据库研究的一个新的方向，即移动数据库技术。与基于固定网络的传统分布计算环境相比，移动计算环境具有以下特点：移动性、频繁断接性、带宽多样性、网络通信的非对称性、移动计算机的电源能力、可靠性要求较低和可伸缩性等。

移动计算以及它所具有的独特特点，对分布式数据库技术和客户/服务器数据库技术，提出了新的要求和挑战。移动数据库系统要求支持移动用户在多种网络条件下都能够有效地访问所需数据，完成数据查询和事务处理。通过移动数据库的复制/缓存技术或者数据广播技术，移动用户即使在断接的情况下也可以继续访问所需的数据，从而继续自己的工作，这使得移动数据库系统具有高度的可用性。此外，移动数据库系统能够尽可能地提高无线网络中数据访问的效率和性能。

它还可以充分利用无线通信网络固有的广播能力，以较低的代价同时支持大规模的移动用户对热点数据的访问，从而实现高度的可伸缩性，这是传统的客户/服务器或分布式数据库系统所难以比拟的。

目前，移动数据管理的研究主要集中在以下几个方面：首先是数据同步与发布的管理，其次是移动对象管理技术。

5）微小型数据库技术

随着移动计算时代的到来，嵌入式操作系统对微小型数据库系统的需求为数据库技术开辟了新的发展空间。一般说来，微小型数据库系统可以定义为一个只需很小的内存来支持的数据库系统内核。微小型数据库系统针对便携式设备其占用的内存空间大约为 2 MB，而对于掌上设备和其他手持设备，它占用的内存空间只有 50 kB 左右。内存限制是决定微小型数据库系统特征的重要因素。微小型数据库系统根据占用内存的大小又可以进一步分为：超微 DBMS（pico-DBMS）、微小 DBMS（micro-DBMS）和嵌入式 DBMS 三种。

微小型数据库系统与操作系统和具体应用集成在一起，运行在各种智能型嵌入设备或移动设备上。微小型数据库技术目前已经从研究领域向广泛的应用领域发展，各种微小型数据库产品纷纷涌现。尤其是随着移动数据处理和管理需求的不断提高，紧密结合各种智能设备的嵌入式移动数据库技术已经得到了学术界、工业界、军事领域和民用部门等各方面的重视并不断实用化。

本章小结

数据库是数据管理的最新技术，是计算机科学的重要分支。随着硬件、软件技术及计算机应用范围的发展，数据管理经历了人工管理、文件系统和数据库系统三个阶段。数据库系统阶段最主要的特点是数据由 DBMS 统一管理和控制。DBMS 是位于用户与操作系统之间的一层数据管理软件，具有数据库定义、数据操纵、数据库运行维护等功能。数据库管理中一个重要概念是数据模型，常用的数据模型有层次模型、网状模型和关系模型，目前最流行的是关系模型。从数据库管理系统的角度看，数据库系统通常采用三级模式结构，即外模式、模式和内模式；提供两级映像：外模式/模式映像和模式/内模式映像，从而保证了数据的逻辑独立性和物理独立性。

数据库技术从 20 世纪 60 年代中期产生到现在，主要经历了三个发展阶段：第一代是网状数据库系统和层次数据库系统；第二代是关系数据库系统；第三代是以面向对象数据模型为主要特征的数据库系统。数据、应用需求和计算机相关技术是推动数据库技术发展的三个主要动力。

通过本章的学习，应掌握数据库系统的基本概念，并对数据库技术的发展有初步的了解。

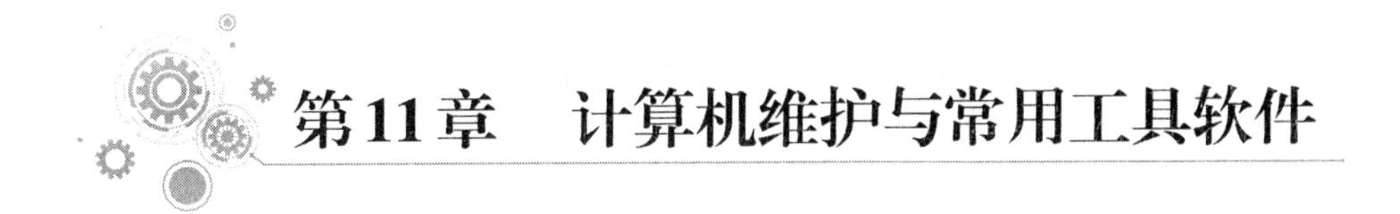

第11章　计算机维护与常用工具软件

11.1　计算机维护知识

11.1.1　计算机硬件组装与软件安装

随着计算机的日益普及，越来越多的人在日常的生活和工作中要使用到计算机，因此需要掌握一定的计算机硬件组装和软件安装的基础知识来处理常见的一些问题。

1. 计算机硬件组装

1)准备工作

在组装计算机之前应该先进行一些准备工作，包括准备好组装所需的工具，如螺丝刀、尖嘴钳、镊子和万用表等，了解组装计算机的注意事项。

(1)认真阅读机箱、CPU 等，尤其是主板安装说明书。

(2)防静电，因为静电对计算机硬件的伤害很大。在安装前，要先放掉身上的静电，如可以用手摸一下水管。

(3)各个硬件要轻拿轻放，尤其是硬盘。

(4)安装板卡、连接各种数据线时不要用力过度，以免损坏板卡和接口。

(5)通电之前全面检查，数据线、电源、各种指示灯的连接要正确。

在组装电脑时，需按照一定的流程来进行安装，否则可能导致一些故障的出现。

2)CPU 的安装

首先将 CPU 安装到插座上。先将主板平放在垫有绝缘的泡沫或海绵垫的水平桌面上，拉起主板上 CPU 插座上的锁杆，将 CPU 与插座对应插入。由于 CPU 在设计上都会利用缺口或突起以防止插错，因此插入时应注意 CPU 的安装方向。确认 CPU 方向、位置无误后，固定好锁杆，CPU 就被牢牢地安装在主板的插座上了。

注意：不同品牌、不同类别的 CPU 安装细节有所不同，具体安装时应严格按照主板说明书的要求进行。

其次安装 CPU 风扇。为增强 CPU 的散热效果，应先在 CPU 表面均匀涂抹一层散热硅脂，注意散热硅脂不宜涂抹过多且不要覆盖 CPU 表面的散热孔。不同的 CPU，风扇的安装方法也不同。安装风扇时，将风扇的中心位置对准 CPU，放在上面并予以固定，然后把 CPU 风扇电源线插入主板上对应的插座。

至此，CPU 及 CPU 风扇就安装完成了。

3)内存的安装

在安装内存条之前，可通过主板说明书，知道该主板支持的内存条、可以安装的内存插槽位置及可安装的最大容量。常见的内存有 SDRAM，Rambus DRAM 和目前主流的 DDR RAM。从外观上看，它们之间的主要差别在于长度和引脚的数量、引脚上对应的缺口。不同的内存条必须安装在主板上相应的内存插槽上。

主板上安装内存条的插槽目前最常用的是DIMM(dual inline memory modules,双列直插式存储模块)插槽,DIMM插槽上有一个凸棱,对应内存条上的一个凹槽,所以方向容易确定。

安装内存时,首先将需要安装内存对应的内存插槽两侧的塑胶夹脚(通常也称为“保险栓”)往外侧扳动,然后将内存条的引脚上的缺口对准内存插槽内的凸起,最后稍微用点力,垂直地将内存条插到内存插槽并压紧,直到内存插槽两头的保险栓自动卡住内存条两侧的缺口。

取下时,只要用力按下插槽两端的卡子,内存就会被推出插槽了。

注意:两种规格不同的内存是不能同时安装在一起的,因为它们的工作速度是不相同的。如果把它们安装在一起,那么系统会不稳定,甚至无法启动。

4)主板安装

将CPU和内存条安装到主板上后,就可以把主板装入机箱了。

打开机箱的外壳,将主板的I/O接口一端对应机箱后部的I/O挡板,再将主板与机箱的螺丝孔一一对准,查看机箱底板上螺丝定位孔的位置。每一块主板四周的边缘上都有螺丝固定孔,是用于固定主板的。

接着就把机箱附带的金属螺丝柱或塑料钉旋入主板和机箱对应的机箱底板上,然后用钳子进行加固,将主板放入主板底座中时,要注意主板的外设接口要与机箱后对应的挡板孔位对齐,最后用螺丝固定好主板。

5)显卡及其他扩展卡的安装

装机时,需要在计算机中安装显卡及其他扩展卡,如声卡、网卡、视频转换卡等,插卡式设备的安装大同小异。

(1)从机箱后壳上移除对应插槽上的扩充挡板及螺丝。

(2)将卡很小心地对准插槽并且确保插入插槽中。

注意:务必确认卡上金手指的金属触点确实与插槽接触在一起。

(3)拧紧螺丝使卡牢固地固定在机箱壳上。

6)驱动器的安装

外部存储设备包含硬盘(机械硬盘、固态硬盘)、光驱(CD-ROM,DVD-ROM,CDRW)等,下面以硬盘为例介绍驱动器的安装方法。

一般来说,3.5寸硬盘都是安装在机箱内部靠前的硬盘仓中,安装时应单手捏住硬盘,对准槽位,轻轻地将硬盘往里推,直到硬盘的四个螺丝孔与机箱上的螺丝孔对齐为止,然后拧上螺丝。硬盘固定好之后,连接数据线和电源线即可,数据线的一头连接硬盘的数据接口,一头连接主板插座,最后将电源上的电源线插头连接到硬盘的电源接口上。2.5寸硬盘(如固态硬盘)可在机箱中找到相应的固定位置,依照上述方法用螺丝固定,或先安装在3.5寸硬盘转换架上,再将硬盘连同转换架安装在3.5寸硬盘仓中。

7)主板电源线与控制线的连接

机箱上有许多控制线以及电源线,如硬盘灯(hard disk drive led, HDD led)、电源指示灯(power led)等还需要与主板上对应的插槽连接。

8)外设安装

在机箱中安装内部硬件设备后,主机部件的安装就算完成了,接下来就需要将主机与显示器、键盘和鼠标等外部设备进行连接了。

显示器后部的信号线与机箱后面的显卡输出端相连接。键盘和鼠标的安装很简单，只需将其插头对准缺口方向插入主板上的键盘/鼠标插座即可。现在常见的PS/2接口的键盘和鼠标的插头是一样的，很容易弄混，一般紫色插座为键盘插座，绿色插座为鼠标插座。除PS/2接口鼠标外，USB接口的鼠标是常见的产品。

9)通电测试

完成上述步骤之后，计算机硬件系统基本就安装完成了。进一步检查连线无误之后，可以通电进行测试。先将显示器电源连接线插到电源插座上，然后按下主机上的开关按钮接通电源，当听到"滴"的一声后，系统将进行自检并报告显卡型号、CPU型号、内存数量和系统初始情况等。此时表明计算机硬件已经组装成功。若不能正常启动，则需要重新检查计算机各部件的安装情况。

10)整理

确认装机成功后，最好还要整理一下机箱内部的线路。可以用线卡将电源线、面板开关、指示灯和驱动器信号排线等分别捆扎好，做到机箱内部线路整洁、美观、牢靠，这样有利于主机箱内的散热。最后装上机箱挡板。

计算机硬件的组装完成之后，接下来就可以进行软件的安装了。

2. 计算机软件的安装

1)BIOS设置

它是一组固化到计算机内主板上一个ROM芯片上的程序，它保存着计算机最重要的基本输入/输出的程序、系统设置信息、开机后自检程序和系统自启动程序。其主要功能是为计算机提供最底层的、最直接的硬件设置和控制。正确设置可以大大提高系统的性能。

进入BIOS设置的按键，视生产厂家而定，一般在启动计算机后按[Delete]键便可进入，还有一些按[F2]键，[Ctrl+Esc]快捷键等进入。

若要从光盘启动安装系统应该设置光驱为第一启动项。以AWARD BIOS为例，具体设置步骤如下：

(1)进入"Advanced Bios Features"(高级芯片组参数设置)项；

(2)选择"First Boot Device(第一启动设备)"，回车确认，选择"CD-ROM"项，将计算机设置为光盘启动；

(3)设置完成后，选择"Save & Exit Setup(保存修改并退出)"，选择"Y"并回车，退出BIOS程序。

2)硬盘的分区和格式化

工厂生产的硬盘必须经过低级格式化、分区和高级格式化三个处理步骤后，才能使用。其中磁盘的低级格式化通常由生产厂家完成，目的是划定磁盘可供使用的扇区和磁道并标记有问题的扇区，分区和高级格式化则由用户完成。因此，刚刚组装好的计算机在设置BIOS后，如果要安装系统和存储数据，那么还需要进行分区和高级格式化，以下所说的格式化都指的是高级格式化。

(1)硬盘分区的概念。硬盘分区实际上是将一台物理硬盘划分成若干个逻辑硬盘。如果不进行硬盘分区，那么系统在默认情况下只有一个分区(C盘)。随着硬盘制造技术的不断发展，硬盘的容量也越来越大，在管理和维护系统时会有很大的不便。因此，应根据自己的实际需要，将硬盘划分多个分区。要在同一台计算机上安装多个操作系统时，也只能在不同的分区上实现。

常见的分区类型有主分区（primary partition）、扩展分区（extended partition）和逻辑分区（logical partition），如图 11－1 所示。

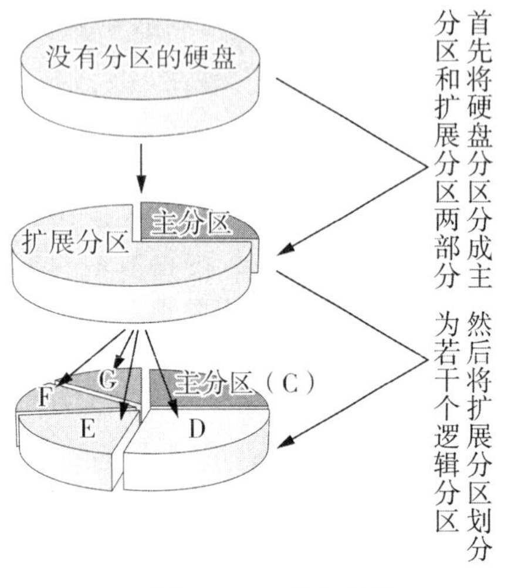

图 11－1　硬盘分区

①主分区：包含计算机启动时所必需的文件和数据的硬盘分区。一般情况下都是把操作系统安装在主分区，因此硬盘至少得有一个主分区。同一个硬盘上最多可以设置四个主分区，用于多操作系统的共存，但如果要建立扩展分区，那么主分区最多只能有三个。

②扩展分区：除主分区外的分区，用户可以根据需要设置扩展分区，只有设置了扩展分区后，才能在扩展分区中建立逻辑分区。扩展分区可以有 0～1 个。

③逻辑分区：扩展分区不能直接使用，要划分成一个或多个逻辑区域，这些逻辑区域称为逻辑分区。逻辑分区可以有若干个，通常 A，B 盘保留分配软驱，硬盘的盘符从 C（分配给主分区）开始，然后依次往下分配给逻辑盘，即我们平常在操作系统中所看到的 D，E，F，…盘，接着是光驱、移动存储器。

计算机中的绝大多数据都是存储在硬盘中的，包括操作系统、程序以及各种文件等。对大容量硬盘进行合理的分区，可以有效地利用磁盘空间、提高硬盘的利用率、保证数据的安全，从而提高系统的运行效率。一般可以将大容量硬盘按用途分为系统区（C 盘）、应用软件区（D 盘）、数据区（E 盘）、数据备份区（F 盘）等。

（2）分区与文件系统。不同的操作系统所支持的文件系统也不一样。目前 Windows 系列操作系统所支持的文件系统格式主要有 FAT16，FAT32，NTFS 等。

FAT16 分区格式的硬盘实际利用效率低，且单个分区的最大容量只能为 2 GB，因此如今该分区格式已经很少用了。

FAT32 采用 32 位的文件分配表，使其对磁盘的管理能力大大增强，突破了 FAT16 对每一个分区的容量只有 2 GB 的限制。

NTFS 具有很强的安全性和稳定性。它对 FAT 做了若干改进，如支持元数据，使用高级数据结构以便于改善性能、可靠性和磁盘空间利用率，提供了若干附加扩展功能。不过除了 Windows 2000/XP/2003 及后续的 Windows 操作系统以外，其他操作系统都不能识别该分区格式。

在分区格式的选择上，用户应根据所选用操作系统的类型来进行选择，一般可选 FAT32 或 NTFS。

（3）硬盘分区操作。通常的分区操作首先建立主分区，然后建立扩展分区，最后从扩展分区中划分出逻辑分区，设置活动分区。对已经分了区的硬盘，要重新分区，需删除分区，再建立分区。

由于硬盘的大小、操作系统和数据所需的存储容量都不同，对硬盘的分区要求也不同。因此，在实际分区过程中要根据实际情况对硬盘做出合理的分区。由于重新分区会导致相应分区中的数据丢失，因此在重新分区前一定要先把重要的数据备份，再执行分区操作。

硬盘分区工具有很多,Windows 7 之前可以使用 DOS 或 Windows 安装盘自带的 Fdisk 命令进行。在 Windows 7 中,可以在系统安装时使用 Windows 7 安装盘进行磁盘分区,如图 11-2 所示,也可以在系统安装完成后利用系统自带的磁盘管理工具进行分区管理,如图 11-3 所示。此外,还可以利用 Partition Magic,DM,Disk Genius 等专业的工具软件,除便捷地实现分区创建、删除等常用的功能外,还可实现分区容量调整等实用功能。

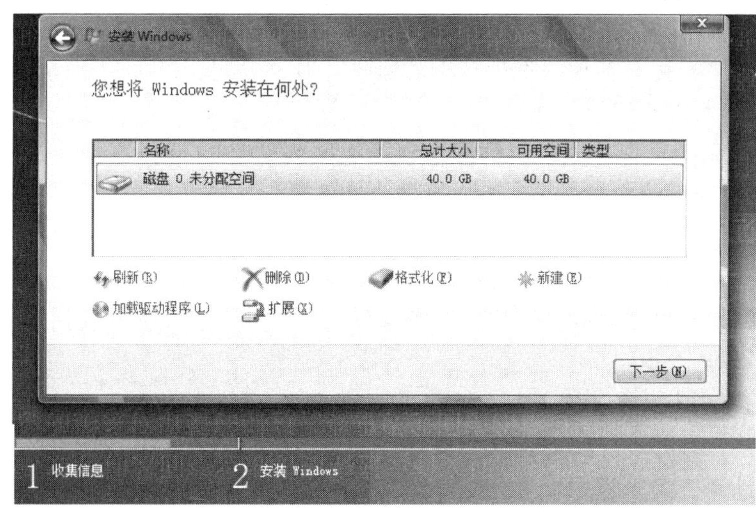

图 11-2 Windows 7 系统安装时硬盘分区界面

图 11-3 Windows 7 系统自带的磁盘管理界面

3)安装操作系统

对硬盘进行分区和格式化后,即可在分区中安装操作系统了,Windows 系列操作系统是目前使用最为广泛的操作系统,它的安装方法前面的章节中已经涉及,这里不再赘述。

4)驱动程序的安装

驱动程序是一种可以使计算机和硬件设备进行通话的程序,通过它操作系统才能控制硬件设备的工作,如果硬件的驱动程序未能正确安装,便不能正常工作。

从理论上讲，所有的硬件设备都需要安装相应的驱动程序才能正常工作，但像CPU、内存、主板、软驱、键盘、显示器等设备却并不需要安装驱动程序也可以正常工作，这主要是因为这些硬件列为BIOS能直接支持的硬件。换句话说，上述硬件安装后就可以被BIOS和操作系统直接支持，不再需要安装驱动程序，而显卡、声卡、网卡等却一定要安装驱动程序，否则便无法正常工作。

(1)驱动程序的获取途径。驱动程序的获取途径主要有如下三种：

①购买的硬件配套安装盘中附带有驱动程序。但一般配套盘中的驱动程序都是硬件刚推出时的旧版本，所以不建议使用。

②Windows系统自带有大量驱动程序。不过因为硬件的更新总是领先于操作系统版本的更新，所以操作系统包含的驱动程序版本一般较低，不能发挥这个硬件的最佳性能，也不建议使用。

③从Internet下载驱动程序。目前硬件驱动的新版本发布都是通过互联网进行的，这种途径往往能够得到最新的驱动程序。除到该硬件厂商网站外，还可以到专业驱动下载网站去下载。

(2)驱动程序的安装。驱动程序的安装方法也有很多种：

①自动安装。有些硬件厂商提供的驱动程序光盘中加入了Autorun自启动文件，只要将光盘放入到计算机的光驱中，然后在启动界面中单击相应的驱动程序名称就可以自动开始安装过程，这种安装驱动程序的方法非常的方便。

另外，很多驱动程序里都带有一个“Setup.exe”的可执行文件，只要双击它运行，就可以完成驱动程序的安装。

②设备管理器里手动安装。这个方法适用于更新新版本的驱动程序。首先从控制面板进入“系统属性”，然后依次单击“硬件”→“设备管理器”。右击要安装驱动程序的设备，然后选择“更新驱动程序”。接着就会弹出一个“硬件更新向导”，选择“从列表或指定位置安装”。如果驱动程序在光盘或软盘里，那么接着在弹出的窗口里把“搜索可移动媒体”勾上就行；如果在硬盘里，那么把“在搜索中包括这个位置”前面的复选框勾上，然后单击“浏览”。最后找到准备好的驱动程序文件夹。要注意的是很多硬件厂商会把其生产的很多类型的硬件设备驱动都压制在一张盘中，而且还会有不同的操作系统版本，如For Win2K(Win2000)，For WinXP和For Win7的，要注意选择正确的设备和操作系统版本。单击“确定”之后，单击“下一步”即可。

③Windows自动搜索驱动程序。高版本的操作系统支持即插即用，安装了新设备后启动计算机，在计算机进入操作系统(如Windows)时，若用户安装的硬件设备支持即插即用功能，则在计算机启动的过程中，系统会自动进行检测新设备，当Windows检测到新的硬件设备时，会弹出“找到新硬件向导”对话框。

首先可尝试让其自动安装驱动程序，选择“自动安装软件”，然后单击“下一步”，如果操作系统里包含了该设备的驱动程序，操作系统就会自动给其装上，如果没有，就无法安装这个硬件设备了。

5)其他应用软件的安装

硬件驱动安装完毕以后，为了方便使用计算机同时最大限度的发挥计算机的作用，还需要安装一些常用软件。应用软件的发布也是多种多样，有的是通过光盘发布，有的通过网络以压缩包方式发布，虽然发布方式不同，但安装方法基本相同。

(1)光盘发布的软件一般都是自运行的,只要把它插入光驱,就会进入安装界面。如果光驱禁止了自动运行功能,那么可以打开光盘根目录上的“Autorun. inf”文件,看里面指定了哪个自动运行的程序,手工启动它即可。

(2)压缩包方式发布的软件要先把它解压到磁盘的某一个目录中,一般情况下是执行其中的“Setup. exe”程序,按有关提示进行。

(3)此外,还有一种所谓的绿色软件,只要把它解压出来,执行其中的可执行文件就能运行,不需要安装。

目前软件的安装都比较简单,一般采取安装向导的方式,可供用户选择的一般有安装模式、安装目录等内容。安装模式也就是都安装哪些内容,小型软件一般分为全部安装、快速安装和自定义安装等,如果对软件不是非常了解,那么不建议使用自定义安装,一般使用快速安装就可以了。当然如果怕安装不全,可以使用全部安装方式。另外,对于应用软件的安装目录问题,如果软件没有明确非得安装到哪个目录中,就尽量不要把它与操作系统安装到同一个分区里。

11.1.2　计算机日常维护

1. 保持良好的工作环境

计算机对环境的要求非常严格,如果工作环境达不到要求就会经常出现这样或者那样的问题。

1)温度和湿度

计算机理想的温度是 10～35 ℃,温度太高或太低都会缩短配件的寿命;相对湿度在30%～80%,湿度太高会影响配件的性能发挥,甚至引起短路,湿度太低则容易产生静电,同样对配件不利。

2)清洁度

计算机在使用一段时间后,灰尘侵入内部,经过长期的积累后污染硬件设备,容易引起短路,容易在读写磁盘时产生错误,造成磁盘上的数据损坏和丢失。

3)远离电磁干扰

计算机如果经常放置在有较强的磁场环境下,那么会对各部件产生损害,造成硬盘上数据的损失,显示器可能会产生花斑抖动等。因此,应尽量使计算机远离干扰源。

4)电源的稳定性

计算机的工作离不开电源,同时电源也是计算机产生故障的主要因素之一。如果电压不够稳定,那么最好考虑配备一个稳压电源和不间断电源 UPS。另外,在拔插计算机的配件时,都应先断电,以免烧坏接口。

2. 养成正确的使用习惯

除环境外,用户的使用习惯对计算机也会造成很大的影响。误操作往往是导致计算机故障的常见原因之一,因此在计算机的日常使用中应该养成良好的操作习惯。正确的操作习惯有以下几点。

1)正确开关机

(1)注意开关机顺序。由于计算机在刚加电和断电的瞬间会有较大的电冲击,会给主机发送干扰信号导致主机无法启动或出现异常,因此在开机时应该先给外部设备加电,再给主机加电。关机时则相反,应该先关主机,然后关闭外部设备的电源。这样可以避免主机中的部件受到大的电冲击。

（2）尽量避免强行关机。Windows 系统一定要正常关机，正常关机也就是平时所说的“软关机”。如果死机，那么应先设法“软启动”（按[Ctrl＋Shift＋Delete]快捷键），再“硬启动”（按[Reset]键）。如果还是不行，那么再“硬关机”（按电源开关数秒钟）。另外，在驱动器灯亮时应避免强行关机。

（3）不要频繁开关机。关机后立即加电会使电源装置产生突发的大冲击电流，造成电源装置中的器件损坏，也可能造成硬盘驱动突然加速，使盘片被磁头划伤。应该在关闭机器至少 30 s 以后再启动机器。计算机不使用时要切断电源，防止雷雨天气或断电、电压不稳定等情况带来的打击。

2）正确维护

（1）计算机在运行时禁止带电插拔部件，以免损坏板卡。

（2）进行定期除尘，正确擦拭计算机内部各部件。

（3）当计算机在使用中出现意外断电或死机及系统非正常退出时，应尽快对硬盘进行扫描维护，及时修复文件或硬盘簇的错误。在这种情形下硬盘的某些文件或簇链接会丢失，给系统造成潜在的危险，若不及时扫描修复，则会导致某些程序紊乱，有时甚至会影响系统的稳定运行。

3）合理选择软件

计算机软件种类繁多，可以带来许多便利。但是软件之间存在一些冲突，软件不是越多越好，够用就行。选择软件应坚持少而精的原则。也不要频繁地安装和卸载各类软件。

4）定期进行系统维护

操作系统是控制和指挥计算机各个设备和软件资源的系统软件，一个安全、稳定、完整的操作系统有利于系统的稳定工作和使用寿命。如果对操作系统不注重保护，那么回报的将是无数次的死机，系统运行速度不断降低，频繁地出现软件故障。

可定期利用 Windows 操作系统的磁盘清理工具对磁盘进行清理、维护和碎片整理，彻底删除一些无效文件、垃圾文件和临时文件。这样使得磁盘空间及时释放，磁盘空间越大，系统操作性能越稳定，特别是 C 盘的空间尤为重要。这样的操作对系统的稳定性和系统寿命的延长极有益处。

5）加强病毒防护意识

尽量使用正版软件。经常对系统进行查毒、杀毒。定期升级反病毒软件，更新病毒库。

11.1.3 常见故障处理

计算机设备由于使用不当或意外损害等原因，难免会出现故障。计算机的故障多种多样，根据故障产生的原因，可以将计算机故障分为硬件故障和软件故障。

1. 硬件故障

硬件故障是指用户使用不当或者由于各电子部件损害所造成的故障，如计算机无法启动，有报警音；计算机频繁死机；显示器无显示等。

2. 软件故障

软件故障是指安装在计算机中的操作系统或者软件发生错误而引起的故障，主要包括以下几个方面。

1)操作系统中的文件损坏引起的故障

计算机是在操作系统的平台下运行的,如果把操作系统的某个文件删除或者修改,会引起计算机运行不正常甚至无法运行。例如,计算机自检后无法初始化系统,这一般是由于系统启动相关的文件被破坏所致。

2)驱动程序不正确引起的故障

硬件能正常运行要有相应的驱动程序与之配合,没有安装驱动程序或安装不当会造成设备运行不正常。例如,声卡不能发声,显卡不能正常显示色彩等,这些都与驱动程序有关。

3)计算机病毒引起的故障

计算机病毒会在很大程度上干扰和影响计算机的使用,染上病毒的计算机其运行速度会变慢,计算机存储的数据和信息可能会遭受破坏,甚至全部丢失。

4)不正确的系统设置引起的故障

系统设置故障分为三种类型,即系统启动时的 CMOS 设置、系统引导实时配置程序的设置和注册表的设置。如果这些设置不正确,或者没有设置,那么计算机可能会不工作或产生操作故障。

3. 故障的检测

在排查故障时,对于机器配置要了解清楚;先排除由于接触不良引起的假故障,再考虑真故障;软件故障是计算机系统故障中最为常见的,先分析是否存在软故障,再去考虑硬故障;先检查机箱外部,再考虑打开机箱,能不开机箱时,尽可能不要盲目拆卸部件。

引起计算机故障的原因很多,要想解决故障,还需要掌握正确的检测方法,从而找出故障所在。下面列出几种典型故障检测方法。

1)直接观察法

观察计算机各板卡连接是否正常、是否有烧焦变色的地方,线路是否断裂等;闻主机、板卡中是否有烧焦的气味;监听电源风扇是否转动,磁盘电机、显示器变压器等设备的工作声音是否正常,系统有无异常声响等;用手触摸 CPU、显示器、硬盘等关键设备的外壳,根据其温度可以判断设备运行是否正常。

2)清洁法

由于计算机板卡上一些插卡或芯片采用插脚形式、震动、灰尘等原因,常会引起引脚氧化,接触不良,可用橡皮擦或专业的清洁剂擦去表面氧化层,这样做可以排除一些隐性故障。

3)插拔法

插拔法是关机后将插件板或芯片逐块拔出,每拔出一块板就开机观察机器运行状态,一旦拔出某块后主板运行正常,那么可以基本确定故障原因就在该插件板上。若拔出所有插件板后系统启动仍不正常,则故障很可能就在主板上。插拔法虽然简单,却是确定故障在主板或 I/O 设备的一种实用而有效的方法。

4)交换法

将同型号插件板,总线方式一致、功能相同的插件板或同型号芯片相互交换,根据故障现象的变化判断故障所在。此法多用于易拔插的维修环境,例如内存自检出错,可交换相同的内存芯片或内存条来判断故障部位,若交换后,故障现象依旧,则说明原芯片无故障;若交换后故障现象变化,则说明交换的芯片中有一块是坏的,可进一步通过逐块交换而确定部位。

如果能找到同型号的微机部件或外设,那么使用交换法可以快速判定是否是元件本身的质量问题。交换法也可以用于以下情况:没有相同型号的微机部件或外设,但若有相同类型的微机主机，则可以把微机部件或外设插接到该同型号的主机上判断其是否正常。

5)比较法

运行两台或多台相同或相类似的微机，根据正常微机与故障微机在执行相同操作时的不同表现可以初步判断故障产生的部位。

6)振动敲击法

用手指轻轻敲击机箱外壳，有可能解决因接触不良或虚焊造成的故障问题。

7)升温降温法

升温降温法采用的是故障促发原理，人为升高或降低机器运行环境的温度，以制造故障出现的条件来促使故障频繁出现以观察和判断故障所在的位置。

8)最小系统法

所谓最小系统法，是指保留系统能运行的最小环境，只安装 CPU、内存、主板和显卡(甚至只安装主板)。若不能正常工作，则说明问题出在这几个关键部件，诊断范围缩小；若能正常工作，则再依次连接硬盘等其他设备，直到找出故障的原因。这种方法适用于开机后没有任何反应的严重故障。

11.2 常用工具软件

11.2.1 工具软件基础知识

对于工具软件，并没有一个确切的概念。一般来说，工具软件是指除系统软件、大型商业应用软件之外的能帮助计算机用户解决一些特定问题的专门软件。工具软件一般体积较小，功能相对单一，但它却是计算机软件不可缺少的一部分。大多数工具软件是共享软件、免费软件、自由软件或者软件厂商开发的小型商业软件。工具软件的使用熟练程度，也是衡量计算机用户技术水平的一个重要标志。

1. 工具软件分类

目前常用工具软件没有一个科学统一的分类标准，根据广大用户的经验和使用习惯，可以把它们划分为系统类、图形图像类、多媒体类、网络类、文本类等。

1)系统类

系统类工具主要包括磁盘工具与系统维护工具。使用系统类工具软件对计算机系统进行管理、维护和测试，可以提高系统的整体性能及工作效率，如磁盘分区管理工具 Partition Magic、磁盘备份工具 Ghost 以及集成了垃圾清理、木马病毒查杀、系统修复、软件管理等多项功能的腾讯电脑管家、360 安全卫士等软件。

2)图形图像类

图形图像类软件具有创建、编辑、管理、查看等方面的功能。除图像处理软件 Photoshop、矢量图形设计软件 CorelDraw、三维动画设计软件 3D Studio Max 等专业图形图像软件外，还有上手容易、较为亲民的美图秀秀等实用图像工具。

3)多媒体类

多媒体类工具软件主要应用于视频和音频的制作、浏览、播放以及文件格式之间转换等，如 PotPlayer、网易云音乐、酷狗音乐等。

4)网络类

网络类工具软件的功能主要包括浏览器、邮件处理、上传下载、即时通信等。这类软件大大丰富了网络的应用,如P2P下载工具迅雷、BitComet,即时通信腾讯QQ、微信和钉钉,云存储应用百度网盘、UC网盘等。

5)文本类

文本类工具软件可以对电子文档进行编辑与阅读,也是比较常用的软件,如功能强大文本编辑器UltraEdit和EditPlus、文本阅读软件Adobe Acrobat等。

除上面介绍的类别外,还有许多不便于归入某类,但是同样使用非常广泛的工具软件,如反病毒软件、翻译工具软件等。

2. 获取方法

使用某个工具软件,必须先得到它的安装程序,然后安装到计算机中才能使用。获取常用工具软件的方法主要有以下几种。

1)购买安装盘

一部分收费的工具软件需要到各地软件经销商处进行购买,如反病毒软件等,用户可以根据自己的需要选择并购买相应的工具软件安装盘(U盘、光盘等)。

2)到官方网站下载

官方网站是一些公司为介绍和宣传公司产品所开通的一个权威性站点,如可以到金山公司网站下载金山词霸等系列软件。

3)通过普通网站下载

由于大部分工具软件都是免费或共享软件,因此可以通过提供下载的网站进行下载。几个较著名的提供软件下载的网站地址如下:

华军软件园:http://www.onlinedown.net

天空下载:http://www.skycn.com

太平洋电脑网:http://dl.pconline.com.cn

ZOL软件下载:http://xiazai.zol.com.cn

也可使用百度、必应等搜索引擎进行搜索并下载工具软件。在下载软件前应仔细阅读软件的简介和下载注意事项。另外,有些网站中还会提供软件的安装方法或汉化包的使用等帮助信息。

11.2.2 磁盘与文件管理工具

计算机磁盘是存储数据的主要场所,在使用较长时间后用户可能觉得当前磁盘分区不合理,觉得磁盘碎片太多影响计算机整体性能的发挥,或者遇到将某个分区拷贝到另一块硬盘中的情况,此时就需要使用磁盘管理类工具进行有效管理。

1. 磁盘备份软件——Ghost

Ghost是Symantec公司推出的一款出色的硬盘备份与还原工具,俗称克隆软件。Ghost支持将分区或硬盘直接备份到一个扩展名为gho的镜像文件里,也支持直接备份到另一个分区或硬盘里。它可以实现多种硬盘分区格式的备份和还原,并且以最快速度为用户提供最可靠保护,该软件在市场中的应用极为广泛。

通常把Ghost文件复制到启动盘,用启动盘进入DOS环境后,在提示符下输入“Ghost”,回车即可运行Ghost,首先出现的是关于界面,按键后进入Ghost主界面,如图 11-4 所示。

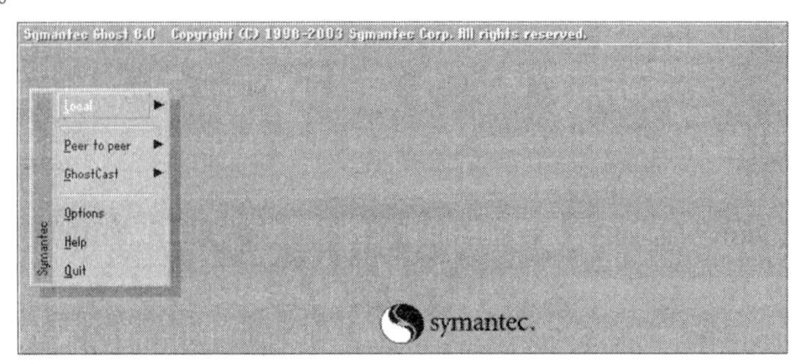

图 11-4 Ghost 主界面

在 Ghost 主菜单上,从下至上主要菜单项分别为 Quit(退出)、Options(选项)、Peer to peer(点对点,主要用于网络中)、Local(本地)。一般情况下我们只用到 Local 菜单项,其下有三个子项:Disk(硬盘备份与还原)、Partition(磁盘分区备份与还原)、Check(硬盘检测),下面着重讲述磁盘分区备份与还原。

1)磁盘分区备份

在系统刚刚安装完成后,此时的系统是最为干净的,为避免以后重装系统的麻烦,可以用 Ghost 对系统盘进行镜像备份。

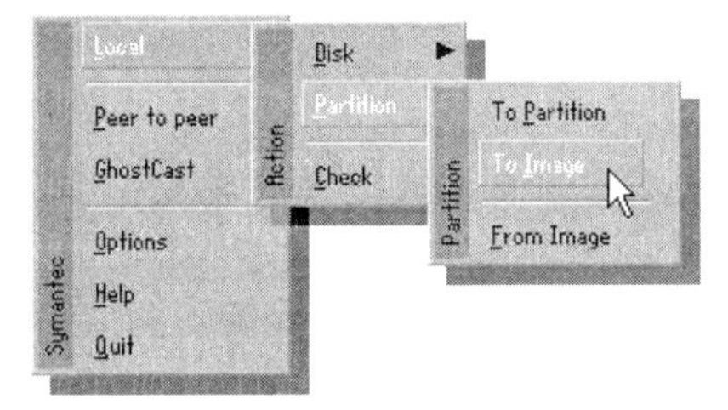

图 11-5 Ghost 主菜单(分区备份)

如图 11-5 所示,在 Ghost 主菜单上,先选"Local",再选"Partition",最后选择"To Image"菜单项,表示将一个分区备份为一个镜像文件,镜像是 Ghost 的一种存放硬盘或分区内容的文件格式,扩展名为 gho。

(1)选择源分区。源分区就是要把它制作成镜像文件的那个分区,一般是选择系统所在的分区。具体的操作如下:在 Ghost 主菜单上进行正确的选择后,出现选择本地硬盘窗口,选择需要备份的系统或其他分区的所在硬盘。单击硬盘直接进入下一步,而若有多个硬盘,则会出现多个选项,选择要备份的分区(源分区)所在的磁盘然后进入下一步,出现选择源分区窗口后选择即可。

(2)设置镜像文件的存储目录及文件名。要备份的源分区选择好之后,进入下一界面选择镜像文件的存储目录及输入镜像文件的文件名,注意镜像文件不能存放在源分区,如图 11-6 所示,再回车。接着出现"是否要压缩镜像文件"窗口,有"No(不压缩)、Fast(快速压缩)、High(高压缩比压缩)",压缩比越低,保存速度越快。一般选 Fast 即可。

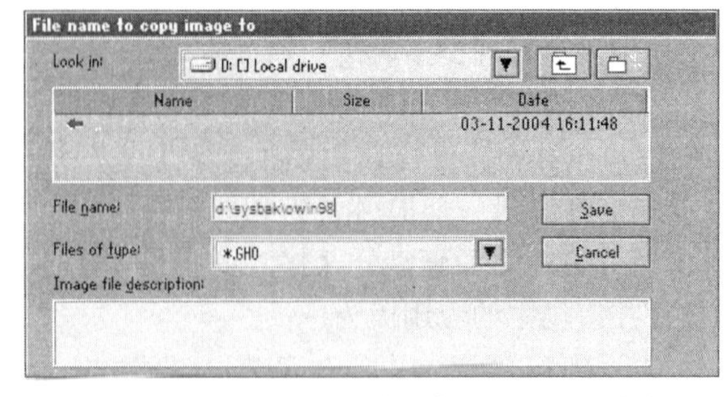

图 11-6 设置镜像文件的存储目录及文件名

(3)Ghost 开始制作镜像文件,如图 11-7 所示。

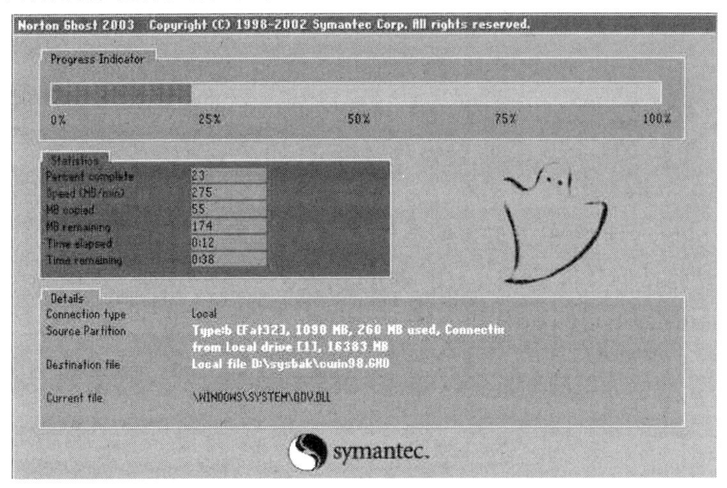

图 11-7 制作镜像

建立镜像文件成功后,会出现提示创建成功窗口,回车即可回到 Ghost 主界面。

2)磁盘分区还原

当系统崩溃时,可以用前面制作的镜像文件对系统进行还原。

在 Ghost 主菜单上选择菜单“Local”→“Partition”→“From Image”, “From Image”表示从镜像文件中恢复分区(将备份的分区还原),如图 11-8 所示,然后回车。

(1)选择镜像文件。在 Ghost 主菜单上进行正确的选择后,出现“镜像文件还原位置”窗口,如图 11-9 所示,选择要恢复的 Ghost 镜像文件。如果镜像文件不在默认的分区,要找到备份文件所存放的分区和文件夹。

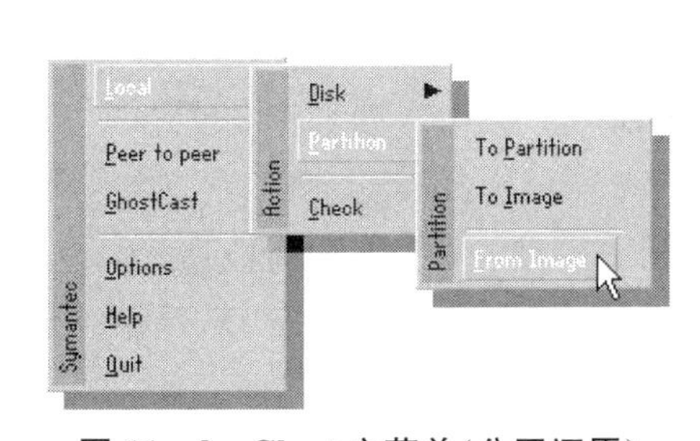

图 11-8 Ghost 主菜单(分区还原)

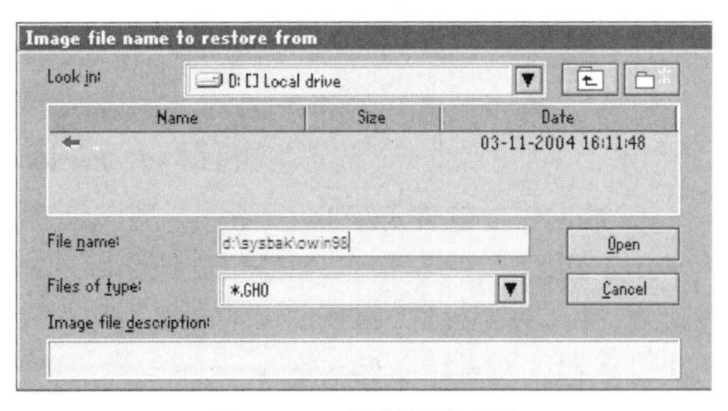

图 11-9 选择镜像文件

(2)选择目标分区。选择好镜像文件后,接着选择当时备份所在的硬盘,然后从硬盘选择目标分区窗口,即选择镜像文件要还原到哪个分区。出现提问窗口,确认是否真的还原分区,还原后不可恢复,选定“Yes”确定,Ghost 开始还原分区。

注意:选择目标分区时一定要选对,否则目标分区中原来的数据将全部消失。

Ghost 的 Disk 菜单下的子菜单项可以实现硬盘到硬盘的直接对拷(disk to disk)、硬盘到镜像文件(disk to image)、从镜像文件还原硬盘内容(disk from image)的操作。Ghost 的 Disk 菜单各项使用与 Partition 大同小异,就不再讲述。

2. 磁盘分区工具——PartitionMagic

除利用 Fdisk 命令可以对硬盘分区外,利用 Windows 自带磁盘工具也可以进行分区操作。在 Windows 桌面单击“开始”→“控制面板”→“系统和安全”→“管理工具”→“计算机管理”→“磁盘管理”，即可进入分区界面。此外还可使用专门的磁盘分区软件。

PartitionMagic（硬盘分区魔术师）是一款优秀的硬盘分区管理工具。该工具可以在不损失硬盘中已有数据的前提下对硬盘进行重新分区、格式化分区、复制分区、移动分区、隐藏/重现分区、从任意分区引导系统、转换分区格式（如 FAT↔FAT32）等。

PartitionMagic 支持 FAT，FAT32，NTFS，HPFS，Linux 和 Ext2 等多种格式的文件系统；能运行在 Windows 和 Linux 等多种操作平台上；允许在同一 PC 上安全运行多个操作系统；允许创建和修改容量高达 300 GB 的分区；支持 USB 2.0，USB 1.1 和 FireWire 等外部设备。PartitionMagic 界面如图 11-10 所示。

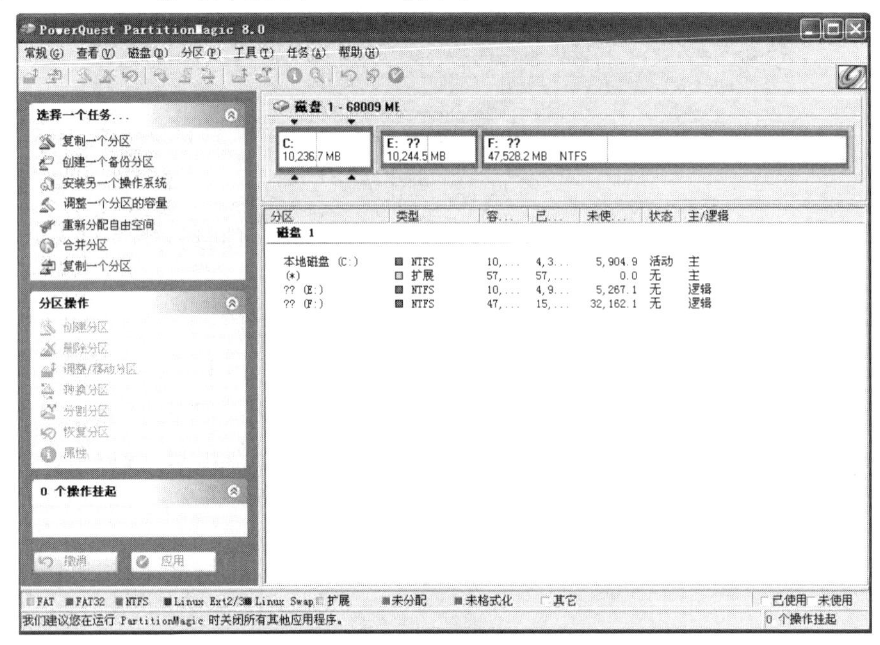

图 11-10　PartitionMagic 界面

3. 数据恢复软件 EasyRecovery

由于病毒攻击、误操作、系统错误等原因，造成系统无法启动、程序或系统报错、重要文件丢失、分区表丢失等，硬盘发生了逻辑损坏。这时候就需要使用硬盘数据恢复软件来恢复丢失的数据以及重建文件系统。

EasyRecovery 是一款功能强大的硬盘数据恢复软件。它不会向原始驱动器写入任何东西，主要是在内存中重建文件分区表使数据能够安全地传输到其他驱动器中。使用 EasyRecovery 可以从被病毒破坏或是已经格式化的硬盘中恢复数据。该软件可以恢复大于 8.4 GB 的硬盘。支持长文件名，被破坏的硬盘中像丢失的引导记录、BIOS 参数数据块、分区表、FAT 表、引导区都可以由它来进行恢复。EasyRecovery 界面如图 11-11 所示。

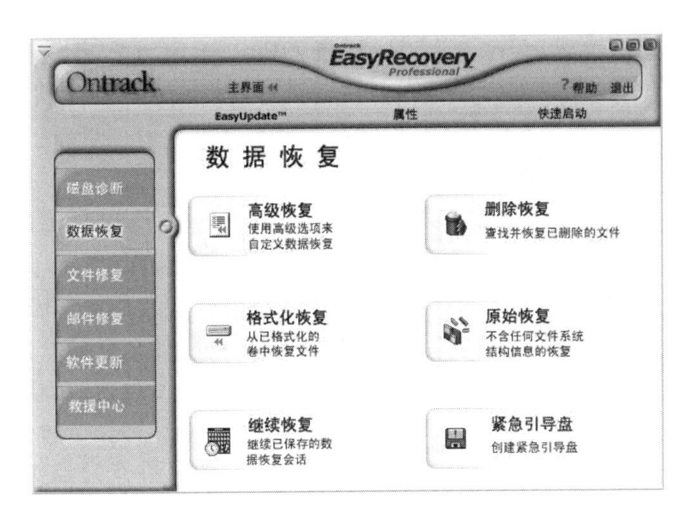

图 11－11　EasyRecovery 主界面

4. 压缩软件 WinRAR

为了节约磁盘空间，便于存放及传输，人们在使用计算机时经常会将大容量的文件进行压缩。

WinRAR 是目前最为流行的压缩类软件，它界面友好，使用方便，在压缩率和速度方面都有很好的表现。WinRAR 可以实现文件及文件夹大容量的压缩，将文件或文件夹压缩成自解压文件、分卷压缩以及压缩包加密等功能。它支持目前流行的各种压缩格式的压缩和解压缩（如 RAR，ZIP，CAB，ARJ，LZH，TAR，GZ，ACE，UUE，BZ2，JAR），高版本的还支持光盘镜像文件的解压。

WinRAR 的主界面如图 11－12 所示，下面介绍它的常用功能。

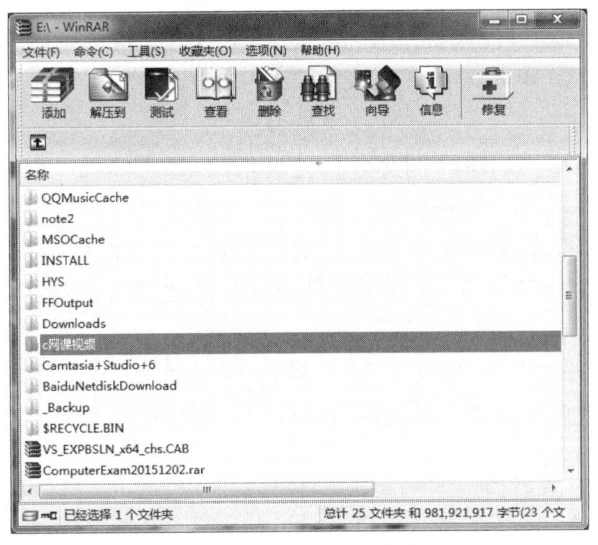

图 11－12　WinRAR 主界面

1）压缩

对文件压缩的方式有以下几种：

（1）在 WinRAR 主窗口中单击工具栏上的“添加”按钮，或是在“命令”菜单中单击“添加文件到压缩文件”命令，弹出一个如图 11－13 所示的“压缩文件名和参数”对话框。

在对话框中输入目标压缩文件名或是直接接受默认名，选择新建压缩文件的格式（如

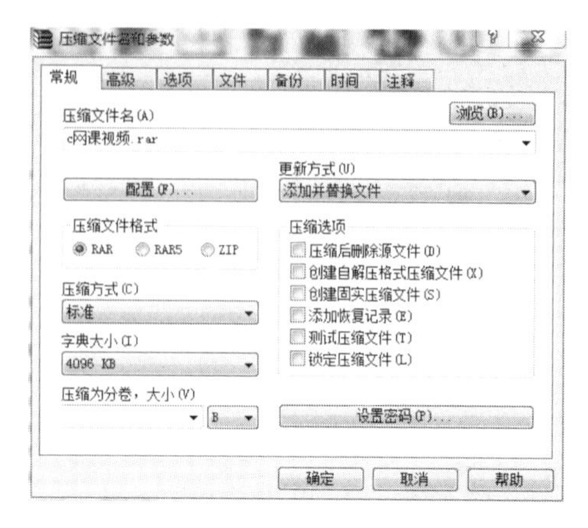

图 11－13 “压缩文件名和参数”对话框

RAR 或 ZIP)。压缩方式有六种，默认是“标准”型。“更新方式”下拉列表提供了“添加并替换文件”“添加并更新文件”“仅更新已经存在的文件”和“同步压缩文件内容”等选项。“压缩选项”列表中，共有七个复选框，可以勾选所需的选项。设置完成后，单击“确定”按钮即可。

压缩期间，有个显示操作状况的窗口会出现。如果希望中断压缩，那么在命令窗口中单击“取消”按钮即可。单击“后台运行”按钮将 WinRAR 最小化放到任务区。当压缩完成，命令窗口将会出现并且以新创建的压缩文件作为当前选定的文件。

(2)在资源管理器或其他地方选择要压缩的文件，右击，在弹出的快捷菜单上选择“添加到压缩文件”选项，可以快速实现压缩。

(3)将欲压缩的文件或文件夹拖曳到 WinRAR 程序窗口，也可将此文件或文件夹压缩。

(4)在“我的电脑”或资源管理器中，直接单击并拖动要压缩的文件到已存在的压缩文件图标上，也可完成压缩文件并放到已存在的压缩文件中。

2)解压

将压缩文件解压的方法有以下几种：

(1)在 WinRAR 主窗口选定压缩文件，然后单击工具栏上的“解压到”按钮或直接双击该文件，在打开的对话框中输入目标文件夹并单击“确定”按钮，即可进行解压。

(2)如果在安装时已经将压缩文件关联到 WinRAR(默认的安装选项)，只要在压缩文件名上双击，压缩文件将会在 WinRAR 程序中打开并解压。

(3)在压缩文件图标上右击，从弹出的快捷菜单中选择“解压到当前文件夹”选项。

(4)拖动压缩文件到 WinRAR 图标或窗口。

3)自解压

一般的压缩文件需要用压缩软件解压后才能使用，在无法确认对方机器上装有压缩软件时，可以建立自解压文件。自解压文件是结合了可执行文件模块的压缩文件。自解压文件在运行时，可以不需要用压缩软件来解压文件的内容，而自行释放被压缩的文件。在网上下载的很多软件都是自解压文件，自解压文件通常与其他的可执行文件一样都有 exe 的扩展名。

建立自解压文件方法很简单，只要在“压缩文件名和参数”对话框中，在“压缩选项”列表中勾选“创建自解压格式压缩文件”复选框就可以了，这时可以看到“压缩文件名”也会自动变成.exe，如图 11－14 所示。

4)分卷压缩

分卷压缩是把一个较大容量的文件或文件夹压缩成多个一定容量的文件。它可以在将大型的压缩文件保存到数个磁盘或是可移动磁盘时使用，也可以在有些网站上传文件限制单个大小时使用。

具体的操作是在压缩分卷大小的下方输入分卷的字节数，如图 11－15 所示。

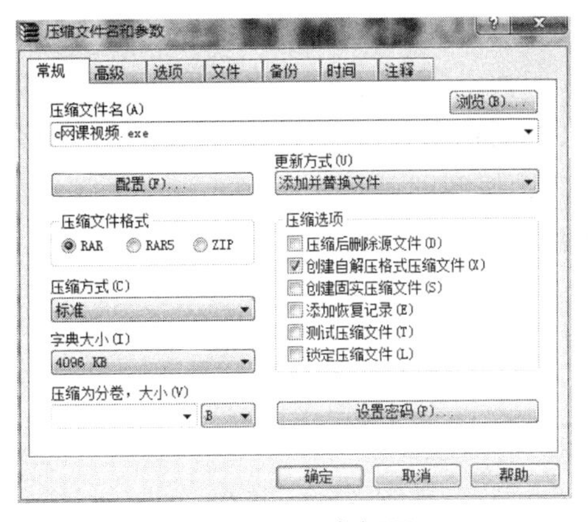

图 11-14　自解压

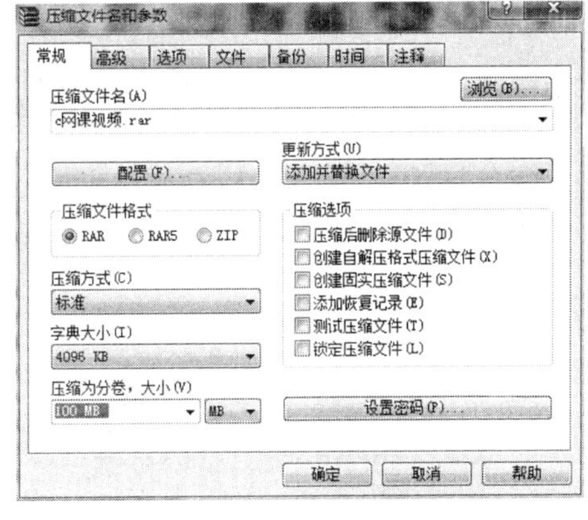

图 11-15　分卷压缩参数设置

单击“确定”按钮之后，就会产生若干个分卷文件。分卷文件具有像 part1. rar，part2. rar，part3. rar，…顺序的扩展名，如图 11-16 所示。分卷压缩虽然将一个压缩文件分成了多个卷，但其实仍是一个整体。

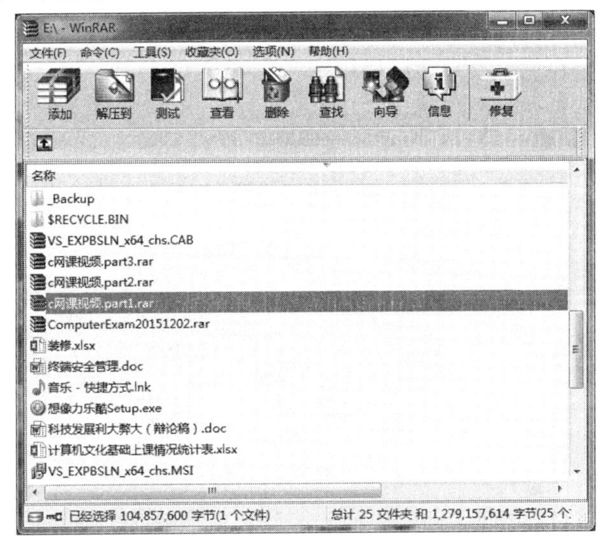

图 11-16　分卷压缩

5）恢复卷

分卷压缩文件在转移的过程中，很有可能丢失了某个分卷文件或数据损坏，后果是文件无法解压。WinRAR 3. X 系列新增了分卷压缩的恢复卷功能，它能够重新构建任意损坏或丢失的分卷压缩文件，使该卷文件自动恢复。

恢复卷的恢复能力取决于压缩时设置恢复卷的数量，如果损坏或丢失的 RAR 分卷文件（也包含恢复卷文件本身）的数量不超过恢复卷的数量，那么可以利用剩下的恢复卷将所遗失的分卷文件构造出来。恢复卷的扩展名是 rev，它的图标上有一个显眼的红十字，它们只能和多卷压缩文件一起使用。

创建恢复卷过程：在选定分卷压缩文件后，单击工具栏中的“添加”按钮，在“压缩文件名和参数”对话框中选择好分卷压缩各项后，单击“高级”选项卡，在“分卷”选项区域中输入“恢复卷”的数目，单击“确定”按钮即可。

6）加密

压缩文件时可以对文件加密。若要加密文件，用户必须在压缩之前指定密码。通常在“压缩文件名和参数”对话框中选择“高级”选项卡，对话框中按下“设置密码”按钮，弹出“带密码压缩”对话框。输入密码和确认密码，单击“确认”按钮即可。

解压被加密的压缩文件时，会提示用户输入密码。

11.2.3　多媒体工具

1. 图像处理软件——美图秀秀

美图秀秀是由厦门美图科技有限公司研发、推出的一款免费的图像处理软件，它操作简单、易学易用、功能强大。美图秀秀拥有的图片特效、美容、拼图、场景、边框、饰品等功能，加上每天更新的大量素材，可以让人们在很短的时间内做出影楼级照片，随时分享到新浪微博等多个网络社区。美图秀秀主界面如图 11 - 17 所示。

图 11 - 17　美图秀秀主界面

美图秀秀主要功能如下：

（1）美化图片：对照片进行美化，包括调色、标注、各种画笔修改、背景虚化等，并提供一键美化功能。

（2）人像美容：提供面部重塑、祛痘祛斑、祛皱、磨皮、肤色调整等人像面部修改，小头、瘦脸、染发、放大眼睛、祛黑眼圈、消除红眼、唇彩、牙齿美白等头部调整，以及身体重塑、瘦身、美腿等增高塑形的实用功能。

（3）文字：对照片加入文字、会话气泡，添加水印、漫画文字和文字贴纸。

（4）贴纸饰品：提供各种贴纸和饰品以修饰照片。

（5）边框：为照片提供各种边框，有海报、简单、炫彩、文字、撕边、纹理等。

（6）拼图：提供照片拼图、拼接功能，可进行智能拼图、自由拼图、模板拼图、海报拼图及图片拼接、海报拼接等。

（7）抠图：可进行自动抠图、手动抠图、开关抠图、AI 人像抠图。

2. 影音播放工具——PotPlayer

PotPlayer是Windows平台上非常优秀的免费影音全能格式播放器。性能、兼容性和稳定性上的表现较好，支持硬件加速，具有全高清视频播放效果、强大的选项、滤镜、外挂式管理、DXVA等硬件解码以及丰富且强大的设置选项。

PotPlayer支持网络上所有主流的视频音频格式文件。PotPlayer拥有强大的内置解码器，播放视频占用系统资源小，拥有强大功能：逐帧进退、动态补帧、声画同步调节、软硬解码、实时字幕翻译、字幕调节、视频转GIF、截图录屏、HDR自动转换等。PotPlayer播放器界面如图11-18所示。

图11-18　PotPlayer播放器界面

3. 网络音乐播放工具——网易云音乐

网易云音乐是一款由网易公司开发的音乐产品，依托专业音乐人、DJ、好友推荐及社交功能，以歌单、DJ节目、社交、地理位置为核心要素，主打发现和分享，为人们提供在线音乐服务。其特色是“个性推荐”“私人FM”，可以根据用户习惯自动匹配；320K音质享受；用户自上传“主播电台”，每个人都能轻松表达自己；专业音乐编辑每周新奇独到的专题评论，听歌也可更有趣。网易云音乐主界面如图11-19所示。

图11-19　网易云音乐主界面

4. 网络电视——爱奇艺、腾讯视频、芒果TV、优酷视频等

爱奇艺、腾讯视频、芒果TV、优酷视频是采用P2P传输技术的网络电视软件。它们支持对海量高清影视内容的“直播+点播”功能，可在线免费观看电影、电视剧、动漫、综艺、体育直播、游戏竞技、财经资讯等丰富视频娱乐节目。

11.2.4　网络下载与云存储工具

网络的资源非常丰富，现在越来越多的人通过搜索引擎就能找到学习资料、软件、音乐、电影、游戏等网络资源，但想要把这些资源快速有效地放到自己的计算机里，就需要网络下载工具软件。常用的下载工具有很多，如迅雷、QQ 旋风、BitComet 和 eMule 等。随着云计算技术的发展，许多网络公司还提供网络云存储服务，用户可以轻松将自己的文件上传到网盘（如百度网盘、UC 网盘等）上，并可跨终端随时随地查看、下载和分享。

1. 迅雷

迅雷是国内下载工具方面最受欢迎的软件之一。它使用基于网格原理的多资源超线程技术，能够将网络上存在的服务器和计算机资源进行有效的整合，构成独特的迅雷网络，带给用户高速下载的全新体验。同时，迅雷具有文件管理、网页智能分析和抓取等功能。

迅雷的特色是支持全面的下载协议，如 HTTP，FTP，BT，P2P 等，几乎兼容当下流行的各种下载方式，并且能够通过迅雷资源搜索，方便地下载到各种网络共享资源。其主界面如图 11 - 20 所示。

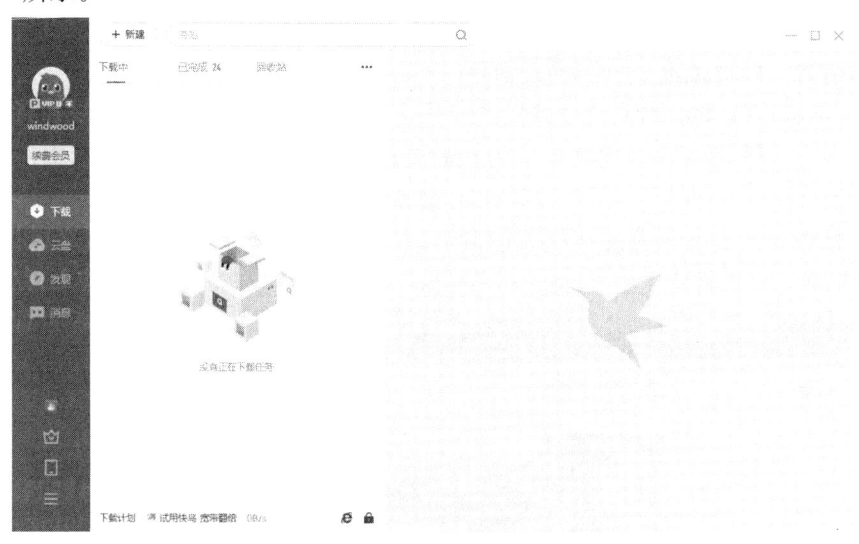

图 11 - 20　迅雷主界面

2. BitComet

BitComet（比特彗星）是一个基于 BitTorrent（BT）协议的高效 P2P 文件免费软件（俗称 BT 下载客户端），BitComet 支持多任务下载、文件有选择地下载、边下载边播放、IP 地址过滤、速度限制等多项实用功能。

一般从 HTTP 站点或 FTP 站点下载文件时，若同时间下载人数颇多，则基于该服务器带宽的因素，速度会减慢许多。而 BitComet 却恰巧相反，同时间下载的人数越多下载的速度越快。这是因为它采用了多点对多点的传输原理，简单地说，其原理就是在第一个上传者端把一个文件分成了许多小块，客户端甲在服务器随机下载了其中一个小块，客户端乙在服务器随机下载了另一个小块，这样甲的 BT 就会根据情况到乙的计算机上去拿乙已经下载好的小块，乙的 BT 也会根据情况到甲的计算机上去拿甲已经下载好的小块，后面下载的人也可以到甲和乙的计算机上去拿已经下载好的小块。这样，参与 BT 下载的人越多，BT 种子就越多，下载速度也越快。

除 BT 下载外，BitComet 同时也是一个集 BT/HTTP/FTP/EDK 为一体的下载管理器。在多协议下载模式下，BitComet 会在执行 BT 下载的同时，自动尝试从 ED2K 网络中，下载相同的文件。

3. eMule

eMule是一个开源免费的P2P文件共享软件。它基于eDonkey网络，遵循GNU通用公共许可证协议发布，任何组织和个人都可以在遵守GNU GPL的基础上下载使用eMule的源代码，对eMule进行修改并发布，并且必须遵守开源协议，于是便有了很多eMule修改版。VeryCD版的eMule是在贴合中国网民使用习惯的基础上汉化的eMule，它继承了英文原版的所有特色。

可以把eMule看成一个文件搜索引擎，作用类似Google、百度，与Google、百度搜索网页不同，eMule是用来搜索并下载文件的。用户用eMule软件把各自的PC连接到eMule服务器上，但服务器只是收集连接到服务器的eMule用户的共享文件信息，而不存放任何共享文件。用户PC在服务器的指导下通过P2P的方式下载文件，P2P可以理解为PC To PC或Peer To Peer，所以eMule用户既是client，同时也是server。eMule把控制权交与用户手中，用户通过设置共享目录，可以选择自己想共享的硬盘上的文件、目录甚至整个硬盘。

eMule的宗旨是“我为人人，人人为我”，同一个文件共享、下载的人越多，下载的速度就越快。eMule的排队机制和上传积分系统有助于激励人们共享并上传给他人资源，以使自己更容易、更快速地下载自己想要的资源。因此eMule的资源非常丰富，常常可以通过它找到很难找的资源。另外eMule每个下载的文件都会自动检查是否损坏以确保文件的正确性。值得一提的是，官方版eMule完全没有任何的广告软件。

4. 百度网盘

百度网盘是百度公司推出的一项网络云存储服务，用户可将本地资源、网络资源上传或下载到网盘中，随时随地在计算机或手机上查看和分享。其个人版是百度面向个人用户的网盘存储服务，满足用户工作生活各类需求，已上线的产品包括网盘、个人主页、群组功能、通信录、相册、人脸识别、文章、记事本、短信、手机找回等功能。其主界面如图11-21所示。

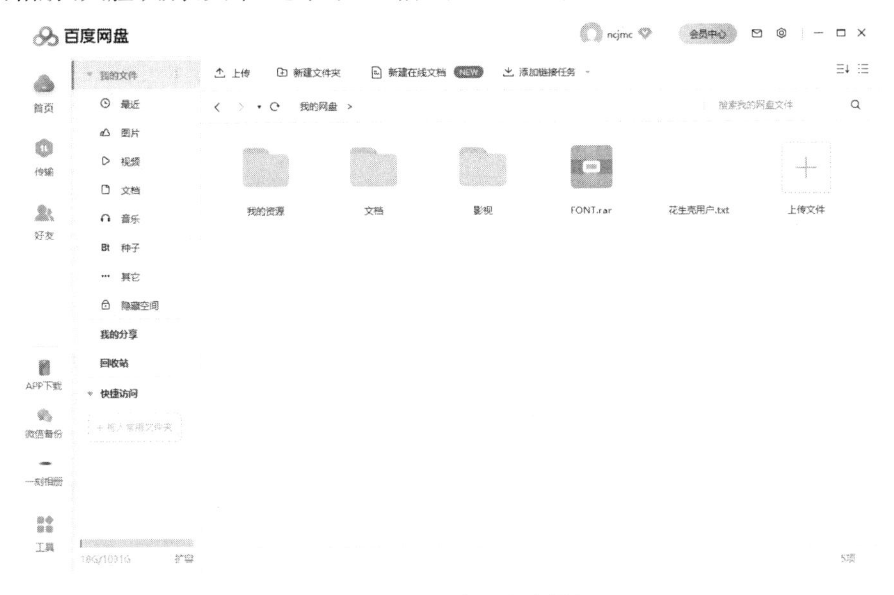

图11-21 百度网盘主界面

11.2.5 反病毒工具

反病毒软件，也称杀毒软件或防毒软件，是用于消除计算机病毒、特洛伊木马和恶意软件的一类软件。杀毒软件通常集成监控识别、病毒扫描和清除及自动升级等功能，有的反病毒软件还带有数据恢复等功能，是计算机防御系统（包含杀毒软件、防火墙、特洛伊木马和其他恶意软件的查杀程序、入侵预防系统等）的重要组成部分。

1. 反病毒软件的任务

反病毒软件的任务是实时监控和扫描磁盘。部分反病毒软件通过在系统添加驱动程序的方式，进驻系统，并且随操作系统启动。大部分的反病毒软件还具有防火墙功能。

(1)实时监控。反病毒软件的实时监控方式因软件而异。有的反病毒软件，是通过在内存里划分一部分空间，将计算机里流过内存的数据与反病毒软件自身所带的病毒库（包含病毒定义）的特征码相比较，以判断是否为病毒。另一些反病毒软件则在所划分到的内存空间里面，虚拟执行系统或用户提交的程序，根据其行为或结果做出判断。

(2)扫描磁盘。扫描磁盘是指反病毒软件将磁盘上所有的文件（或者用户自定义的扫描范围内的文件）与病毒库的特征码相比较，做一次检查。扫描计算机中的病毒和漏洞是确保计算机安全的最重要任务之一。

2. 反病毒软件的简介

国内著名的反病毒软件有瑞星、金山毒霸、江民、360、东方微点等，国外的有卡巴斯基（Kaspersky）、迈克菲（McAfee）、诺顿等。

1)瑞星

瑞星是国产反病毒软件的佼佼者，是目前国内使用人数最多的杀毒软件之一。瑞星拥有后台查杀（在不影响用户工作的情况下进行病毒处理）、断点续杀（智能记录上次查杀完成文件，针对未查杀的文件进行查杀）、异步杀毒处理（在用户选择病毒处理的过程中，不中断查杀进度，提高查杀效率）、空闲时段查杀（利用用户系统空闲时间进行病毒扫描）、嵌入式查杀（可以保护即时通信软件，并在这些软件传输文件时进行传输文件的扫描）、开机查杀（在系统启动初期进行文件扫描，以处理随系统启动的病毒）等功能；并有木马入侵拦截和木马行为防御，基于病毒行为的防护，可以阻止未知病毒的破坏。瑞星有家庭模式和专业模式两种工作模式的选择。

2)金山毒霸

金山公司推出的计算机安全产品，监控、杀毒全面、可靠，占用系统资源较少。其软件的组合版功能强大（金山毒霸 2011、金山网盾、金山卫士），集杀毒、监控、防木马、防漏洞为一体，是一款具有市场竞争力的反病毒软件。金山毒霸 2011 体积小巧、占用内存小，它应用“可信云查杀”的技术，全面超过主动防御及初级云安全等传统方法，采用本地正常文件白名单快速匹配技术，配合金山可信云端体系，使系统安全性、病毒检出率与扫描速度得到了提高。

3)江民

江民是一款老牌的反病毒软件。它具有良好的监控系统，占用资源不是很大，独特的主动防御技术使不少病毒望而却步。最新版江民反病毒软件 KV2011 进一步增强了智能主动防御能力，系统增强了自学习功能，通过系统智能库识别程序的行为，进一步提高了智能主动防御识别病毒的准确率，对于网络恶意行为拦截得更加精准和全面。

4)360

360 是国内首款永久免费、性能强大的反病毒软件。360 杀毒采用领先的病毒查杀引擎及云安全技术，不但能查杀数百万种已知病毒，还能有效防御最新病毒的入侵。360 杀毒拥有可信程序数据库，能防止误杀；最新版本360具有防御U盘病毒功能，能够查杀各种借助U盘传播的病毒；360杀毒病毒库每小时升级，能及时清除最新的病毒；360杀毒有优化的系统设计，对系统运行速度的影响较小。360杀毒可以和360安全卫士配合使用。

5)卡巴斯基

卡巴斯基总部设在俄罗斯首都莫斯科，卡巴斯基实验室是国际著名的信息安全领导厂商。如今在国内卡巴斯基也已经是家喻户晓的反病毒产品了。卡巴斯基对病毒上报反应迅速，并随时修正自身错误，误杀误报会立刻得到纠正。新版本有卡巴斯基反病毒软件2014和卡巴斯基安全软件2014，能实时保护文件和隐私的安全；保护操作系统和已安装的应用程序的安全；保护网页浏览、在线支付、邮件收发和即时通安全；通过空闲扫描可以在不使用计算机时扫描计算机上的病毒，并在恢复工作时停止扫描。

6)Microsoft Security Essentials(MSE)

MSE是由微软公司开发的免费反病毒软件。该软件可以从微软官方网站下载，为正版Windows 7提供保护，使其免受病毒、间谍软件、rootkit和木马的侵害。该软件主要提供实时保护、系统扫描、系统清理、Windows防火墙集成、动态签名服务、恶意软件防护等功能。

综上所述，各类反病毒软件采用的杀毒技术有特征码技术、主动防御技术、启发式技术、云安全等，在针对不同类型的病毒的查杀上各有所长。

3. 反病毒软件的使用事项

(1)反病毒软件的设置非常重要。一般这类软件都可以有设置界面，可以设置开启实时保护、定期扫描、手动扫描、隔离和备份等。如图11-22和图11-23所示为MSE的主界面和设置界面。

图11-22　MSE主界面

(2)目前反病毒软件对被感染的文件杀毒方式包括清除、删除、重命名、禁止访问、隔离、跳过不处理等，用户可以根据具体情况进行用户选择。

(3)反病毒软件不可能查杀所有病毒；反病毒软件能查到的病毒，不一定能杀掉。

(4)一台计算机每个操作系统下不应同时安装两种或以上的反病毒软件，除非有兼容或绿色版，但只能有一个软件开启主动防护。

图 11－23 MSE 设置界面

(5)大部分反病毒软件是滞后于计算机病毒的。因此,需要及时更新升级软件版本,不随意打开陌生的文件或者不安全的网页,不浏览不健康的站点,注意更新自己的隐私密码,配套使用安全助手与个人防火墙等。

11.2.6 电子文档阅读工具

1. Acrobat Reader 阅读器

Adobe Acrobat Reader(也称为 Acrobat Reader)是美国 Adobe 公司开发的一款优秀的 PDF 文档免费阅读软件,如图 11－24 所示。

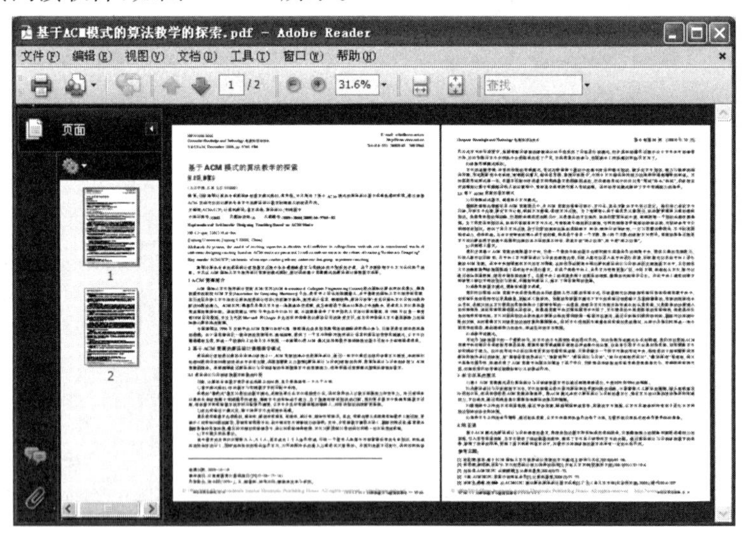

图 11－24 Acrobat Reader 主界面

PDF 是 portable document format(便携式文档文件)的简称,是由 Adobe 公司推出的一种全新的电子文档格式。像 Word 一样,PDF 也可以用来保存文本格式、图形的信息,并能如实保留原来的面貌和内容,以及字体和图像。文档的撰写者可以向任何人分发自己制作的 PDF 文档而不用担心被恶意篡改。PDF 文件的尺寸都很小,在 Internet 上有很多的信息是用 PDF 保存的，目前有很多的图书也都是用 PDF 格式来保存的。PDF 文件格式是电子发行文档的事实上的标准，利用 Adobe Acrobat Reader 可以查看、阅读和打印 PDF 文件。而用 Acrobat Professional 则可以创建、审阅、批准、加密和在线共享 PDF 文件。

除 Adobe Acrobat 外，Foxit Reader（福昕 PDF 阅读器）是一个完全免费的、体积小巧的 PDF 文档阅读器，而且启动快速，功能丰富，对中文支持非常好。Foxit PDF Editor 则是一个能对 PDF 文件进行创建和编辑修改的软件。

2. SSReader 阅览器

SSReader 阅览器（超星阅览器）是超星公司拥有自主知识产权的图书阅览器，是专门针对数字图书的阅览、下载、打印、版权保护和下载计费而研究开发的。超星公司通过全国各家图书馆，收集了总量超过 30 万册的各种图书，并且把书籍经过扫描后存储为 PDG 数字格式，存放在超星数字图书馆中，利用超星阅览器可以阅读这些书，并可阅读其他多种格式的数字图书。经过多年不断改进，SSReader 现支持 OCR 文字识别功能，可以摘录书中文字；提供个人扫描功能，可以自己制作 PDG 电子图书。它是国内外用户数量最多的专用图书阅览器之一。

3. CAJViewer 阅读器

CAJViewer 又称为 CAJ 浏览器，由同方知网（北京）技术有限公司开发，是阅读和编辑 CNKI（中国知网）系列数据库文献的专用阅读器。与超星阅览器类似，CAJViewer 也是一个电子图书阅读器。CNKI 一直以市场需求为导向，每一版本的 CAJViewer 都是经过长期需求调查，充分吸取市场上各种同类主流产品的优点研究设计而成。经过多年的发展，它的功能不断完善，性能不断提高。它支持中国知网的 CAJ，NH，KDH 和 PDF 格式，可无须下载直接在线阅读原文，也可以阅读下载后的 CNKI 系列文献全文，并且它的打印效果与原版的效果一致，逐渐成为人们查阅学术文献不可或缺的阅读工具。

11.2.7　语言翻译工具

人们常常需要阅读外文文献，使用全英文界面的软件，浏览国外站点，要面对大量的外文资源，若英语阅读水平有限，则会受到许多限制，这时就可以借助语言翻译工具，将操作界面翻译为中文界面。常用的翻译软件有金山词霸、有道词典、牛津高阶英汉双解词典、百度在线翻译、Google 在线翻译等。

1. 金山词霸

金山词霸是由金山公司推出的一款优秀的词典类软件，它是集真人语音和汉英、英汉、汉语词典于一体的多功能翻译软件。

从 1997 年金山词霸 1.0 问世以来，金山词霸已经推出了许多版本。2008 年，金山和 Google 合作开发了适用于个人用户的免费翻译软件——谷歌金山词霸合作版，这是金山词霸最重要的版本之一，它的发布标志着金山词霸完全转型互联网翻译市场，是金山、谷歌优势资源深度结合的产品。谷歌金山词霸以免费、互联网化、创新的机器翻译技术为三大核心特点，涵盖了当前翻译软件的绝大部分功能。软件含部分本地词库，仅 20 多兆，既轻巧易用又继承了本地词典速度快、方便的优势；该版本延续了金山词霸的取词、查词和查句等经典功能，并新增全文翻译、网页翻译和覆盖新词、流行词查询的网络词典；支持中、日、英三语查询，并收录 30 万单词纯正真人发音，含 5 万长词、难词发音。

2. 在线翻译

随着网络技术的普及，很多网站开始提供优质的在线翻译及词典服务，使用户免于安装各种翻译软件。与翻译软件相比,在线翻译往往会提供更多语言的翻译支持。使用在线翻译网站进行翻译,既能多一些翻译参考,又可以满足不同的翻译需要,是一种不错的翻译工具。

常用的在线翻译网站有百度在线翻译和 Google 在线翻译。这两个网站功能类似,除提供单词、句段、文章等常规翻译服务外,还支持网页在线翻译的功能。它们的主界面分别如图 11 - 25 和图 11 - 26 所示。

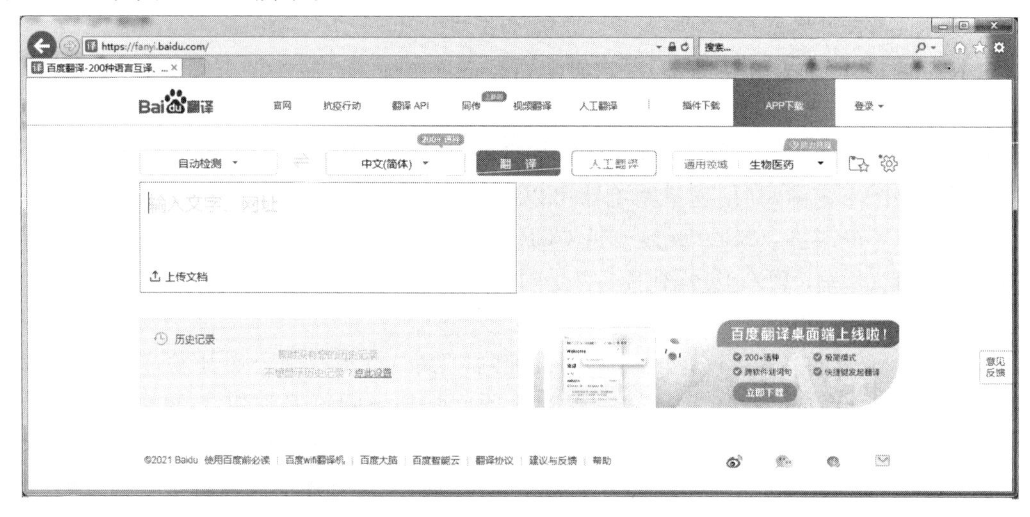

图 11 - 25　百度在线翻译主界面

图 11 - 26　Google 在线翻译主界面

11.2.8　虚拟机软件

虚拟机(virtual machine)指通过软件模拟的具有完整硬件系统功能的、运行在一个完全隔离环境中的完整计算机系统。在实体计算机(实体机)中能够完成的工作在虚拟机中都能够实现。在计算机中创建虚拟机时,需要将实体机的部分资源(如 CPU、硬盘和内存)作为虚拟机的资源。每个虚拟机都有独立的 CMOS、硬盘和操作系统,可以像使用实体机一样对虚拟机进行操作。

虚拟系统(virtual system)是通过生成现有操作系统的全新虚拟镜像,具有真实 Windows 系统完全一样的功能。进入虚拟系统后,所有操作都是在这个全新的独立的虚拟系统里面进行，可以独立安装运行软件，保存数据，拥有自己的独立桌面，不会对真正的系统产生任何影响，而且具有能够在现有系统与虚拟镜像之间灵活切换的一类操作系统。

流行的虚拟机软件有 VMware Workstation，Virtual Box 和 Windows 7 自带的虚拟机工具 Windows Virtual PC，它们都能在 Windows 操作系统上虚拟出多个计算机。

下面以 VMware Workstation 为例介绍虚拟机软件的安装和使用。

VMware Workstation（中文名“威睿工作站”）是一款功能强大的桌面虚拟机软件，它能使用户在一台机器上同时运行多个 Windows，DOS，Linux，Mac 等系统而互不干扰，为开发、测试、部署新的应用程序提供不同的运行环境。

VMware Workstation 在虚拟网络、实时快照、共享文件夹等方面有诸多优点。与多启动系统相比，VMware Workstation 采用了完全不同的概念。多启动系统在一个时刻只能运行一个系统，在系统切换时需要重新启动计算机。VMware Workstation 是真正“同时”运行多个操作系统在主系统的平台上，就像标准 Windows 应用程序那样切换。而且每个操作系统都可以进行虚拟的分区、配置，而不影响真实硬盘的数据，还可以通过网卡将几台虚拟机连接为一个局域网。

1. 安装并运行 VMware Workstation

从 VMware 官网下载 VMware Workstation 安装包并运行，如图 11－27 所示为 VMware Workstation 主界面。

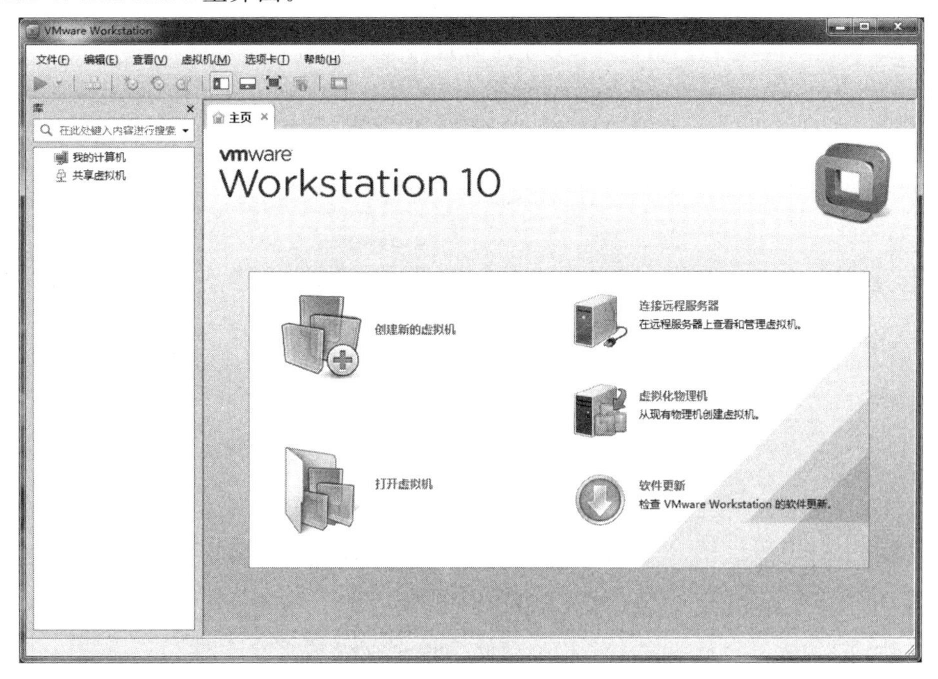

图 11－27　VMware Workstation 主界面

2. 创建和使用 Windows XP 虚拟机

（1）从网络下载 Windows XP 光盘映像文件到主系统硬盘，运行 VMware Workstation 软件，单击主界面的“创建新的虚拟机”图标，弹出图 11－28 所示的“新建虚拟机向导”对话框。

（2）选中“典型(推荐)”单选按钮，或者选中“自定义(高级)”单选按钮，然后单击“下一步”按钮，切换到如图 11－29 所示的“安装客户机操作系统”界面。

图 11－28 “新建虚拟机向导”对话框

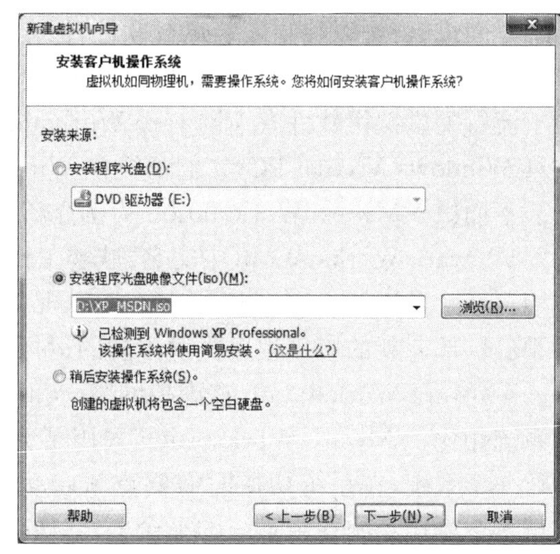

图 11－29 安装客户机操作系统

(3)选中“安装程序光盘映像文件(iso)”单选按钮，再单击文本框右侧的“浏览”按钮，接着在文件浏览器中选择准备好的 Windows XP 光盘映像文件，最后单击“下一步”按钮，切换到如图 11－30 所示的“简易安装信息”界面。

(4)输入 Windows XP 产品密钥，并配置进入 Windows XP 的用户名和密码。单击“下一步”按钮，切换到如图 11－31 所示的“指定磁盘容量”界面。

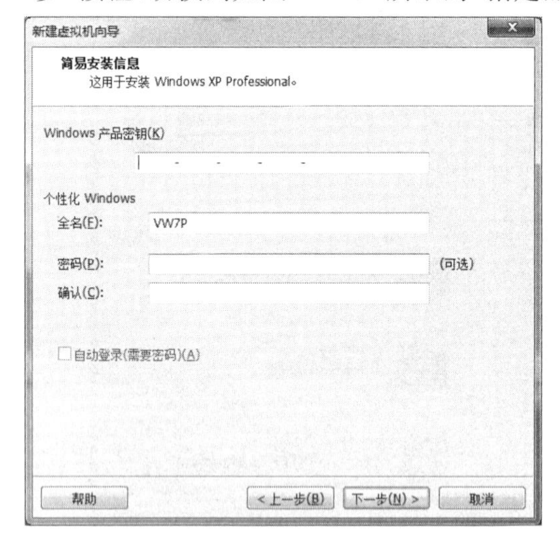

图 11－30 配置 Windows XP 简易安装信息

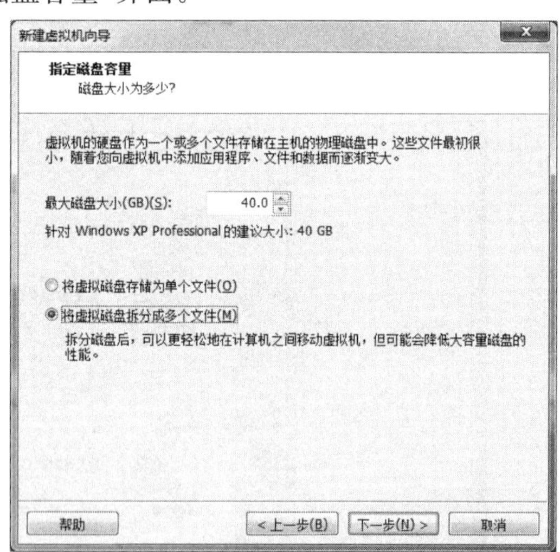

图 11－31 配置磁盘大小和磁盘文件形式

(5)指定磁盘大小及磁盘在主系统中存储为单个文件或多个文件。若虚拟磁盘为单个文件，则在主系统中虚拟磁盘为一个文件，否则为多个文件。接着，单击“下一步”按钮，切换到如图 11－32 所示的“已准备好创建虚拟机”界面，该界面显示了虚拟机各项硬件和操作系统信息，若需要更改，则可单击“自定义硬件”按钮。

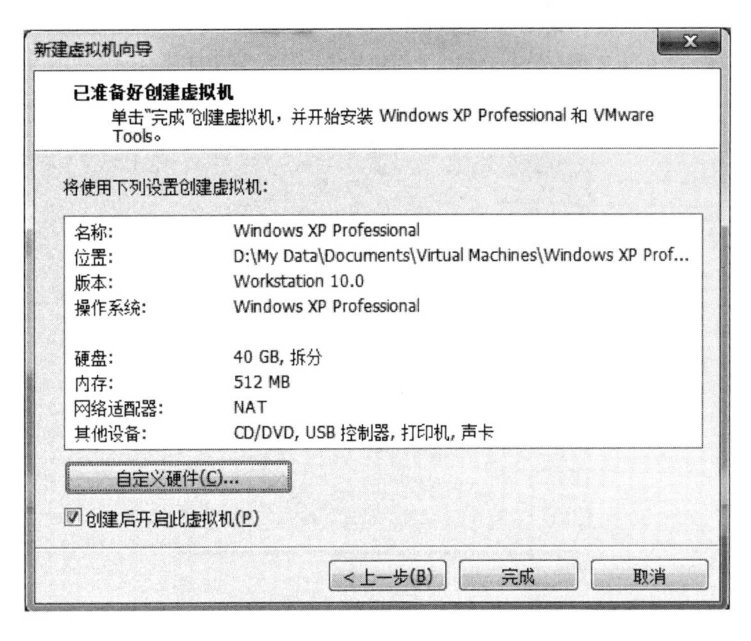

图 11-32 虚拟机各项参数信息

(6)在弹出的"硬件"对话框(见图 11-33)中,可调整内存、处理器、网络等配置,并可添加新的硬件。配置完后单击"关闭"按钮返回如图 11-32 所示的界面,再单击"完成"按钮,此虚拟机便启动,开始安装 Windows XP,如图 11-34 所示。

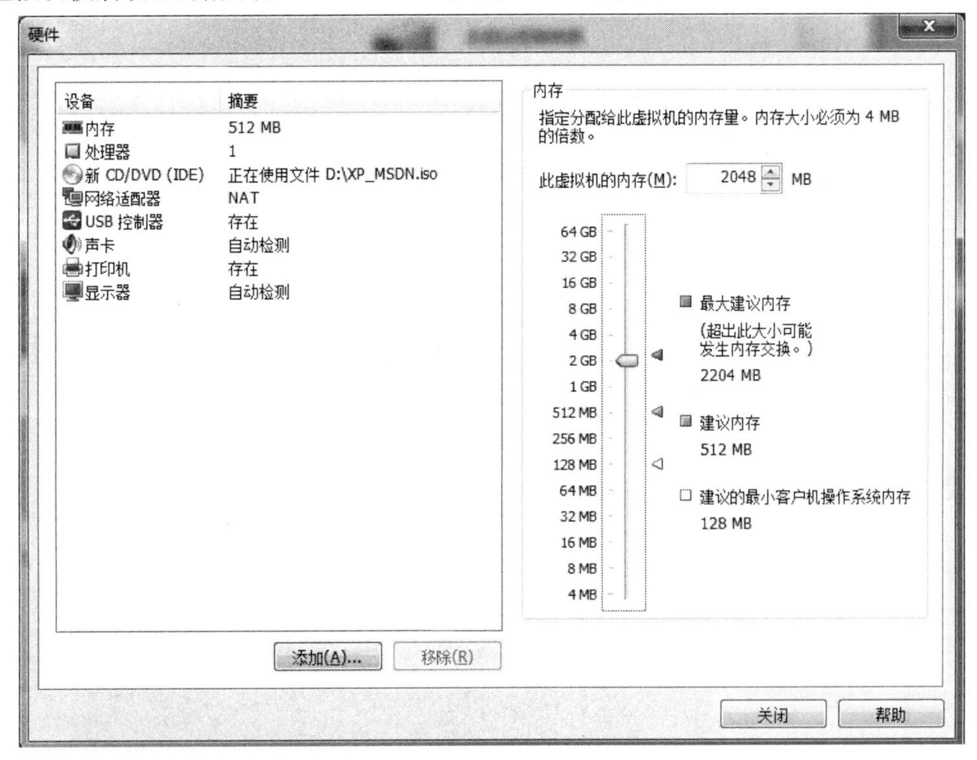

图 11-33 配置虚拟机硬件参数

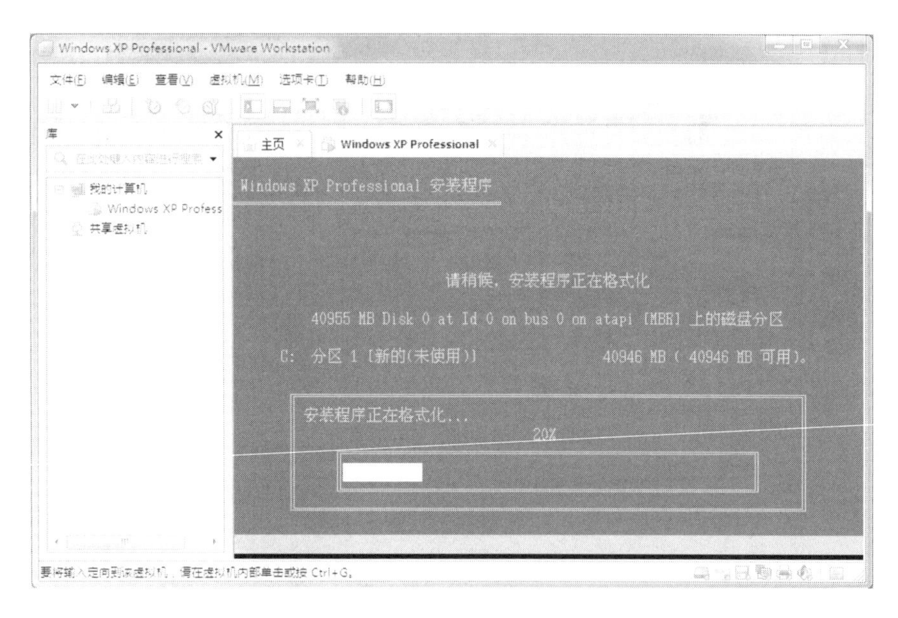

图 11－34　开始安装虚拟机操作系统

虚拟机创建完毕并启动后，系统会自动安装包括驱动和实用工具集合的 VMware Tools。接下来就可以如单台计算机一样在新创建的虚拟机中安装、使用应用程序。

VMware Workstation 提供了多种虚拟机运行模式。单个虚拟机可以在 VMware Workstation 窗口中运行，也可进入全屏模式单独使用，Unity 模式下虚拟机中的程序可在主系统的窗口中运行。虚拟机与主系统间可相互复制、粘贴文件。

VMware Workstation 可对虚拟机界面（见图 11－35）进行截图保存。并提供了系统快照功能，建立系统快照后，可随时使虚拟机恢复到快照前所有状态。

图 11－35　虚拟机界面

本章小结

计算机在使用的过程中，难免会因为出现各种故障需要维修，减少维修最有效的方法是加强预防性的维护工作。掌握一定的计算机硬件组装和软件安装的知识以及如何对计算机进行合理的维护，可以解决计算机故障，消除安全隐患，优化系统性能，提高工作效率，从而延长计算机的使用寿命。

工具软件功能强大，针对性强，实用性好且使用方便，能帮助人们更方便、更快捷地操作计算机，使计算机发挥出更大的效能。但是工具软件种类繁多，并且能实现同一功能的软件也可能有几十种，这给用户选择和使用带来了许多不便。本章就一些常用的工具软件做一个概括性介绍，让用户对这些软件有一个整体的认识。

参 考 文 献

[1] 黄国兴,丁岳伟,张瑜.计算机导论[M].4版.北京:清华大学出版社,2019.

[2] 柳炳辉,江伴东.大学计算机基础[M].上海:同济大学出版社,2010.

[3] 林冬梅.计算机应用基础教程[M].北京:北京邮电大学出版社,2009.

[4] 汤小丹,梁红兵,哲凤屏,等.计算机操作系统[M].4版.西安:西安电子科技大学出版社,2014.

[5] 冯博琴.大学计算机基础[M].3版.北京:清华大学出版社,2009.

[6] 翟延富.数据库与网络技术[M].北京:清华大学出版社,2006.

[7] 王珊,萨师煊.数据库系统概论[M].5版.北京:高等教育出版社,2014.

[8] 牟绍华.工具软件[M].北京:清华大学出版社,2008.

[9] 牛仲强,吴俊海.常用工具软件标准教程[M].北京:清华大学出版社,2006.

[10] 孙晓南.Office 2016从入门到精通[M].北京:电子工业出版社,2016.

图书在版编目(CIP)数据

大学计算机基础/杨焱林，邓安远主编. —2 版. —北京：北京大学出版社，2021.8
ISBN 978-7-301-32360-1

Ⅰ. ①大… Ⅱ. ①杨… ②邓… Ⅲ. ①电子计算机—高等学校—教材 Ⅳ. ①TP3

中国版本图书馆 CIP 数据核字(2021)第 154756 号

书　　名　大学计算机基础（第 2 版）
　　　　　DAXUE JISUANJI JICHU (DI-ER BAN)
著作责任者　杨焱林　邓安远　主编
责任编辑　张　敏
标准书号　ISBN 978-7-301-32360-1
出版发行　北京大学出版社
地　　址　北京市海淀区成府路 205 号　100871
网　　址　http://www.pup.cn
电子信箱　zpup@pup.cn
新浪微博　@北京大学出版社
电　　话　邮购部 010-62752015　发行部 010-62750672　编辑部 010-62765014
印 刷 者　长沙超峰印刷有限公司
经 销 者　新华书店
　　　　　787 毫米×1092 毫米　16 开本　20.75 印张　518 千字
　　　　　2018 年 7 月第 1 版
　　　　　2021 年 8 月第 2 版　2023 年 6 月第 3 次印刷
定　　价　58.00 元